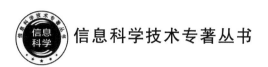 信息科学技术专著丛书

光与无线融合网络
资源优化机制与实现技术

张佳玮　谷志群　纪越峰　著

U0290898

北京邮电大学出版社
www.buptpress.com

内 容 简 介

　　无线网络和光网络是通信网络中的两个重要分支。一直以来,无线网络与光网络技术的研究与发展相对独立。然而,随着对高速、泛在通信服务需求的与日俱增,单靠一种技术形态难以支撑未来接入网的发展,光与无线的融合成为必然趋势。本书以无线接入网架构的演进为切入点,聚焦多元异构网络环境下的资源优化机制与实现技术,系统地阐述了光与无线网络融合的产生背景、关键挑战、使能技术、核心算法与实现手段。

　　本书注重选材、科教融合,可供从事光通信及光与无线通信交叉领域方向研究的博士与硕士研究生使用,也可供从事相关工作的科研人员和工程技术人员参考。

图书在版编目(CIP)数据

　　光与无线融合网络资源优化机制与实现技术 / 张佳玮,谷志群,纪越峰著 . -- 北京:北京邮电大学出版社,2022.8(2023.8 重印)
　　ISBN 978-7-5635-6688-4

　　Ⅰ.①光… Ⅱ.①张… ②谷… ③纪… Ⅲ.①光纤网—网络信息资源—优化配置—研究②无线网—网络信息资源—优化配置—研究 Ⅳ.①TN92

　　中国版本图书馆 CIP 数据核字(2022)第 141838 号

策划编辑:彭　楠　　责任编辑:刘春棠　　责任校对:张会良　　封面设计:七星博纳

出版发行:北京邮电大学出版社
社　　址:北京市海淀区西土城路 10 号
邮政编码:100876
发 行 部:电话:010-62282185　传真:010-62283578
E-mail:publish@bupt.edu.cn
经　　销:各地新华书店
印　　刷:唐山玺诚印务有限公司
开　　本:787 mm×1 092 mm　1/16
印　　张:21.25
字　　数:526 千字
版　　次:2022 年 8 月第 1 版
印　　次:2023 年 8 月第 2 次印刷

ISBN 978-7-5635-6688-4　　　　　　　　　　　　　　　　　定　价:96.00 元

前　　言

随着物联网、虚拟现实等新兴业务的不断涌现,人-机-物交互应用与日俱增,光与无线的高效融合、数据处理与网络传输的边缘协同等新特征与新需求日益凸显,融入核心要素并发挥各自优势的多网融合成为宽带接入网络发展的必然趋势。

本书偏重于从网络层的角度阐述光与无线融合的关键技术,聚焦在多元融合异构网络环境下的资源联合优化机制与实现技术,重点以移动通信中无线接入网架构的技术演进为切入点,分析移动通信在逐代演进过程中,从"无光"到"有光"再到"光与无线融合"的发展过程,系统地阐述光与无线融合网络的关键挑战、使能技术、核心算法与实现手段。

本书共 10 章。第 1 章介绍光与无线融合网络的产生背景以及面临的挑战;第 2 章分别从组网技术、接口技术、控管技术 3 个方面介绍光与无线融合网络多种使能技术的概念及工作原理,为后续章节的内容做铺垫;第 3 章和第 4 章介绍云无线接入网络架构下前传光网络与无线网络资源的联合优化技术,其中第 4 章侧重于前传光网络的时延优化技术;第 5 章介绍基带功能解耦架构下中/回传光网络与无线网络资源联合优化技术;第 6 章介绍光与无线融合网络中的网络切片技术;第 7 章介绍边缘计算下的光与无线融合网络资源优化技术;第 8 章介绍自由空间光网络与无线网络的资源联合优化技术;第 9 章介绍光与无线融合网络的控制与管理技术;第 10 章介绍人工智能技术在光与无线融合网络资源优化决策方面的优势,并对智能光与无线融合网络的技术发展进行了展望。

本书作者来自信息光子学与光通信国家重点实验室(北京邮电大学),其所在项目组的师生多年来在国家 973 计划、重点研发计划、自然科学基金等国家级项目资助下,深入开展了光与无线融合网络的系统研究工作,在光通信顶级会议(OFC/ECOC)与旗舰期刊(JLT/JOCN)上连续发表多篇高水平学术论文。本书的核心内容是对上述研究成果的梳理、凝练与总结,并根据技术的最新趋势给出了未来的发展方向与研究思路。感谢项目组历年来参与相关研究的教师和研究生们的努力与支持。

由于作者水平所限,加之光与无线融合技术涉及面广,书中难免存在疏漏和不足之处,恳请同行和读者指正。

作　者
2022 年 5 月

目　　录

第1章

光与无线融合网络概述

1.1 无线接入网技术演进

随着用户需求的不断升级,未来移动通信网络将是面向差异化场景、多样化业务而构建的高性能网络,需在数据速率、传送时延、流量密度、连接数量以及能耗效益等方面进一步提升网络性能。RAN(Radio Access Network,无线接入网)作为万物互联的最前端,在移动通信发展过程中扮演着至关重要的角色,发挥着关键的基础性支撑作用。随着通信技术的迭代升级,以及接入侧需求的不断提升,移动接入网架构经历了从 D-RAN(Distributed Radio Access Network,分布式无线接入网)到 C-RAN(Centralized Radio Access Network,集中式无线接入网),再到 Disaggregated RAN(功能解耦无线接入网)3 个发展阶段。

1.1.1 分布式无线接入网

在 D-RAN 架构中,如图 1-1 所示,BBU(Baseband Unit,基带处理单元)和 RRU(Remote Radio Unit,远端射频单元)紧密耦合在一起,基站处理后的用户数据通过回传网络传输至核心网。在基站内部,天线与射频单元间通过短距离馈线实现连接。该架构在 3G 及 4G 时代被广泛应用。D-RAN 架构的优势在于:系统实现及组网部署简单,且各基站配备专用处理器,可独享处理资源,处理速度较快。但该架构也存在一定局限性:每个基站都需要独立的机房、冷却系统、监控系统、供电系统等,因此单基站的部署成本及能耗较高。此外,因地理位置不同,各基站用户流量的波动规律不尽相同,但处于闲时状态的基站的处理资源无法共享给其他站点,使得 D-RAN 资源效率较低。

1.1.2 集中式无线接入网

随着网络演进与技术发展,为克服 D-RAN 中存在的弊端,降低网络运维成本,C-RAN 架构应运而生。如图 1-2 所示,在 C-RAN 架构中,BBU 被从传统基站中剥离出来,多个基站的 BBU 被集中在一起形成 BBU 池。分布式部署的 RRU 与 BBU 之间通过前传光网络

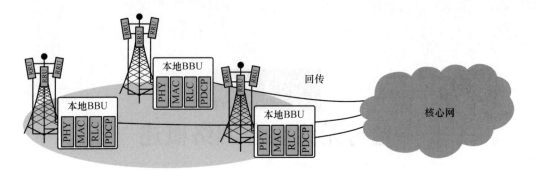

图 1-1　D-RAN 组网架构示意图

进行互联。该架构在 4G+时代及 5G 初期被广泛应用。C-RAN 架构的优势在于:简化了基站结构,大大降低了单站能耗与成本;将 BBU 集中池化显著提升了基带处理资源的统计复用增益;适用于 CoMP(Coordinated Multiple Points,协同多点)技术,可减少干扰、提高频谱效率。在 C-RAN 中,RRU 处理后生成的 I/Q 抽样信号被封装成 CPRI(Common Public Radio Interface,通用公共无线接口)帧,CPRI 采用与负载无关的固定接口速率,其大小仅与基站天线数、无线频谱宽度成正相关。C-RAN 架构的劣势在于:前传网络面临着严峻的带宽压力,且带宽需求随着天线规模以及无线频谱的不断拓宽而增加。此外,BBU 中的时延敏感型功能〔如 HARQ(Hybrid Automatic Repeat Request,混合自动重传请求)等〕被部署在远端处理池中,难以满足 5G 的超低时延需求。综上所述,C-RAN 架构存在严重的带宽与时延短板。

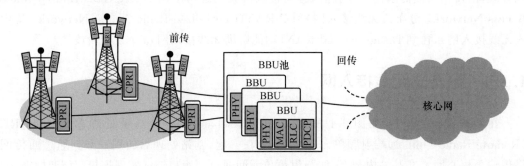

图 1-2　C-RAN 组网架构示意图

1.1.3　功能解耦无线接入网

为缓解 C-RAN 的带宽及时延压力,增强网络的灵活性、可扩展性与快速部署能力,同时满足 5G/B5G 业务的差异化、高性能承载需求,基于功能解耦的无线接入网被提出。如图 1-3 所示,Disaggregated RAN 将 BBU 功能通过软件形式进行解耦,并重新划分为 DU(Distributed Unit,分布式单元)与 CU(Central Unit,集中式单元)两个逻辑实体,其中 Low-PHY(Low Physical,低物理层)功能被放回至基站侧,形成新的 RU。时延敏感型 BBU 功能划归至 DU 中,而非时延敏感型 BBU 功能划归至 CU 中。前传网络承载了 RU 和 DU 间的数据传输,中传网络承载了 DU 和 CU 间的数据传输,回传网络承载了 CU 和

CU 间及 CU 和核心网间的数据传输。Disaggregated RAN 架构的优势在于：延续了 C-RAN 中的基带处理资源复用及站点协同等能力。通过功能解耦与分割，一方面可缓解前传带宽压力，另一方面可减少前传时延(即将 DU 靠近用户侧部署)；DU-CU 的分离与按需部署可满足多元业务的差异化承载需求，有助于实现网络切片与云化，是 B5G 和 6G RAN 的主要架构。Disaggregated RAN 架构的劣势在于：由于 Low-PHY 功能被推回至基站侧，单站的系统复杂度与部署成本提升。BBU 功能的分割与多级部署增加了网络控管与资源调配的难度。

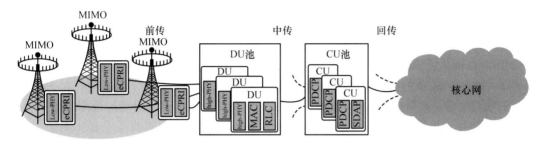

图 1-3　Disaggregated RAN 架构示意图

1.2　光与无线融合网络面临的挑战

无线接入网的发展趋势迫使网络资源由单一性向多元化方向发展，具体表现为 3 种异构资源的共存：无线网络资源、光网络资源以及基带处理资源。这 3 类资源相互独立又相互依存。光网络作为无线信号的载体担负着从 RU 到 DU 再到 CU(在 C-RAN 中为从 RRU 到 BBU)的传输任务，其带宽的大小、传送时延等都影响整个移动网络的性能。同时，DU/CU 是整个数据流的终点，其数据处理能力和资源调度能力直接影响移动通信网络的服务质量。在光与无线融合组网下，多种资源形式与网络技术相互交织在一起，加剧了不同网络之间资源管理与调配的实现难度，突显出多维异构网络环境下资源利用低效的问题。如何协调无线、光以及基带处理资源，使网络整体性能达到最优化，是光与无线融合网络研究工作面临的主要难题，其具体表现为以下 3 个方面的挑战。

(1) 如何实现无线与光传输资源间的高效协同

随着网络技术的发展，RAN 呈现出多元异构资源共存的形式，无线传输〔天线、RB(Resource Block，资源块)等资源〕与光传输(波长)资源两者既相互独立又相互依存。然而，上述资源之间的物理属性存在差别，从而造成两种资源适配时效率较低，进而影响网络容量与服务性能。在传统网络中，光与无线网络管控各自独立，各维资源调度模式僵化，造成了无线与光资源的整体利用率严重低下。DU-CU 侧云化的发展进一步加剧了资源统一调配的实现难度。此外，随着先进无线接入技术的引入，如波束赋形、协同多点、载波聚合等，无线元素间的协同能力持续加强，进而要求各无线单元与光设备间实现逻辑上的灵活映射，同时强化无线与光资源之间弹性适配的能力。因此，如何打破异构资源之间的物理约束、联合调度多维资源，实现无线接入与光传送之间的高效协同，是光与无线融合网络面临的一项重要挑战。

（2）如何协调基带功能部署成本与光网络资源效率的矛盾关系

无线接入网络中存在基带处理集中化与光传输带宽优化这一对矛盾,集中化处理会导致光传输带宽需求急剧增加(C-RAN 模式),而边缘化的处理又会导致需要建设/启用过多机房,因而该矛盾严重制约了网络成本/能耗效益的提升,已成为运营商的一大痛点。大带宽、低时延以及密连接等业务的持续涌入使得传统"一刀切"的网络承载模式不再适用,而差异化的承载又将导致基带处理与光网络资源联合调度的难度进一步加大。此外,基带功能部署与光网络策略的建立还需兼顾协同多点等无线接入技术的需求,尽量保证处于协作中站点的基带功能部署于同一或邻近的物理池,从而一方面保证无线侧的处理性能,另一方面减少池间的东西向传输带宽消耗。因此,如何克服上述难点,解决基带处理与光传送间的矛盾,从而降低网络成本/能耗,是光与无线融合网络面临的又一项重要挑战。

（3）如何面向多样性业务需求,提供差异化网络服务能力

光与无线融合网络的资源优化部署对于满足用户服务质量并且提高运营商的经济效益具有重要意义。由于未来移动业务的多样性,移动业务对网络性能的需求有所不同,如带宽、计算、时延、安全性等方面的不同需求,使得业务驱动下的网络资源部署成为光与无线融合网络建设过程中的关键挑战。一方面,网络中需要进行带宽与处理等资源的分配以满足业务对资源的差异化需求;另一方面,出于成本的考虑,网络资源需高效分配以降低网络运营成本。实际上,业务的服务质量与网络建设成本存在权衡问题,如果业务的服务需求严格,如时延敏感型业务,网络将付出更高的成本来提供服务。如何根据业务的需求对异构资源进行按需分配,在满足业务各项性能需求的同时,最优化资源部署的成本成为网络建设与运营中的关键问题。

1.3　光与无线融合网络的研究进展

1.3.1　国内外研究进展

针对光与无线融合网络资源优化技术,国内外开展的研究工作主要集中在以下 6 个方面:移动前传组网模型与接口方面、光与无线网络资源优化方面、基于 PON(Passive Optical Network,无源光网络)的前传光网络时延调控方面、边缘计算下的光与无线融合网络资源协同优化方面、光与无线融合网络控制平面方面以及人工智能赋能的光与无线融合网络方面。下面将从国内外研究进展分析光与无线融合网络的发展现状。

1. 移动前传组网模型与接口技术

西班牙马德里卡洛斯三世大学列举了大规模蜂窝部署带来移动承载能力急剧增加的情况下构建移动前/回传网络的潜在技术[1]。文章认为基于时分或波分复用的无源光网络技术是未来移动前传网络的趋势,并提出了 OADM(Optical Add-Drop Multiplexer,光分插复用器)技术将在回传网中发挥关键作用,其不仅提供大容量和低延迟的连接,而且可以增强基站间的协作。此外,前传接口将持续演进以支持大带宽需求,并将适配具有高成本效益的TDM-PON(Time Division Multiplexing Passive Optical Network,时分复用无源光网络)技

术。中国移动通信研究院等单位介绍了传统 CPRI 规范的概念、设计、接口和在现实的 LTE
(Long Term Evolution,长期演进)方案中前传网络的使用情况[2],并介绍了 CPRI 基于时
分复用技术,其特性表现为固定带宽、恒定速率,支持多种拓扑结构,要求严格的时间同步与
校准。NTT 实验室指出对于当前的前传接口,CPRI 已经成为 C-RAN 大规模部署的关键
障碍,并提出了 NGFI(Next Generation Fronthaul Interface,下一代前传接口)的相关内容、
设计原则、应用场景以及潜在解决方案[3]。相比于 CPRI,NGFI 基于基站功能分割的架构,
接口速率灵活可变,并且根据用户流量进行统计复用,适用于未来移动前传网络的超大规模
带宽需求。此外,CPRI 标准组织方面同样在着手推出新的接口规范 eCPRI(enhanced
Common Public Radio Interface,增强型通用公共无线接口),该规范在基站设计方面所具有
的优点体现为:新的分割点使所需带宽减少为原来的 1/10、所需带宽可以根据用户平面流
量灵活扩展等[4]。就目前的情况来看,前传网接口速率的灵活可变是未来 RAN 的发展
趋势。

2. 光与无线网络资源优化技术

在光与无线资源适配方面,NTT 实验室研究了不同功能分割点下的移动前传带宽需求与
CoMP 性能,实验表明 split-PHY 分割方式在获得与 C-RAN 架构相近的 CoMP 性能的同时,
减少了近 90% 的带宽需求量[5]。上海交通大学针对 TWDM-PON(Time and Wavelength
Division Multiplexed Passive Optical Network,时分和波分复用的无源光网络)传送网络,提出
了基于强化学习的光与无线资源联合分配策略,实现了对前传链路资源与无线接口上行资
源(RB)的高效分配[6]。作者所在课题组提出了一种可重构的前传组网模式,并解决无线协
同多点传输技术中 BBU 间东西向流量过大的问题[7]。加州大学戴维斯分校提出了一种弹
性的射频-光组网架构以支持 5G 毫米波通信,该架构能够获得优性的能耗效率与吞吐量[8]。
在此基础上,作者所在课题组研究了基于 TWDM-PON 前传的波长、天线及 RB 联合分配问
题,并提出了针对该问题的 ILP(Integer Linear Programming,整数线性规划)模型与 3 种启
发式算法,旨在最小化前传带宽需求、最大化各天线中 RB 资源的利用效率[9]。

在基带功能部署与光路配置方面,米兰理工大学研究了 C-RAN 架构下的 BBU 部署优
化问题[10],主要包括:① 对 C-RAN 架构下的不同 BBU 部署方案进行分类;② 提出了一种基
于 WDM(Wavelength Division Multiplexing,波分复用)网络的 BBU 部署方案,从而最小化
网络成本,同时提出了该方案的 ILP 模型;③ 研究了所提方案在 BBU 与电域交换器联合部
署场景中的网络优化问题;④ 评估了 OTN(Optical Transport Network,光传送网)与
Overlay 两种前传传输方式对于 BBU 部署的不同影响。加州大学戴维斯分校针对 TWDM-
PON 传送网络,提出了一种 CF-RAN(Hybrid Cloud-Fog RAN,混合的云-雾无线接入网)
架构,将计算能力部署至 ONU(Optical Network Unit,光网络单元)节点,实现对前传/云流
量的快速处理,设计了相应的 ILP 模型与基于图论的启发式算法,以决策何时激活边缘计
算节点及如何分配光波长资源[11]。加州大学圣克鲁兹分校针对 DU-CU 部署问题提出了一
个混合整数二次规划模型,以最小化 DU-CU 处理池及光链路的部署成本[12]。EURECOM
研究中心聚焦切片使能的无线接入网中的 DU-CU 部署问题[13]。作者所在课题组研究了
WDM 城域光网络中的 DU-CU 部署问题,通过构建 ILP 模型,旨在最小化网络中各层处理
池数量及网络前/中/回传带宽消耗[14]。马尔凯理工大学将基带功能分割与部署抽象为虚

拟网络映射问题,并通过所建立的 ILP 模型,灵活地选择功能分割点,实现基站间干扰的最小化以及前传带宽效率的最大化[15]。为解决高动态流量场景下的高 RAN 集中化增益与低业务阻塞率问题,米兰理工大学提出了时延感知的动态 CU 部署算法,旨在最小化 CU 开启数量[16]。加泰罗尼亚理工大学探讨了 BBU 物理层不同分割点下的数据速率与运维成本,并通过灵活选择分割点来最小化网络成本,同时最大化集中处理增益[17]。布里斯托大学立足于光与无线融合下的 5G 网络架构,将网络中的基带功能进行虚拟化处理,并部署于多个中心机房的 SPP(Specific Purpose Processor,专用服务器)或 GPP(General Purpose Processor,通用服务器)中[18],提出了区别于 D-RAN 与 C-RAN 的新型非聚合接入网结构,即可采取 PHY 层任意功能分割方式,在此基础上对比讨论了 3 种移动接入网架构的计算资源与光传输成本问题。

3. 基于 PON 的前传光网络时延调控技术

无源光网络是未来前传网络中的潜在方案之一,针对 CPRI 帧在 PON 中的成帧与时延优化方面,加州大学戴维斯分校研究了 CPRI over Ethernet 封装方案是否能够满足移动前传网络中延迟和抖动要求的问题,实验结果表明使用固定以太网帧大小的 CPRI over Ethernet 封装可使抖动减少 1 μs[19]。柏林工业大学提出了能够用于形成 NG-PON(Next-Generation Passive Optical Network,下一代无源光网络)的子网容量和分组延迟的综合概率分析,分析结果准确地表征了 EPON(Ethernet Passive Optical Network,以太网无源光网络)/ GPON(Gigabit-Capable Passive Optical Network,吉比特无源光网络)树形拓扑的吞吐量和延迟性能[20]。EURECOM 研究中心研究了分组和功能分割对代表性场景的前传网络性能的影响,实验结果表明分组化开销和延迟之间的作用关系能够改变前传网络的性能[21]。NTT 实验室分析了 RRU 数量对 TDM-PON 移动前传网络的影响[22],分析结果表明 TDM-PON 能够将延迟降低到小于 100 μs。NTT 实验室提出了一种基于移动调度信息 Mobile-DBA(Dynamic Bandwidth Assignment,动态带宽分配)的 TDM-PON 移动前传网络方案,实验结果表明该方案的测量时延是传统方案的 1/20[23]。图卢兹联邦大学提出了一种基于排队论的时延分析数学模型,分析结果表明 TDM-PON 上多条 CPRI 链路通过数据块分割的方法可以满足 250 μs 的时延要求[24]。诺基亚-贝尔实验室分析了基于以太网的前传网络时延抖动问题,提出了利用端到端的时延控制协议减少抖动,实验结果表明该方案可以满足多种架构下的时延需求[25]。目前,对于时延的研究主要是基于 CPRI 体系,但是在功能分割的背景下,构建一种低成本且高效率的前传网络势必成为下一阶段的研究趋势。

4. 边缘计算下的光与无线融合网络资源协同优化技术

面向 5G 新业务的需求,国内外对分布式边缘计算光网络展开了大量的研究。针对光频谱资源优化方面,CNIT 实验室在固定网格 WDM 的数据中心互联网络中,提出了一种基于时延约束的路径选择和分配方案[26]。然而,具有固定波长网格的 WDM 网络在光网络的带宽配置中仅提供有限的可伸缩性和灵活性,无法适应边缘数据中心间网络流量的不稳定性和异构性。因此,为了改善固定网格 WDM 网络中存在的不足,EON(Elastic Optical Network,弹性光网络)作为一种可以根据边缘数据中心间实际流量自适应的建立光路,并且可以在光路上以更细粒度分配带宽的技术被应用于数据中心间。北京邮电大学在数据中心互联弹性光网络研究中提出了联合考虑频域和时域的静态路由和频谱分配优化算法,在有效时间复杂度内提高了数据中心间数据传输的频谱利用率[27]。美国富士通实验室针对无缝连接的服务,提出了通过调节服务请求迁移顺序,优化网络资源的优化算法,提高了网络资源利用率,降低了无缝连接服务的终端率[28]。针对数据接入量优化方面,中国科学技术大学在数据中心互联弹性光网络中针对频谱资源和计算资源的联合碎片重组问题,提出了联合考虑多维资源的复杂度可控的网络重配方案,不仅改变了光路的路由和频谱资源,还改变了数据中心内的计算资源[29]。中国科学技术大学提出了通过联合考虑光频谱资源和计算资源进行有效的虚拟网络功能服务链配置的优化算法,从而减少频谱资源的消耗,降低数据传输的阻塞率[30]。针对时延优化方面,南洋理工大学在跨异地数据中心环境下针对一个任务(一个任务之中包含多个相关联的子任务)提出了优化目标数据中心选取算法,通过确定最优任务处理的目标数据中心,最小化任务数据在网络中的传送算法,从而减少了单个任务的完成时间[31]。但是在一般情况下,网络中有多个任务共存。因此,南加州大学提出了根据任务在数据中心内的处理时间安排任务在数据中心内处理顺序的优化算法,实现最小化任务完成时间的任务调度算法[32]。香港科技大学提出了在跨异地分布的多数据中心网络内,通过优化任务处理的位置,将任务分配到最优的数据中心内,从而实现多个任务的平均完成时间最小[33]。中国科学技术大学提出了通过联合考虑数据计算和处理的目标数据中心位置和路径的优化算法,降低用户请求的响应时间[34]。

5. 光与无线融合网络控制平面技术

在移动光接入网络统一承载与智能化管控技术方面,美国 NEC 实验室提出了一种基于 SDN(Software Defined Network,软件定义网络)控制的光拓扑可重构的移动前传架构,用来支持 CoMP 与低时延的设备间通信,实验证明该架构能够实现每个小区 10 Gbit/s 的峰值速率以及小于 7 μs 的背对背传送时延[35]。作者所在课题组为了提高网络智能性,提出了一种基于软件定义的集中控制平面,以协调由 BBU 资源、无线资源和光资源组成的多层异构网络环境[36]。瑞典皇家理工学院描述了在 5G 网络场景分层的软件定义架构中,控制器和编排器之间不同的资源抽象模型将对系统性能产生不同影响,提出了两种智能控管技术[37]。意大利佛罗伦萨大学提出了一种人工智能的网络决策结构,其中包含两个相互关联的能够交互的决策内核[38],一个负责感知物理层信息,另一个执行对网络资源的控制,该架构旨在对回传网络与用户小区中的流量分布进行联合优化,尽可能地满足所有用户对于数据速率的实际需求,并通过控制蜂窝开启数量最大限度地减少网络能耗。

6. 人工智能赋能的光与无线融合网络技术

利用人工智能算法(如监督学习、非监督学习和强化学习等)解决光传送网的关键性问题(如业务需求预测、资源智能优化分配等)将成为光与无线融合网络的研究热点。

无线接入光网络流量较骨干网波动性更大,突发性更强,因此对该网络下的流量预测关系到如何进行有效的资源部署。针对智能化光网络流量预测方面,米兰理工大学基于机器学习对城域网的流量状况进行了预测,并基于启发式算法对系统资源进行了离线调度和规划,最终实现了在线的合理路由决策[39],结果表明此种方法能有效合理地进行路由重构。都柏林三一学院在移动前传网络研究中提出了基于深度神经网络对用户流量进行预测的方法,从而提前 30 min 实现了 BBU 的流量卸载[40]。山东大学收集跨域数据集,建立了一种时空跨域神经网络,使用聚类算法将城市区域划分为不同的组,进而设计了一种聚类间迁移学习策略以提高知识重用性[41],结果表明,引入跨域数据集可增强流量预测的必要性,经迁移学习可提高 4%～13% 的性能。马德里先进技术研究院网络研究所对切片 5G 网络中的资源进行认知管理,受图像处理进步启发并通过专用损失函数训练建立深度神经网络架构,返回一个成本感知容量预测[42],经城域规模的运营移动网络中的实际测量数据验证,可以将资源管理成本降低 50% 以上。

在基于深度强化学习的路由波长带宽分配方面,中国科学技术大学为了配置灵活的弹性光网络,提出了一种基于深度强化学习的自学习 RMSA（Routing, Modulation and Spectrum Allocation,路由、调制和频谱分配）智能体,可以在动态网络操作中学习,同时在 EON 中实现自主和认知 RMSA[43]。作者所在课题组为了提高网络资源利用率并减少 5G 应用的网络时延,满足 C-RAN 中移动前传带宽的严格要求,提出了一种基于深度强化学习的 BBU 部署和路由策略[44],完成了在给定任务请求下的 BBU 部署以减小移动前传带宽,同时保持 BBU 的高度整合,并找到减小传送时延的最短路径。查尔姆斯理工大学提出了一种基于强化学习的切片准入策略,既能为租户提供更多的服务,又能通过动态的扩大或缩小切片来匹配所接受服务要求的时间变化,提高基础设施提供商的利润[45]。作者所在课题组针对 5G-XHaul 光网络资源优化以及传统模型驱动方法和数据驱动方法在跨层网络路由问题中存在的不足,研究了基于数据与模型协同驱动的光电混合组网路由策略,提出了一种将传统辅助图模型与深度强化学习相结合的跨层网络路由方法,实现网络波长资源利用效率的提高[46]。

1.3.2　国内外项目进展

在国内外相关项目进展方面,光与无线融合网络及其关键技术的研究已经引起我国及主要发达国家的高度重视,成为信息技术的研究热点。近年来,国内外关于光与无线融合网络科研项目的部署情况如图 1-4 所示。

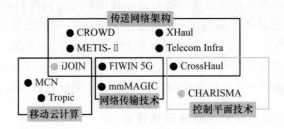

图 1-4　光与无线融合网络科研项目部署情况

1. 5G-XHaul 项目

微蜂窝、C-RAN、SDN、NFV 是以低成本和高灵活特性来满足差异化需求的 5G 关键推进技术。然而,与 C-RAN、SDN、NFV 结合的微蜂窝对传输网络有着非常严格的要求。5G-XHaul 将开发无线解决方案,用于动态前传和回传架构以及超大容量光互联[47],如图 1-5 所示。

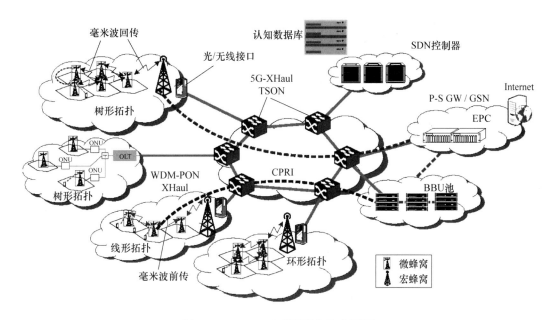

图 1-5   5G-XHaul 项目研究示意图[47]

为了满足下一代移动网络的要求,新型无线接入技术方案被提出,如毫米波通信、大规模 MIMO(Multiple Input Multiple Output,多输入多输出)等。为了支持具有不同程度集中化的无线接入技术,以及支持在成本合理情况下的新颖用例,需要一个更加灵活、可动态重构的传输网络。虽然 C-RAN 架构被认为是一种潜在的解决方案,然而集中化 RAN 对传输网络需要有更严格的要求。为了放宽这些要求,目前基于功能解耦的 RAN 架构逐渐成为未来发展的主要趋势。5G 的设计面临着如何平衡集中架构下的统计复用增益与传输网络成本的挑战。5G-XHaul 提出了一种融合控制与无线传输的解决方案,能够将宏蜂窝与微蜂窝低成本高性能地连接到核心网络。同时,结合用户资源需求的移动性与潮汐性,5G-XHaul 能够将网络资源进行动态规划。为了支持这些新兴应用,5G-XHaul 的主要技术挑战为:①动态可编程、高容量、低延迟、点对多点毫米波收发器;②与 PON 网络结合,通过时间复用提供弹性带宽分配;③通过预测时间和空间波动的业务需求,重新配置网络组件的软件定义认知控制平面。5G-XHaul 根据实际的 4G 业务需求分析和 5G 应用场景的预测,研究了 5G 传输网络容量对 3 个代表性无线接入技术的影响。分析表明,与基于 CPRI 的 4G 网络相比,通过结合基带功能解耦和传输资源的统计复用,可以将传输业务量减少两个数量级以上。基于上述研究,5G-XHaul 提出了一种融合的、基于分组的和 SDN 使能的传输网络,是未来 5G 技术发展的主要推动力。

2. 5G-Crosshaul 项目

5G-Crosshaul 项目是一项在 H2020 框架下为期 30 个月的合作项目[48],旨在整合现有和新兴前/回传技术和接口,如图 1-6 所示。该项目的目标是建立高适应性、高共享性、低成本效益比的 5G 传输网络,特别针对 5G 网络的前传和回传承载,同时支持现有和新型 5G 无线接入的功能分割协议。5G-Crosshaul 设计的核心是一个基于 SDN/NFV 的管理和编排 XCI(5G-Crosshaul Control Infrastructure,5G-Crosshaul 控制架构)和一个基于以太网的 XFE(5G-Crosshaul Forwarding Element,5G-Crosshaul 转发单元),该架构支持各种前传和回传流量 QoS 配置文件。XCI 利用了现有的 NFV（ETSI NFV）和 SDN(OpenDaylight、ONOS)架构框架。5G-Crosshaul 将 5G 传输网络作为一种服务开放给创新的网络应用程序(例如,多租户资源管理服务),以灵活、经济高效和软件定义的方式提供所需的网络和计算资源。5G-Crosshaul 支持网络切片服务,以实现真正灵活、可共享和经济高效的未来 5G 系统。

　　5G-Crosshaul 项目的目标是设计一个 5G 传输网络解决方案,以解决成本、效率和可扩展性的问题。这种解决方案的核心为将现有和新兴的前传与回传技术集成到基于 SDN/NFV 的编排框架中,从而能够支持 5G 系统架构和性能要求。技术实现细节包括:①5G-XCI 的设计;②XCI 北向和南向接口的规范化;③5G-Crosshaul 统一的数据平面设计;④满足 5G 需求的物理层和数据链路层技术;⑤可扩展的 5G-Crosshaul 资源编排算法;⑥5G-Crosshaul 前传集成应用设计;⑦5G-Crosshaul 关键技术验证。

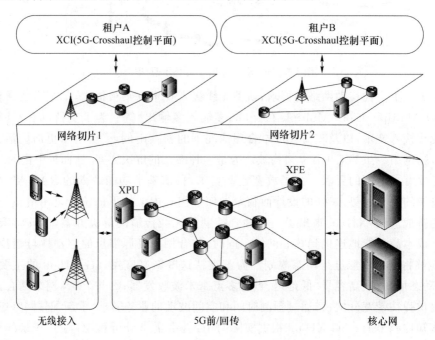

图 1-6　5G-Crosshaul 项目研究示意图[48]

3. CHARISMA 项目

　　CHARISMA 提出了一种智能分层路由和半虚拟化体系结构,它结合了两个重要概念:计算最短路径递送到用户终端以及通过虚拟化开放接入物理层安全实现端对端安全服务[49],如图 1-7 所示。

　　CHARISMA 是实现低时延、高可扩展带宽、高能效和安全虚拟化等相关 5G 关键性能指标的核心架构。CHARISMA 将这种不同的技术集成到单一架构中,并结合了 SDN、NFV 等新兴控管技术。CHARISMA 的架构设计主要关注两个目标:低延迟(<1 ms)和安全性,这两点是未来融合无线/有线 5G 网络发展的关键。CHARISMA 利用高频谱效率、高性能、节能型的云基础架构平台来实现基于 5G-PPP 的移动数据容量增加 1 000 倍、数据

速率增加 10~100 倍,设备连接数量增加 10~100 倍,延迟缩短为原来的 1/5 的目标。

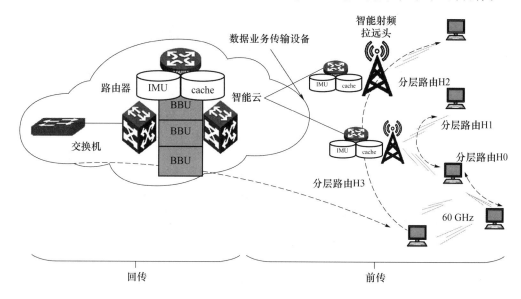

图 1-7　CHARISMA 项目研究示意图[49]

4. Telecom Infra 项目

Telecom Infra 项目聚焦通信网络在实际场景中的应用,主要包括 5G 与物联网服务的部署[50],如图 1-8 所示。该项目旨在提升用户的服务体验,并为服务提供商建立合适的收益模型,实现互利共赢。根据项目研究的网络具体位置不同,项目分别研究通信网络中的接入网、承载网、核心网与服务 3 个部分。

在接入网部分,该项目主要分为 OpenRAN、vRAN、OpenCellular、CrowdCell、Wi-Fi 五大项目组。具体地,OpenRAN 项目组旨在定义基于通用供应商的硬件及软件定义技术的 3G、4G 和 5G RAN 解决方案;vRAN 项目组旨在开发虚拟化 RAN 解决方案,使得基带处理功能可以以虚拟化网元形式提供服务;OpenCellular 项目组的目标是通过建设和使用开源技术和开放式网络,为未接入通信网络的地区提供可持续蜂窝基础设施;CrowdCell 项目组旨在开发 LTE 中继架构,以减少成本支出及运营支出,并扩大室内覆盖范围;Wi-Fi 项目组的目标是促进部署 Wi-Fi 组织、服务提供商与基础设施供应商之间的合作、探索和标准化。在承载网部分,该项目主要分为 mmWave、Wireless-Backhaul、Open-Optical-&-Packet-Transport 四大项目组。具体地,mmWave 项目组的目标是定义和推进无线网络回传解决方案,该解决方案利用毫米波频谱(30~300 GHz)提供更快、更方便、更经济高效的千兆容量,满足不断增长的带宽需求;Wireless-Backhaul 项目组的目标是为 3G、4G、5G 网络定义和构建下一代模块化无线回传系统;Open-Optical-&-Packet-Transport 项目组的目标是加速光与 IP 网络的协同融合,最终为运营商提供更好的网络连接。在核心网与服务部分,该项目主要分为网络切片项目组和边缘计算项目组。具体地,网络切片项目组旨在开发一个端到端网络切片生态系统,可以部署在运营商网络上;边缘计算项目组旨在创建开放的边缘计算 API(Application Programming Interface,应用程序接口)及 SDK(Software Development Kit,软件开发工具包),推进边缘计算程序开发的标准化。

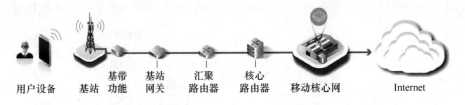

图 1-8　Telecom Infra 项目研究示意图[50]

5. 中国移动重大专项——5G 前传及回传接口研发与验证

中国移动重大专项——5G 前传及回传接口研发与验证课题分为 4 个重大研究方向,即 5G 前传回传接口及网络架构研究、5G 前传回传接口承载关键技术研究、5G 前传回传设备研制、5G 前传回传接口及网络测试评估。

该课题的总体目标是,突破 5G 高效前传接口、无线与光融合、大容量协同光传输组网等关键技术,提出完整的 5G 大容量、低时延前传及回传技术解决方案,完成 5G 前传及回传接口的开放性评估,研制试验系统并完成测试验证。

本 章 小 结

本章分别从无线接入网技术演进、光与无线融合网络面临的挑战、光与无线融合网络的研究进展等方面对光与无线融合网络展开了介绍。本章梳理了移动接入网架构从分布式无线接入网到集中式无线接入网,再到功能解耦无线接入网 3 个发展阶段的关键特征;总结了光与无线接入网 3 种异构资源(无线网络资源、光网络资源以及基带处理资源)的共存为光与无线融合网络性能优化带来的 3 大挑战,即如何实现无线与光传输资源间的高效协同、如何协调基带功能部署成本与光网络资源效率的矛盾关系、如何面向多样性业务需求,提供差异化网络服务能力;总结和分析了光与无线融合网络的国内外研究进展。

本章参考文献

[1] Antonio D, Hernandez J A, Larrabeiti D, et al. An overview of the CPRI specification and its application to C-RAN-based LTE scenarios[J]. IEEE Communications Magazine, 2016, 54(2):152-159.

[2] 中国移动通信研究院, 上海贝尔股份有限公司, 诺基亚网络, 等. 下一代前传网络接口白皮书[R]. 2015.

[3] Kani J I, Kuwano S, Terada J. Options for future mobile backhaul and fronthaul [J]. Optical Fiber Technology, 2015, 26(DEC. PT. A):42-49.

[4] Common Public Radio Interface, eCPRI Interface Specification v2.0[S/OL]. (2019-

05-10）［2022-05-16］. http：//www. cpri. info/downloads/eCPRI_v_2. 0_2019_05_
10c. pdf.

［5］ Miyamoto K，Kuwano S，Terada J，et al. Analysis of mobile fronthaul bandwidth
and wireless transmission performance in split-PHY processing architecture［J］.
Optics express，2016，24(2)：1261-1268.

［6］ Mikaeil A M，Hu W，Li L. Joint allocation of radio and fronthaul resources in
multi-wavelength-enabled C-RAN based on reinforcement learning［J］. Journal of
Lightwave Technology，2019，37(23)：5780-5789.

［7］ Zhang J，Ji Y，Jia S，et al. Reconfigurable optical mobile fronthaul networks for
coordinated multipoint transmission and reception in 5G［J］. IEEE/OSA Journal of
Optical Communications & Networking，2017，9(6)：489-497.

［8］ Lu H，Proietti R，Liu G，et al. ERON：an energy-efficient and elastic RF-optical
architecture for mmWave 5G radio access networks［J］. IEEE/OSA Journal of
Optical Communications and Networking，2020，12(7)：200-216.

［9］ Zhang J，Xiao Y，Song D，et al. Joint wavelength，antenna，and radio resource
block allocation for massive MIMO enabled beamforming in a TWDM-PON based
fronthaul［J］. Journal of Lightwave Technology，2019，37(4)：1396-1407.

［10］ Musumeci F，Bellanzon C，Carapellese N，et al. Optimal BBU placement for 5G C-
RAN deployment over WDM aggregation networks［J］. Journal of Lightwave
Technology，2016，34(8)：1963-1970.

［11］ Tinini R I，Batista D M，Figueiredo G B，et al. Low-latency and energy-efficient
BBU placement and VPON formation in virtualized cloud-fog RAN［J］. Journal of
Optical Communications and Networking，2019，11(4)：B37-B48.

［12］ Arouk O，Turletti T，Nikaein N，et al. Cost optimization of cloud-RAN planning
and provisioning for 5G networks［C］//2018 IEEE International Conference on
Communications (ICC). IEEE，2018：1-6.

［13］ Chang C Y，Nikaein N，Arouk O，et al. Slice orchestration for multi-service
disaggregated ultra-dense RANs［J］. IEEE Communications Magazine，2018，56
(8)：70-77.

［14］ Yu H，Musumeci F，Zhang J，et al. DU/CU Placement for C-RAN over optical
metro-aggregation networks ［C］//International IFIP Conference on Optical
Network Design and Modeling. Springer，Cham，2019：82-93.

［15］ Harutyunyan D，Riggio R. Flex5G：flexible functional split in 5G networks［J］.
IEEE Transactions on Network and Service Management，2018，15(3)：961-975.

［16］ Musumeci F，Ayoub O，Magoni M，et al. Latency-aware CU placement/handover
in dynamic WDM access-aggregation networks ［J］. Journal of Optical
Communications and Networking，2019，11(4)：B71-B82.

［17］ Rony R I，Lopez-Aguilera E，Garcia-Villegas E. Optimization of 5G fronthaul
based on functional splitting at PHY layer［C］//2018 IEEE Global Communications

Conference (GLOBECOM). IEEE，2018：1-7.

[18] Tzanakaki A，Anastasopoulos M P，Simeonidou D. Optical networking：an important enabler for 5G[C]//2017 European Conference on Optical Communication (ECOC). IEEE，2017：1-3.

[19] Chitimalla D，Kondepu K，Valcarenghi L，et al. 5G fronthaul-latency and jitter studies of CPRI over Ethernet[J]. Journal of Optical Communications and Networking，2017，9(2)：172-182.

[20] Aurzada F，Scheutzow M，Reisslein M，et al. Capacity and delay analysis of next-generation passive optical networks (NG-PONs)—extended version[J]. IEEE Transactions on Communications，2013，59(5)：1378-1388.

[21] Chang C Y，Schiavi R，Nikaein N，et al. Impact of packetization and functional split on C-RAN fronthaul performance[C]//IEEE International Conference on Communications. IEEE，2016：1-6.

[22] Ou H，Kobayashi T，Shimada T，et al. Passive optical network range applicable to cost-effective mobile fronthaul[C]//IEEE International Conference on Communications. IEEE，2016：1-6.

[23] Tashiro T，Kuwano S，Terada J，et al. A novel DBA scheme for TDM-PON based mobile fronthaul[C]//Optical Fiber Communication Conference. IEEE，2014：1-3.

[24] Freire I，Sousa I，Klautau A，et al. Analysis and evaluation of end-to-end PTP synchronization for Ethernet-based fronthaul[C]//Global Communications Conference. IEEE，2016：1-6.

[25] Anthapadmanabhan N P，Walid A，Pfeiffer T. Mobile fronthaul over latency-optimized time division multiplexed passive optical networks[C]//2015 IEEE International Conference on Communications Workshops (ICC). IEEE，2015：1-6.

[26] Gharbaoui M，Martini B，Castoldi P. Anycast-based optimizations for inter-data-center interconnections[J]. IEEE/OSA Journal of Optical Communications & Networking，2012，4(11)：B168-B178.

[27] Chen H，Zhao Y，Jie Z，et al. Static routing and spectrum assignment for deadline-driven bulk-data transfer in elastic optical networks[J]. IEEE Access，2017，5 (99)：13645-13653.

[28] Takita Y，Hashiguchi T，Tajima K，et al. Towards seamless service migration in network re-optimization for optically interconnected datacenters[J]. Optical Switching and Networking，2017，23(3)：241-249.

[29] Fang W，Lu M，Liu X，et al. Joint defragmentation of optical spectrum and IT resources in elastic optical datacenter interconnections[J]. IEEE/OSA Journal of Optical Communications & Networking，2015，7(4)：314-324.

[30] Fang W，Zeng M，Liu X，et al. Joint spectrum and IT resource allocation for efficient VNF service chaining in inter-datacenter elastic optical networks[J]. IEEE Communications Letters，2016，20(8)：1539-1542.

[31] Hu Z，Li B，Luo J. Flutter：scheduling tasks closer to data across geo-distributed datacenters[C]//IEEE Infocom-the IEEE International Conference on Computer Communications. IEEE，2016:1-9.

[32] Hung C C，Golubchik L，Yu M. Scheduling jobs across geo-distributed datacenters [C]//Proceedings of the Sixth ACM Symposium on Cloud Computing. 2015: 111-124.

[33] Chen L，Liu S，Li B，et al. Scheduling jobs across geo-distributed datacenters with max-min fairness[J]. IEEE Transactions on Network Science and Engineering，2018，6(3)：488-500.

[34] Yao J，Lu P，Gong L，et al. On fast and coordinated data backup in geo-distributed optical inter-datacenter networks[J]. Journal of Lightwave Technology，2015，33(14):3005-3015.

[35] Cvijetic N，Tanaka A，Kanonakis K，et al. SDN-controlled topology-reconfigurable optical mobile fronthaul architecture for bidirectional CoMP and low latency inter-cell D2D in the 5G mobile era[J]. Optics Express，2014，22(17):20809-20815.

[36] Zhang J，Ji Y，Zhang J，et al. Baseband unit cloud interconnection enabled by flexible grid optical networks with software defined elasticity[J]. IEEE Communications Magazine，2015，53(9):90-98.

[37] Fiorani M，Rostami A，Wosinska L，et al. Abstraction models for optical 5G transport networks[J]. Journal of Optical Communications and Networking，2016，8(9)：656-665.

[38] Bartoli G，Marabissi D，Pucci R，et al. AI based network and radio resource management in 5G HetNets[J]. Journal of Signal Processing Systems，2017，89(1)：133-143.

[39] Alvizu R，Troia S，Maier G，et al. Matheuristic with machine-learning-based prediction for software-defined mobile metro-core networks[J]. IEEE/OSA Journal of Optical Communications and Networking，2017，9(9):D19-D30.

[40] Mo W，Gutterman C L，Yao L，et al. Deep neural network based dynamic resource reallocation of BBU pools in 5G C-RAN ROADM networks[C]//Optical Fiber Communication Conference. 2018:1-3.

[41] Zhang C，Zhang H，Qiao J，et al. Deep transfer learning for intelligent cellular traffic prediction based on cross-domain big data[J]. IEEE Journal on Selected Areas in Communications，2019，37(6)：1389-1401.

[42] Bega D，Gramaglia M，Fiore M，et al. DeepCog：optimizing resource provisioning in network slicing with AI-based capacity forecasting[J]. IEEE Journal on Selected Areas in Communications，2020，38(2):361-376.

[43] Chen X，Guo J，Zhu Z，et al. Deep-RMSA：a deep-reinforcement-learning routing, modulation and spectrum assignment agent for elastic optical networks[C]//IEEE/OSA Optical Fiber Communication Conference (OFC). IEEE，2017:1-3.

［44］ Gao Z，Zhang J，Yan S，et al. Deep reinforcement learning for BBU placement and routing in C-RAN［C］//2019 Optical Fiber Communication Conference（OFC）. 2019：1-3.

［45］ Raza M R，Natalino C，Ohlen P，et al. A slice admission policy based on reinforcement learning for a 5G flexible RAN［C］//2018 European Conference on Optical Communication（ECOC）. 2018：1-3.

［46］ Chen Z，Zhang J，Zhang B，et al. ADMIRE：demonstration of collaborative data-driven and model-driven intelligent routing engine for IP/optical cross-layer optimization in X-Haul networks［C］//IEEE/OSA Optical Fiber Communication Conference（OFC）. 2022：1-3.

［47］ 5G PPP. About the 5G PPP［EB/OL］.［2022-05-16］. https：//5g-ppp. eu/.

［48］ Costa-Perez X，Garcia-Saavedra A，Li X，et al. 5G-Crosshaul：an SDN/NFV integrated fronthaul/backhaul transport network architecture［J］. IEEE Wireless Communications，2017，24(1)：38-45.

［49］ CHARISMA. Overview of CHARISMA［EB/OL］.［2022-05-16］. https：//www. charisma5g. eu/index. php/overview/.

［50］ Telecom Infra Project. Strategic network areas［EB/OL］.［2022-05-16］. https：// telecominfraproject. com/.

第 2 章

光与无线融合网络使能技术

光与无线融合网络通过调度无线网络资源、光网络资源、计算资源实现异构网络的融合互通与资源的协同优化。在其资源调配过程中,离不开多种网络使能技术。本章将对组网技术、接口技术、控管技术、算网协同技术等光与无线融合网络的重要使能技术的基本概念和工作原理进行总结与分析。

2.1　光与无线融合网络组网技术

移动前传网络的业务特征和传输需求与中/回传网络有所区别,导致其组网传输技术也有所不同。中/回传网络在业务形态、传输能力等方面的需求基本一致,一般采用统一承载方案。因此,本节将分为两个部分,分别从移动前传和移动中/回传的潜在组网技术进行阐述。

2.1.1　前传组网技术

前传网络是连接 RU(Radio Unit,无线单元)和 DU(Distributed Unit,分布式单元)的传输网络(在 C-RAN 架构下用于连接 RRU 和 BBU)。其网络传输需求可概括为大带宽、低时延。一方面,5G 新空口技术支持更高频段与更高带宽的空口设计,通过更高的空口带宽与更高的调制阶数来提升数据接入能力,随之而来的是前传光网络带宽需求的急剧增加。另一方面,低时延是前传光网络的一个重要特征。在 5G 移动通信网络中,用户与基站之间的协议交换对时延有着严格的要求,例如,HARQ(Hybrid Automatic Repeat Request,混合自动重传请求)要求数据包在用户与基站之间的传输时间不超过 4 ms,除去空口传输时延与基站处理时延,信号在前传网中的单向传输时延不超过 250 μs。这一时延限制为无线信号在 5G 前传网中的传输与处理提出了极高的要求,信号在网络中的传输、路由与排队等需要在极短的时间内完成[1-2]。围绕上述需求,本节对几种潜在的前传组网技术展开阐述。

1. 光纤直连

如图 2-1 所示,光纤直连的前传组网方案是指每个 RU 都由独立的光纤链路连接到所对应的 DU 池,中间不通过任何专用的传输设备。链路两端同时进行电/光或光/电转换,实现前传数据的传输。

该方案简单易行,可满足前传业务的大带宽与低时延传输需求,但是需要消耗大量光纤资源。同时 DU 侧光纤管理要求高,出口的管道、光缆资源等问题会成为此方案的瓶颈。因此,该方案的特点是部署方式简单,但受限于末端光纤资源,适用于光纤资源丰富和 DU 小规模集中场景[3]。

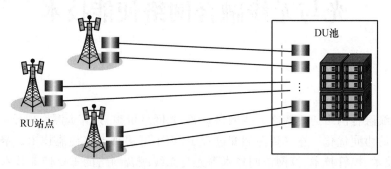

图 2-1 基于光纤直连的前传组网方案

2. TDM-PON

TDM-PON(Time Division Multiplexing Passive Optical Network,时分复用无源光网络)技术作为一种经济高效的前传解决方案受到广泛关注。如图 2-2 所示,TDM-PON 是通过分布式的 ONU(Optical Network Unit,光网络单元)将位于不同地理位置的 RU 站点连接起来,通过 TDM(Time Division Multiplexing,时分复用)的方式共享波长通道,并由光纤传输至 OLT(Optical Line Terminal,光线路终端),再通过 OLT 连接到 DU,完成前传数据的传输。在 TDM-PON 前传网络中,下行采用时分复用,数据通过广播的方式发送到每个 RU,上行采用 TDMA(Time Division Multiple Access,时分多址)技术,OLT 为每个 ONU 分配上行传输窗口(每一个 ONU 占用 1 个时隙)实现数据的传输。相比于光纤直连方案,TDM-PON 方案大大减少了 DU 池所需的光接口数量。TDM-PON 为 DU 池提供单一接口,而光纤直连方案则需要与 RU 数量一致的光接口数量[4]。

虽然 TDM-PON 是一种有效的前传网络解决方案,但其时延问题需要进一步解决。上行传输中各 ONU 需要先将待传输的数据量通过 Report 消息上报给 OLT,然后 OLT 计算出各 ONU 的上传起始时间与窗口宽度,并将该信息通过 Grant 消息传递给各 ONU。上述过程即为 PON(Passive Optical Network,无源光网络)中的 DBA(Dynamic Bandwidth Allocation,动态带宽分配)过程。传统 DBA 方案将引入毫秒级的延迟,难以满足前传时延要求,因此需要进一步优化无线与光之间的联合调度方案,从而减少 Report-Grant 引起的延时。

3. WDM-PON

如图 2-3 所示,基于 WDM-PON(Wavelength Division Multiplexing Passive Optical Network,波分复用无源光网络)的前传组网方案是指采用波分复用技术,提供 RU 站点和 DU 池之间多点对多点连接的无源光网络[5]。该方案由 ONU、AWG(Arrayed Waveguide

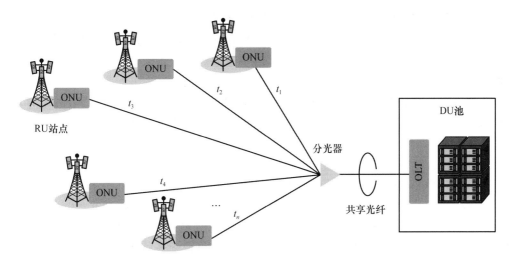

图 2-2　基于 TDM-PON 的前传组网方案

Grating,阵列波导光栅)和 OLT 与组成。前传信号以波分形式复用在同一光纤中,每个 RU 配置一个 ONU 且占据独立的波长信道,使得光纤容量被充分利用的同时,ONU 间的干扰也被大幅削减。远端节点的波导阵列光栅实现对多波长的耦合与解耦。

WDM-PON 中可以提供专用的控制信道,从而使得 OLT 可对各 ONU 的波长信号进行调控。此外,WDM-PON 由于波分复用的优势,相比于光纤直连等方案可以显著减少光纤消耗,同时相比于 TDM-PON 方案可以显著增大网络容量,减少前传时延。但是 WDM-PON 中各波长的带宽效率相对较低,网络中存在大量波长可调谐的收发模块,网络部署成本较高,并且该方案的控制与运维难度较大,在网络发生故障后很难快速定位故障源。

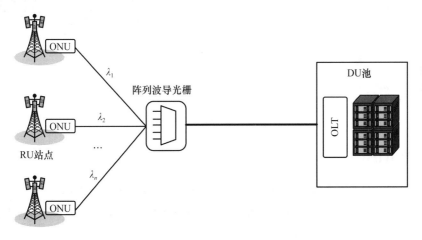

图 2-3　基于 WDM-PON 的前传组网方案

4. 半有源 WDM

针对 WDM-PON 方案中存在的问题,可进一步将其演进为半有源 WDM(Wavelength Division Multiplexing,波分复用)前传组网方案。如图 2-4 所示,半有源 WDM 方案是指在 RU 侧配置彩光模块(各 RU 光模块波长均不同)及无源合/分波器,同时在 DU 侧配置有源波分复用设备,弥补 WDM-PON 方案中管控能力不足的缺陷[6]。

半有源 WDM 方案兼顾了远端 RU 侧无源的简单、低成本特点,通过有源设备的介入有效地解决了 WDM-PON 无法管理维护的问题,可以通过网管系统实时监测前传波分光网络的状态并提供光层的 1:1 保护,保证了前传业务链路的传输可靠性。半有源 WDM 方案的网管系统通常都会支持 SNMP(Simple Network Management Protocol,简单网络管理协议)、CLI(Command Line Interface,命令行界面)、远程终端登录协议 Telnet,同时具有远程监控管理功能,提升了 OAM(Operation Administration and Maintenance,操作、管理与维护)性能,为设备管理及维护带来了便利。

和 WDM-PON 方案相比,半有源 WDM 方案在光纤链路中增加了光开关、光分路器等器件,使得 RU 至 DU 之间光纤链路的衰耗增加,这就要求 RU 和 DU 设备上激光器的光功率预算要相应增加。另外,为更好地实现管理与维护,光模块还需要增加一些 OAM、低速调制等功能,这也会增加光模块的成本。总体而言,如果包含光模块增加的成本、无源波分设备自身的造价、补充建设的光纤线路造价,半有源 WDM 方案的造价至少要比无源 WDM 方案高出 1 倍以上。

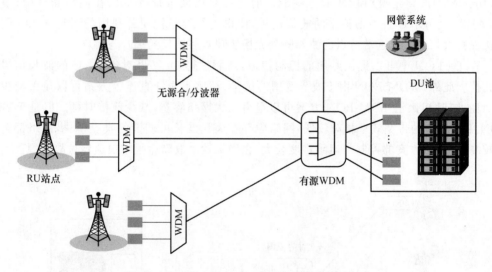

图 2-4　基于半有源 WDM 光网络的前传组网方案

5. 有源 WDM

如图 2-5 所示,基于有源 WDM/OTN 的前传组网方案是指在 RU 站点和 DU 池配置城域接入型 WDM/OTN 设备,多个前传信号通过 WDM 技术共享光纤资源,通过 OTN 开销实现管理和保护的一种组网方案[7]。

有源 WDM/OTN 前传组网方案具备 WDM 的大容量优势,同时支持点对点、环网、mesh 等多种拓扑结构形式的组网,可以显著提升网络的灵活性与可靠性。该组网技术同样适用于中传网络承载。但是,该方案同样存在劣势:一方面,WDM/OTN 设备昂贵,导致网络部署成本高昂;另一方面,当前 OTN 技术相对复杂,导致前传时延过大,因此需要进行简化。在实际运营网络中,中/回传使用 WDM/OTN 技术的可能性相对于前传使用的可能性更大。

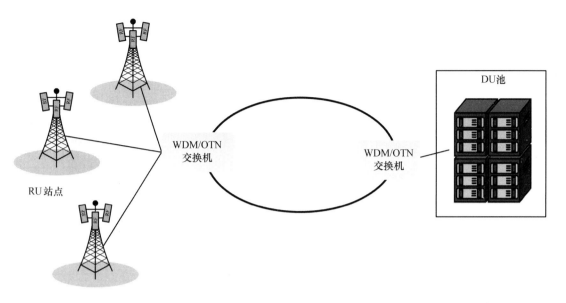

图 2-5　基于有源 WDM 的前传组网方案

6. SDM

如图 2-6 所示,SDM(Space Division Multiplexing,空分复用)的前传组网方案是指通过空分复用手段将光纤分割构成不同的传输信道,使得同一频段的不同空间得到重复利用,为前传网络提供更大的传输容量。SDM 有多种实现方案,其中,MCF(Multi-Core Fiber,多芯光纤)传输是指在一个共同的包层区存在多根纤芯,通过大幅度提高单位面积的信息传输密度,进一步增加可以并行接入的信息[8]。少模光纤传输是指在给定的工作波长上,在一根纤芯中传输若干种模式的光信号,独立激发出不同的高阶模式,形成相互独立的传输信道,增大光纤的传输容量,并通过使用模式选择复用器或滤波器实现传输信道的复用与解复用。轨道角动量模式复用是指以光子轨道角动量作为信息传输载体,利用轨道角动量光束的阶数可以是任意整数以及模式之间的正交特性,对轨道角动量模式实施复用,以扩充信道传输容量并提高频谱利用率。

该方案的优势在于随着目前空分复用/解复用器、模式转换器和模式放大器等关键器件的出现,长距离空分复用传输已成为可能,是实现超大容量、高频谱效率前传组网最具潜力的实现方式之一,具有广阔的应用前景和发展空间。但是目前该方案还处于实验室验证阶段,难以与实际已部署网络中的时域/频域复用技术进行结合。因此,未来面向大容量的前传网络部署应用时,其还面临着一些问题需要解决。

7. FSO

如图 2-7 所示,基于 FSO(Free Space Optics,自由空间光通信)的前传组网方案是指以无人机等移动飞行平台为中介(转接点),通过 FSO 实现 RU 站点和 DU 池之间信息的传输。FSO 采用经过调制的激光束作为发射机,相对较为敏感的光探测器作为接收机,可实现前传数据在视距范围且无任何遮挡的情况下信息的直线传输。

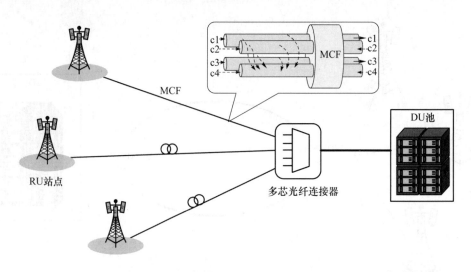

图 2-6　基于 SDM 光网络的前传组网方案

　　该方案的主要优势在于：①无须部署光纤，适用于城市密集区域或偏远地区；②节点可移动，灵活性强，适合于密集蜂窝（热点地区）的快速部署；③视距传输，能够确保较低的时延。然而该方案也有如下的不足：①受到天气影响较大，传输距离受限；②移动情况下的光路对准是一个难题；③自由空间光到光纤的耦合难度大、成本高。综合考虑其优势和不足，该方案主要适用于地面光纤故障、地面无法铺设光纤和偏远地区的通信。

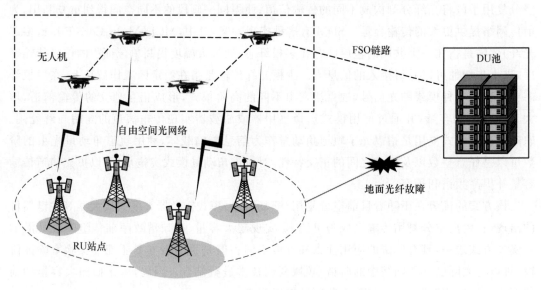

图 2-7　自由空间光网络前传组网方案

8. 前传组网技术对比

　　不同的前传组网方案适用于不同的网络场景，表 2-1 对多种前传组网方案从基本概念、方案优势、方案不足和适用场景 4 个方面进行了对比分析。

表 2-1　多种前传组网方案对比

组网方案	基本概念	优势	不足	适用场景
光纤直连	光纤直连,点到点组网	方案简单易行	需要消耗大量光纤资源	光纤资源丰富和 DU 小规模集中
TDM-PON	时分复用方式共享光纤资源	减少光纤资源消耗	上行时延问题有待解决	DU 池小规模集中
WDM-PON	以无源波分的方式共享同一光纤资源	减少光纤资源消耗,增大网络容量	带宽效率低,缺乏控制能力,故障溯源难	光纤资源匮乏且故障敏感度低
半有源 WDM	以无源和有源相结合的方式组网	实时监测网络状态,提供光层保护	激光器的光功率预算和光模块等设备成本增加	前传需求量大且故障敏感度高
有源 WDM	使用有源波分方式进行连接	大容量传输,支持环网等多种拓扑组网,网络灵活性与可靠性高	设备昂贵导致部署成本高昂;前传时延过大	前传需求量大且故障敏感度高
SDM	通过空分复用方式进行组网	实现超大容量、高频谱效率组网最具潜力的实现方式之一	与已有技术结合难度大,部分器件尚不成熟;部署成本高	前传需求量大
FSO	以 FSO 作为信号传递方式	无须部署光纤,灵活性强,可快速部署,端到端时延低	受天气影响大,传输距离受限;光路对准难	地面光纤故障、地面无法铺设光纤和偏远地区的通信

2.1.2　中/回传组网技术

对于 5G 中传网络,初期 DU 与 CU 连接关系相对固定,1 个 DU 固定连接到 1 个 CU,中传网络则不需要 IP 寻址和转发功能。然而考虑到未来 CU 云化部署,则需要网络为 CU以及数据连接提供冗余保护、动态扩容和负载分担的能力,使得 DU 与 CU 之间的连接关系发生变化。对于 5G 回传网络,5G 网络的 CU 与 NGC(Next Generation Core,下一代核心网)之间以及 CU 之间都有连接需求,其中 CU 之间流量主要包括站间载波聚合和协作多点传输流量。而且为了满足部分应用场景对超低时延的需求,需要采用 CU/DU 共站的方式,这样承载网就只有前传和回传两部分。综上,5G 中传和回传对于光网络在带宽、组网灵活性等方面需求基本一致,可以采用统一的承载方式,其潜在技术方案包括以下几种。

1. SPN

SPN(Slicing Packet Network,切片分组网)是中国移动在承载 3G/4G 回传的 PTN(Packet Transport Network,分组传送网)技术基础上,面向 5G 和政企专线等业务承载需求,融合创新提出的新一代切片分组网络技术方案,是一种具有前景的中/回传组网方案[9]。如图 2-8 所示,SPN 通过 FlexE(Flexible Ethernet,灵活以太网)接口和 SE(Slicing Ethernet,切片以太网)通道支持端到端网络硬切片,并下沉 L3 功能至汇聚层甚至到业务接入节点来满足动态灵活的连接需求。

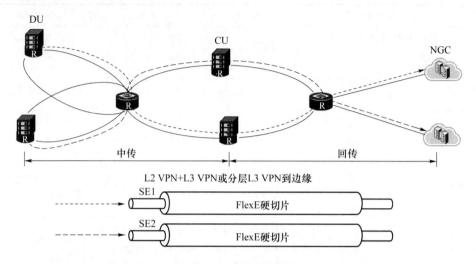

图 2-8　SPN 中/回传组网方案示意

SPN 网络分层架构包括 SPL（Slicing Packet Layer，切片分组层）、SCL（Slicing Channel Layer，切片通道层）和 STL（Slicing Transport Layer，切片传送层）3 个层面，此外还包括实现高精度时频同步的时间/时钟同步功能模块、实现 SPN 统一管控的管理/控制模块，具体如图 2-9 所示。

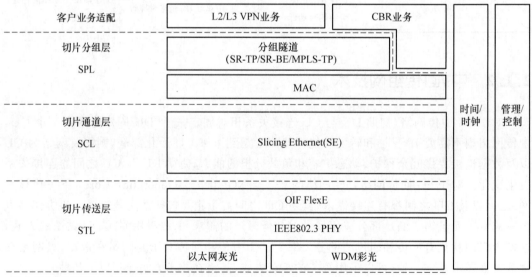

注：本图中的CBR业务特指CES、CEP、CPRI和eCPRI业务。

图 2-9　SPN 网络协议分层架构

（1）切片分组层

切片分组层为分组业务提供封装和调度能力，包括 SR-TP（Segment Routing Transport Profile-Traffic Engineering，基于流量工程的分段路由传送子集）和基于 SDN（Software Defined Network，软件定义网络）的 L3 VPN（Virtual Private Network，虚拟专用网）关键技术。

① SR-TP：基于 MPLS（Multi-Protocol Label Switching，多协议标签交换）分段路由的传送网络应用，实现业务和网络解耦，支持连接和无连接业务模型，基于 SR（Segment Routing，分段路由）的传送网应用，增加"双向 SR-TP 隧道"和"面向连接 OAM"特性，业务和网络解耦，业务建立仅在边缘节点操作，网络不感知，与 SDN 集中控制无缝衔接，同时提供"面向连接"和"无连接"管道，满足 5G 云化需求。

② 基于 SDN 的 L3 VPN：基于 SDN 集中控制的 IP 路由技术，实现业务的灵活调度，并提供集中式路由能力，利用集中式路由和分布式信令之间的适度结合，降低 SPN 转发设备的复杂度。

（2）切片通道层

切片通道层为多业务提供基于 L1 的低时延、硬隔离切片通道，包括 3 个关键技术。

① SC（SPN Channel，SPN 通道）：基于以太网 802.3 码流的通道，实现端到端切片通道 L1 组网。

② EXC（Ethernet Cross Connect，以太网交叉连接）：基于以太网的 L1 通道化交叉技术。

③ SCO（SPN Channel Overhead，SPN 通道开销）：基于 802.3 码块扩展，替换 IDLE（Integrated Development and Learning Environment，集成开发和学习环境）码块，实现 SC 的 OAM 功能。

（3）切片传送层

切片传送层负责提供 SPN 网络侧接口，分为 Flex 链路接口、IEEE802.3 以太网灰光接口或 WDM 彩光接口。SPN 在接入层主要采用以太网灰光接口，在汇聚和核心层主要采用 WDM 彩光接口。FlexE 接口采用时分复用方式，提供通道化隔离和多端口绑定能力，实现了以太网 MAC（Medium Access Control，介质访问控制）与物理媒介层的解耦。

SPN 致力于构建高效、简化和超宽带传输网络，以更好地支持中/回传业务传输。SPN 的主要优势在于：①友好地支持分组网络；②多层网络技术融合；③每比特传输成本大幅降低；④高效的软硬切片；⑤SDN 集中管理与控制；⑥电信级的可靠性。但是 SPN 也有如下的不足：①SPN 标准、设备、测试仪表等并未完全成熟；②SPN 作为新技术，使用成本等存在不确定因素。

2. M-OTN

综合考虑 5G 中/回传承载的业务需求，中国电信提出了 M-OTN（Mobile-Optical Transport Network，面向移动承载优化的 OTN）技术方案，其组网架构如图 2-10 所示。该技术方案是通过简化传统 OTN 复杂的帧映射机制，定义了一种新的灵活速率低阶容器——OSU（Optical Service Unit，光业务单元），其按照 2 Mbit/s 带宽的倍数定义 OSU 带宽，管道带宽可以精准匹配业务中/回传速率，实现了对 OTN 管道带宽最大化利用以及对现有 OTN 体系的兼容[10]。

M-OTN 技术通过定义新 OSU 容器，支持任意带宽通道化传输，以硬管道物理隔离方式保证用户数据传输安全。OSU 基本封装结构和映射方式如图 2-11 所示，其中大颗粒度业务可直接映射到 ODU（Optical Channel Data Unit，光通道数据单元）容器；小颗粒度业务（如分组业务）可通过 OSU 容器进行承载，进一步映射到 ODU 容器，实现与 OTN 技术体

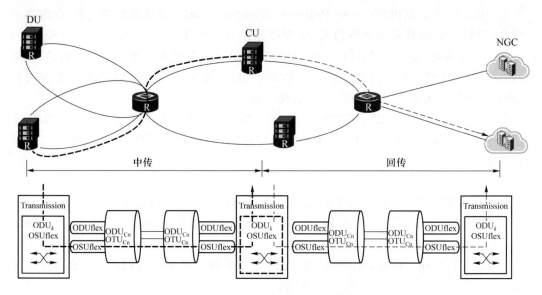

图 2-10 基于 M-OTN 的中/回传组网方案

系的兼容。基于 OSU 的 M-OTN 技术能够为中/回传业务提供差异化的 SLA（Service Level Agreement，服务水平协议），主要具备以下的技术特征。

① 安全隔离：基于 OSU 的硬管道对专线业务进行物理隔离。

② 灵活颗粒：小颗粒度带宽可使网络容量利用率达到100%。

③ 泛在连接：灵活时隙管道，单个 100 Gbit/s 最少可支持 1 000 条业务连接，业务连接数量增加 12.5 倍。

④ 超低时延：简化映射机制，减少处理层级，提供差异化分级时延。

⑤ 灵活高效：无极业务变速、无损带宽调整，可满足业务临时性、计划外的带宽需求，提升按需选择的带宽消耗服务水平。

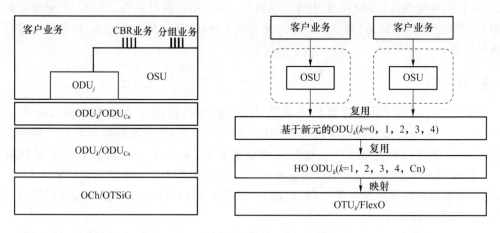

图 2-11 OSU 基本封装结构和映射方式

3. 中/回传组网技术对比

本节从核心技术、带宽和成本等多个角度对 SPN 和 M-OTN 两种方案进行对比分析，如表 2-2 所示。

表 2-2　中/回传组网方案对比

	SPN 方案	M-OTN 方案
核心技术	端口 FlexE 和基于 FlexE 的交叉技术	基于 OSU 的硬隔离技术
带宽	配备大带宽要求	通过细粒度 OSU 管道，提供 2 Mbit/s～100 Gbit/s 的灵活带宽
成本	以太网产业链大、成本低	较高
时延	FlexE 交叉提供单跳小于 1 μs 时延，L3 就近转发保证路径最短	全光网，时延低
资源消耗	融合设备，节省机房空间	融合设备，节省机房空间
问题	技术未成熟	成本高，技术未成熟

2.2　光与无线融合网络接口技术

由于无线接入网中基带功能的划分较为复杂，目前，多个标准化组织对于基带功能分割方案和接口规范尚未完全统一。因此，本节将分为 3 部分，分别介绍不同标准化组织对于基带功能分割体系架构和前/中/回传接口的定义。

2.2.1　基带功能分割体系架构

依托现有 5G 系统和新兴业务对无线接入网架构的需求，在 5G 接入网架构中，已经明确将 4G 中的 BBU 分割成 DU 和 CU 两个功能实体[11]。DU 和 CU 功能的切分是根据处理内容的实时性进行的，但是对于具体的分割方案和接口设计，目前多个标准化组织的侧重点不同，导致其分割方案存在差异，如图 2-12 所示。

3GPP(3rd Generation Partnership Project，第三代合作伙伴计划)在 RAN 基带功能分割中定义了 8 种候选分割方案，分别为选项 1 到选项 8。每个分割方案的详细介绍如下。

- 2017 年 4 月，3GPP 宣布确定选项 2 作为 DU 和 CU 高层分割的标准，而关于 RAN 架构的低层切分，则认为其研究工作没有完成，需要延后进行，倾向于选择选项 6 或选项 7。
- 在选项 6 中，MAC 层和更高层协议功能位于 CU，PHY(Physical Layer，物理层)和射频功能位于 DU，CU 和 DU 之间的接口包含承载数量、配置和调度相关信息，如 MCS、层映射、波束赋形、天线配置、资源块分配等，支持集中调度和联合传输，池化增益最大。但 MAC 层和 PHY 层之间需要进行子帧级的定时交互，前传环路的时延可能影响 HARQ 定时和调度。

- 选项 7 是 PHY 内部分割方案,可细分为多个子方案。在选项 7-1 中,上行方向的 FFT 和 CP 去除功能、下行方向的 IFFT 和 CP 添加功能保留在 Low-PHY 中。在选项 7-2 中,Low-PHY 除保留在选项 7-1 中的所述功能外,还保留资源映射(resource mapping)和去映射(resource de-mapping)以及预编码功能(precoding)。选项 7-3 仅用于下行,只有编解码功能(encoding)独立分割出来,其他功能均位于 High-PHY。
- 在选项 8 中,CU 负责所有基带处理功能,DU 负责完成射频功能,这实际上类似于现在的 BBU-RRU 的功能划分。这种切分方式能够实现所有协议栈层的集中处理,使网络本身具有高度协调功能,进而能够有效支持 CoMP、负载均衡以及移动性管理等功能。但缺点是对于前传的带宽和时延要求非常高。

总体来说,选项 1 到选项 8 对应的 CU 功能逐渐增强,DU 功能逐渐减弱。相应地,CU-DU 接口的前传带宽需求逐渐增大,CoMP 效果逐渐增强,对传输时延的要求也越来越严格[12-13]。

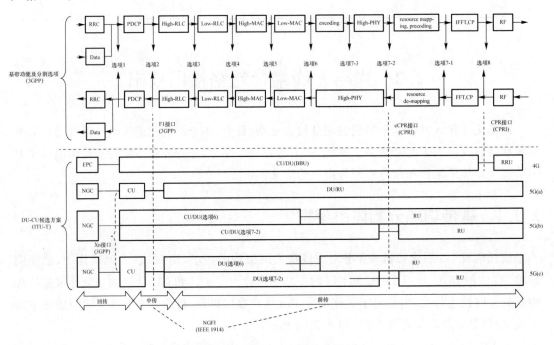

图 2-12　不同标准化组织下的基带功能分割示意图

在 3GPP 研究工作的基础上,国际电信联盟电信标准分局(ITU-T,International Telecommunications Union-Telecommunication Standardization Sector)进一步给出了详细的 DU-CU 候选方案,分别为 5G(a)、5G(b)和 5G(c)。

- 5G(a)是高层划分,通过 F1 接口(对应于选项 2)将 PDCP(Packet Data Convergence Protocol,分组数据汇聚协议)层基带功能放置在 CU 中,其余所有基带功能均放置在 DU/RU 侧,形成 CU 与 DU/RU 分离的方案。其中 F1 接口是由 3GPP 定义的,用于 DU 和 CU 功能实体之间互联的接口。

- 5G(b)是低层划分,通过 eCPRI(对应于选项 7-2)实现 RU 和 DU 之间的分割。其中 eCPRI 则是由 CPRI 联盟定义的,该接口将 Low-PHY 和 RF 功能放置在 RU 中,其余功能放置在 DU 中。

- 5G(c)是级联划分,通过综合 5G(a)和 5G(b)两种分割方案,形成完整的 RU-DU-CU 分割方案。需要指出的是,由 IEEE (Institute of Electrical and Electronics Engineers,电气电子工程师学会) 1914 工作组定义的 NGFI 同样也是一种前/中传接口,可用于前传和中传数据的传输;此外,CU 之间可通过 3GPP 定义的 Xn 接口进行通信。

2.2.2 前传接口

1. CPRI/eCPRI

CPRI 是 4G 时代一种面向前传流量传输的接口规范。CPRI 基于数字化光载无线概念,实现对无线信号的抽样、量化、编码,之后传输至 BBU 池[14]。CRPI 是一种串行线路接口,通过专用信道传输恒定比特率的数据,其速率与天线数量、无线抽样率正相关。CPRI 定义了 3 种不同逻辑连接,分别面向用户平面数据、控制与管理平面、同步与定时。其针对数字化无线信息传输提供了物理层与数字链路层的协议规范。其中,在物理层,完成对数据的串/并转换及物理层编解码;在数据链路层,完成对 I/Q 数据、物理层协议数据的处理。如表 2-3 所示,CPRI 定义了 10 种不同速率选项规范,可根据需要选择使用。

表 2-3 CPRI 速率

选项	速率	选项	速率	选项	速率
选项 1	614.400 0 Mbit/s	选项 5	4.915 0 Gbit/s	选项 7A	8.110 0 Gbit/s
选项 2	1.228 8 Gbit/s	选项 6	6.144 0 Gbit/s	选项 8	10.137 0 Gbit/s
选项 3	2.457 0 Gbit/s	选项 7	9.830 0 Gbit/s	选项 9	12.165 0 Gbit/s
选项 4	3.072 0 Gbit/s				

在 5G 场景下,为了支持大带宽业务需求,基站发生了一些变化:①RRU 演进成了可集成大规模天线阵列 mMIMO (massive Multiple Input Multiple Output,大规模多输入多输出)的 RU;②载波带宽大幅扩展,Sub6G 载波需要支持 100 Mbit/s 的带宽,而毫米波需要支持 400 Mbit/s 的载波带宽;③基站所需承载的数据流量达到了 10 Gbit/s 级别。这些变化对 CPRI 提出了更高的要求,同时 CPRI 速率与用户实际负载无关,因此其存在传输效率较低的缺陷,难以应对未来 5G/B5G 的传输与组网需求。

为了克服 CPRI 存在的缺陷并满足 5G 需求,CPRI 联盟将 CPRI 进一步升级成 eCPRI[15]。eCPRI 是基于包的前传接口规范,使得接口速率与实际负载挂钩,从而提高了传输效率。eCPRI 对传送、连接、控制方面进行了规范定义,分别面向用户平面、控制与管理平面、同步平面。如图 2-13 所示,为了降低带宽开销,eCPRI 规范基于功能分割策略,将分割点定位于物理层内,并将低物理层功能(Low-PHY)下沉到基站 RU 层。通过引入功能分割,前传数据由传统的 I/Q 抽样信号转变为调制符号等,极大地缩减前传带宽需求。

eCPRI 在 5G 前传需求的指引下将提供更高的接口效率（即负载相关）。对比 CPRI 规范，eCPRI 可提供以下技术优势：①分割点能提供 10 倍的带宽缩减；②所需带宽可随流量变化灵活分配；③支持使用以太网之类的主流传输技术；④该接口属于实时流量接口，支持运用高效的协作算法来最优化无线性能。

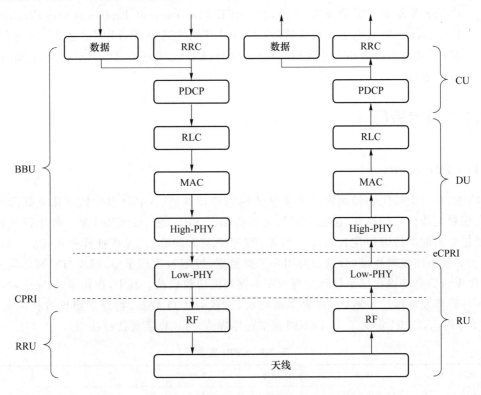

图 2-13　CPRI 与 eCPRI 的对比

2. NGFI

　　考虑到大规模天线阵列、载波聚合、多频带应用和多种规模的蜂窝并存等场景，IEEE 1914.1 提出了另外一种前传接口规范，即 NGFI（Next Generation Fronthaul Interface，下一代前传接口）。如图 2-14 所示，NGFI 是下一代无线网络设备中基带处理功能与远端射频处理功能之间的前传接口[16]。NGFI 是一个开放性接口，具备两大特征：一方面是重新定义了 BBU 和 RRU 的功能，将部分 BBU 处理功能移至 RU 上，进而导致 BBU 和 RRU 的形态改变；另一方面是基于分组交换协议将前端传输由点对点的接口重新定义为多点对多点的前端传输网络。此外，NGFI 至少应遵循统计复用、载荷相关的自适应带宽变化，尽量支持性能增益高的协作化算法等基本原则。NGFI 不仅影响了无线主设备的形态，同时对 NGFI 承载网络提出了新需求。

　　如图 2-15 所示，NGFI 逻辑上可以分成如下 3 个层面：NGFI 数据层、NGFI 数据适配层和物理承载层。NGFI 数据层包含各类无线技术相关的用户面数据、控制面数据、同步数据和管理数据；随着无线技术的演进，在不同的基站功能划分方法和不同制式的无线接入网络（4G/5G）中，用户面数据和控制面数据会有不同的带宽或性能需求，NGFI 数据适配层的引

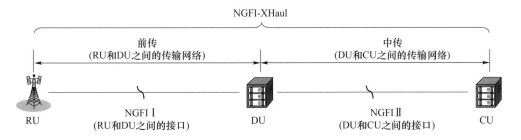

图 2-14　NGFI

入就是为了保证这些不同需求的无线数据的传输特性能很好地匹配底层传输网络的特性，数据适配层可以针对不同的无线数据和传输网络进行适配；物理承载层包含目前主要的无线接入网的传输技术，如 PTN、PON 以及 WDM 等。

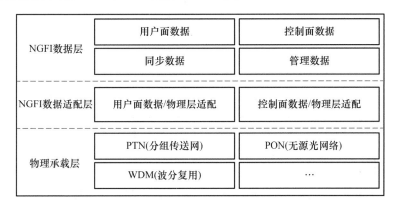

图 2-15　NGFI 的逻辑结构

NGFI 相比于传统 CPRI，对运营商组网而言将会从几个方面带来显著的优势[17]。

- NGFI 利用移动网络的业务潮汐效应，实现了统计复用，提高了传输效率，降低了对前传网络的成本压力。
- NGFI 大幅降低了 RCC-RRS 传输接口带宽，在保持 RCC/RRS 分离结构的基础上，有利于多天线技术的实现，易于 RCC 集中化部署并实现无线网络协作化功能，从而满足未来无线网络架构的发展需求。
- NGFI 基于以太网传输，因此在建设运维上，可以利用已有传输网络结构，借助于以太网传输技术实现灵活的组网，可靠且运维界面清晰。同时易于实现统计复用，更好地支持保护功能。另外，以太网的灵活路由能力可以更好地支持不同运营商之间的前传网络共建共享，节约网络基础资源。
- 更易于实现前传和后传网络共享。
- 易于实现网络虚拟化，更好地支持 RAN 共享和业务定制要求。

2.2.3　中/回传接口

　　5G RAN 架构通过 DU-CU 功能单元的切分能够获得小区间协作增益，实现集中负载管理，以及高效实现密集组网下的集中控制，满足运营商 5G 场景的部署需求。在设备实现上，DU 和 CU 可以灵活选择，即二者可以是分离的设备，通过 F1 接口通信，也可以集中在同一个物理设备中，此时 F1 接口就变成了设备内部的接口，CU 之间通过 Xn 接口进行通信。5G RAN 架构及中/回传接口如图 2-16 所示。

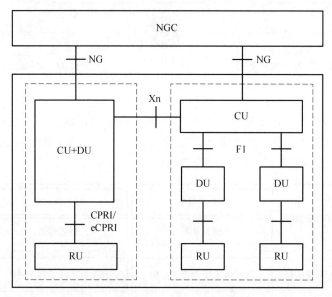

图 2-16　5G RAN 架构及中/回传接口

1. F1 接口简介

F1 接口定义为 NG-RAN 内部 DU 和 CU 功能实体之间互联的接口。F1 接口规范的目的是实现由不同制造商提供的 DU 和 DU 之间的互联。F1 接口规范的一般原则如下[18]。

- F1 接口支持开放性原则。
- F1 接口支持端点之间的信令信息交换，此外接口支持向各个端点的数据传输。
- 从逻辑角度来看，D1 是端点之间的点对点接口，即使在端点之间没有物理直接连接的情况下，点对点逻辑接口也是可行的。
- F1 接口支持控制平面(F1-C)和用户平面分离(F1-U)。
- F1 接口分离无线网络层和传输网络层。
- F1 接口可以交换 UE 相关信息和非 UE 相关信息。

F1-C 接口的主要功能如下。

- 接口管理功能：差错指示、重置、F1 建立、配置更新等功能。
- 系统信息管理功能：系统广播信息的调度在 DU 执行，DU 根据获得的调度参数传输系统消息。
- UE 上下文管理功能：支持所需要的 UE 上下文建立和修改。
- RRC(Radio Resource Control，无线资源控制)层消息转发功能：允许 DU 和 CU 间 RRC 消息转发，CU 负责使用 DU 提供的辅助信息对专用 RRC 消息编码。

F1-U 接口的主要功能如下。

- 数据转发功能：允许 NG-RAN 节点间数据转发，从而支持双连接和移动性操作。
- 流控制功能：允许 NG-RAN 节点接收第二个节点的用户面数据，从而提供数据流相关的反馈信息。

2. Xn 接口简介

Xn 接口是 NG-RAN 节点内 CU 之间的网络接口,分为 Xn-C 接口(控制面接口)和 Xn-U(用户面接口)。Xn 接口的规范原则如下。

- Xn 接口支持开放性原则。
- Xn 接口支持两个 NG-RAN 节点之间的信令信息交换,以及 PDU 到各个隧道端点的数据转发。
- 从逻辑角度来看,Xn 是两个 NG-RAN 节点之间的点对点接口。即使在两个 NG-RAN 节点之间没有物理直接连接的情况下,点到点逻辑接口也是可行的。

Xn-U 是在两个 NG-RAN 节点之间定义的,协议栈如图 2-17(a)所示。传输网络层建立在 IP 网络层之上,GTP-U 用于 UDP/IP 之上以承载用户面 PDU。Xn-U 提供无保证的用户面 PDU 传送,并支持以下功能。

- 数据转发功能:允许 NG-RAN 节点间数据转发,从而支持双连接和移动性操作。
- 流控制功能:允许 NG-RAN 节点接收第二个节点的用户面数据,从而控制数据流向。

Xn-C 是在两个 NG-RAN 节点之间定义的,协议栈如图 2-17(b)所示。传输网络层建立在 IP 网络层之上的 SCTP。应用层信令协议称为 Xn-AP(Xn Application Protocol,Xn 应用层信令)。SCTP 层提供有保证的应用层消息传递。在网络 IP 层,点对点传输用于传递信令 PDU。Xn-C 接口支持以下功能。

- 通过 Xn-C 接口提供可靠的 Xn-AP 消息传递。
- 提供网络和路由功能。
- 在信令网络中提供冗余。
- 支持流量控制和拥塞控制。
- Xn-C 接口管理和差错处理功能,包括 Xn 建立、差错指示、Xn 重置、Xn 配置数据更新、Xn 移除等。
- UE 移动管理功能,包括切换准备、切换取消、恢复 UE 上下文、RAN 寻呼、数据转发控制等。
- 双连接功能,激活 NG-RAN 中辅助节点资源的使用。

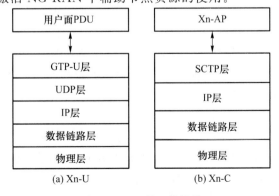

(a) Xn-U   (b) Xn-C

图 2-17   Xn 接口协议栈

2.3 光与无线融合网络智能控管技术

在移动承载网络中,为实现光与无线资源的联合调度,需要统一的智能控管技术。光与无线融合网络智能控管技术应具备 4 个关键特征,包括网络设备的可编程和开放、网络功能的虚拟化和编排、网络服务的多样化和定制、统一管控的智能和自动化,如图 2-18 所示。

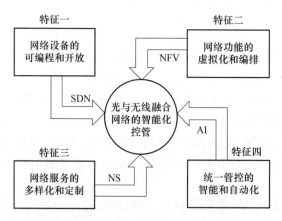

图 2-18 光与无线融合网络智能化控管的 4 个关键特征

（1）网络设备的可编程和开放

在光与无线融合网络中,随着移动接入业务的快速发展,泛在、异构资源需要高效协同与灵活适配。然而,传统网络设备的配置、维护等都强烈依赖运维人员的人工管理,网络资源适配和管理的效率极低。为了解决上述问题,需要开放光与无线网络设备控制接口,实现网络设备的可编程控制。同时,结合 SDN（Software Defined Network,软件定义网络）技术,面向快速变化的业务需求,可以实现网络设备的快速、按需编程,为实现光与无线资源的智能、统一管控奠定基础。

（2）网络功能的虚拟化和编排

随着移动接入网络业务的不断发展,光与无线融合网络的物理基础设施需要定期更新换代,以适应新业务的需求。但光与无线融合网络组网复杂、设备种类繁多,因此设备更新与系统升级往往会带来比传统网络更长的开发周期和维护成本。为了解决上述问题,NFV（Network Function Virtualization,网络功能虚拟化）技术被认为是一项很有前途的技术并被广泛使用。其主要特征是将光与无线网络设备的计算处理能力与网络硬件设备解耦,网络功能以软件的形式部署在通用硬件设施上,便于对网络功能统一编排,在一定程度上也加快了网络功能更新换代的速度。

（3）网络服务的多样化和定制

随着移动接入网络业务需求的多样化,传统移动承载网络可伸缩性较差的缺陷愈加明显,使其难以满足业务的差异化传输需求。如果为每类业务提供单独的物理网络,无疑会提高部署和维护成本。所以,急需针对多样化业务需求,设计灵活可定制网络。为了解决上述问题,NS（Network Slicing,网络切片）技术被提出并应用在光与无线融合网络中。其主要特征是在同一物理网络基础设施上,动态地将光、无线和计算资源按照业务需求划分成不同的逻辑切片,针对不同应用场景和差异化业务按需提供定制化服务。

(4) 统一管控的智能和自动化

光与无线融合网络资源的多样性和异构性体现在 3 种异构资源〔无线频谱资源、光波长资源和基带处理资源(计算资源)〕的共存上。如何实现多域网络资源的统一控制,进而实现异构资源信息的互联互通是光与无线融合网络面临的另一关键问题。为解决上述问题,光与无线融合网络管控平面将结合 AI(Artificial Intelligence,人工智能)等先进算法,实现物理层状态可感知、网络层跨域可联动、业务的快速自动化部署等重要特征。

针对光与无线融合网络智能化控管的 4 个关键特征,本节将依次介绍关键使能技术(软件定义网络技术、网络功能虚拟化技术、网络切片技术、人工智能赋能技术)的基本概念与其在光与无线融合网络中的应用和面临的挑战。

2.3.1 软件定义网络技术

2008 年,斯坦福大学教授 Nick McKeown 的研究团队在 ACM SIGCOMM 上发表了题为 "OpenFlow:Enabling Innovation in Campus Networks"的论文,文中首次介绍了 SDN 的基本概念,其主要思想是将网络设备的数据平面和控制平面分离,使用户能通过标准化接口对各种网络转发设备进行统一管理和配置。2012 年,ONF(Open Network Foundation,开放网络基金会)定义了 SDN 架构[19],其包括 3 个基本平面:应用平面、控制平面和数据平面,如图 2-19 所示。

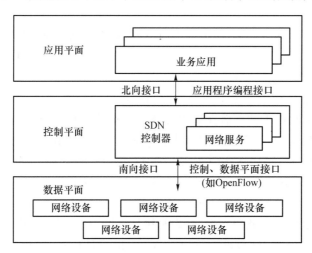

图 2-19 ONF SDN 架构图[19]

- 应用平面:为用户提供各种定制化、个性化的应用程序,应用程序通过北向接口与控制平面进行交互,满足用户的需求。
- 控制平面:作为 SDN 架构的核心组成部分,具有逻辑集中的网络视图,通常包括一个或多个 SDN 控制器,可作为数据平面与应用平面连接的桥梁。一方面,控制器通过南向接口协议对底层网络交换设备进行集中管控,包括状态信息监测、转发决策下发等。另一方面,控制器通过北向接口向上层应用开放可编程能力,允许网络用户根据特定的应用场景灵活地制订各种网络策略。

- 数据平面：主要由各种具有可编程交换能力的网络设备组成，完成实际数据流的转发工作，转发过程中所需要的转发表项由控制平面下发。所以，数据平面是控制系统的执行者，其本身通常不作任何决策。数据平面与控制平面间通过南向接口进行信息交互，数据平面一方面上报网络资源信息和硬件设备状态，另一方面接收来自控制平面的控制指令完成数据转发。

SDN 技术作为下一代数据通信网络的关键技术，相较于传统的通信网络技术，优势在于：①转发和控制分离；②控制逻辑集中；③网络能力开放化。然而，虽然 SDN 技术已经在数据通信网络中广泛应用，但将其应用在光与无线融合网络中仍然面临着一系列问题[20]。

① 光与无线融合网络在组网结构上，通常体现为异构互联、分层多域。因此，如何实现标准 SDN 协议的定制化扩展，以满足网络在异构性和复杂性方面的特殊需求，是一个急需解决的问题。例如，标准南向协议表项中并没有对光层设备和无线层设备的定义，所以需要针对所涉及的物理层网络设备对标准南向协议进行扩展，以实现基于软件定义的光与无线融合网络。

② SDN 控制器是软件定义网络的核心，其工作效率与网络规模密不可分。随着 5G 技术的发展，光与无线融合网络的覆盖范围与网络规模不断扩大。因此，如何实现大规模跨域网络的集中式管控的高效性和可靠性，是 SDN 技术在光与无线融合网络中广泛应用面临的另一个关键问题。

2.3.2　网络功能虚拟化技术

随着网络业务需求的多样化，服务提供商不得不定期扩展其物理基础设施，从而导致超高的 CAPEX(Capital Expenditures，资本支出)和 OPEX(Operating Expense，运营支出)。为了解决上述问题，NFV(Network Function Virtualization，网络功能虚拟化)被认为是一种非常有前途的技术。NFV 通过将网络功能与底层硬件分离，用标准的 IT 虚拟化技术将虚拟化网络功能以软件的形式部署在通用硬件上。这种软硬件分离的网络功能部署方式，通过按需实例化网络功能，实现了对网络功能灵活、有效地运维和管理，加快了网络功能更新换代的速度，降低了 CAPEX 和 OPEX。2014 年，ETSI(European Telecommunication Standard Institute，欧洲电信标准化协会)定义了 NFV 技术基本框架[21]，其中主要包括 3 个层面：基础设施层、虚拟网络层和运营支撑层，如图 2-20 所示。

- 基础设施层：为 VNF 提供部署、管理和执行环境，并实现对虚拟化基础设施资源的管理，主要包括 NFVI(Network Function Virtualization Infrastructure，网络功能虚拟化基础设施)和 VIM(Virtualized Infrastructure Manager，虚拟化基础设施管理器)两部分，其中：NFVI 由部署、监视和操作 VNF(Virtual Network Function，虚拟化网络功能)所需的软件和硬件组成，它通过虚拟化层提供硬件资源(如基带处理资源)的抽象，使每个 VNF 可以独立于硬件资源工作；VIM 负责网络功能虚拟化基础设施的管理，可以按需被设计为一种或多种 NFVI 资源的基础设施管理工具。
- 虚拟网络层：基于底层虚拟化基础设施实现业务能力，主要包括 VNF、EMS(Element Management System，网元管理系统)和 VNFM(Virtual Network Function Manager，虚拟化网络功能管理器)3 部分，其中：VNF 是基于 NFVI 虚拟

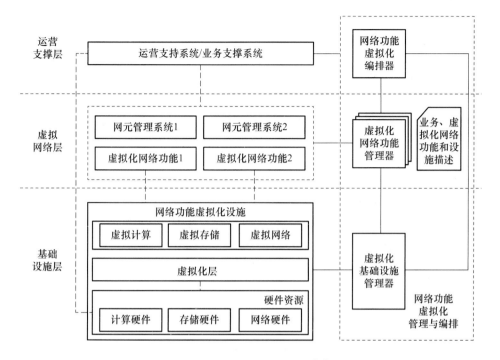

图 2-20　ETSI NFV 框架图[21]

部署的业务网元;EMS 是 VNF 业务网络管理系统,具有网元管理的功能;VNFM
负责 VNF 实例的生命周期管理,包括各种类型 VNF 的部署与配置,同时还负责管
理服务、VNF 和 NFVI 的描述。

- 运营支撑层:实现对业务编排、运维与管理,主要包括 OSS(Operation Support
System,运营支持系统)、BSS(Business Support System,业务支撑系统)和 NFVO
(Network Function Virtualization Orchestration,网络功能虚拟化编排器)3 部分,
其中:OSS/BSS 负责提供部署和管理多种端到端业务的能力,如计费、订购、续订
等;NFVO 主要负责跨 VIM 的 NFVI 资源编排和网络业务的生命周期管理等工作。

网络功能虚拟化的优势在于:①用共享服务器替换专用设备,降低部署成本;②通过统
一编排,可以按需、高效地使用网络功能;③通过简化巡检过程和更新硬件基础设施,降低运
维成本和难度。然而,虽然 NFV 技术极大地减轻了网络的部署、运维成本和难度,但在光
与无线融合网络中实现 NFV 仍将面临以下挑战[22]。

① 网络资源效率:网络资源(包括计算、存储、无线和光传输等资源)的使用效率是部署
异构网络功能时,需要重点考虑的因素之一。因此,如何在物理基础设施上部署网络功能,
使得网络能在满足业务 SLA 要求的同时消耗最少的资源,是在光与无线融合网络中实现
NFV 的一个关键挑战。

② 安全性、可靠性:在部署 VNF 后,一方面,单个、异构网络功能通常包含仅提供配置
接口的专有封闭软件,很难获取使用该网络功能的业务运行状态等信息;另一方面,由于光
与无线融合网络具有较广覆盖范围和较多设备种类的特点,在运维过程中需要考虑大量的
网络功能当前状态信息。因此,在复杂网络环境下,保障业务运行的安全性和可靠性是在光
与无线融合网络中实现 NFV 的另一个关键挑战。

2.3.3 网络切片技术

5G 时代,移动接入网络出现海量的新兴业务,如超高清视频传输、AR/VR、车联网等。这些业务在带宽、时延、可靠性、移动性、安全性等方面对网络提出了差异化需求。然而,传统网络架构由于承载能力有限、可伸缩性较差的缺陷,难以满足各类业务的差异化 QoS(Quality of Service,服务质量)要求。如果为每类业务场景都设计并搭建一个专有的物理网络必然会导致网络可拓展性差、运维成本高、结构复杂等一系列问题。

通过引入网络切片技术,为上述问题提供一种可行的解决方案。关于网络切片的概念一直都没有一个统一的官方定义,以 5G-Americas 对网络切片概念的定义为例[23]:网络切片使网络元件和功能可以在每个切片中轻松配置和重新使用,以满足特定要求。每个切片都可以拥有自己的网络架构、工程机制和网络配置,如图 2-21 所示。通过将物理网络划分为多个逻辑网络,运营商可以在相同物理网络的基础上,针对不同 QoS 指标按需定制服务,动态、有效地将资源分配给各逻辑网络切片。

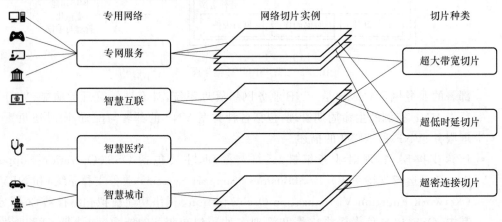

图 2-21　网络切片概念图

在光与无线融合网络中,一个端到端网络切片由若干网络功能单元以及网络功能单元间的光纤链路组成,实现 RAN 接入网与 5G 核心网间的端到端连接,如图 2-22 所示。针对 5G 网络中不同种类业务对带宽、时延、连接密度、可靠性等方面的差异化需求,结合用户侧流量特性建立 5G 端到端网络切片,每一个逻辑网络都能以特定的网络特征来满足对应的业务需求,实现对业务的定制化服务。

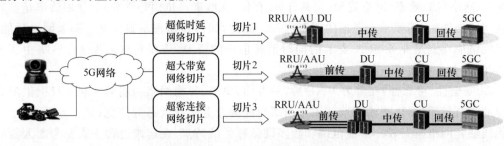

图 2-22　5G 3 种网络切片示意图

2.3.4 人工智能赋能技术

随着网络多样性的日益丰富及网络复杂度的不断提升,网络运维成本逐渐攀升。为了更好地支撑光与无线融合网络向智能化、自动化方向发展,需要建立智能、敏捷、开放的控管体系。目前,人工智能技术在光与无线融合网络中的应用主要包括以下方面。

- 智能预测:为满足新兴业务的高带宽、低时延等需求,利用人工智能技术对网络资源进行网络层、物理层等不同维度的预测,实现光与无线资源利用率提高等目标。在网络层,传统为业务分配固定带宽的资源部署方式使得网络带宽资源利用率极低。通过引入基于 LSTM(Long Short-Term Memory,长短期记忆)神经网络的流量预测模型,根据无线侧流量的动态变化趋势,按需分配光传输网络资源,实现弹性带宽分配。在物理层,由于环境的非平稳性和业务的动态性,为保证光传输质量,通常在光网络部署时会预留余量,以应对如光路色散衰减等引起的网络性能下降,但这将使得网络可用的资源减少。引入基于 ANN(Artificial Neural Network,人工神经网络)的多信道 QoT(Quality of Transmission,传输质量)估计模型,根据光路状态分配合适的传输资源,降低余量以提高光网络资源利用率。

- 智能决策:面对业务不断发展的需求,通过引入人工智能技术,感知和预测用户需求和网络状态,实现更好的资源编排和调度。例如,NG-RAN 新的基带功能分割方式以及多样化的承载需求都预示着 5G 前传光网络需要采取更加高效智能的基带功能部署策略。但传统基于启发式算法和 ILP(Integer Linear Programming,整数线性规划)模型分别面临着最优解寻找困难和大规模网络求解时间过长的问题。为了解决上述问题,基于深度强化学习,提出自学习的基带功能部署和路由策略,实现在动态、在线场景下基带功能的高效部署。

人工智能赋能的光与无线融合的网络框架如图 2-23 所示,包括数据平面、控制平面和应用平面。其中:数据平面设备需具备白盒化、开放与可编程的控制能力;控制平面需具备对光与无线资源智能、统一管控的能力;应用平面服务应具备网络功能开放、可编程应用的能力。然而,虽然人工智能技术在光与无线融合网络智能决策、预测方面有突出的表现,但由于其本身特性,在未来仍面临以下挑战。

① 可解释性:在人工智能赋能的智能算法中,所有的参数和设置都是根据自身的反馈系统进行动态的调试和演化。但随着 AI 研究与应用不断取得突破性进展,针对光与无线融合网络智能预测、决策等方面的算法、模型及系统普遍缺乏决策逻辑的透明度和结果的可解释性,导致在涉及需要做出关键决策判断的领域中,如在远程医疗等高准确度、高可靠性场景下,AI 技术难以大范围应用。

② 可拓展性:基于人工智能的路由决策算法可以在小规模场景中取得比较好的结果,但在大规模网络场景下,会存在动作空间过大而导致学习速度慢、模型难以收敛的问题,需要辅以强大的算力支持,才能得到较好的结果。

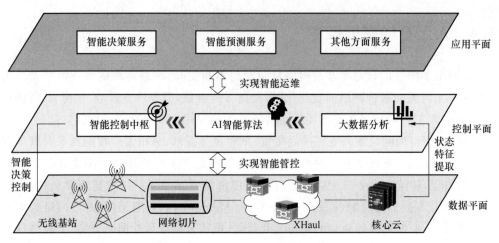

图 2-23　人工智能赋能的光与无线融合网络

2.4　边缘计算下的光与无线融合网络

基于云计算的云数据中心位于城域核心网,用户终端需按照"用户→接入网→城域网→核心网→云数据中心"的模式获取服务。面对大带宽、低时延、超密规模连接等业务需求,云计算在以下方面凸显不足。

① 实时性问题。终端设备需要与位于核心网的云数据中心交互,传输距离较长,造成较大的传播时延。此外,大量待处理数据在云数据中心排队,还会引入大量的等待时延,无法满足新兴业务的低时延通信需求。

② 带宽问题。用户数据进入云数据中心之前,需经过接入网、城域网及核心网等逐层传送,这一过程将消耗大量的带宽资源。因此,在网络高峰时段,各网络层需要承载大量的数据,会造成网络高负载运作,进而引发网络阻塞、服务质量下降等问题,如图 2-24 所示。

综上所述,单纯的云计算模式已不能满足未来的业务需求,所以需要打破传统的"超大规模-集中式数据中心"和"长距离多跳式通信"服务模式,向"小规模-分散式数据中心"和"短距离一跳式通信"服务模式的方向发展[24]。

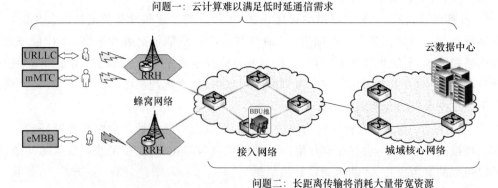

图 2-24　云计算模式下光与无线融合网络面临的问题

MEC(Mobile Edge Computing,移动边缘计算)的引入为上述各问题提供了一种可行的解决方案。移动边缘计算是指在靠近物或数据源头的网络边缘侧,具备融合网络、计算、存储、应用核心能力的开放平台。就近提供边缘智能服务的特性使其能够满足行业数字化在敏捷连接、实时业务、数据优化、应用智能、隐私保护等方面的关键需求。由于 MEC 技术将数据存储和处理能力延伸到用户终端或数据源侧,因此用户终端的服务获取模式为"用户→光接入网→边缘数据中心",如图 2-25 所示。用户无须到云数据中心内获取服务,是一种服务边缘化的模式,大大减少数据中心的接入带宽压力和端到端的信息处理时延,从而实现海量信息的快速高效处理,满足特殊业务的需求。

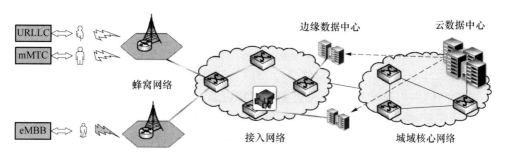

图 2-25　移动边缘计算模式下的光与无线融合网络

2014 年,ETSI(European Telecommunications Standards Institute,欧洲电信标准化协会)对 MEC 参考架构的定义如图 2-26 所示,包括 3 个部分:MEC 主机、MEC 主机级管理和MEC 系统级管理[25]。2016 年,ETSI 又把 MEC 的概念扩展为 MEC(Multi-Access Edge Computing,多接入边缘计算),将边缘计算从电信蜂窝网络进一步延伸至其他无线接入网络,支持 3GPP 和非 3GPP 多址接入。

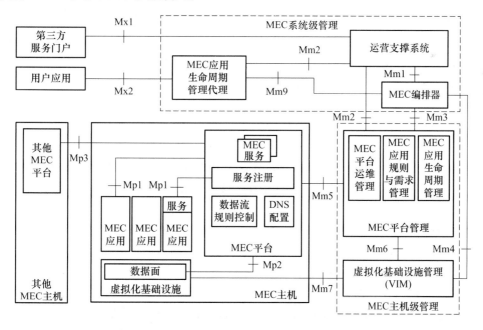

图 2-26　ETSI MEC 参考架构模型图[25]

- MEC 主机：由 MEC 平台、MEC 应用和虚拟化基础设施组成。其中：MEC 平台可以实现 MEC 注册、数据平面路由转发规则控制、DNS 代理的配置等功能；MEC 应用可以与 MEC 平台实现交互，进而使用 MEC 服务或提供 MEC 服务；虚拟化基础设施可以为 MEC 应用提供计算、存储和网络资源，并且包含数据转发平面，可根据从 MEC 平台接收到的数据执行转发规则，在各种应用和网络之间进行灵活的数据转发。

- MEC 主机级管理：包括 MEC 平台管理和虚拟化基础设施管理。其中：MEC 平台管理可以提供 MEC 平台运维管理、MEC 应用规则与需求管理、MEC 应用生命周期管理等功能；虚拟化基础设施管理负责管理 MEC 应用的虚拟资源，管理任务包括虚拟化基础设施计算、存储、网络等虚拟化资源的分配、管理以及释放。

- MEC 系统级管理：由 MEC 编排器、运营支撑系统和 MEC 应用生命周期管理代理组成。其中：MEC 编排器宏观掌控 MEC 网络的资源和容量，包括所有已经部署好的 MEC 主机和服务、每个主机中的可用资源、已经被实例化的应用以及网络的拓扑等信息；运营支撑系统实现对 MEC 系统的控制管理，同时接收第三方服务门户和用户应用的请求；MEC 应用生命周期管理代理实现相关 MEC 应用的加载、实例化、终止和迁移等功能。

边缘计算的引入给当前网络的网络规划与服务模式带来新的变化：一方面，从"网随云动"向"边随网动"转变。由于云数据中心容量大、选址条件苛刻等因素，运营商在网络规划时，将首先确定云数据中心位置，再建立光通路。因此，整体网络规划迁就于云数据中心，即"网随云动"。然而，边缘数据中心的单体容量有限，数量众多且选址灵活，但针对单个边缘数据中心铺设光路的成本较高。因此，运营商通常是在已有网络中选择合适位置部署边缘数据中心，即"边随网动"。另一方面，网络从"稀疏型云互联"向"密集型边互联"转变。云数据中心服务能力强，覆盖范围广，大量设备终端产生的数据被存储在单个云数据中心内，可单独为用户提供计算密集型服务。而边缘数据中心受限于成本，服务能力有限，个体覆盖范围有限，设备终端产生的数据被存储在多个跨异地分布的边缘数据中心内，在面向计算密集型服务时需要多个边缘数据互联协作完成。所以，边缘计算下的光与无线融合网络将面临以下挑战[24]。

① 在"边随网动"的趋势下，边缘数据中心的选址、部署数量以及容量选择都将成为运营商的重点考虑对象。边缘数据中心部署方案直接影响用户服务质量和运营商的经济效益。因此，针对边缘数据中心跨异地分布、数量大及部署位置灵活的特性，如何在同时考虑运营商和用户需求的情况下，高效地部署边缘数据中心是边缘数据中心光网络面临的一个挑战。

② 在"密集型边互联"的趋势下，任务请求所需的数据存储在多个边缘数据中心内，即一个任务请求包含多个相互关联的子任务。相比于核心网内一个请求只包含一个独立任务的情况，具有关联子任务的请求在调度时不仅需要考虑各子任务的相对位置，还需要考虑子任务间的数据传输，业务模型更加复杂。因此，如何在多用户请求并发场景下，高效响应多个具有关联子任务的请求是边缘数据中心光网络面临的另一个挑战。

伴随着 AI 技术的快速发展，高效算力成为支撑智能化社会发展的关键要素，并开始在各行各业渗透[26]。因此，算力网络也将成为边缘计算下的光与无线融合网络发展演进的下一阶段。在算力网络中,算力与网络的高效协同(即算网融合)将体现在两方面[27]:一方面,网络为算力提供联接服务(Network for AI),如用于大规模的无阻塞 DCN(Data Center Network,数据中心网络)、用于用户数据到算力联接的算力网络、用于支撑用户数据到算力更低时延和更大带宽的 Metro Fabric 和 5G URLLC 网络等。另一方面,算力将为网络提供高效运维、智能编排的能力(AI for Network),如用于主动运维的 IDN 自动驾驶网络等。因此,算力网络应具备算力服务功能、算力路由功能和算网编排管理功能,需要结合算网资源(网络中计算处理能力与网络转发能力的实际情况和应用效能),实现各类计算、存储资源的高质量传递和流动。

本 章 小 结

本章分别从组网技术、接口技术、控管技术、算网协同技术 4 个方面出发,介绍了光与无线融合网络的相关使能技术,并对其基本概念和工作原理进行了分析。本章首先对几种潜在的前/中/回传组网技术进行了对比分析。其次,光与无线的接口是融合组网的关键,本章介绍了围绕基带功能分割技术所采用的前传接口类型。再次,针对光与无线融合网络的智能控管技术,从其 4 个基本特征出发,分别介绍了软件定义网络技术、网络功能虚拟化技术、网络切片技术、人工智能赋能技术,以及上述技术在光与无线融合网络的潜在应用。最后,阐述了算力资源的下沉使得"算网融合""光与无线融合"成为未来城域接入网络的两个重要特征与发展趋势。后续章节将会围绕上述网络使能技术下的光与无线资源联合优化研究进行介绍。

本 章 参 考 文 献

[1] Chanclou P,Neto L A,Grzybowski K,et al. Mobile fronthaul architecture and technologies:a RAN equipment assessment[J]. Journal of Optical Communications and Networking,2018,10(1):1-7.

[2] Zhang J,Ji Y,Zhang J,et al. Baseband unit cloud interconnection enabled by flexible grid optical networks with software defined elasticity[J]. IEEE Communications Magazine,2015,53(9):90-98.

[3] 于浩. 业务驱动的移动承载网络资源联合优化技术研究[D]. 北京:北京邮电大学,2020.

[4] 肖玉明. 移动接入网中光与无线资源协同优化技术研究[D]. 北京:北京邮电大学,2021.

[5] Zou J,Wagner C,Eiselt M. Optical fronthauling for 5G mobile:a perspective of passive metro WDM technology[C]. Optical Fiber Communications Conference and Exhibition:2017. Los Angeles:IEEE Press,2017:1-3.

[6] 王东,李晗,张德朝,等. 面向 5G 前传的 open-WDM 新型技术架构[J]. 电信科学,2020,36(10):102-108.

[7] Eramo V，Listanti M，Lavacca F G，et al. Models of optical WDM rings in Xhaul access architectures for the transport of ethernet/CPRI traffic[J]. Applied Sciences，2018，8(4)：612.

[8] Morant M，Macho A，Prat J，et al. Multicore optical-wireless extended-range fronthaul by polarization-multiplexing in passive optical networks[C]. European Conference on Optical Communication (ECOC)：2015. Valencia：IEEE Press，2015：1-3.

[9] 中国电信 CTNet2025 网络重构开放实验室. 5G 时代光传送网技术白皮书[EB/OL]. (2017-9-14)[2022-5-17]. https://max. book118. com/html/2017/1112/139778378. shtm.

[10] IMT-2020(5G)推进组. 5G 承载网络架构和技术方案白皮书[R]. 2018.

[11] ITU-T GSTR-TN5G. Transport network support of IMT-2020/5G[S]. 2018.

[12] 冯佳新. 面向虚拟化 RAN 的基带处理功能迁移策略研究[D]. 北京：北京邮电大学，2020.

[13] 吴连禹. 5G 光传送网中高生存性 RAN 切片模型和部署策略的研究[D]. 北京：北京邮电大学，2021.

[14] CPRI Alliance. Common Public Radio Interface (CPRI)：Specification V7. 0 [S]. 2010.

[15] Common Public Radio Interface. eCPRI Interface Specification V2. 0[S/OL]. (2019-5-10) [2022-5-17]. http://www. cpri. info/downloads/eCPRI_v_2. 0_2019_05_10c. pdf.

[16] IEEE 1914. NGFI (xhaul)：efficient and scalable fronthaul transport for 5G [S]. 2019.

[17] Chih-Lin I，Li H，Korhonen J，et al. RAN revolution with NGFI (xhaul) for 5G [J]. Journal of Lightwave Technology，2017，36(2)：541-550.

[18] 3GPP. TS 138.470，F1 general aspects and principles V16.4.0[S]. 2022.

[19] 中国联通. 中国联通算力网络白皮书[R]. 2019.

[20] 雷波，陈运清. 边缘计算与算力网络——5G＋AI 时代的新型算力平台与网络连接 [J]. 中国信息化，2020(12)：1.

[21] ONF. Software-Defined Networking：The New Norm for Networks[R]. 2012.

[22] ETSI. Network Function Virtualization(NFV)：Architectural Framework[R]. 2014.

[23] ETSI. Mobile Edge Computing(MEC)：Framework and Reference Architecture [R]. 2016.

[24] 5G Americas. Network Slicing for 5G Networks & Services[R]. 2016.

[25] Casellas R，Martínez R，Vilalta R，et al. Control，management，and orchestration of optical networks：evolution，trends，and challenges[J]. Journal of Lightwave Technology，2018，36(7)：1390-1402.

[26] Ying Z，Banerjee S. Efficient and verifiable service function chaining in NFV：current solutions and emerging challenges [C]//Optical Fiber Communication Conference. IEEE，2017.

第3章
前传光网络与无线资源联合优化技术

前传光网络与无线资源联合优化是光与无线网络资源协同优化的一个重要组成部分。本章将围绕前传光网络与无线资源联合优化技术展开研究。首先分析移动前传网络的灵活可重构需求,其次对灵活可重构前传组网的光层实现技术进行研究,最后介绍3种前传光网络与无线资源联合优化的研究案例。

3.1　移动前传网络的可重构需求

由于移动智能设备和新兴业务需求的快速发展,僵化的移动前传网络和多种差异化业务需求之间的矛盾更加突出,这些矛盾迫切要求移动前传网络能够从网络架构上有所变革,打破现有结构的限制。

如图 3-1(a)所示,尽管 C-RAN 架构从物理部署的角度将 RRU 和 BBU 实现了解耦,但是 RRU 和 BBU 之间的连接关系依旧是固定与僵化的,即一个 BBU 设备仅为对应的 RRU 站点提供服务。一般来说,RRU 和 BBU 之间的映射对应关系都是由运营商提前配置好的,不会随着网络状态的变化而发生变化。这种固定的连接关系会带来一些问题[1]。

- 首先,BBU 池包含数十个甚至数百个 BBU 板卡,每个 BBU 板卡单独为固定数量的 RRU(一般为 1~4 个)提供基带处理服务,当 BBU 板卡或传输链路发生故障时,RRU 无法通过前传网络重新连接一个可用的 BBU 板卡,造成网络可靠性的降低。
- 其次,移动流量的潮汐效应使得 BBU 池的资源利用率随着时间和空间发生变化,固定连接结构无法根据资源利用率实现基站流量/负载的动态迁移,导致 BBU 池的资源浪费。
- 最后,RRU 之间的协作(如 CoMP 技术)需要多个 BBU 板卡之间进行大量的数据交互,固定连接结构将会造成额外的带宽消耗,限制了网络性能。

因此,为了克服上述问题,RRU 和 BBU 之间的前传网络需要具备灵活可重构特性,如图 3-1(b)所示,灵活移动前传组网方案是指 RRU 和 BBU 之间不再采用固定的网络连接模式,而是通过先进的网络控制技术(如 SDN)实现连接和速率的动态调整。在灵活可重构前传网络架构下,一个 RRU 可以根据不同的需求选择合适的 BBU 池或板卡进行服务,RRU 和 BBU 之间的连接关系能够随着网络状态变化等因素发生变化,从而实现更加高效的光与无线融合网络性能。

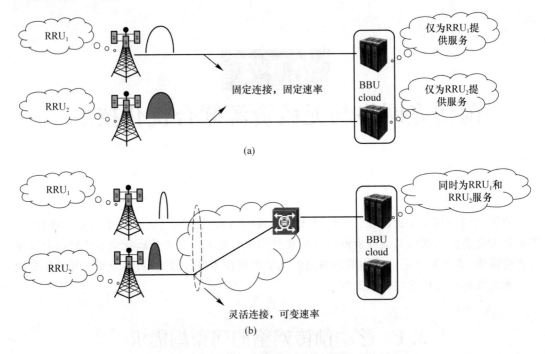

图 3-1　固定连接和灵活连接的移动前传方案对比

3.2　灵活可重构前传光网络组网

3.2.1　基于波长可调谐激光器和阵列波导光栅路由器的交换结构

　　基于波长可调谐激光器和 AWGR(Arrayed Waveguide Grating Router,阵列波导光栅路由器)的交换方式是无源 WDM 前传网络的一种演进方案。该方案通过波长可调谐激光器实现 RRU 端(发送端)波长的灵活调配,并通过 AWGR 实现波长路由功能,是一种具有可重构功能的光层组网方案,受到学术界和产业界的广泛关注。波长可调谐激光器的基本物理机制是利用半导体激光器内部的有源区可以在较宽的波长范围内产生光增益这一特点,直接或间接地改变激光器谐振腔的长度,使谐振腔中的谐振模式产生变化,然后对应的频率选择元件选择调谐后的激光波长。波长可调谐激光器发射的波长信号会通过 AWGR 进行波长路由。当 AWGR 的某一端口输入连续 N 个波长时,N 个波长会被单独分配到 AWGR 另一侧的 N 个端口输出,将该波长路由特性与波长可调谐激光器的波长可调范围相结合,便可以实现波长的动态分配。AWGR 作为一种无源光器件,便于网络建设过程中节点的选址与部署,与有源器件 WSS(Wavelength Selective Switch,波长选择开关)相比,能够实现更低的网络能耗[2]。

　　图 3-2 给出了一个可调谐激光器与 4×4 的 AWGR 组成的前传组网结构,其中波长的

上标表示对应的输入端口,下标区别不同的波长,可以看到从 AWGR 端口 1 输入的 4 个波长 $\{\lambda_1,\lambda_2,\lambda_3,\lambda_4\}$ 的输出结果为 λ_1 从端口 1 输出,λ_2 从端口 2 输出,λ_3 从端口 3 输出,λ_4 从端口 4 输出,即按照输出端口从上到下的顺序排列,输出为 $\{\lambda_1,\lambda_2,\lambda_3,\lambda_4\}$。类似地,对应于从端口 2 输入的 4 个波长来说,其输出序列为 $\{\lambda_2,\lambda_3,\lambda_4,\lambda_1\}$;对应于从端口 3 输入的 4 个波长来说,其输出序列为 $\{\lambda_3,\lambda_4,\lambda_1,\lambda_2\}$;对应于从端口 4 输入的 4 个波长来说,其输出序列为 $\{\lambda_4,\lambda_1,\lambda_2,\lambda_3\}$。当 RRU 站点端激光器能够在至少连续 4 个波长范围内进行调谐时,总可以选择一个特定波长,通过 AWGR 从指定的端口输出。例如,当 RRU_2 中有业务需要从 AWGR 端口 3 输出时,可以使用波长 λ_4 来承载该业务,而当业务需要从端口 4 输出时,可以使用波长 λ_1 来承载该业务。因此,基于可调谐激光器和 AWGR 的交换结构能够统一对波长进行选择和分配,灵活地应对网络中的各种情况,提供所需的带宽需求。

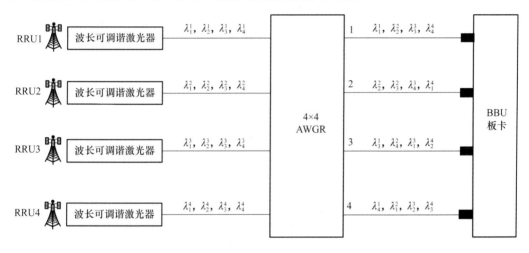

图 3-2　基于波长可调谐激光器和阵列波导光栅路由器的交换结构[2]

3.2.2　AWGR 端口分解及路由信息表

在实际的网络中,尽管 AWGR 的插入损耗很小,但是当 AWGR 的维度增大时(如 64×64),会产生比较严重的串扰[3]。因此,在密集蜂窝中采用高维度 AWGR 进行前传组网的可扩展性不高。AWGR 分解是解决大规模网络中 AWGR 维度过高的有效方法。较大维度的 AWGR 可以按照一定的规则分解为几个低维度的 AWGR 和若干个多路复用器/解复用器(Mux/DeMux)的组合,可保留与高维度 AWGR 几乎相同的路由属性。对于 $N\times N$ 的 AWGR,如果 $N=r\times n$,则可以将 $N\times N$ 的 AWGR 分解为 n^2 个 $r\times r$ 的 AWGR,并且波长集被划分为 n 个子集。

如图 3-3(a)所示,8×8 的 AWGR 可以分解为 4 个 4×4 的 AWGR 的组合,其中,输入端口 $P_0,P_1,\cdots,P_7$ 与一对 Mux/DeMux 关联。多路复用器 Mux 将 8 个波长复用为一路,解复用器 DeMux 将这些波长划分为 2 组,每组由 4 个波长组成。因此,可以在交换结构的输入端将多路复用器 Mux 和解复用器 DeMux 分解为几个低维度的多路复用器。背靠背的 8×1 的 Mux 和 1×2 的 DeMux 被转换成 2 个 4×1 的 Mux。因此,光收发器的可调谐范围(可调谐波长数)从 8 减少到 4,可调谐收发器的种类(支持不同的调谐范围)从 1 增加到 2。

例如,在图 3-3(b)中收发器(类型 1)的调谐范围为 $\{\lambda_0,\lambda_1,\lambda_2,\lambda_3,\lambda_4,\lambda_5,\lambda_6,\lambda_7\}$,而类型 2 的收发器的调谐范围为 $\{\lambda_0,\lambda_1,\lambda_2,\lambda_3\}$,类型 3 的收发器的调谐范围为 $\{\lambda_4,\lambda_5,\lambda_6,\lambda_7\}$。在交换矩阵的输出端,Mux/DeMux 不需要被分解,以保证输出端的端口数。图 3-3(a)中 $P_0 \sim P_7$ 端通过若干个多路复用器/解复用器连接到 RRU 站点,而 $Q_0 \sim Q_7$ 侧则对应连接到多个 BBU 板卡。RRU 站点和 BBU 板卡之间通过 4 个 4×4 的 AWGR 相连接(由 1 个 8×8 分解之后得到),表 3-1 为对应的路由转发信息表。从表 3-1 可以看出,所有 RRU 站点和 BBU 板卡之间都有波长进行直接相连,说明分解前后的 AWGR 结构均可以实现相同的路由交换功能。

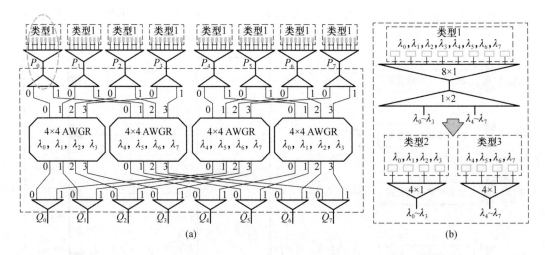

(a)　　　　　　　　　　　　　　(b)

图 3-3　8×8 AWGR 分解示意图[3]

表 3-1　8×8 AWGR 交换矩阵路由信息表

	P_0	P_1	P_2	P_3	P_4	P_5	P_6	P_7
Q_0	λ_0	λ_1	λ_2	λ_3	λ_4	λ_5	λ_6	λ_7
Q_1	λ_1	λ_2	λ_3	λ_0	λ_5	λ_6	λ_7	λ_4
Q_2	λ_2	λ_3	λ_0	λ_1	λ_6	λ_7	λ_4	λ_5
Q_3	λ_3	λ_0	λ_1	λ_2	λ_7	λ_4	λ_5	λ_6
Q_4	λ_4	λ_5	λ_6	λ_7	λ_0	λ_1	λ_2	λ_3
Q_5	λ_5	λ_6	λ_7	λ_4	λ_1	λ_2	λ_3	λ_0
Q_6	λ_6	λ_7	λ_4	λ_5	λ_2	λ_3	λ_0	λ_1
Q_7	λ_7	λ_4	λ_5	λ_6	λ_3	λ_0	λ_1	λ_2

3.3　案例一:面向 BBU 节能聚合的前传光网络优化技术

3.3.1　潮汐效应下的 BBU 节能聚合

在实际运营的无线接入网络中,移动网络部分展现出了强烈的时间几何特性,这将会导致 BBU 的利用率随着时间的变化而发生波动。例如,当用户从一个地点移动到另一个地点时,用户之前所连接的 BBU 将会处于空闲状态,进而导致电能的浪费。为了解决这个问题,关闭利用率低的 BBU 是一种有效的节能方式。灵活可重构的移动前传网络在支持 BBU 的"开启-关闭"上有两个便利条件。第一,BBU 板卡被集中放置在 BBU 池中,所以在实际运营中,相对于分布式基站(BBU 和 RRU 放置在一起),开启和关闭 BBU 板卡将会变得十分容易。第二,因为 RRU 和 BBU 池是通过灵活光网络连接的,所以可以先将低负载的 BBU 中的业务迁移到其他的 BBU 中,然后关闭这个低负载的 BBU,以达到节能的目的。图 3-4 展示了业务在潮汐效应下 BBU 节能聚合的示意图[4]。

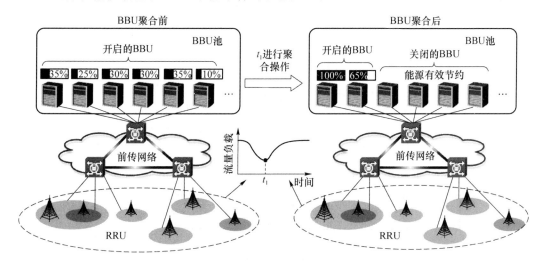

图 3-4 潮汐效应下 BBU 节能聚合方案示意[4]

3.3.2 BBU 聚合模型——二维装箱问题

BBU 聚合是将处在低负载的 BBU 关闭,并将其负载迁移(也称聚合)到其他 BBU 中,从而实现 BBU 资源的高效利用。所以,对于业务负载动态变化的场景,如何建立 BBU 容量模型将是 BBU 聚合的一个重要部分。BBU 容量依赖两个部分。一个部分是 BBU 的 BP (Baseband Processing,基带处理),基带信号的处理实现了物理层数据的计算功能,如信号的编码和译码、调制和解调、帧映射和反映射等。基带信号处理功能被认为是 BBU 板卡的"计算"性质。另一个部分是用于 IQ 抽样信号的传输带宽,基带信号带宽决定了通过 CPRI 的标准接口可以传输到 BBU 板卡(从 BBU 板卡输出)的 IQ 抽样信号数量。对于不同的蜂窝类型,CPRI 定义了一系列的线速率。IQ 抽样带宽通常被认为是 BBU 板卡的"网络"性质。在通常情况下,负载的变化发生在极短的时间范围内(如秒范围内),但在如此之短的时间范围内,是不可能对资源进行重新调整、分配计算资源的。因此,本节做出如下假设:需要重新分配 BBU 资源的变化发生在一个比较大的时间范围内(如分钟级别的时间范围内)[5]。

如图 3-5 所示,基带处理部分由以下两部分组成:第一,针对每个用户的 UP (User Processing,用户处理)和 CP(Common Processing,通用处理)。用户处理依赖用户实际所拥有的 PRB(Physical Resource Block,物理资源块),这部分会随着用户业务负载的变化而波动。同时 BBU 板卡所处理的负载可以近似地认为与 PRB 呈线性关系。如果多个 RRU 同时访问一个 BBU 板卡,那么这块板卡可以处理的总的业务负载将是各个 RRU 业务负载之和,且要求是在不超过 BBU 处理能力的前提下。通用处理单元所消耗的处理资源是固定大小的,与 PRB 无关。它与快速傅里叶变换/快速傅里叶反变换(FFT/IFFT)长度和公共物理信号处理过程有关。因此,每根天线所需的基带处理单元数可以描述为

$$\mathrm{BP}_{\mathrm{perantenna}} = \frac{(\log_2 \mathrm{QAM})}{2} \times N_{\mathrm{PRB}} + \mathrm{BP}_{\mathrm{IFFT/FFT}} \tag{3-1}$$

式中:QAM 表示无线信号的调制格式,可取值为 4、16 和 64 等;N_{PRB} 表示 PRB 的数目;$\mathrm{BP}_{\mathrm{IFFT/FFT}}$ 是通用处理单元用于 IFFT/FFT 变换所产生的负载。基带处理单元的最小粒度定义为一个"单元"。本节假设,当使用 QPSK 调制格式的信号在一个 PRB 上传输时所使用的基带处理资源为一个"单元"。

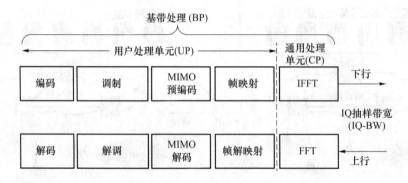

图 3-5　BBU 物理处理单元范式

每个 BBU 板卡拥有一个或多个物理端口,通过这些物理端口连接到移动前传网络,同时,物理端口的容量决定了可以通过前传网络连接到 BBU 板卡上的 RU 的数量。IQ 信号抽样带宽代表通用公共信号接口信号的线速率。IQ 信号抽样带宽可以表示为

$$\mathrm{IQ\text{-}BW}_{\mathrm{perantenna}} = R_{\mathrm{s}} \times R_{\mathrm{w}} \times L_{\mathrm{c}} \times 2 \tag{3-2}$$

式中:R_{s} 表示抽样频率(例如,对于 20 MHz 的 LTE 系统来说,其抽样频率为 30.72 MHz);对于 20 MHz 的 LTE 系统来说,R_{w} 是 15;L_{c} 表示线编码,对于 8B/10B 编码来说,其取值为 10/8;乘数因子 2 表示 I 路和 Q 路两路信号。不同带宽下 LTE 系统的参数值设置如表 3-2 所示。

表 3-2　不同带宽下的 LTE 系统参数

带宽/MHz	1.25	2.5	5.0	10	15	20
PRB 数	6	12	25	50	75	100
R_{s}/MHz	1.92	3.84	7.68	15.36	23.04	30.72
IFFT/FFT 位数	128	256	512	1 024	1 536	2 048
BP IFFT/FFT(Unit)	4.5	9	18	36	54	72

当一个 RRU 重新连接到一个新的 BBU 板卡上时,这个 RRU 应同时满足 BBU 的基带处理能力和 IQ 抽样带宽这两个容量约束。所以,BBU 聚合方法可以转化成一个改进的"二维装箱问题"模型。但是,不同于传统的二维装箱问题,这里的二维装箱中所装物品的横边和纵边不能有重合。图 3-6 展示了一个改进的二维装箱例子,在这个例子中,RRU₃ 和

RRU$_4$ 被迁移到了 BBU$_1$ 和 BBU$_2$ 中去。根据式(3-1)和式(3-2)，不同的业务负载和调制格式会导致 RRU(物品)具有不同的高度和宽度，这将导致不同的装箱选择。

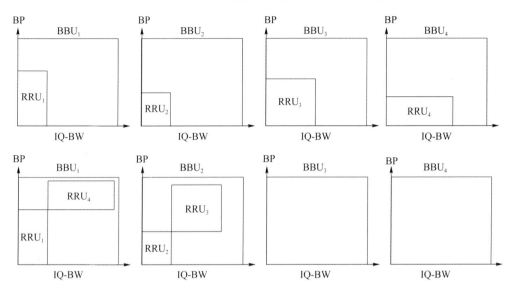

图 3-6　改进二维装箱问题示意

3.3.3　能耗最小化的整数线性规划模型

C-RAN 的能耗定义为所有部分的功率之和，包括 BBU 板卡能耗 P_B、RRU 能耗 P_R、可调谐光收发机能耗 P_T，以及 CO(Central Office，中央机房)能耗 P_{pool}。对于 CO，需要大量的功耗以确保 BBU 能够正常运行(如供电与冷却系统等)，即使它们不执行任何的网络处理。此外，BBU 板卡以及可调谐光收发器的开启和关闭与小区的业务负载相关。因此，总能耗可表示为

$$P_{total} = P_{pool} \cdot n_o + P_B \cdot n_b + (P_R + 2P_T) \cdot n_r \qquad (3-3)$$

式中，n_o 是开启的 CO 数量，n_b 是开启的 BBU 板卡数量，n_r 是开启的 RRU 数量，开启的光收发机数量是 $2n_r$。表 3-3 总结了相关能耗参考值。

表 3-3　能耗参考值

描述	参数	值/W
CO 能耗	P_{pool}	500
BBU 板卡能耗	P_B	100
RRU 能耗	P_R	20
收发机能耗	P_T	1.5

最小能耗问题的整数线性规划模型的详细说明如下。

输入：网络拓扑，RRU 的流量需求，单波长容量(Gbit/s)，CO 容量(BBU 板卡数)，BBU 板卡容量(光收发机数)。

输出:RRU 与 BBU 板卡的映射与波长分配方案。

(1) 集合和参数

- C:蜂窝小区集合。

- O:CO 集合。

- B:BBU 板卡集合。

- H:RRU 集合。

- W:波长集合。

- b:CO 中 BBU 板卡数量的上限。

- p:BBU 板卡的光收发机数量的上限。

- r:AWGR 的维度,$|W|=r \times n$,n 表示波长的子集数。

- ϕ_h^c:二进制变量,如果将 RRU_h 分配给小区站点 c,则为 1。

- β_c^o:二进制变量,如果在 CPRI RTT 延迟约束下,小区 c 可以访问 CO_o,则为 1。

- s_q^o:二进制变量,如果 CO_o 可以在 X2 延迟约束内达到 CO_o,则为 1。

- M:一个非常大的正数。

- P_{pool}:CO 的基础能耗。

- P_B:BBU 板卡的能耗。

- P_T:可调光收发机的能耗。

- P_R:RRU 的能耗。

(2) 决策变量

- $y_{c,h}^{o,b}$:二进制变量,如果属于小区站点 c 的 RRU_h 接到 CO_o 中的 BBU 板卡 b,则为 1;否则为 0。

- h_o:二进制变量,如果 CO_o 开启,则为 1;否则为 0。

- n_o^b:二进制变量,如果 BBU 板卡 b 部署在 CO_o 中,则为 1;否则为 0。

(3) 约束

$$\sum_{o \in O} \sum_{b \in B} \sum_{c \in C} y_{c,h}^{o,b} = 1 \tag{3-4}$$

$$y_{c,h}^{o,b} \leqslant \phi_h^c, \quad \forall o \in O, \forall c \in C, \forall b \in B, \forall h \in H \tag{3-5}$$

$$y_{c,h}^{o,b} \leqslant \beta_c^o, \quad \forall o \in O, \forall c \in C, \forall b \in B, \forall h \in H \tag{3-6}$$

$$\sum_{c \in C} \sum_{h \in H} y_{c,h}^{o,b} \leqslant p, \quad \forall o \in O, \forall b \in B \tag{3-7}$$

$$\sum_{c \in C} \sum_{h \in H} \sum_{b \in B} y_{c,h}^{o,b} \leqslant b \cdot p, \quad \forall o \in O \tag{3-8}$$

$$n_b^o \leqslant \sum_{c \in C} \sum_{h \in H} y_{c,h}^{o,b}, \quad \forall o \in O, \forall b \in B \tag{3-9}$$

$$M \times n_b^o \geqslant \sum_{c \in C} \sum_{h \in H} y_{c,h}^{o,b}, \quad \forall o \in O, \forall b \in B \tag{3-10}$$

$$h_o \leqslant \sum_{c \in C} \sum_{h \in H} \sum_{b \in B} y_{c,h}^{o,b}, \quad \forall o \in O \tag{3-11}$$

$$M \times h_o \geqslant \sum_{c \in C} \sum_{h \in H} \sum_{b \in B} y_{c,h}^{o,b}, \quad \forall o \in O \tag{3-12}$$

$$(y_{c,h}^{o,b} \& \& \ y_{c,h}^{q,p}) \leqslant s_o^q, \quad \forall o,q \in O, \forall b,p \in B, \forall c \in C \tag{3-13}$$

式(3-4)和式(3-5)确保将 RRU_h 仅分配给一个小区位置,并且该 RRU 只连接到 CO 中的一个 BBU 板卡。式(3-6)保证小区 c 连接到 CO_o 的时延约束。式(3-7)保证连接到 BBU 板卡的连接数量上限。式(3-8)约束 CO 中部署的 BBU 板卡数量上限。式(3-9)和式(3-10)定义了一个二进制变量,以指示 CO_o 中的 BBU 板卡 b 是否处于开启状态。式(3-11)和式(3-12)表示网络中的 CO_o 是否处于开启状态。式(3-13)保证服务于单个小区站点的所有 CO 位于 X2 时延约束内。

3.3.4 面向高能效的动态光路调整策略

DLA(Dynamic Lightpath Adjustment,动态光路调整)策略的基本思想是通过波长连接的迁移来减少低利用率的 BBU。在波长迁移过程中,不可避免地出现同一个小区中的 RRU 连接到多个 CO 中,由于多个 CO 间合作需要低时延的数据交互,若不满足,则业务的服务质量可能会下降。DLA 方案还应尽量避免由不同的 CO 服务同一小区。因此,本章设计了两种启发式方法。

- 高能效优先的 DLA(EEP-DLA):该方案尽可能地将所有波长连接压缩到最少的 BBU 板卡中。
- QoS 优先的 DLA(QSP-DLA):该方案则尝试调整波长连接,使得蜂窝站点尽可能仅由一个 CO 服务。

每个启发式方法都分为两个阶段:分配阶段和调整阶段。

- 分配阶段:算法将对随着蜂窝小区流量的增加或减少的波长连接进行处理。对于流量需求增加的小区,需要建立新的波长连接;对于流向需求降低的小区,需要拆除相应的波长连接。
- 调整阶段:根据不同的目的,对网络中已有的波长连接进行调整。对于两种启发式方法,其分配阶段的处理相同。

在算法分配阶段,针对流量需求减少的小区,该算法将释放部分波长连接,对于流量增加的小区,算法尝试尽可能在同一 CO 中建立新的波长连接,以防止不同的 CO 服务同一小区。详细流程如算法 3-1 所示。在下一阶段,该算法将依据不同的侧重点进行波长连接的调整。

算法 3-1　DLA-分配阶段:动态光路分配

输入:网络拓扑,波长集合,AWGR 维度,CO 集合 O,蜂窝小区集合 U
输出:BBU 板卡与光收发器的分配方案
初始化网络:
1:for c in U do
2:　for BBU_b in O do
3:　　if 有足够的光收发器并且没有波长冲突 then
4:　　　开启相应的光收发器并根据路由表调谐到相应波长,从 U 中删除 c
5:　　end if
6:　end if

7：end for

动态波长分配：

8：for 负载下降的小区c_d in U in 每一时刻 do

9： 释放相应的波长连接并关闭光收发器

10：end for

11：for 负载增加的小区c_i in u in 每一时刻 do

12： if BBU$_b$上有足够的未用的光收发器并且没有波长冲突 then

13：   分配相应的光收发器给该蜂窝小区

14： else

15：   开启一个新的 BBU 用来分配相应的波长连接

16： end if

17：end for

---

1. EEP-DLA

在高能效优先的 DLA 方案（参见算法 3-2）中，B_a是实际用于处理小区流量需求的 BBU 板卡数量，而B_m表示理论上可以处理所有小区流量的最少 BBU 板卡数量。

$$B_m = \frac{\sum_{c \in C} D_c}{M} \tag{3-14}$$

式中，D_c代表小区c的波长连接数，M是 BBU 板卡上的收发器数量。当$B_a > B_m$时，该算法会将低负载 BBU 板卡的波长连接迁移到高负载 BBU 板卡，以提高 BBU 板卡和光收发机的利用率。在迁移过程中可能会有一些波长冲突，为了消除波长冲突，需要找到适当的中介连接以帮助完成迁移。

算法 3-2　EEP-DLA 调整阶段：动态光路调整

输入：分配阶段后的波长连接，CO 集合 O，蜂窝小区集合 U

输出：BBU 板卡与光收发器的分配方案

1：while $B_a > B_m$ do

2： $b \leftarrow$ 集合 O 中负载最小的 CO 中负载最小的 BBU 板卡 b

3： 对集合 O 中的 CO 按照负载进行降序排列

4： for b 中的每个波长连接 l do

5：   for CO 集合 O 中的每个 CO$_q$ do

6：   for q 中每个空闲光收发器 t do

7：   if 光收发器没有冲突 then

8：   将连接 l 迁移到光收发器 t 上

9：   end if

10：   end for

11：   end for

12：   if 波长连接 l 迁移失败 then

13：   for o 中的波长连接 $l'(l \neq l')$ do

14：   if 连接 l' 和 l 不属于同一蜂窝小区 then

15：   将 l 与 l' 交换

16：   break

17：   end if

18：   end for

19：   针对 l' 重复第 5～9 行

20： end if

21： end for

---

2. QSP-DLA

在 QoS 优先的算法(参见算法 3-3)中,ϕ_o 是 CO_o 中开启的 BBU 占最大数量 BBU 的比例,而 m 是决定何时执行波长迁移的参数。QoS 优先 DLA 的主要思想是减少分配阶段中因为波长连接的动态建立或删除引起的多个 BBU 服务同一小区的情况。将参数 m 设置为算法阈值,如果某些 CO 的 ϕ_o 小于 m,则该算法将尝试迁移此 CO 中的连接,将同一单元站点的连接集中到同一个 CO 中。在此过程中,算法也进行了一定的 BBU 聚合操作,将波长连接压缩到较少的 BBU 板卡以节能。

算法 3-3 QSP-DLA 调整阶段:动态光路调整

输入:分配阶段后的波长连接,CO 集合 O,蜂窝小区集合 U

输出:BBU 板卡与光收发器的分配方案

1:对集合 O 中的 CO 按照负载进行降序排列

2:for 集合 O 中的每个 CO_o do

3: for o 中的每个波长连接 l do

4:   if $\phi_o < m$ then

5:    for O 中的每个 $CO_{o'}(o' \neq o)$ do

6:     if 连接所属的小区 c 同时连接到 o' then

7:      在最大负载的 BBU 板卡上寻找一个没有冲突的光收发器 t,并将连接 l 迁移到 t

8:      if l 的迁移有波长冲突 then

9:       for o 中的 $l(l \neq l')$ do

10:        if 连接 l' 和 l 不在同一小区 then

11:         将 l 与 l' 交换

12:         break

13:        end if

14:       end for

15:      end if

16:     end if

17:    end for

18:   end if

19: end for

20:end for

3.3.5 仿真设置及实验结果

为了使仿真更贴合实际网络场景,本章考虑两种类型的区域(住宅区和商业区),针对其

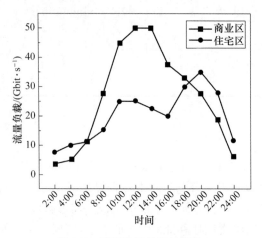

图 3-7　不同地区的流量特性

不同的流量分布情况进行分析。图 3-7 所示为两种不同类型区域的前传流量，商业区中的小区主要在 8:00 到 20:00 时段业务繁忙，而住宅区中的小区从 18:00 到 22:00 时段业务繁忙。波长的容量为 10 Gbit/s，由于给出的前传流量为[5 Gbit/s，50 Gbit/s]，而一个 RRU 配备一个光模块，也就是一个波长，因此一个蜂窝小区至少开启一个 RRU（占用一个波长），并根据小区中的流量变化，动态开启/关闭 RRU。对于不同 CO 服务同一小区的情况，利用多 CO 协作产生的回传流量来衡量该情况。在仿真中，本书考虑两种不同规模的网络类型。在小型网络中，比较了 ILP 和两种启发式方法之间的能耗表现。

1. 不同网络场景下的能源消耗情况

本节考虑大/小规模网络两种不同情况下的能源消耗情况。图 3-8(a) 比较了小规模网络下固定分配方案、两种启发式方法和 ILP 4 种情况的能源消耗情况。结果显示，固定分配方案能耗最多，因为该方案开启全部的处理与传输资源以满足最大的流量需求。与两种启发式算法相比，ILP 的能耗最低。此外，由于 EEP-DLA 算法的目标就是最大化资源的利用率，因此在小规模网络中具有与 ILP 几乎相同的性能。QSP-DLA 算法的性能比 EEP-DLA 差一些，因为该算法更注重业务的 QoS 性能。图 3-8(b) 比较了 4 种情况 C-RAN 的总能耗：固定分配方案、仅分配阶段、EEP-DLA 的调整阶段和 QSP-DLA 的调整阶段。在分配阶段，算法只是根据流量负载的增加或减少分配或释放波长连接。在调整阶段，算法尝试调整波长连接。在流量上升的时间段，因为需新建大量的连接，BBU 板卡的利用率都较高，因此两种启发式方法之间的区别并不明显。但是，在流量下降的时间段，由于连接的拆除，BBU 中会产生许多空闲的光收发器，两种算法之间的差异开始明显。与 QSP-DLA 相比，EEP-DLA 方案在能耗方面具有更好的性能。

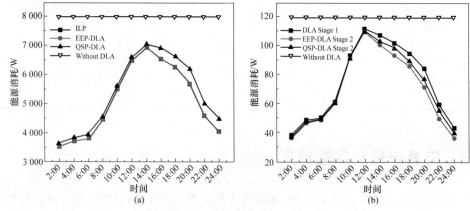

图 3-8　小/大规模网络的能耗比较

2. 大规模网络下的调整情况

本节在大规模网络下比较 X2 流量和所迁移的波长数量。图 3-9(a)所示为不同流量负载下 X2 流量的变化情况,可以看到 QSP-DLA 算法会有更低的 X2 交互流量,这是因为该方案会优先考虑业务需求,其次才是能源消耗情况。与此同时,波长迁移在提升 BBU 资源利用率的同时,也造成移动服务的中断,影响移动业务的质量。因此,图 3-9(b)给出了两种启发式方法所迁移的波长数量,可以发现 EEP-DLA 导致连接迁移更多,这是因为 EEP-DLA 方案会优先考虑减少能源消耗。

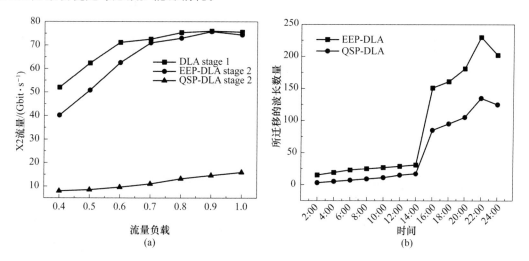

图 3-9 大规模网络下所产生的 X2 流量、所迁移的波长数量的比较

3.4 案例二:面向无线协同多点传输的前传光网络优化技术

3.4.1 Intra-BBU CoMP 和 Inter-BBU CoMP

CoMP(Coordinated Multiple Points,协同多点)作为一种干扰消除技术,其核心思想是通过小区间的联合调度和协作传输(通过不同小区/扇区基站之间的信息交互和协调),利用多个传输节点(RRU)向同一个用户发送信息,使小区边缘用户的干扰信号变为有用信号,降低了来自邻小区的干扰的水平。

根据服务于协作小区的 BBU 类型,可将 CoMP 流量分为 Intra-BBU 的 CoMP 和 Inter-BBU 的 CoMP。图 3-10 给出了 Intra-BBU CoMP 和 Inter-BBU CoMP 的概念图示[4]。图中所有 BBU 板卡放在一个集中的池中,其中的每一个 BBU 板卡都连接到前传网络中的交换节点,并通过可重构的前传网络,实现一个 BBU 可以服务于多个 RRU。对于移动用户 2,RRU_3 和 RRU_4 通过 CoMP 为用户提供服务,并且两个 RRU 均连接到同一个 BBU(即 BBU_3),本节将这种形式的 CoMP 流量称为 Intra-BBU 的 CoMP。同时,如果协作的 RRU

连接到不同的 BBU(例如,为用户 1 提供服务的 RRU$_1$ 和 RRU$_2$ 分别连接到 BBU$_1$ 和 BBU$_2$),这种情况称为 Inter-BBU 的 CoMP。C-RAN 采用集中式 BBU 的方式,缩短了 BBU 之间的物理距离,这使得 CoMP 的性能较 D-RAN 更有效率,但是 Inter-BBU 的 CoMP 仍然需要 BBU 间进行数据交换,这将导致额外的信息交互和更高的系统时延。

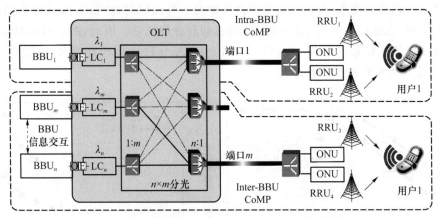

图 3-10　Inter-BBU CoMP 和 Intra-BBU CoMP 的概念[4]

3.4.2　最大化 Intra-BBU CoMP 流量的波长重构示例

即使是在 C-RAN 中,Inter-BBU CoMP 也将为 BBU 之间的链路带来巨大的开销。因此,对于 CoMP 服务,移动运营商想要尽可能多地提高 Intra-BBU 处理的比例以提高 CoMP 的性能。本节利用前传光网络的动态 WR(Wavelengths Reconfiguration,波长重构)来将属于不同 BBU 的多个协作 RRU 重新关联到同一个 BBU 上。图 3-11 给出了最大化 Intra-BBU 的 CoMP 波长重构的例子。如图 3-11 所示,在 WR 之前,移动用户 U$_1$、U$_2$ 和 U$_3$ 由 Inter-BBU 的 CoMP 服务,由上文可知将导致 BBU 间大量的信息交互。将小区的波长从 λ_2 重构到 λ_1,从而使得服务于 U$_1$ 和 U$_2$ 的 CoMP 业务都来自同一个 BBU(即 BBU$_1$)。不过 WR 也带来相应的副作用,如需要 BBU 间数据的迁移。例如,在图 3-11 中,执行 WR 之后,相应的 UE 处理资源由 BBU$_2$ 迁移到 BBU$_3$。

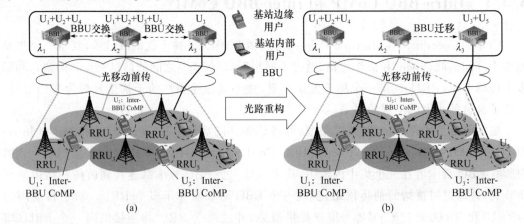

图 3-11　最大化 Intra-BBU CoMP 流量的波长重构示例

如上文所述,在最大化 Intra-BBU CoMP 流量和最小化 inner-user 的 BBU 迁移之间,需要有相应的权衡。为了综合考虑这两个因素,本节提出了 MCG-WR(Minimum Cut Graph based Wavelengths Reconfiguration,基于最小割的波长重构)和 BW-WR(BBU Weight based Wavelengths Reconfiguration,基于 BBU 权重的波长重构)两种方案,并通过相应的仿真对两者进行比较。

3.4.3 最大化 Intra-BBU CoMP 流量的波长重构技术

1. 基于最小割的波长重构算法

本节提出基于 AG(Auxiliary Graph,辅助图)的最小割搜索波长重构算法。在 AG 中,节点由 BBU(包括虚拟 BBU)和 RRU 组成。边由 3 部分组成:连接 RRU 和 BBU 的内部流量边、连接协作 RRU 之间的 CoMP 流量边、连接 BBU 及虚拟 BBU(如图 3-12 所示)的虚拟边。

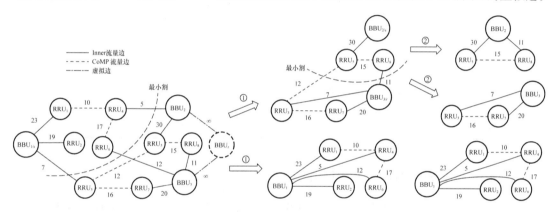

图 3-12　基于最小割的最大化 Intra-BBU CoMP 流量的波长重构示例

MCG-WR 的具体实现步骤如下。

Step 1:当初始化 AG 时,MCG-WR 根据其负载设置内部流量边和 CoMP 流量边的边重。

Step 2:当 AG 中 BBU 节点的数量超过 1 时,找到负载量最大的 BBU 作为 BBU_s,增加一个虚拟 BBU 作为 BBU_t,其通过虚拟边连接剩下的 BBU 节点(除 BBU_s 之外)。设置虚拟边的边权重为无穷。在波长容量有限的条件下,通过使用 Stoer-Wagner 算法找到 BBU_s 和 BBU_t 之间的最小割。

Step 3:将加入 BBU_t 子集中的 RRU 进行重连。如果一个 RRU 没有到达 BBU_t 的路径,用 AG 中负载最小的 BBU 重连,且在两者之间增加一条内部流量边。除此之外,将其与支持最大 Intra-BBU CoMP 流量的 BBU 连接。

Step 4:例如,在图 3-12 中,在第一次割图后,RRU_3 与 BBU_3 关联,因为相较于 RRU_3 与 RRU_5,RRU_3 与 RRU_7 之间有更多的 CoMP 流量。这一步之后,MCG-WR 将从 AG 中移除 BBU_s 子集与虚拟 BBU 节点和边。

该算法的伪代码如下所示。

算法 3-4　基于最小割的波长重构(MCG-WR)方案

输入：RRU-BBU 拓扑 $G_1(V_1,E_1)$，CoMP 拓扑 $G_2(V_2,E_2)$

输出：重新归类的 RRU-BBU 组

1：设置 E_1 的边权重为 RRU 和 BBU 之间的内部流量负载

2：设置 E_2 的边权重为 RRU 之间的 CoMP 流量负载

3：初始化辅助图 $G_{Aux} \leftarrow G_1 \bigcup G_2$

4：while # of BBU vertex in $G_{Aux} > 1$, do

5：　寻找负载最大的 BBU 节点 v_s，在 G_{Aux} 中增加一个虚拟 BBU 节点 v_t，该节点通过虚拟边连接剩下的 BBU 节点设置虚拟边的边重为 ∞

6：　在波长容量有限的条件下，通过使用 Stoer-Wagner 算法找到 BBU_s 和 BBU_t 之间的最小割

7：　新加入 v_s 子集的 RRU 节点将通过波长 λ_s 与 BBU v_s 相连

8：　定义 V_{RRU} 作为 RRU 节点的集合，其加入 v_t 子集但并未和一个确定的 BBU 相连

9：　for 每个 $r_i \in V_{RRU}$, do

10：　　if r_i 无法到达 v_t, do

11：　　　将 r_i 与负载最小的 BBU 节点相连，在两者之间增加一条新的边

12：　　else, do

13：　　　将 r_i 与支持最大 Intra-BBU CoMP 流量的 BBU 连接，并且在两者之间增加一个新边

14：　　end if

15：　end for

16：从 G_{Aux} 中移除 v_s 子集，虚拟节点以及虚拟边

17：end while

18：返回重新归类的 RRU-BBU 组

2. 基于 BBU 权重的波长重构算法

基于 BBU 权重的波长重构(BW-WR)算法是指每个 RRU 拥有一个带权重的 BBU 列表，这些 BBU 根据 CoMP 负载作降序排列。从最大 BBU 权重的 RRU 开始，对 RRU 的波长进行重构，直到所有 RRU 完成重构，BW-WR 算法结束。BW-WR 对应的伪代码如下所示。

算法 3-5　基于 BBU 权重(BW)的波长重构方案

输入：RRU 集合 R，BBU 集合 B，CoMP 流量集合 $\{(r_m,r_n)\}$，$r_i,r_j \in R$

输出：重新归类的 RRU-BBU 组

1：for each of $r_i \in R$, do

2：　定义一个 BBU 集 $\{(b_k,w_k)\}$ 来保存可能的 BBU 及其权重

3：　　找到目前服务于 r_i 的 BBU b_i，集 w_i 等于 r_i 的内部流量负载 $\{(b_k,w_k)\} \leftarrow (b_i,w_i)$

4：　for each of $(r_i,r_j) \in \{(r_m,r_n)\}$, do

5：　　定义一个 RRU 集 $\{cr_i\} \leftarrow r_j$

6：　　找到目前服务于 r_j 的 BBU b_j

7：　　if $b_j == b_i$

8：　　　$w_i = w_i + (r_i,r_j)$ 的 CoMP 流量负载均衡

9：　　else

10：　集合 w_j 等于 CoMP 流量的负载均衡，$\{(b_k,w_k)\} \leftarrow (b_j,w_j)$

11：　end for

12：$w_{\max}^i \leftarrow$ 在 $\{(b_k,w_k)\}$ 中的最大 BBU 权重

13：$b_{\max}^i \leftarrow$ 对应于 $w_{\max}^i$ 的 BBU

14： $\{\mathrm{cr}_{\max}^i\} \leftarrow$ 由 $b_{\max}^i$ 服务的 CoMP RRU 集

15：end for

16：根据 $w_{\max}^i$ 对 RRU 进行降序排列

17：while $R \neq \varnothing$

18： 将 R 中顶端的 RRU（r_{top}）与 BBU $b_{\max}^{\mathrm{top}}$ 相连

19： 移除 r_{top} 和 R 中的 $\{\mathrm{cr}_{\max}^i\}$

20：end while

21：返回重新归类的 RRU-BBU 组

3.4.4　仿真设置及实验结果

本章考虑基于 TWDM-PON 前传网络，将 100 个 BBU 置于集中式的 BBU 池以服务 500 个分布 RRU。同时假定 OLT 中与 BBU 相连的每个线卡提供 100 Gbit/s 的下行速率。假设上行 CoMP 和下行 CoMP 两种过程彼此独立，因此本仿真只考虑下行 CoMP 场景（上行 CoMP 类似）。每个 RRU 的 CPRI 带宽在 1～8 Gbit/s 范围内随机分布。初始的 BBU-RRU 组合是在波长容量有限的条件下随机生成的。相邻小区的数量在 3～10 范围内选取。对于每一个移动用户，本节假定 CoMP 服务仅由两个相邻的小区提供。定义参数 α 为 CoMP 负载与总负载的比值，参数 β 为执行 CoMP 的 RRU 对数与总相邻 RRU 对数的比值。

通过控制相邻小区数量、CoMP 负载与总负载的比值（α）、CoMP 的 RRU 对数与所有相邻 RRU 对数的比值（β）这 3 个变量的其中一个，对比 3 种情况——MCG-WR 算法、BW-WR 算法和 No WR（未利用波长重构），可以得到相应的 Inter-BBU CoMP 比值和 BBU 迁移负载的情况。图 3-13 展示了 α 为 0.5、β 为 0.5 的仿真结果。

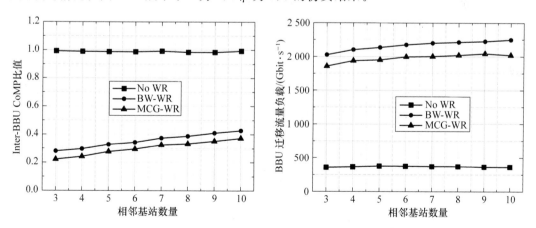

图 3-13　$\alpha=0.5$，$\beta=0.5$ 时，不同相邻小区数量下的 inter-BBU CoMP 比值和 BBU 迁移

图 3-13 为在不同相邻小区数量下的 Inter-BBU CoMP 比值和 BBU 迁移负载量。如图 3-13 所示，相较于 BW-WR，MCG-WR 有更低的 Inter-BBU CoMP 比值。这是因为

MCG-WR 通过最小割可找到更多的 CoMP 对,使它们连接到同一个 BBU。而 BW-WR 仅考虑 RRU 的相邻 CoMP 对,并将其与相同 BBU 连接。同时也可以看出,MCG-WR 比 BW-WR 有更低的 BBU 迁移负载,因为 MCG-WR 的目的是寻找最小割,这就意味着有最少的负载迁移。另外,虽然 MCG-WR 与 BW-WR 的 BBU 迁移负载相比于 No-WR(低于 500 Gbit/s)过高,但 No-WR 的 Inter-BBU CoMP 比值几乎为 1(MCG-WR 与 BW-WR 的值低于 0.5),这意味着 Intra-BBU 的 CoMP 流量为零,造成大量的协作 RRU 连接到不同 BBU,使得 CoMP 的效率过低。

图 3-14 显示了不同 β 取值情况下的 Inter-BBU CoMP 比值以及 BBU 迁移的流量负载情况。本节设置 α 为 0.5,相邻小区的数量为 6。与图 3-13 相似,在 Inter-BBU CoMP 比值和 BBU 迁移负载两方面上,MCG-WR 均比 BW-WR 的性能更优。另外可以观察到,Inter-BBU CoMP 流量比值越大,BBU 迁移负载会越少,但这并不意味着 Inter-BBU CoMP 不需要 BBU 之间的交换。同样,No-WR 的 BBU 迁移负载低于 500 Gbit/s,且 Inter-BBU CoMP 比值几乎为 1,而 MCG-WR 与 BW-WR 的值低于 0.4。

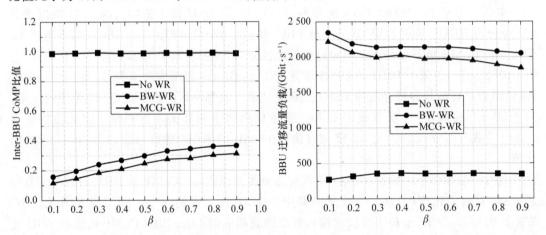

图 3-14 相邻小区为 6,$\alpha=0.5$ 时,不同 β 取值下的 inter-BBU CoMP 比值和 BBU 迁移

图 3-15 比较了不同 α 取值下的 Inter-BBU CoMP 比值以及 BBU 迁移的流量负载情况。除了与前述相同的结论之外,一个有趣的结果是,当 α 值增加时,No-WR 所迁移的负载逐渐增加且超过了 MCG-WR 和 BW-WR。这意味着当 CoMP 流量成为总流量(例如,在高移动性的用户场景中,多点协作的发生率大幅提高)的主要组成部分时,MCG-WR 将得到更好的 CoMP 性能,同时也可以减少 BBU 迁移所产生的流量负载。

3.5 案例三:面向大规模 MIMO 波束赋形的前传光网络优化技术

mMIMO(massive Multiple Input Multiple Output,大规模多输入多输出)是一种有效解决系统容量与无线传输性能的手段,其中波束赋形作为 mMIMO 的核心技术之一,能够通过产生定向窄波束来服务用户,进而显著提升无线传输的信干比与覆盖范围。然而,波束赋形以消耗数倍的天线与 RB 资源为代价来提升无线信号传输质量,进而在前传网络中会

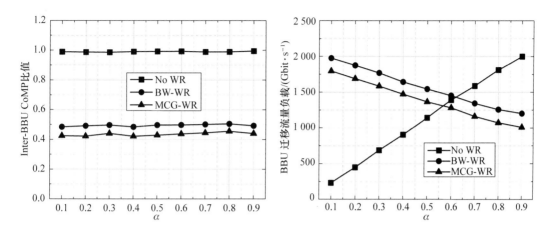

图 3-15　相邻小区为 6，$\beta=0.9$ 时，不同 α 取值下的 inter-BBU CoMP 比值和 BBU 迁移

同步造成数倍的光带宽消耗。为此，如何设计优性的前传架构以及资源分配策略是mMIMO 波束赋形场景下面临的关键问题。

3.5.1　面向 MIMO 的 TWDM-PON 前传光网络架构

本节对两种面向 mMIMO 波束赋形的前传组网模式进行研究，即固定连接模式（天线与 ONU 固定连接）与灵活连接模式（天线与 ONU 可任意连接）。

1. 天线与 ONU 固定连接模式下的前传网络架构

固定连接模式本质上是对传统"点到点"前传架构的一种拓展延伸，无须增加额外的系统复杂度。在该模式下，每根天线与固定的 ONU 相连，每个 ONU 能满足所连接天线在满负载时的数据承载需求。系统中"编排器"接收控制信道中的波束（beam）配置信息，并通过"映射器"对天线与 RB 资源进行调度，为各用户生成对应的服务波束。"映射器"根据调度信息将用户数据复制到同一 beam 组（一个 beam 组可以容纳多个用户）中所有天线上，并且控制管理预编码模块。虽然该模式简单易行，但也存在一些弊端。一方面，如图 3-16 所示，各天线单元与 ONU 之间的固定连接会引入额外的前传带宽消耗。因为如果某一 beam 组中的天线连接至不同 ONU，由于 beam 组之间是各自独立的，所以该 beam 组涉及的所有ONU 都需要传输该用户数据，则造成数倍的前传带宽消耗，其倍数等于关联的 ONU 数。所以，该种模式将在一定程度上限制 beam 创建的灵活性，进而导致无法充分使用无线资源，造成资源闲置以及用户接入量的下降。另一方面，单个或多个 ONU 的故障皆会导致所连接天线的不可用，进而造成系统容量下降以及用户接入受阻[6]。

2. 天线与 ONU 灵活连接模式下的前传网络架构

如图 3-17 所示，灵活连接模式下各天线单元通过一个 $M \times N$ 的电交换单元实现与ONU 间的灵活连接。"编排器"除了控制"映射器"，还需根据配置信息控制交换单元。此外，其余系统设置与固定连接模式相同。该模式虽然在一定程度上增加了系统的处理与实现复杂度，但是能够提升 beam 创建的灵活性与系统的可靠性（可以通过改变天线与 ONU

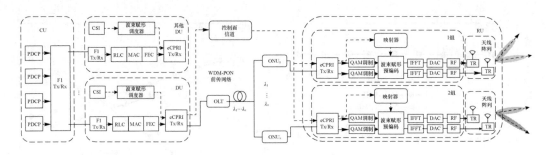

图 3-16　天线-ONU 固定连接模式下的前传组网方案[6]

的连接关系来解决某些 ONU 故障问题）。此外，该模式还支持不同 ONU 间的流量疏导。例如，在网络负载较低的情况下，可将所有天线中的业务数据疏导到少量的 ONU 中进行传输，关闭不必要的 ONU 及光模块节省能耗。

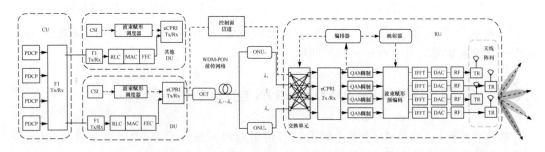

图 3-17　天线-ONU 灵活连接模式下的前传组网方案

由于灵活连接模式能够较好地保障资源利用率与系统可靠性，因此本节采用该模式实现 mMIMO 波束赋形下的前传组网。

3.5.2　MIMO 波束赋形的光与无线资源建模

如前文所述，波束赋形下的组播应用会加剧前传光带宽消耗。例如，图 3-18(a) 呈现了不同 beam 组中的用户在请求 3 类组播业务下的前传带宽消耗情况，其中每个 beam 组都单独对应了一个 ONU。由图 3-18(a) 可见，同样的业务请求分布在多个 beam 组中（例如，Beam Ⅱ 与 Ⅲ 中的用户同时请求业务 2），因而需要消耗数倍的前传带宽资源。然而，如果将相同的业务请求归置到同一 beam 组中，再通过"编排器"的调度与"映射器"的数据复制，则前传网络只需消耗一倍的光带宽资源，如图 3-18(b) 所示。基于这一思想，本节首先假设同一 beam 组中的用户都采用相同的无线配置，如调制与信道编码格式（PHY 层）以及压缩/加密方式（PDCP 层）等，从而保证同一 beam 组中请求相同业务的用户数据完全相同，从而可通过简单的复制操作获得所有用户的数据[7]。

然而，将请求相同业务的用户归置到同一 beam 组中同样存在代价，即消耗额外的天线与 RB 资源。根据所消耗的无线资源不同，本节将其归纳为两种策略。

1. 策略一：消耗额外 RB 资源

由于各用户的信道质量不同，DU 中计算得到的预配置天线数并不相同。因此，请求相同业务的用户的天线预配置数可能存在差异。若将存在预配置差异的用户归置到同一

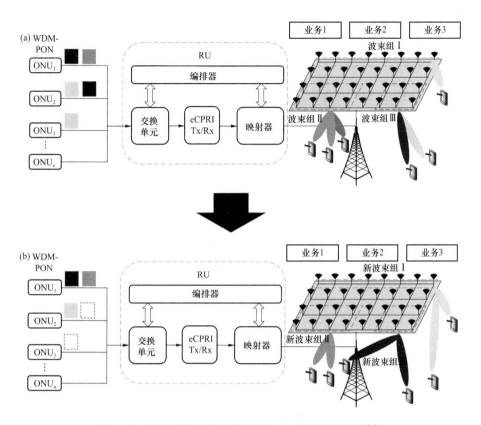

图 3-18 波束赋形组播业务下的 beam 组重构示意图[7]

beam 组中,则需对这些用户的天线数进行一致化调整。同时为了保证无线信号的传输质量,可将所有用户的天线数目进行向上统一,即采用所有用户中最大的预配置天线数来创建 beam 组。如图 3-19(a)所示,用户 S3 与 S4 的预配置天线数为 2,而为了将其与用户 S2、S1 (预配置 4 根天线)归置到同一 beam 组,需将其天线数扩大至 4 根,从而与 S2、S1 保持一致。在该种情况下,为 S3 与 S4 多配置的两根天线同样需要承载用户数据,进而导致 2(用户)×2(天线)×20 RB 的额外资源块消耗。图中"ANT"表示天线。

2. 策略二:启用额外的天线

如果只将相同天线数的用户归置到同一 beam 组中,则无须消耗额外的 RB 资源,但会导致使用额外的天线。如图 3-19(b)所示,S1 与 S2 预配置天线数为 4,S3 与 S4 预配置天线数为 2。虽然 4 位用户请求相同的业务,但由于天线需求的不同,为其创建两个 beam 组分别承载。在该种情况下,相比于策略一则需使用额外的两根天线,但无须消耗额外的 RB。

3.5.3 波长、天线、无线资源联合优化技术

1. 模型建立

本节首先建立了面向 mMIMO 波束赋形组播业务下的前传光带宽优化模型,其中常量和变量描述分别如表 3-4 和表 3-5 所示。

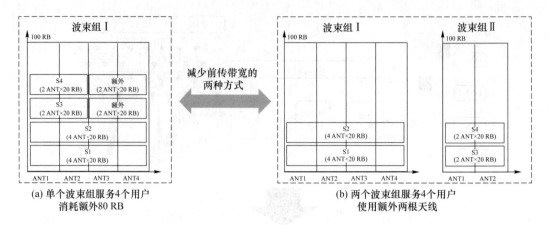

(a) 单个波束组服务4个用户　　　　　　　(b) 两个波束组服务4个用户
　　消耗额外80 RB　　　　　　　　　　　　　使用额外两根天线

图 3-19　消耗额外 RB 减少前传光带宽和使用额外天线减少前传光带宽

表 3-4　常量描述表

常量符号	常量描述
A	矩形天线阵列中的天线集合
A_M	整数,表示矩形天线阵列的行数
A_N	整数,表示矩形天线阵列的列数
M	组播业务集合
U	用户集合
UA	各用户的预配置天线数集合
UP	各用户请求的组播业务集合
B	整数,每根天线的 RB 数
RB^m	整数,组播业务 m 对应的 RB 需求
FB^m	整数,组播业务 m 对应的前传带宽需求
Max	整数,表示各 beam 最大可配置的天线数

表 3-5　变量描述表

变量符号	变量描述
X_i^m	二进制变量,表示天线 i 是否承载了业务 m,是则为 1
$Y_{i,u}^m$	二进制变量,表示天线 i 是否承载了用户 u 请求的业务 m,是则为 1
$Z_{i,j}$	二进制变量,表示天线 i 与 j 是不是一个 beam 组的起始与尾端天线(即构成一个矩形天线子阵列),是则为 1
$O_{i,j}$	二进制变量,表示天线 i 与 j 是否在同一 beam 组中,是则为 1
$S_{i,j}^m$	二进制变量,表示天线 i 与 j 是否在同一 beam 组中并且承载了业务 m,是则为 1

（1）目标函数

$$\text{Minimize}\left(\alpha \cdot \sum_m \sum_i \sum_{j>i} FB^m \cdot S_{i,j}^m \cdot Z_{i,j} + \beta \cdot \sum_m \sum_u \sum_i Y_{i,u}^m \cdot RB^m \right.$$
$$\left. + \gamma \cdot \sum_i \sum_{j>i} (j-i+1) \cdot Z_{i,j}\right) \tag{3-15}$$

式(3-15)为目标函数,旨在最小化前传光带宽、RB 与天线资源的整体消耗,其中参数 α、β、γ 为优化对象的权重,可通过调整权重大小实现优化对象的主次选择。

(2) 约束条件

① 天线配置与业务的关系:

$$X_i^m \leqslant \sum_{u \in U} Y_{i,u}^m \leqslant \text{Max} \cdot X_i^m, \quad \forall i \in A, m \in M \tag{3-16}$$

$$O_{i,j} \leqslant \sum_{m \in M} S_{i,j}^m \leqslant \text{Max} \cdot O_{i,j}, \quad \forall i, j \in A \tag{3-17}$$

式(3-16)确保一根天线承载了业务 m 的条件是,至少有一个请求该种业务的用户被该天线服务。式(3-17)描述了 beam 与业务之间的关系,若天线 i 与 j 形成的矩形天线子阵列构成一个 beam 组,则其上一定承载了业务;若无业务承载,则该 beam 组不会被创建。

② 用户与天线配置的关系:

$$\sum_{i \in A} Y_{i,u}^m \geqslant \text{UA}[u] \cdot \text{UP}[u][m], \quad \forall u \in U, m \in M \tag{3-18}$$

$$\sum_{j \in A} O_{i,j} \geqslant \sum_{m \in M} \sum_{u \in U} Y_{i,u}^m, \quad \forall i \in A \tag{3-19}$$

$$\sum_{j \in A} O_{i,j} \leqslant \text{Max}, \quad \forall i \in A \tag{3-20}$$

式(3-18)确保服务各用户的天线数不得小于该用户的预配置天线数。式(3-19)与式(3-20)约束每个 beam 组中的用户与天线数,其中为保证 beam 质量,任一 beam 组中的用户数不能超过该 beam 组的天线数。

③ 天线与 beam 组的关系:

$$O_{i,j} + O_{i,l} + O_{j,l} \neq 2, \quad \forall i \in A, j \in A, l \in A \tag{3-21}$$

$$O_{i,j} \leqslant O_{i,l}, \quad \forall i,j,l \in A, j > i,$$
$$i/A_M \leqslant l/A_M \leqslant j/A_M,$$
$$i\%A_N \leqslant l\%A_N \leqslant j\%A_N \tag{3-22}$$

$$O_{i,j} = O_{j,i}, \quad \forall i,j \in A \tag{3-23}$$

$$Y_{i,u}^m \cdot Y_{j,u}^m \leqslant S_{i,j}^m \cdot \text{UP}[u][m], \quad \forall i,j \in A, u \in U, m \in M \tag{3-24}$$

式(3-21)描述了任意 3 根天线是否在同一 beam 组中的先决条件。式(3-22)描述了每个 beam 组在整个天线阵列中的物理位置,其中符号"%"与"/"分别表示取余与相除操作。式(3-23)确保任意两根天线之间关系的对称性,即如果天线 i 与 j 属于同一 beam 组,则 $O_{i,j} = O_{j,i} = 1$。式(3-24)确保服务同一用户的天线必然都在同一 beam 组中。

④ 构建一个完整 beam 组的条件:

$$S_{i,j}^m = X_i^m \cdot O_{i,j}, \quad \forall i,j \in A, m \in M \tag{3-25}$$

$$Z_{i,j} = \begin{cases} 1, & \sum_{k \in A} O_{i,k} = j - i + 1 \\ 0, & \text{其他} \end{cases}, \forall i,j \in A, j > i \tag{3-26}$$

$$\sum_{j \in A} O_{i,j} \cdot Y_{i,u}^m = \sum_{k \in A} Y_{k,u}^m, \quad \forall i \in A, u \in U, m \in M \tag{3-27}$$

$$\sum_{m \in M} \sum_{u \in U} Y_{i,u}^m \cdot \text{RB}^m \leqslant B, \quad \forall i \in A \tag{3-28}$$

式(3-25)、式(3-26)及式(3-27)共同描述了构建一个 beam 组的条件,并以逻辑表达式的形式呈现。式(3-25)明确了天线 i 与 j 是否在同一 beam 组中且承载业务 m 所需满足的条件。式(3-26)提供了描述某一天线子阵列是否构成一个完整 beam 组的判断方式。式(3-27)确保用户必须被所在 beam 组中的所有天线服务。式(3-28)确保每根天线的负载不能超过其 RB 资源的上限。

2. 预配置优先算法

预配置优先算法由 3 部分构成:①先将用户根据其预配置天线数降序排列,再对排序后的结果进行第二轮排序,即将相同预配置下的用户按照其请求业务的标号升序排列;②为排序后的每一位用户在已创建的 beam 组中寻找最合适部署的 beam 组;③如果没有找到,则为该用户新建一个 beam 组,此 beam 组的天线数即为该用户的预配置天线数。

算法的伪代码如算法 3-6 所示。其中:集合 U 为用户信息集合,包含用户请求的业务编号、预配置天线数;集合 M 与 C 分别代表每根天线承载的业务类型与剩余 RB 容量,初始 M 为空集,初始 C 中各天线皆为满 RB 配置;集合 P 表征每个 beam 的属性,包含 beam 尺寸〔天线数(antenna_num)、起始天线标号($start_i$)、尾端天线标号($stop_i$)〕,初始 P 为空集;集合 B 描述了每种业务所需的 RB 数量;集合 I 提供了空闲天线的标号信息,可作为创建新 beam 的备选集,初始 I 中包含了所有天线。上述集合为算法的输入,算法输出为优化更新后的集合 M、P、I 及 C。

算法 3-6   A1:预配置优先算法

输入:用户集合 $U=\{$用户 u 请求的业务(m),预配置天线数(antenna)$\}$,天线集合 $M=\{$每根天线 i 中承载的业务种类$\}$,天线集合 $C=\{$每根天线 i 中剩余的 RB 容量$\}$,beam 集合 $P=\{$beam 组中的天线数(antenna_num),起始天线标号($start_i$),尾端天线标号($stop_i$)$\}$,业务集合 $B=\{$每种业务所需的 RB 资源量$\}$,集合 $I=\{$当前未承载业务的空闲天线$\}$

输出:优化更新后的集合 M、P、I、C

1:对用户 $u \in U$ 按照预配置天线数降序排列,再对相同预配置天线数的用户按照业务标号升序排列

2:for 任意用户 $u \in U$ do

3:　　for 任意 beam 组 $p \in P$ do

4:　　　　if u. m$\in M\{$p. $start_i\}$ && p. antenna_num$=$u. antenna then

5:　　　　　　if C(p. $start_i$)$\geqslant B$(u. m) then

6:　　　　　　　　将用户 u 归置到 beam 组 p 中

7:　　　　　　　　更新集合 C 与 M

8:　　　　　　　　Success$\leftarrow$1; break

9:　　　　end if　　end if　　end for

10:　if Success$=$0 or P$=\varnothing$ then

11:　　　将 u. antenna 进行因数分解生成集合 $F=\{a\times b\}$,并将所有分解结果按照 a 进行升序排列

12:　　　for 任意分解结果 $f \in F$ do

13:　　　　for 所有天线 $i \in I$ do

14:　　　　　for 所有天线 $j \in I$ do

15:　　　　　　if f 与矩形阵列$\{i,j\}$规模相匹配 then

16:　　　　　　　使用阵列$\{i,j\}$创建新 beam 组,将 $u \in U$ 部署到其中

17:　　　　　　　更新集合 M、C、P 与 I

18:　　　　　　　Success$\leftarrow$1; gotoline:20

19:　　　　　end if　　end for　　end for　　end if

20:　if Success$=$0 then

21:     for $p \in P$ do

22:       if p. antenna_num $\geq$ u. antenna && C(p. start$_i$) $\geq B$(u. m) then

23:         将用户归置到 beam 组 p 中,并更新集合 M、C

24:       end if   end for   end if

25:   end for

算法复杂度分析如下。

① 使用冒泡算法对用户进行排序,其计算复杂度为 $O(|U|^2)$。

② 针对每个用户 u,先遍历已建立的 beam 组,寻找是否有包含相同业务且天线数匹配的 beam 组,其计算复杂度为 $O(|A|)$。若未找到相匹配的 beam 组,则创建新 beam 组,其计算复杂度为 $O(\mathrm{Max}^{1/2}|A|^2)$。若无足量的未启用天线创建新 beam 组,则遍历已创建的 beam 组,找到一个天线数匹配、剩余 RB 足够的 beam 组将用户部署于其中,其计算复杂度为 $O(|A|)$。

因此,A1 算法的整体复杂度为 $O(|U|^2 + |U||A|^2\mathrm{Max}^{1/2})$。

3. 业务优先算法

业务优先算法的主要思路如下:①将所有用户根据其请求的业务标号升序排列,再将排序结果中相同业务的用户按照预配置天线数降序排列;②为排序后的每一位用户在已创建的 beam 组中寻找最合适部署的 beam 组;③如果没有找到,则为该用户新建一个 beam 组,此 beam 组的天线数即为该用户的预配置天线数。算法的伪代码如算法 3-7 所示,其输入、输出与算法 A1 一致。

算法 3-7 A2:业务优先算法

输入:用户集合 $U=\{$用户 u 请求的业务(m),预配置天线数(antenna)$\}$,天线集合 $M=\{$每根天线 i 中承载的业务种类$\}$,天线集合 $C=\{$每根天线 i 中剩余的 RB 容量$\}$,beam 集合 $P=\{$beam 组中的天线数(antenna_num),起始天线标号(start$_i$),尾端天线标号(stop$_i$)$\}$,业务集合 $B=\{$每种业务所需的 RB 资源量$\}$,集合 $I=\{$当前未承载业务的空闲天线$\}$

输出:优化更新后的集合 M、P、I、C

1:对用户 $u \in U$ 按照请求的业务编号进行升序排列,再将排序结果中相同业务的用户按预配置天线数降序排列

2:for 任意 $u \in U$ do

3:   for 任意 beam 组 $p \in P$ do

4:     if u. m $\in M\{$p. start$_i\}$ then

5:       if p. antenna_num $\geq$ u. antenna then

6:         if C(p. start$_i$) $\geq B$(u. m) then

7:           将用户归置入 beam 组 p 中,并更新集合 C、M

8:           Success $\leftarrow$ 1; break

9:         end if

10:       end if

11:     end if

12:   end for

13:   if Success$=0$ or $P=\varnothing$ then

14:     将 u. antenna 进行因数分解生成集合 $F=\{a \times b\}$,并将所有分解结果按照 a 进行升序排列

15:     for 任意 $f \in F$ do

16：　　　for 任意天线 $i\in I$ do

17：　　　　for 所有天线 $j\in I$ do

18：　　　　　if f 与矩形阵列 $\{i,j\}$ 规模相匹配 then

19：　　　　　　使用阵列 $\{i,j\}$ 创建新 beam 组，将 $u\in U$ 部署到其中

20：　　　　　　更新集合 M、C、P 与 I

21：　　　　　　Success←1；gotoline：20

22：　　　　　end if

23：　　　　end for

24：　　　end for

25：　　end if

26：　end if

27：if Success=0 then

28：　for $p\in P$ do

29：　　if $p.\text{antenna\_num}\geqslant u.\text{antenna}$ && $C(p.\text{start}_i)\geqslant B(u,m)$ then

30：　　　将用户归置到 beam 组 p 中，并更新集合 M、C

31：　　end if

32：　end for

33：end if

34：end for

算法复杂度分析如下。

① 使用冒泡算法对用户进行排序，其计算复杂度为 $O(|U|^2)$。

② 针对任意用户 u，先遍历已创建的所有 beam 组，寻找是否存在包含相同业务且天线数合适（≥用户 u 的预配置天线数）的 beam 组，其计算复杂度为 $O(|A|)$。若未找到匹配的 beam 组，则新创建一个 beam 组，其计算复杂度为 $O(\text{Max}^{1/2}|A|^2)$。若无法创建新的 beam 组，则遍历已有的 beam 组，寻找一个天线数足够且 RB 量充足的 beam 组，其计算复杂度为 $O(|A|)$。

因此，A2 算法的整体计算复杂度为 $O(|U|^2+|U||A|^2\text{Max}^{1/2})$。

A1 在不调整预配置天线数目前提下尽量将请求相同业务的用户归置到相同的 beam 组，从而不消耗额外的 RB 资源；与之相反，A2 尽量将请求相同业务的用户归置到相同的 beam 组，并对某些用户的预配置天线数目加以修改。因而，A1 与 A2 的区别在于是否可以弹性配置天线数。

3.5.4　仿真设置及实验结果

1. 可靠性仿真及分析

为评估所提出的灵活连接模式下前传组网的可靠性，本节将其与固定连接模式做对比，通过仿真探讨两者在部分 ONU 发生故障时的用户拒绝率。本节引入如下仿真场景：一个配置了 256 根天线（16×16 天线阵列）的基站，每根天线的可用无线频谱带宽为 100 MHz，即 500 RB。网络中共有 10 种类型的组播业务，假设每种业务的 RB 需求均相同。此外，网络需服务 200～300 位用户，每位用户只请求一种业务且其天线预配置数均设为 4。在此需

说明的是,由于业务 RB 需求、每位用户的预配置天线数对于网络可靠性分析的影响较小,因此仿真案例将其均设置为相同值,从而简化仿真配置。为了保证能够容纳所有天线满负载时的数据流量,仿真案例中为单基站配置了 8 个 ONU。因此,在固定连接模式下,每个ONU 需要与 32(256/8)根天线相连。基于上述仿真设置,本节对两种组网模式的可靠性展开仿真分析,分别对比了 1 个、2 个、3 个、4 个 ONU 发生故障时的用户拒绝率,并对 30 次相互独立的仿真结果求取平均值。

图 3-20 中“Fixed FHN”表示采用固定连接模式的前传组网架构,“Flexible FHN”表示采用灵活连接模式的前传组网架构。由图 3-20 可见,灵活连接模式能够获得更低的用户拒绝率。因为在固定连接模式下,一旦某 ONU 发生故障,则与其相连的天线无法与 DU 进行通信,进而导致其上承载的用户都发生掉网问题。而在灵活连接模式下,与发生故障的ONU 相连的天线可以通过系统中的交换单元切换至正常工作的 ONU 上,从而使其上承载的用户能够继续被服务。但是,由于受到各 ONU 中的容量限制,并非所有用户都能够被成功切换,因此灵活连接模式依然存在一定的用户拒绝率。此外,从图 3-20 还可观察到,当用户数量超过 260 时,所有曲线都存在一部分用户被拒绝。这是因为所有天线资源已被耗尽(已达到系统容量上限),网络中无法再接入更多的用户。

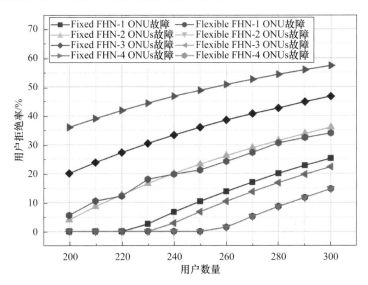

图 3-20   不同数量 ONU 故障下的用户拒绝率

2. 资源优化仿真及分析

考虑一个小规模的天线阵列并服务少量用户的场景,其详细仿真参数如表 3-6 所示,其中业务请求与预配置天线数皆为随机产生的。同时为了展现所提算法的性能,本节引入First-fit 算法作为基础对比算法。First-fit 算法的执行思路是将用户部署到第一个有足够RB 且天线数等于该用户预配置数的 beam 组中。若找不到匹配的 beam 组,则新建一个beam 组。

表 3-6　仿真参数

参数	取值	参数	取值
单天线 RB 数	10	业务种类	2
传输时间间隔(TTI)	1 ms	预配置天线数	2,4
下行调制格式(O)	256 QAM	业务的 RB 需求	2,3
单 RB 的子载波数(SC)	12	用户数	2~9
1 TTI 符号数(NS)	12	天线阵列规模	4×4

(1) 综合资源消耗 vs 用户数

综合资源消耗评估指标即为式(3-16)所示的目标函数求解结果,可反映无线天线、RB及前传光带宽的整体资源使用情况,4 种策略的求解结果如图 3-21 所示。由图 3-21 可见,NLP 模型整体资源消耗最少,因为它代表了理论上的最优解。A1 与 A2 算法性能均优于First-fit,同时 A2 资源消耗略微低于 A1。下面从 3 个方面分析其原因:对于 A1 而言,A1尽量将请求相同业务的用户归置于同一 beam 组中,因而能够减少前传带宽,但 A1 不支持改变预配置天线数,所以会在一定程度上限制用户部署的灵活性,进而影响带宽优化的性能;对于 A2 而言,A2 能够取得逼近最优解的性能,因为它支持对用户预配置天线数的调整,从而极大程度地将请求相同业务的用户归置到同一 beam 组中,显著减少前传光带宽需求;而 First-fit 将用户放置到第一个满足条件的 beam 组中,虽然不会额外增加天线与 RB需求,但是会造成请求相同业务的用户分布于多个 beam 组中,进而导致消耗数倍的前传带宽。由于带宽是该优化问题中的首要优化对象,所以 NLP、A1、A2 的综合资源消耗都低于First-fit。

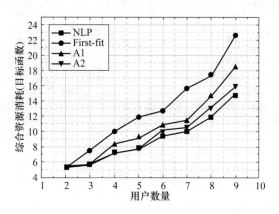

图 3-21　4 种策略下的综合资源消耗对比

(2) 前传带宽需求 vs 用户数

前传带宽是该问题中的首要优化目标,也是运营商网络优化问题中的重要关注点。如图 3-22所示,NLP 模型求解下的带宽需求最低。此外,A2 算法的资源消耗仅次于 NLP,因为A2 可通过弹性的天线配置将请求相同业务的用户部署于同一 beam 组中。但是,用户天线预配置的差异性会随着用户数量递增而逐步增大,因此弹性的天线配置方式会导致 RB 数量的过快消耗,进而会限制用户的接入量,这就是 A2 算法的弊端所在。A1 算法性能稍次于 A2,但明显优于 First-fit,因为 A1 同样以"同业务同 beam 组"为执行思想,所以可以显著减少带宽的消耗。但是,随着用户天线预配置差异性的递增,A1 会由于大量开辟新 beam 组而造成使用过多天线,这是 A1 算法的弊端所在。而 First-fit 算法下的 beam 配置与业务无关,使得相同业务分布于诸多 beam 组中,虽然不会造成额外的天线与 RB 资源消耗,但会导致数倍的带宽消耗。

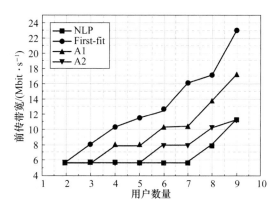

图 3-22 4 种策略下的前传光带宽需求对比

(3) 无线 RB 需求 vs 用户数

RB 消耗反映了无线频谱资源的使用情况,也是运营商的重要关注点之一。如图 3-23 所示,First-fit 与 A1 算法的 RB 使用情况保持一致,因为两者皆不存在额外的 RB 消耗,所以是 4 种策略中 RB 需求量最少的。而 NLP 与 A2 因其弹性的天线配置能力,皆会造成额外 RB 资源的消耗。由图 3-23 可见,A2 与 NLP 的曲线在"用户量 8~9"区间段存在相交情况。这是因为大量的弹性配置操作会导致 RB 消耗急剧增大,但 A2 算法并未将 RB 列为优化对象,所以无法在 RB 消耗与带宽需求之间取平衡,进而在单方面压缩带宽的同时不断消耗 RB 资源。而 NLP 模型是针对带宽、天线及 RB 需求的联合优化,所以可保证各项资源消耗间的平衡。因此,在用户数量达到 8 后,NLP 的 RB 需求介于 A2 与 A1 之间。

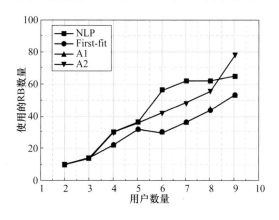

图 3-23 4 种策略下的 RB 消耗对比

(4) 天线需求 vs 用户数

天线使用数量关系到网络的能耗问题,因为每根天线下都对应了射频、功放等处理,因此也是运营商的重要关注点之一。如图 3-24 所示,4 种策略所需使用的天线数都随着用户量增加而递增,其中 NLP 具备最优的性能。因为天线数是 NLP 的优化对象之一,而其余 3 种策略却并未考虑天线优化问题。此外,A2 的性能优于 First-fit,因为 A2 通过调整天线预配置,可以将更多用户归置到同一 beam 组中,进而充分使用已启用天线的 RB 资源。First-fit 不会将天线预配置数不同的用户归置于同一 beam 组中,因而相比于 NLP 与 A2 而言会创建更多的 beam 组。但是,First-fit 是一种业务无关的优化策略,从而会将预配置数相同但请求业务不同的用户放置于同一 beam 组,虽然这可能造成数倍光带宽消耗,但是相比于 A1 确实可以高效率使用已启用天线的 RB 资源。然而,A1 尽量不将不同的业务归置到同一 beam 组中,所以会创建更多的 beam 组,进而使用更多天线。在 4 种策略中,A1 使用的天线数最多,因为 A1 本质上是以使用额外天线为代价来减少光带宽的策略。

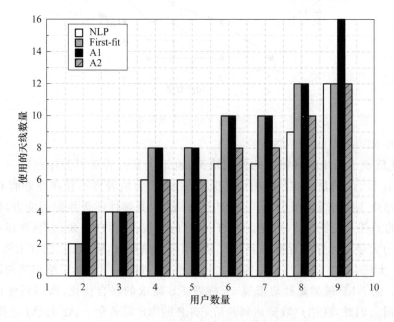

图 3-24　4 种策略下使用的天线数对比

本 章 小 结

本章围绕前传光网络与无线资源联合优化问题展开研究,从移动前传网络的可重构需求和灵活可重构前传光网络组网结构出发,介绍了 3 个典型的研究案例。其中:案例一针对 BBU 节能聚合的前传光网络优化问题,提出了基于二维装箱的 BBU 聚合模型和能耗优化算法,仿真结果表明所提算法能够有效减少 BBU 处理池的能耗;案例二分析了 Intra/Inter-BBU CoMP 对网络性能的影响,并提出了相应的算法来提升 CoMP 的性能;案例三讨论了面向 MIMO 波束赋形的前传光网络优化技术,通过对光与无线资源进行联合建模实现了资源的协同优化。仿真实验结果表明,前传光网络与无线网络的协同优化可作为提升网络性能和业务服务质量的一种有效手段。

本章参考文献

［1］ Zhang J，Ji Y，Zhang J，et al. Baseband unit cloud interconnection enabled by flexible grid optical networks with software defined elasticity［J］. IEEE Communications Magazine，2015，53(9)：90-98.

［2］ 刘源. 波长固定和可调激光器组合的 TWDM-PON 系统研究［D］.上海：上海交通大学,2016.

［3］ Yu H，Zhang J，Ji Y，et al. Energy-efficient dynamic lightpath adjustment in a decomposed AWGR-based passive WDM fronthaul［J］. Journal of Optical Communications and Networking，2018，10(9)：749-759.

［4］ Zhang J，Ji Y，Jia S，et al. Reconfigurable optical mobile fronthaul networks for coordinated multipoint transmission and reception in 5G［J］. Journal of Optical Communications and Networking，2017，9(6)：489-497.

［5］ 于浩. 业务驱动的移动承载网络资源联合优化技术研究［D］.北京：北京邮电大学,2020.

［6］ Xiao Y，Zhang J，Ji Y. Integrated resource optimization with WDM-based fronthaul for multicast-service beam-forming in massive MIMO-enabled 5G networks［J］. Photonic Network Communications，2019，37(3)：349-360.

［7］ 肖玉明. 移动接入网中光与无线资源协同优化技术研究［D］.北京：北京邮电大学,2021.

第4章

TDM-PON 前传光网络时延优化技术

为了应对 5G(5th Generation Mobile Communication Technology，第五代移动通信技术)不断增长的数据业务需求，降低运营成本，C-RAN(Centralized Radio Access Network，集中式无线接入网)被看作一种高效的无线接入网络架构，受到了广泛关注。其中，BBU(Baseband Unit，基带处理单元)和 RRU(Remote Ratio Unit，远端射频单元)通过前传网络连接。相较于 WDM-PON(Wavelength Division Multiplexing Passive Optical Network，波分复用无源光网络)，TDM-PON(Time Division Multiplexing Passive Optical Network，时分复用无源光网络)具有更高的波长利用效率，网络中容纳的 ONU(Optical Network Unit，光网络单元)数量与波长通道数量无关，且成本与技术成熟度较 WDM-PON 更有优势。首先，相对于光纤直连方案，TDM-PON 可以大大节省光纤资源，降低网络部署成本。其次，相对于 OTN(Optical Transport Network，光传送网)/SPN(Slicing Packet Network，切片分组网)等有源光网络，TDM-PON 采用无源光器件，网络设备的部署不受供电环境的影响。因此，在 5G 前传网络的建设初期，TDM-PON 被认为是一种具有前景的前传网络组网方案。然而，现有的 TDM-PON 系统难以满足低时延前传业务的时延需求。本章将针对 TDM-PON 系统面临的时延问题进行分析，并提出动态带宽分配机制、光与无线协同带宽分配机制和基于抢占式的波长带宽分配方案。

4.1 TDM-PON 前传光网络上行传输时延挑战

TDM-PON 采用点到多点的树形拓扑结构，主要由 3 部分组成：OLT(Optical Line Terminal，光链路终端)、ODN(Optical Distribution Network，光分发网络)和 ONU。其中，ODN 由光纤、光耦合器等无源光器件组成，用于数据的传输。在 TDM-PON 系统中，下行采用 TDM(Time Division Multiplexing，时分复用)技术，上行采用 TDMA(Time Division Multiple Access，时分多址)技术。

在下行方向，OLT 发出的数据经过一个 1：N 的无源光分路器或几级分路器传送到每一个 ONU。N 的典型取值为 4~64，具体取值受光功率预算限制。因为下行采用广播方式，因此每个 ONU 都能接收到 OLT 发送的数据，但只选择与自身相关的数据进行提取。

在上行方向,由于无源光分路器的方向特性,任何一个 ONU 发出的数据只能到达 OLT,而不能到达其他的 ONU。TDM-PON 中所有的 ONU 属于同一个冲突域,即来自不同 ONU 的数据必须在时隙上错开而不能同时传输。因此,在上行方向,TDM-PON 需要由 OLT 进行统一的时隙调度(带宽分配)从而避免冲突。

然而,传统的带宽分配方案使得 TDM-PON 产生较高的上行时延,无法满足前传业务的低时延传输需求。本章将重点讨论 TDM-PON 的上行时延,分析其存在的问题和面临的挑战,并提出相应的解决方案。

4.1.1 TDM-PON 前传网络上行时延分析

TDM-PON 上行时延可定义为从数据由 RRU 发送到 ONU 开始,到由 OLT 发送给 BBU 为止。如图 4-1 所示,TDM-PON 的上行时延主要包括处理时延、等待时延、发送时延和传播时延。

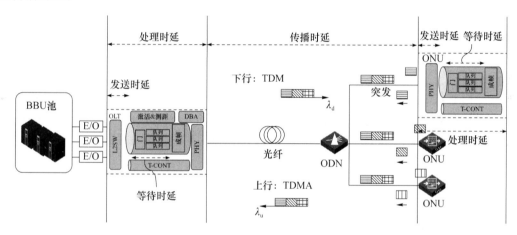

图 4-1 TDM-PON 上行传输过程时延示意图

1. 处理时延

处理时延是指 ONU 和 OLT 内对数据的成帧处理所产生的时延。以 GPON(Gigabit-Capable Passive Optical Network,吉比特无源光网络)为例,数据进入 ONU 后,MAC (Medium Access Control,介质访问控制)层将原始数据包封装成 GEM(Gigabit Passive Optical Network Encapsulated Method,吉比特无源光网络封装方式)帧,再将封装好的 GEM 帧进行复用和切分处理,以及加密等操作。随后,GEM 帧进入 FS(Framing Sublayer,成帧子层),添加开销字段,封装成突发帧。然后突发帧进入 PHY(Physical Layer,物理层),进行 FEC(Forward Error Correction,前向纠错)编码和加扰等处理,最终形成上行光突发时隙。相对应地,OLT 接收到了由 ONU 发来的上行光突发时隙后,将先依次进行解扰、FEC 解码,然后解析 FS 层开销,并过滤出 GEM 帧,如果在发送端进行了加密处理,在接收端则要进行相应的解密,并将之前切分的数据进行重新组装,形成最初的客户数据帧。在以上处理过程中,封装/解封装、复用/解复用、切分/组装、加密/解密,以及 GEM 成帧/过滤等操作的时延取决于 ONU 和 OLT 板卡的处理能力,通常为纳秒(ns)量级。对 FS 突发帧的加扰/解扰的时延也是纳秒级的,FEC 编码/解码通常为几微秒[1]。

2. 等待时延

等待时延也称排队时延,是指从 RRU 数据到达 ONU 队列缓存区,到数据离开 ONU 缓存区的时延。用户数据到达 ONU 后,需要先经过一定的处理,然后进入缓存区等待 ONU 的发送,由于 PON 的上行采用 TDMA 的方式,同一波长的同一时刻只允许一个 ONU 进行上行传输,因此数据到达 ONU 后需要通过请求上报,将缓存区内数据的大小上报给 OLT,由 OLT 下发授权信息之后,才能在被授权的时隙内发送,这一过程叫作 DBA (Dynamic Bandwidth Allocation,动态带宽分配)。等待时延包括 DBA 过程所产生的时延(请求/授权过程中的往返传播时延、OLT 带宽分配的计算时延),以及等待其他授权 ONU 的等待时延(在同一轮询周期内授权 ONU 的上传次序所产生的等待时延)。基于 SR-DBA (Status Report DBA,状态报告动态带宽分配)产生的等待时延可达到毫秒级。此外,对于 CO-DBA (Cooperative-DBA,协同动态带宽分配)而言,DBA 过程在无线数据到达 ONU 之前完成,因此 CO-DBA 过程的时延一般为微秒级,甚至更低,取决于 OLT 与 BBU 之间的同步精度。

3. 发送时延

发送时延指的是 ONU 或 OLT 从发送数据的第一个比特开始,到发送完数据最后一个比特所经历的时间。此时延主要与 ONU 发送的数据量大小以及 PON 系统的速率有关。例如,PON 系统速率为 10 Gbit/s,发送 1 500 字节的以太网包则需要 1.2 μs。PON 系统速率越高,发送时延越小。

4. 传播时延

传播时延是用户数据在物理介质上传播所经历的时延。PON 的物理介质为光纤,因此传播时延主要与光纤距离和光纤的传播速度有关,通常认为光纤上的传播时延为 5 μs/km。例如,一段长度为 20 km 的光纤,传播时延为 100 μs。

综上,TDM-PON 中的上行时延(T_{PON})可表示为

$$T_{\text{PON}} = T_{\text{proc}} + T_{\text{wait}} + T_{\text{send}} + T_{\text{prop}} \tag{4-1}$$

式中,T_{proc} 为处理时延,T_{wait} 为等待时延,T_{send} 为发送时延,T_{prop} 为传播时延。根据上述分析可以得知,处理时延、发送时延和传播时延与 ONU/OLT 设备能力、端口速率以及光纤距离有关,通常可以看作一个固定值。然而,MAC 调度机制的不同会导致不同的等待时延,因此等待时延是造成 PON 时延不确定的主要因素。下面将重点分析影响等待时延的主要因素,以及优化等待时延的一些解决方案。

4.1.2 因素一:SR-DBA 过程引起的时延问题

TDM-PON 的上行时延主要来源于业务的等待时延,而业务的等待时延则受到动态带宽分配过程和轮询机制的影响。一方面,对于某个特定的 ONU,其动态带宽分配需要经历状态报告、DBA 计算以及带宽授权几个步骤;另一方面,对于整个 PON 系统而言,为了权衡

多个 ONU 之间的传输,ONU 之间需要采取轮询的方式进行请求和授权。下面将对 PON 的"请求-授权"过程和轮询机制进行介绍,并分析其带来的时延挑战。

1. "请求-授权"过程带来的时延挑战

在 TDM-PON 中,传统的 DBA 过程依赖请求(REPORT)和授权(GATE)两个控制信息来实现,如图 4-2 所示。ONU 发送的 REPORT 消息包括 ONU 缓存队列中的字节数,这部分的时延主要为 REPORT 消息的传播时延,与 4.1.1 节中的传播时延一样,REPORT 消息的传播时延也为 5 μs/km,在 20 km 的光纤上,需要 100 μs 的时延;OLT 收到 ONU 的 REPORT 消息后将进行带宽分配的计算,这部分时间通常为固定时延,与 OLT 的处理能力有关,一般为几十微秒[2];计算完成后,OLT 会生成该 ONU 的 GATE 消息,GATE 消息伴随着 OLT 发送的下行帧一起发送至 ONU,GATE 消息中包含该 ONU 的开始传输时间以及传输时长,GATE 消息的传播时延与 REPORT 消息一样。因此 DBA 过程造成的时延影响主要在于光纤传播的时延部分,在 20 km 的光纤上,传播时延占了 DBA 时延的 80% 以上。

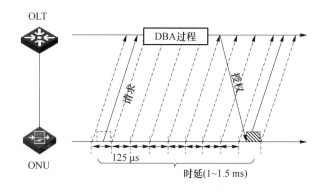

图 4-2 SR-DBA 过程示意图

2. 轮询机制带来的时延挑战

为了保证每个 ONU 都有机会发送业务,ONU 通过轮询的方式进行信息的上传。轮询机制中也包含了动态带宽分配过程带来的时延影响,这部分时延已经在前面进行了分析,因此接下来将关注轮询机制带来的时延挑战。

最常见的是 IPACT(Interleaved Polling with Adaptive Cycle Time,自适应循环时间的交叉轮询)方案[3]。如图 4-3 所示,在 IPACT 方案中,ONU 以轮询的方式向 OLT 发送请求,而 OLT 也以轮询的方式为每个 ONU 进行授权。在整个轮询机制中,对于一个 ONU(如图 4-3 中 ONU1)来说,其在进行一次数据传输后,需要等待其他 ONU 全部完成上传后才能进行下一次的上传。由于每个 ONU 具有最大上传数据量的限制,因此在最坏情况下,其他 ONU 全部采用最大数据量进行上传,此时该 ONU 将经历一个最大的等待时延,而等待其他 ONU 全部上传的时延可达 1 ms 甚至 1.5 ms,这与轮询机制中设置的最大上传数据量有关。

另一种常用的轮询机制被称为带停止的交叉轮询,如图 4-4 所示。与上述交叉轮询不

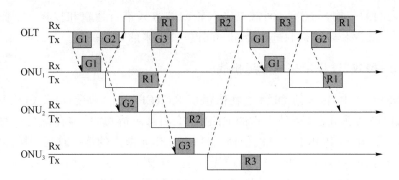

图 4-3　自适应循环时间的交叉轮询机制

同,该轮询机制的 OLT 在收到所有 ONU 传输的 REPORT 消息之前不会开始下一个轮询周期。当 OLT 收齐所有 ONU 的请求消息后将对所有 ONU 进行统一带宽分配,并从全局的角度出发做出优化决策,以满足不同 QoS(Quality of Service,服务质量)需求的业务。完成带宽分配后,将对 ONU 进行授权。收到授权消息后,ONU 根据授权的时隙进行信息的上传,在最坏情况下,ONU 可能在轮询周期的最后进行上传,因此该 ONU 需要等待一个轮询周期的时间。

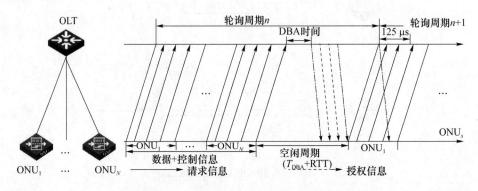

图 4-4　带停止的交叉轮询机制示意图

综上所述,动态带宽分配带来的时延可以分为两个部分,一部分是"请求-授权"过程所产生的时延,此部分时延主要来源于数据的传播时延;另一部分是轮询机制引发的时延,此部分主要来自源于 ONU 等待其他 ONU 上传的时延。动态带宽分配带来的时延可达 1 ms甚至 1.5 ms(与轮询周期大小有关),网络前传的时延要求通常为 250 μs,甚至在 eCPRI(enhanced Common Public Radio Interface,增强型通用公共无线接口)下要求 100 μs,因此,在传统 SR-DBA 机制下无法满足移动前传的低时延传输需求。

4.1.3　因素二:ONU 注册及测距引起的时延问题

ONU 注册指的是新连接或者非在线的 ONU 加入 PON 系统的过程,注册过程包括 3个阶段:参数学习、序列号获取和测距。在参数学习阶段,ONU 保持被动状态,获取上游传输使用的运行参数。在序列号获取阶段,OLT 通过序列号发现新的 ONU,并分配 ONU-ID。在测距阶段,OLT 获取新加入的 ONU 与自己之间的距离。在 ONU 注册完成后,

OLT 还需要进行周期性的测距流程,以实现动态补偿。ONU 的注册及测距引起的时延主要源于测距过程中的传播时延,下面将结合 ONU 测距过程对相应时延进行分析。

为了避免新加入网络的 ONU 在序列号获取阶段和测距阶段与正常工作 ONU 的上行突发发生冲突,在新 ONU 的注册和测距阶段,OLT 必须暂停处于工作状态的 ONU 的上行发送,这个时间段称为静默窗口。在此时间段,OLT 通过内部定时器,测量 OLT 发出测距请求到收到测距响应所需的时间——ONU 的 RTD(Round Trip Delay,往返时延),并通过为每一个 ONU 指定合适的 EqD(Equalization Delay,均衡时延)参数,使每个 ONU 的 RTD 与 EqD 之和相等,从而保证 OLT 到每个 ONU 有同样的逻辑距离,避免 ONU 上行发送数据时产生冲突。静默窗口的时长也就是上述所提的 RTD。RTD 由 ONU 往返传播时延和 ONU 响应时间组成,$RTD = 2T_{prop} + EqD$。其中:ONU 往返传播时延 T_{prop} 取决于 ONU 与 OLT 之间的光纤距离,例如,20 km 的光纤长度对应的往返传播时延为 $200~\mu s$;EqD 时延通常为 $35~\mu s$。因此,静默窗口造成的等待时间可长达 $235~\mu s$ 以上,这对于前传网络是不可接受的[4]。

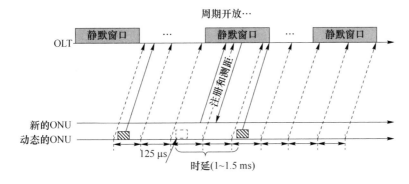

图 4-5　TDM-PON 注册和测距过程示意图

4.1.4　因素三:无线数据帧发送引起的时延问题

根据 3GPP 标准,无线传输链路上的最大传输单元定义为无线帧,长度为 10 ms。一个无线帧可被分为 10 个子帧,子帧以一个 TTI(Transmission Time Interval,传输时间间隔)进行传输,子帧的时间长度为 1 ms,包含 14 个 OFDM(Orthogonal Frequency Division Multiplexing,正交频分复用)符号。对于 BBU 来说,只有接收到一个完整 TTI 数据后,才能对这些数据进行后续的信号处理,因此 OLT 需要完整接收一个 TTI 的数据才发送给 BBU。如图 4-6 所示,通常 ONU 需要接收完一个 TTI 的数据后才能进行动态带宽分配,而数据在 PON 中的时延与式(4-1)一样,包括处理时延、等待时延、发送时延和传播时延 4 部分。本节则关注无线数据帧引起的时延挑战。对于大数据帧而言,一方面,其本身数据量大,发送时延通常要更长,例如,对于一个 2 个天线、50 MHz 带宽、15 kHz 子载波的 RRU 而言[5],一个 TTI 的无线数据量最高可达 332 542 字节,在 10 Gbit/s 的前传接口下,发送时延可高达 $266~\mu s$;另一方面,对于先到达 ONU 的数据而言,需要等待其他数据全部到达之后才能开始传输,因此大无线数据帧会引起较大发送时延,从而影响整个无线网络的传输性能。

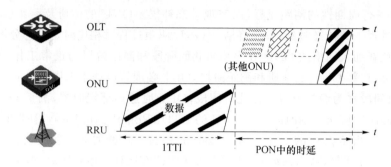

图 4-6　无线数据帧上行传输时延示意图

4.2　基于光与无线协同的 DBA 技术

根据上述分析,可以得出传统的 DBA 方案难以满足低时延前传业务的时延需求,为了减小传统 DBA 带来的时延,2014 年日本 NTT 实验室提出了一种光与无线协同的动态带宽分配技术,即 Mobile-DBA,后又更名为 CO-DBA[6]。以 C-RAN 架构为例,在无线网络的调度过程中,UE(User Equipment,用户设备)需要提前与 BBU 进行通信,以确保具有足够的无线资源。而 CO-DBA 的原理则是 OLT 通过 CTI(Cooperative Transport Interface,协作传输接口)与 BBU 进行通信,提前获得 UE 请求的数据大小,并为 UE 在 PON 中提前预留资源,降低 UE 数据的等待时延。通过这种无线协同的方式可满足前传业务的低时延传输需求。

4.2.1　CO-DBA 原理

CO-DBA 的基本原理如图 4-7 所示。首先,UE 向 BBU 发起无线调度请求,通过 PUCCH(Physical Uplink Control Channel,物理上行控制信道)向 BBU 发送信道状况和传输调度请求等信息,以表明自己请求的数据量大小和发送时间。UE 会提前 A 个时隙(1 个时隙为 0.5 ms)向 BBU 请求上行资源,在 4G(4th Generation Mobile Communication Technology,第四代移动通信技术)中 UE 会提前 8 个时隙($A=8,4$ ms)请求其上行资源。BBU 做出资源调度决策(经过 t_1 时间的处理),通过 CTI 接口中的 CTI Message(包括 CTI Report 或 CTI Signaling)与 OLT 进行通信,并将各 UE 在 A 个时隙后的无线需求等信息通过 CTI Report 发送给 OLT(在 T_0 时刻),同时也通过下行控制消息,也就是下行调度信息的形式发送给各 UE。OLT 接收到该消息后(在 T_1 时刻)会计算 RRU 上传到 ONU 的前传数据总量(经过 t_2 的转化过程)。根据上述结果,OLT 为每个 RRU 分配时隙(在 T_2 时刻)。根据 CTI Message 中 UE 数据到达 ONU 的时间,OLT 向 ONU 发送授权消息(在 T_3 时刻),ONU 接收授权消息并准备上传数据(在 T_4 时刻)。然后 UE 根据接收的无线资源分配结果在 A 个时隙后发送上行传输数据(在 T_7 时刻),同时,UE 还发送后续 A 个时隙的上行资源请求。因为无线数据传输以一个 TTI 为调度周期,RRU 在接收一个 TTI 的数据之后再进行处理,并封装成前传数据包。RRU 向 ONU 发送处理后的前传数据(在 T_9 时刻),到达

ONU 后(在 T_5 时刻),ONU 将对数据进行解扰、FEC 等处理。由于在数据到达 ONU 之前,ONU 已经接收到来自 OLT 授权的信息(在 T_4 时刻),获得了前传数据到达 ONU 的时刻和数据大小,因此经过短暂的处理后,ONU 开始向 OLT 发送数据(在 T_6 时刻)。经过光纤的传播和 OLT 的转发后,BBU 将收到此 ONU 的数据(在 T_{10} 时刻)。

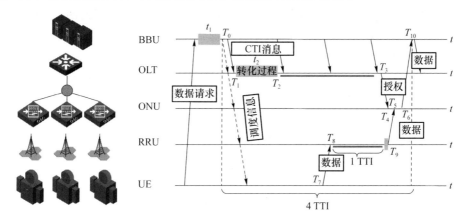

图 4-7 CO-DBA 的基本原理示意图

4.2.2 CO-DBA 中的光与无线信息协同

由上述分析可知,BBU 与 OLT 间的信息交互过程通过协作传输接口 CTI 中传输的 CTI Message(包括 CTI Report 或 CTI Signaling)完成。如图 4-8 所示,OLT 可以与多个 BBU 进行通信,BBU 通过 CTI Report 消息完成下行与 OLT 的通信过程,OLT 则通过 CTI Signaling 消息实现与 BBU 的通信。在 CO-DBA 中,OLT 则通过 CTI 接口接收每个 RRU 需要的无线数据的带宽大小与发送时间,并将其转化为前传带宽,同时为其分配相应的 PON 上行带宽,确保其确定性传输。

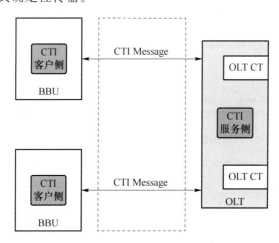

图 4-8 BBU 与 OLT 交互实体示意图

为了报告给 OLT 相关消息,CTI Report 需要包含以下信息[7]。

① CTI 流 ID：用于表示特定的前传流，这需要 BBU 和 OLT 进行提前协商。

② CTI 消息的基本时间值：由基础秒和基础纳秒共同构成，用于表征 CTI 消息生成的绝对时间。

③ 开始时间偏移和结束时间偏移：用于表示前传数据包的开始时间和结束时间，用 CTI 消息的基本时间加开始时间偏移则为前传数据包开始时间的绝对时间；同样的，用 CTI 消息的基本时间加结束时间偏移，则可以计算出前传数据包结束时间的绝对时间。

④ 流请求字节数：用于描述下个周期内前传流的字节大小。

OLT 根据上述信息确定每条前传流的到达时间和结束时间，并根据流请求字节数计算出需要分配的带宽大小，对相应的 ONU 进行分配。

4.2.3　CO-DBA 的时延模型描述

与前文描述 SR-DBA 的上行时延模型不同，在 CO-DBA 的上行传输过程中，将 PON 时延 T_{PON} 分为 T_{DBA}、T_{gra_prop}、T_{wait}、T_{dat_prop} 4 部分，即

$$T_{PON} = T_{DBA} + T_{gra\_prop} + T_{wait} + T_{dat\_prop} \tag{4-2}$$

式中，T_{DBA} 为 OLT 通过 CTI 接口从 BBU 收集到各个 ONU 请求信息后进行带宽分配计算的时延，T_{gra_prop} 为 OLT 向 ONU 下发授权信息的传播时延，T_{wait} 为 ONU 从接收到 OLT 下发的授权信息开始到开始发送数据的等待时延，T_{dat_prop} 为从 ONU 发送数据到 OLT 接收经历的传播时延。由于 T_{wait} 在 CO-DBA 模型中通常较低，而且传播时延通常为定值，因此带宽分配计算时延（T_{DBA}）是减小 T_{PON} 的关键。

OLT 接收到 CTI Report 信息时，需要在前传业务到达 ONU 之前完成授权信息的下发过程。也就是说，在 CO-DBA 中 $T_{DBA} + T_{gra\_prop}$ 的时间是有上限的，这个时间上限是从 OLT 接收到 CTI Report 信息开始到前传数据到达 ONU 之间的时间间隔，本节把这个时间间隔定义为 T_p，如图 4-9 所示。T_p 的长度约束了 T_{PON} 中 $T_{DBA} + T_{gra\_prop}$ 的长度，也即 $T_{DBA} + T_{gra\_prop} < T_p$。由于 T_p 对 CO-DBA 中的 T_{PON} 有较大的影响，因此本节重点针对 T_p 的时延建模进行了分析。

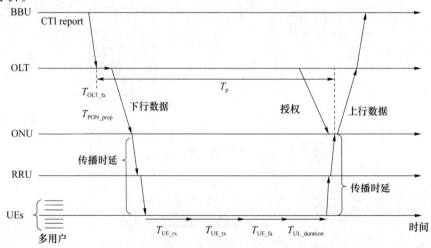

图 4-9　基于 CO-DBA 的上行传输过程中的时延组成

1. T_p的时延建模

如图 4-9 所示，T_p是从 OLT 接收到 CTI Report 信息到前传数据到达 ONU 的时间间隔，主要取决于调度信息的下行传输时延。调度信息是 BBU 发送给 UE 的上行调度信息，用于向 UE 通知授权的上行链路带宽，它的下行传输时延属于用户平面时延，可以根据 3GPP 中下行用户平面时延计算方式进行计算。本节对于 T_p 的计算考虑了以下几个方面。

① 假设移动系统和 PON 系统是时间同步的，并且 BBU 中的调度信息和 CTI Report 是同时发送的。

② 通常，BBU 和 OLT 以及 RRU 和 ONU 在地理位置上位于同一处，因此可以忽略它们之间的传播时延。

③ 对于小基站场景，RRU 与 UE 非常接近（例如，相距数十米或数百米），因此可以忽略二者之间的传播时延。

④ 假设 RRU 具有较强的处理能力，相比于 UE 可以忽略 RRU 的处理时延。

基于上述针对实际场景的考虑，T_p 可以表示为式（4-3），其各部分时延组成如图 4-9 所示。

$$T_p = T_{PON\_prop} + T_{OLT\_fa} + T_{UE\_rx} + T_{UE\_tx} + T_{UE\_fa} + T_{UL\_duration} \tag{4-3}$$

T_{PON_prop} 表示 PON 中的传播时延，取决于光纤长度，通常为 5 μs/km。T_{OLT_fa} 表示 OLT 中的帧对齐时延，定义为从准备发送帧到实际开始发送所需要的时间。帧对齐时延有两种表示方法，分别是平均帧对齐时延和最差帧对齐时延。平均帧对齐时延考虑的场景是，前传数据在 PON 上行帧中的任意时刻到达，因此在这种情况下 T_{OLT_fa} 等于 PON 帧长度的 0.5 倍。最差帧对齐时延考虑的场景是，每个前传数据必须等待一个完整的 PON 上行帧结束才能发送，因此在这种最坏情况下 T_{OLT_fa} 等于 PON 帧的长度。针对上行帧长为 125 μs 的 GPON 系统，T_{OLT_fa} 在平均帧对齐情况下等于 62.5 μs，在最坏帧对齐情况下等于 125 μs。T_{UE_rx} 和 T_{UE_tx} 是 UE 中的处理时延。$T_{UL\_duration}$ 表示传输基本无线帧的时间。T_{UE_rx} 表示 UE 接收调度信息并对其进行解码的时间间隔。这段等待时延取决于 UE 的处理能力和 SCS（Sub-Carrier Spacing，子载波间隔），根据 3GPP 的规范，通常低于 100 μs。T_{UE_tx} 表示 UE 对调度信息进行解码并为上行链路传输生成数据包的时间间隔。T_{UE_tx} 与 T_{UE_rx} 两个值均与无线子帧长度有关，无线子帧越长，T_{UE_tx} 与 T_{UE_rx} 越大。T_{UE_fa} 表示 UE 的帧对齐延迟，类似于 T_{OLT_fa}，下面将对 T_{UE_tx} 与 T_{UE_rx} 进行分析。

2. T_{UE_tx} 与 T_{UE_rx} 的计算模型

在基于 TTI 的 4G LTE（Long Term Evolution，长期演进）无线系统下，信息传输的基本单位是 TTI/slot，包含 14 个 OFDM 符号，且 SCS 为固定的 15 kHz，T_{UE_tx} 与 T_{UE_rx} 的值非常相似，均为 1.5 倍的 TTI（即 1.5 倍 slot）；但是在 5G NR（New Radio，新空口）系统下，由于 OFDM 符号数的减小（变为 2 个、4 个、7 个）和 SCS 的增大（变为 15 kHz、30 kHz、60 kHz），slot 长度减小，T_{UE_rx} 和 T_{UE_tx} 的计算也变得更加复杂，随参数的不同而变化。本书根据标准规范基于以下条件构建 T_{UE_rx} 和 T_{UE_tx} 的时延模型：采用 UE 处理能力 2；采用标准规范中给出的对于 URLLC 业务的资源映射类型 B；忽略 HARQ（Hybrid Automatic Repeat Request，混合自动重传请求）的时延。

根据标准规范得到计算模型：

$$T_{UE\_rx} + T_{UE\_tx} = \frac{1}{2}(T_{proc,1} + T_{proc,2}) \tag{4-4}$$

式中，$T_{proc,1}$ 和 $T_{proc,2}$ 分别代表 PDSCH 的 UE 处理时延和 PUSCH 的 UE 准备时延，可以表述为

$$T_{proc,1} = 2\,192 \times (N_1 + d_{1,1}) \cdot \kappa \cdot 2^{-\mu} \cdot T_c \tag{4-5}$$

式中，N_1 表示表 4-1 中的基于 μ 的解码时间。当 SCS 为 15 kHz 时，μ 等于 0；当 SCS 为 30 kHz 时，μ 等于 1，依此类推。$d_{1,1}$ 代表调度 PDCCH 和调度 PDSCH 的重叠符号，在 slot 为 2 个、4 个、7 个 OFDM 符号情况下，$d_{1,1}$ 等于 0。κ 值为 24。T_c 是 5G NR 系统中的基本时间单位，值为 0.509 ns。

$$T_{proc,2} = \max\{2\,192 \times (N_2 + d_{2,1}) \cdot \kappa \cdot 2^{-\mu} \cdot T_c, d_{2,2}\} \tag{4-6}$$

式中，κ、μ 和 T_c 与上面的描述相同，N_2 表示表 4-2 中基于 μ 的准备时间。本书基于标准规范，令 $d_{2,1}$ 等于 0；$d_{2,2}$ 等于标准规范第 8.6.2 节中定义的切换时间。如果 UE 业务负载波动较大，需要触发 BWP(Bandwidth Part，带宽部分)切换，否则 $d_{2,2}$ 为零。

表 4-1　处理能力 2 下 UE 的处理时延

μ	PDSCH 解码时延 N_1
0	3 符号数
1	4.5 符号数
2	9(0.45~6 GHz)符号数

表 4-2　处理能力 2 下 UE 的准备时延

μ	PUSCH 准备时延 N_2
0	5 符号数
1	5.5 符号数
2	11(0.45~6 GHz)符号数

基于上述分析，可以计算 T_p 中 $T_{UE\_rx} + T_{UE\_tx}$ 的值。假设 SCS 为 60 kHz 并且设 slot 为 2 个 OFDM 符号，$d_{1,1}$、$d_{2,1}$ 和 $d_{2,2}$ 设为 0，可以得到 $T_{UE\_rx} + T_{UE\_tx}$ 等于 178.5 μs。同时可以得出在给定的 PON 系统中，T_p 与 TTI/slot 的长度有关，当 slot 的长度越大时，$T_{UE\_rx} + T_{UE\_tx}$ 的值也越大，因此 T_p 的值也会越大。

4.3　基于分块传输的 TDM-PON 上行传输时延优化方法

在 4.1.4 节中提到的无线数据帧引起的时延问题中，在传统传输方案下，ONU 在收齐 1 个 TTI 的数据后才能将数据发送给 OLT，这使得 LTE 中较大的无线数据帧会经历更长的 PON 时延，难以满足前传业务的时延需求。针对上述所提问题，本节聚焦于数据在 PON 中的发送时延。为了减小上述时延，本节对基于等长分块传输的时延优化方案和基于变长分块传输的时延优化方案进行分析研究。

4.3.1 等长分块传输的时延优化

为了减小从 ONU 收齐 1 个 TTI 的数据到这些数据被 OLT 完整接收所经历的时延,文献[8]提出了一种分块传输方案,此方案允许 ONU 在接收到部分来自 RRU 的无线数据后,将这部分无线数据发送给 OLT(并存储在 OLT 的缓存中),而无须等待 ONU 将后续数据全部收齐再发送给 OLT。然而,对于 BBU 来说,只有接收到能够独立解码的 1 个 TTI 数据后,才能对这些数据进行后续的基带处理。因此 ONU 先发送的这部分数据被 OLT 接收后并不会立即发送给 BBU,而是要等待后续数据被完全接收后再发送给 BBU 进行处理。此方案能够有效减小一个 TTI 数据的等待时延,使最后一个比特的数据提前到达 OLT,从而降低前传业务的时延。

通常来说,无线空口的传输速率要低于 PON 系统速率,因此,ONU 接收一个无线数据子帧的时间(1 个 TTI 时间)要远小于 ONU 将该子帧发送到 OLT 所需的时间。利用这个时间差,可以将无线数据子帧分成多个数据块进行传输,从而减小无线数据在 ONU 的等待时延。等长分块传输方案是将数据以 TTI 为单位等长划分到传输包中。如图 4-10 所示,无线数据被等分为两个部分进行传输,其中数据块 j 在轮询周期 j 发送,数据块 $j+1$ 在轮询周期 $j+1$ 发送。根据上述分析可知,无线业务的最大时延主要与数据分块后最后一个数据块的大小有关,最后一个数据块的长度越小,最大时延越小。但是最后一个数据块的长度不能无限减小,需要满足以下约束:①满足移动前传单向时延不大于 250 μs 的需求;②传输前传数据所需的带宽不能超过 TDM-PON 的带宽容量;③各数据块长度之和与分块前的长度保持一致。在以上约束的基础上,建立各数据块长度之间的数量关系,尽可能减小最后一个数据块的长度。

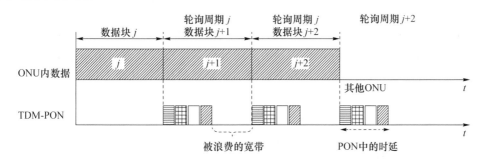

图 4-10 等长分块传输方案示意图

定义无线数据在 PON 中的传输时延为 T_{PON},则

$$T_{PON} = MT_{wait} + T_{send} + T_{prop} + T_{proc} \tag{4-7}$$

式中,MT_{wait} 是等待其他 ONU 传输的最长时延,MT_{wait} 和 T_{send} 可以由有效载荷长度 $T_{payload}$ 计算得到,如式(4-8)和式(4-9)所示。T_{prop} 为传播时延,与光纤距离有关。T_{proc} 为处理时延。

$$MT_{wait} = (T_{payload} + T_{burst}) \times (N_{ONU} - 1) \tag{4-8}$$

$$T_{send} = T_{payload} + T_{ON} + T_{SYNC} + T_{DELIM} \tag{4-9}$$

式中,N_{ONU} 为 ONU 的数量。T_{ON}、T_{SYNC} 和 T_{DELIM} 分别表示激光开启的保护时间、同步时间和突发分隔符的时间。T_{burst} 为 PON 上行突发时隙的开销,由 T_{ON}、T_{SYNC} 和 T_{DELIM} 和激光关

断保护时间T_{OFF}组成。

当1个无线数据子帧被划分为多个数据块进行传输时，$T_{payload}$可以由数据块的个数N_{TP}表示，即

$$T_{payload}=\frac{T_{TTI}\times R_W\times R_{FEC}\times R_{MFH}}{B_{PON}\times N_{TP}} \tag{4-10}$$

式中，T_{TTI}是TTI长度，R_W是无线传输速率，R_{FEC}是FEC速率，R_{MFH}是由MFH（Mobile Fronthaul，移动前传）开销引起的增加率，B_{PON}是PON系统的带宽。

将式(4-8)、式(4-9)和式(4-10)代入式(4-7)，可以得到T_{PON}和N_{TP}之间的关系，即

$$T_{PON}=\left(\frac{T_{TTI}\times R_W\times R_{FEC}\times R_{MFH}}{B_{PON}\times N_{TP}}+T_{burst}\right)\times N_{ONU}-T_{OFF}+T_{prop}+T_{proc} \tag{4-11}$$

由上可知，增大分块数量可以减小时延T_{PON}的值。

然而，虽然分块传输可以降低延迟，但由于突发开销的增加，也减少了可分配的PON带宽量。因此，所需带宽B_{MFH}和N_{TP}之间也存在如下关系：

$$B_{MFH}=\frac{T_{TTI}\times R_W\times R_{FEC}\times R_{MFH}+T_{burst}\times N_{TP}\times B_{PON}}{T_{TTI}} \tag{4-12}$$

MFH总带宽不能超过PON带宽，因此可容纳ONU的数量N_{ONU}应满足

$$B_{PON}\geqslant\sum_{i=1}^{N_{ONU}}B_{MFH}(i) \tag{4-13}$$

式中，i是ONU的索引。如果ONU具有相同的参数，N_{ONU}可以由以下公式得出：

$$N_{ONU}\leqslant\frac{B_{PON}\times T_{TTI}}{T_{TTI}\times R_W\times R_{FEC}\times R_{MFH}+T_{burst}\times N_{TP}\times B_{PON}} \tag{4-14}$$

从式(4-11)和式(4-14)可以得出延迟与可以容纳的ONU数量之间的关系如下：

$$T_{PON}\geqslant\left(\frac{B_{PON}\times T_{burst}}{B_{PON}-R_W\times R_{FEC}\times R_{MFH}\times N_{ONU}}\right)N_{ONU}-T_{OFF}+T_{prop}+T_{proc} \tag{4-15}$$

根据上述公式推导，可以确定在一个PON中数据分块的个数和大小，从而实现等长分块传输，该传输方案可以通过在单个控制消息中分配多个授权或通过缩短带宽分配频率来实现。需要注意的是，缩短带宽分配频率会增加控制帧的数量，从而占用更多的PON下行带宽。

4.3.2 变长分块传输的时延优化

本节提出一种基于变长分块的TDM-PON上行传输时延优化方法，其创新之处在于，相比于等长分块传输方案，本方案综合考虑了数据分块个数、前传接口速率、ONU数量、PON系统带宽容量等多个因素之间的关系，建立了数据块长度与数量之间的约束关系，得到了更为灵活的数据块切分方案，进一步减小了1个TTI无线数据在PON中经历的时延。

将上述PON中的时延定义为T_{PON}。图4-11为变长分块传输方案的时延示意图。为了简单起见，图4-11中的TDM-PON系统包含4个ONU，且1个完整的TTI数据被分为3个数据块传输。由图4-10可知，当带宽资源充足时，在轮询周期j和轮询周期$j+1$中均存在未被完全利用的带宽，如果将两条等分的虚线均向右移动，数据块j的长度将变大，而数据块$j+2$的长度将变小，则每个ONU在轮询周期j上发送的数据增多，发送时延更长，被

浪费的带宽量逐渐减小。两条虚线逐渐向右移动,左侧虚线移动至第 j 个轮询周期中所有 ONU 上行传输的总窗口时间等于此 ONU 第 $j+l$ 个数据块的持续时间长度,且中间虚线移动至第 $j+1$ 个轮询周期中所有 ONU 上行传输的总窗口时间等于此 ONU 第 $j+2$ 个数据块的持续时间长度时,虚线停止移动。数据块 $j+2$ 的长度随着虚线的右移而变小,各 ONU 在轮询周期 $j+2$ 内发送的数据量减少,从而使各 ONU 的等待时延和发送时延减小,时延 T_{PON} 也随之减小。虚线的位置将 1 个 TTI 的数据分为 3 个数据块进行传输,此时虚线的位置优于图 4-10 中的等长分块传输方案。这种非等长分块的变长分块方式将减小数据分块后最后一个数据块的大小,从而减小目标时延 T_{PON}。

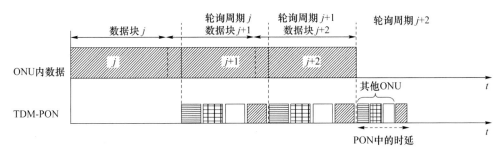

图 4-11 变长分块传输方案示意图

在式(4-16)中,T_{wait_i} 是最后一个轮询周期的第 i 个 ONU 等待其他 ONU 发送数据的等待时延,T_{send_i} 是最后一个轮询周期的第 i 个 ONU 上行传输窗口所持续的时间,T_{prop_i} 和 T_{proc_i} 分别是第 i 个 ONU 的数据在光纤上的传播时延和 ONU 与 OLT 内的处理时延,根据 4.1 节的讨论,这里可以视为固定值。本方案的目标是减小时延 T_{PON},其中 T_{PON} 被定义为从 ONU 收齐 1 个 TTI 的数据到这 1 个 TTI 的数据被 OLT 完整接收并处理所经历的最大时延,所以 T_{PON} 可被表示为上述 4 种时延和的最大值,即

$$T_{PON} = \max(T_{wait_i} + T_{send_i} + T_{prop_i} + T_{proc_i}) \tag{4-16}$$

式(4-17)为每个 ONU 进行编号,其中 $i \in [1, N_{ONU}]$,N_{ONU} 为 TDM-PON 系统中容纳的 ONU 个数,

$$1 \leqslant i \leqslant N_{ONU} \tag{4-17}$$

T_{send_i} 由两部分时延组成,在式(4-18)中,$T_{payload_i}$ 是第 i 个 ONU 发送给 OLT 的有效数据量。G 是 ONU 与 ONU 之间上行传输的保护间隔,其大小取决于具体的 TDM-PON 标准,它包括开启和关闭激光的保护间隔、同步时延以及帧界定符的时延,可以视为一个固定值。

$$T_{send_i} = T_{payload_i} + G \tag{4-18}$$

当 1 个 TTI 的数据分为 N_{TP} 个数据块传输时,$T_{payload_i}$ 可以表示为

$$T_{payload_i} = \frac{T_{N_{TP_i}} \times R_{MFH_i} \times H \times R_{FEC}}{C} \tag{4-19}$$

式中,$T_{N_{TP_i}}$ 是第 i 个 ONU 第 N_{TP} 个数据块的长度,R_{MFH_i} 是第 i 个 RRU 的前传速率,R_{FEC} 是 FEC 编码速率,C 是 TDM-PON 系统速率,N_{TP} 是数据分块个数,H 是无线数据封装成以太网帧传输的封帧开销系数。本节中近似认为以太网帧采用最长帧的封装方式,H 由以太网最大帧长字节数除以以太网最大净荷字节数得到。OLT 在每个轮询周期为所有 ONU 分配上行传输带宽。假设在一个轮询周期内,有 n 个 ONU 位于第 i 个 ONU 之前,则 n 的取

值范围可表示为

$$0 \leqslant n \leqslant N_{ONU} - 1 \qquad (4\text{-}20)$$

因此，第 i 个 ONU 的等待时延为等待 n 个 ONU 传输数据的发送时延，因此 T_{wait_i} 可表示为

$$T_{wait_i} = \sum_{k=1}^{n} \left(\frac{T_{N_{TP_k}} \times R_{MFH_k} \times H \times R_{FEC}}{C} + G \right) \qquad (4\text{-}21)$$

在最坏的情况下，第 i 个 ONU 是轮询周期中发送顺序位于最后的 ONU，要等待 $N_{ONU} - 1$ 个 ONU 发送完成后才能发送，此时的等待时延可表示为

$$\max(T_{wait_i}) = \sum_{k=1}^{N_{ONU}-1} \left(\frac{T_{N_{TP_k}} \times R_{MFH_k} \times H \times R_{FEC}}{C} + G \right) \qquad (4\text{-}22)$$

所以，T_{PON} 可以被表示为轮询周期中发送顺序位于最后的 ONU，即第 N_{ONU} 个 ONU 的 4 种时延之和，即

$$T_{PON} = \sum_{k=1}^{N_{ONU}-1} \left(\frac{T_{N_{TP_k}} \times R_{MFH_k} \times H \times R_{FEC}}{C} + G \right) + T_{prop_i} + T_{proc_i}, \quad i = N_{ONU} \quad (4\text{-}23)$$

由式（4-23）可知，确定了第 N_{TP} 个数据块，即最后一个数据块的长度，就可以确定 T_{PON} 的值，所以接下来需要对第 N_{TP} 个数据块的长度进行求解。本节在如下基本假设条件下展开叙述：每个 ONU 的参数都相同（ONU 与 OLT 间的距离、RRU 采用的前传接口速率等）。

相比于上节中提到的等长分块传输方案，本节所提的变长分块传输方案需要满足以下限制。

第一个限制是第 j 个轮询周期中所有 ONU 上行传输的总窗口时间等于此 ONU 第 $j+1$ 个数据块的持续时间长度，即

$$T_j = \sum_{k=1}^{N_{ONU}} \left(\frac{T_{j-1} \times R_{MFH_k} \times H \times R_{FEC}}{C} + G \right), \quad j \in [2, N_{TP}] \qquad (4\text{-}24)$$

式（4-24）保证了传输前传数据所需的带宽没有超过 TDM-PON 的带宽容量，压缩了 ONU 传输过程中的未分配带宽（不传输数据），使得最后一个数据分块的长度减小。

第二个限制是每个 ONU 数据分块后各数据块的总时间长度仍等于 1 个 TTI：

$$\sum_{k=1}^{N_{TP}} T_k = L_{TTI} \qquad (4\text{-}25)$$

式中，L_{TTI} 是 1 个 TTI 单元的时间（1 ms）。在式（4-24）和式（4-25）的联合约束下，可以列出如式（4-26）所示的 N_{TP} 元一次方程组：

$$\begin{cases} \dfrac{N_{ONU} \times R_{MFH} \times H \times R_{FEC}}{C} \times T_1 - T_2 = -N_{ONU} \times G \\ \qquad\qquad \vdots \\ \dfrac{N_{ONU} \times R_{MFH} \times H \times R_{FEC}}{C} \times T_{N_{TP}-1} - T_{N_{TP}} = -N_{ONU} \times G \\ T_1 + T_2 + \cdots + T_{N_{TP}} = L_{TTI} \end{cases} \qquad (4\text{-}26)$$

解此方程组可得到关于各数据块长度的唯一解，因此可用来确定 1 个 TTI 单元中数据分块的位置。变长分块传输方案改变了数据分块位置，减小了第 N_{TP} 个数据块的长度，从而

减小了目标时延T_{PON}。

式(4-26)所示的N_{TP}元一次方程组具有唯一解的证明如下。令 $A = N_{ONU} \times R_{MFH} \times H \times R_{FEC}/C$，其$N_{TP}$阶系数行列式如下所示：

$$
D(N_{TP}) = \begin{vmatrix}
A & -1 & 0 & 0 & \cdots & 0 \\
0 & A & -1 & 0 & \cdots & 0 \\
0 & 0 & A & -1 & \cdots & 0 \\
\vdots & \vdots & \vdots & \vdots & & \vdots \\
0 & 0 & \cdots & 0 & A & -1 \\
1 & 1 & 1 & 1 & \cdots & 1
\end{vmatrix}
$$

$$
= A \times D(N_{TP}-1) + (-1)^{(1+N_{TP})} \times \begin{vmatrix}
-1 & 0 & 0 & \cdots & 0 \\
A & -1 & 0 & \cdots & 0 \\
0 & A & -1 & \cdots & 0 \\
\vdots & \vdots & \vdots & & \vdots \\
0 & 0 & \cdots & A & -1
\end{vmatrix}
$$

$$
= A \times D(N_{TP}-1) + (-1)^{(1+N_{TP})} \times (-1)^{(N_{TP}-1)}
$$

$$
= A \times D(N_{TP}-1) + 1 \tag{4-27}
$$

由式(4-27)可推出，当 $N_{TP} \geqslant 2$ 时，$D(N_{TP})$的表达式为

$$
D(N_{TP}) = \frac{1 - A^{N_{TP}}}{1 - A} \neq 0 \tag{4-28}
$$

由式(4-28)可知，式(4-26)所示线性方程组的系数行列式不为 0。根据克莱姆法则，当系数行列式不为 0 时，线性方程组有且仅有唯一解。

相比于等长分块传输方案，变长分块传输方案在时延表现方面有一定提升，但也增加了接收端处理的复杂度，不过这种复杂度是可以接受的。本方案采用了 CO-DBA 机制，OLT 可以通过授权信息分配给 ONU 每个轮询周期的发送窗口的开始时间和持续时间，对 OLT 来说，虽然对 ONU 带宽分配变得复杂，但是此计算过程是关于线性方程的求解，且只与数据分块个数有关，因此带来的复杂度并不影响整体带宽分配性能。

考虑到传输前传数据所需的带宽不能超过 TDM-PON 的带宽容量，因此数据分块个数应存在上限值。在此上限值下，等长分块传输方案与变长分块传输方案的数据块切分位置大致相同，时延表现也因此相近。算法 4-1 能确定最大数据分块个数，具体算法流程如下。

算法 4-1　确定最大数据分块个数

输入：TDM-PON 系统中容纳的 ONU 个数N_{ONU}，RRU 的前传速率R_{MFH}，1 个 TTI 单元的时间长度L_{TTI}，无线数据封装成以太网帧传输的封帧开销系数 H，FEC 编码速率R_{FEC}，TDM-PON 带宽容量 C，保护间隔 G

输出：在输入条件下，变长分块传输方案的最大数据分块个数 maxCut

1：初始化 maxCut←2；

2：while true

3：　计算等长分块方案下最大数据分块个数为 maxCut 时的数据块长度 $T \leftarrow L_{TTI}/\text{maxCut}$；

4：　if $\sum\limits_{k=1}^{N_{ONU}} \left(\dfrac{T \times R_{MFH_k} \times H \times R_{FEC}}{C} + G \right) > T$ then

5：　　maxCut←maxCut−1；

6：　　break；

7：else

8： maxCut←maxCut+1；

9：end if

10：end while

当数据分块个数达到最大分块数时，等长分块方案下的未利用带宽极小，最后一个数据块长度的压缩空间极小，此时两种方案的数据块切分位置趋于一致，时延表现也趋于一致。因此，变长分块方案下的最大数据分块个数就是相同条件下等长分块方案的最大数据分块个数。算法 4-1 首先初始化最大数据分块个数 maxCut 为 2（第 1 行），再逐渐增加 maxCut 的数值并判断是否满足带宽限制（第 2～10 行）。为保证传输前传数据所需的带宽没有超过 TDM-PON 的带宽容量，所有 ONU 在 PON 上传输第 j 个数据块的总窗口时间不能大于此 ONU 第 $j+1$ 个数据块的持续时间长度。若满足上述条件，说明还可以继续增大分块个数，应在 maxCut 基础上加 1（第 7、8 行）；若不满足上述条件，则说明 maxCut 的数值已超过实际最大分块个数，应在 maxCut 基础上减 1 并结束判断循环（第 4～6 行）。

考虑到带宽与前传时延的二维约束，TDM-PON 中可容纳的 ONU 数量也受到限制。确定网络规模上限的方法如算法 4-2 所示。

算法 4-2 确定 TDM-PON 中最多可容纳的 ONU 数量

输入：数据分块个数 cutNum，RRU 的前传速率 R_{MFH}，一个 TTI 单元的时间长度 L_{TTI}，无线数据封装成以太网帧传输的封帧开销系数 H，FEC 编码速率 R_{FEC}，TDM-PON 带宽容量 C，保护间隔 G，传播时延 T_{prop}，处理时延 T_{proc}

输出：在输入条件下，变长分块传输方案下 TDM-PON 最多可容纳的 ONU 数量 V_{maxONU}

1：初始化 V_{maxONU}←2；

2：△ 判断是否超出带宽限制

3：while true

4： 根据算法 4-1 计算在此 V_{maxONU} 下的最大数据分块个数 maxCut；

5： if maxCut>cutNum then

6： V_{maxONU}←V_{maxONU}+1；

7：else if maxCut=cutNum

8： break；

9：else

10： V_{maxONU}←V_{maxONU}-1；

11： break；

12：end if

13：end while

14：△ 判断是否超出前传时延限制

15：while $\sum_{k=1}^{V_{maxONU}} \left(\dfrac{T \times R_{MFH_k} \times H \times R_{FEC}}{C} + G \right) + T_{prop} + T_{proc} > 250\ \mu s$

16： V_{maxONU}←V_{maxONU}-1；

17：end while

算法 4-2 首先初始化 TDM-PON 最多可容纳的 ONU 数量 V_{maxONU} 为 2（第 1 行），再逐渐增加 V_{maxONU} 的数值并判断是否满足带宽限制（第 3～13 行）。根据算法 4-1 计算在此 V_{maxONU} 下的最大数据分块个数 maxCut（第 4 行），若 maxCut 大于当前数据分块个数

cutNum,则说明还可以继续增加 ONU 数量,在 V_{maxONU} 原有基础上加 1(第 5、6 行);若 maxCut 等于 cutNum,则说明此时可容纳的 ONU 数量已达到上限,可结束判断循环(第 7、8 行);若 maxCut 小于 cutNum,则说明 V_{maxONU} 的数值已大于可容纳 ONU 数量的上限,应在 V_{maxONU} 基础上减 1 并结束判断循环(第 9~11 行)。此时得到的 V_{maxONU} 满足带宽限制,但还需判断是否满足前传时延限制,若不满足,则应逐渐减小 V_{maxONU} 直至满足时延限制(第 15~17 行)。

表 4-3 总结了变长分块传输方案时延模型中的主要数学符号及其含义。

表 4-3　变长分块传输方案时延模型中的主要符号及其含义

数学符号	数学符号的含义
T_{wait_i}	第 i 个 ONU 等待其他 ONU 发送数据的等待时延
T_{send_i}	第 i 个 ONU 上行传输窗口所持续的时间
T_{prop_i}	第 i 个 ONU 的数据在光纤上的传播时延
T_{proc_i}	第 i 个 ONU 和 OLT 内信号处理层面的时延
$T_{payload_i}$	第 i 个 ONU 发送给 OLT 的有效数据量
N_{ONU}	TDM-PON 系统中容纳的 ONU 个数
N_{TP}	1 TTI 时间单元数据的数据分块个数
R_{MFH_i}	第 i 个 RRU 的前传速率
R_{FEC}	FEC 编码速率
C	TDM-PON 带宽容量
H	无线数据封装成以太网帧传输的封帧开销系数
L_{TTI}	一个 TTI 单元的时间长度

4.3.3　时延优化方案的性能分析

1. 仿真设计

本节采用 CPRI(Common Public Radio Interface,通用公共无线接口)C-RAN 架构,关于 ONU 的参数设计参考文献[8]。每一个 RRU 对应一个 ONU,且 ONU 与 RRU 部署在同一地点,二者之间的传播时延忽略不计。在本方案的仿真设计中,讨论了上行传输分别采用等长分块传输方案和变长分块传输方案时,网络规模、数据分块个数、前传速率、PON 带宽容量对时延 T_{PON} 的影响。

本节仿真在计算 CPRI 前传接口速率时是基于表 4-4 所示的 LTE 网络参数。LTE 带宽为 20 MHz 时支持的 RB(Resource Block,资源块)数为 100。在单用户情况下,物理上行共享信道 PUSCH 占用 96 RB,带宽抽样率为 30.72 MHz。物理上行控制信道 PUCCH 占用 4 RB,CPRI 同相/正交 I/Q 符号的抽样位宽各为 15 比特,采用 16QAM 的调制格式。

表 4-4　LTE 上行网络参数[9]

参数	数值
20 MHz 带宽支持 RB 数	100
单用户 PUSCH 占用 RB 数	96
PUCCH 占用 RB 数	4
20 MHz 带宽时带宽抽样率	30.72 MHz
CPRI I/Q 抽样位宽	各 15 比特
调制格式	16QAM

仿真参数如表 4-5 所示。其中，T_{PON} 由 4 种时延组成，将传播时延 T_{prop} 和处理时延 T_{proc} 视为定值，主要考虑发送时延 T_{send} 和等待时延 T_{wait} 对 T_{PON} 带来的影响。

表 4-5　本实验的仿真参数[10]

参数	数值
TDM-PON 带宽容量 C	50 Gbit/s
保护间隔 G	800 ns
TTI 长度 L_{TTI}	1 ms
FEC 编码速率 R_{FEC}	255/239
传播时延 T_{prop}	50 μs(10 km)
处理时延 T_{proc}	10 μs
封帧开销系数 H	1.028

表 4-6 显示了前传速率选项，即 CPRI 线速率选项。

表 4-6　CPRI 线速率选项[10]

CPRI 线速率选项	速率
1	614.4 Mbit/s，8B/10B 编码
2	1 228.8 Mbit/s，8B/10B 编码
3	2 457.6 Mbit/s，8B/10B 编码
4	3 072.0 Mbit/s，8B/10B 编码
5	4 915.2 Mbit/s，8B/10B 顺码
6	6 144.0 Mbit/s，8B/10B 编码
7	9 830.4 Mbit/s，8B/10B 编码

2. 性能对比分析

定义最大总时延为从 ONU 收齐 1 个 TTI 的数据到这 1 个 TTI 的数据被 OLT 完整接收并处理所经历的最大时延的目标时延(L)。同时，由于在每个轮询周期中都会发送一个数据块，因此将数据分块个数用轮询周期个数表示。

图 4-12 展示了在变长分块传输方案下不同网络规模(TDM-PON 系统所容纳的 ONU

数量)、不同轮询周期个数(数据分块个数)、不同前传速率(CPRI 速率)对最大总时延的影响。仿真设置了 4 种网络规模,即 2 个、4 个、6 个、8 个 ONU。在轮询周期个数和前传速率一定的条件下,网络规模增加会导致传输顺序位于最后的 ONU 需要等待更多 ONU 的上传,从而使等待时延增大,最大总时延增加。在轮询周期个数和网络规模一定的条件下,前传速率增加会导致 1 个 TTI 单元中的数据量增加,传输顺序位于最后的 ONU 在最后一个轮询周期需要排队等待更多其他 ONU 数据的上传,导致等待时延的增大,同时该 ONU 发送时延也因数据增多而增大,最终造成最大总时延增大。在前传速率和网络规模一定的条件下,随着数据分块个数的增加,最后一个数据块中的数据量将减少,传输顺序位于最后的 ONU 在最后一个轮询周期需要排队等待其他 ONU 发送的数据量减少,进而等待时延减少,同时该 ONU 也因数据量减少而使发送时延减少,最终使最大总时延减少。但是,保护间隔开销也随着数据分块数量的增加而增加,因此最大总时延不能无限减少。

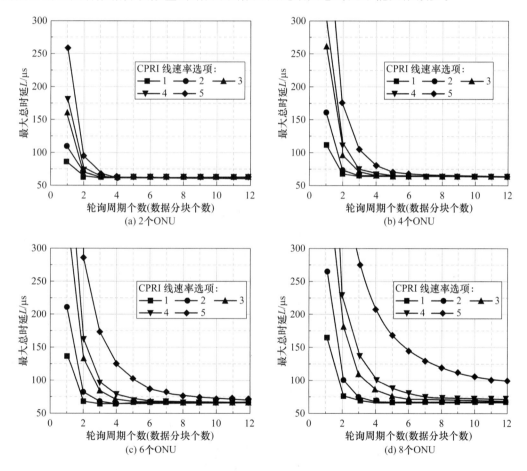

图 4-12 变长分块传输方案下不同网络规模、不同轮询周期个数、不同前传速率对最大总时延的影响

图 4-13 比较了等长分块传输方案和变长分块传输方案在网络规模为 4 个 ONU、前传速率为 CPRI 选项 3 时的时延表现。在同等条件下,本节所提的变长分块传输方案时延性能更为优异,这是因为最大总时延主要与 ONU 数量、前传数据量以及最后一个数据块的数据量有关。在前传速率、数据分块个数、网络规模一定的条件下,变长分块方案使用

式(4-24)和式(4-25)压缩最后一个数据块的长度。因此,在相同条件下,变长分块传输方案进一步减少了最大总时延。如图4-13所示,两种方案在数据分块数较多时的时延表现差距较小。这是因为数据分块数不可能无限增大,当增大到最大切分数时便不能继续切分。当数据分块个数达到最大分块数时,变长分块传输方案已极度趋近于等长分块传输方案,可认为此时两个方案的时延表现近似相同。

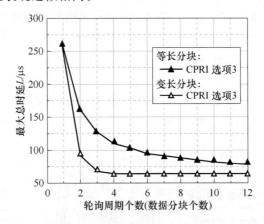

图 4-13　数据分块个数对等长分块传输
方案和变长分块传输方案的时延影响

　　等长分块传输方案中各 ONU 发送的数据量总和与 TDM-PON 系统中可发送数据量不匹配。影响此匹配关系的 3 个因素分别是前传速率、PON 带宽容量以及 ONU 个数。因此后续将分别从这 3 个角度讨论两种方案在时延上的表现。图 4-14 展示了等长分块传输方案和变长分块传输方案在网络规模为 4 个 ONU、数据分块个数为 4 时的时延表现。横轴的CPRI 速率选项对应表 4-6 中的速率选项。在轮询周期个数和网络规模一定的条件下,随着前传速率的逐渐增大,两种方案的最大总时延都增大,变长分块传输方案相比于等长分块传输方案减少的最大总时延先增大后减小。这是因为当前传速率增大到一定程度时,ONU发送过程中未利用带宽越来越少,通过变长分块方案压缩的最后一个数据块的长度越来越少,导致两个方案的时延表现越来越相近。

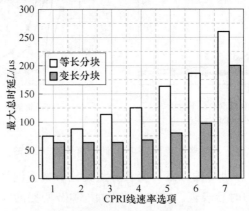

图 4-14　前传速率对等长分块传输方案
和变长分块传输方案的时延影响

图 4-15 展示了当 ONU 个数为 4、数据分块数为 4、前传速率为 CPRI 选项 3 时,PON 带宽容量对两种方案的时延影响。在轮询周期个数、网络规模、前传速率一定的条件下,随着 PON 带宽容量的逐渐增大,两种方案的最大总时延都逐渐减小,这是因为 PON 带宽容量的增大导致数据发送时延减小,且轮询周期内最后一个 ONU 的等待时延也减小,从而使最大总时延减小;而两个方案的最大总时延差距先增大后减小(但不会减小至零),这是因为当 PON 带宽容量为 10 Gbit/s 时,ONU 发送过程中未利用的带宽量非常少,变长分块传输方案的优势并不明显;当 PON 带宽容量足够大时,两种方案最后一个数据块的发送时延均较低,但由于变长分块方案压缩了最后一个数据块的长度,因此变长分块传输方案始终优于等长分块传输方案。

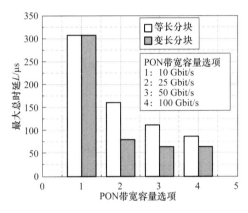

图 4-15　PON 带宽容量对等长分块传输
方案和变长分块传输方案的时延影响

图 4-16 显示了当 PON 带宽容量为 50 Gbit/s、数据分块数为 4、前传速率为 CPRI 选项 3 时,ONU 个数对两种方案的时延影响。在 PON 带宽容量、轮询周期个数、前传速率一定的条件下,随着 ONU 个数的增加,变长分块传输方案与等长分块传输方案最大总时延差距先增大后减小。这是由于当 ONU 个数较少时,各 ONU 在每个轮询周期内发送的数据量较少,本方案中最后一个数据块长度压缩效果明显,使得最大总时延优化效果明显。当 ONU 个数为 19 时,根据理论计算此时变长分块方案已极度趋近于等长分块方案,所以二者的时延表现几乎一致。

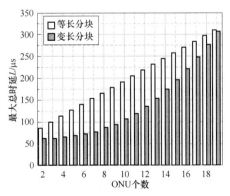

图 4-16　ONU 个数对等长分块传输
方案和变长分块传输方案的时延影响

图 4-17 显示了当 PON 带宽容量为 50 Gbit/s、前传速率为 CPRI 选项 3 时,两种方案在不同数据分块个数下可容纳的 ONU 数量。在同等条件下,变长分块方案能容纳的最大 ONU 个数始终大于等长分块方案,这是因为在移动前传单向时延不大于 250 μs 的限制约束中,变长分块方案的时延表现始终优于等长分块方案,因此 TDM-PON 系统可容纳更多的 ONU 进行传输。两种方案下系统最大可容纳的 ONU 数量变化趋势一致,均随着数据分块个数的增加呈现先增加后减少至稳定的趋势,这是因为系统可容纳的 ONU 数量受 PON 带宽容量和前传时延两种条件约束的影响。当数据分块个数较少时,主要受时延约束的影响,数据分块个数增加,最大时延减小,可容纳的 ONU 数量便会增加;当数据分块个数较多时,主要受带宽约束的影响,数据分块个数的增加导致了保护间隔开销的增加,使得可用于传输有效数据的 PON 带宽减少,可容纳的 ONU 数量随之减少。

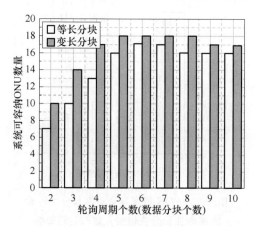

图 4-17　数据分块个数对等长分块传输方案
和变长分块传输方案可容纳 ONU 数量的影响

4.4　面向 mini-slot 的 TWDM-PON 上行传输时延优化方法

移动网络和固定网络基础设施的融合已经成为发展趋势[11],这种融合是由成本效益驱动的。下一代 RAN 架构中的移动前传链路可以共享现有的固定接入基础设施,以连接各功能模块。固定和移动基础架构的这种设施共享将减少小基站部署的成本和时间。PON 在过去的几年中已被证实是一种适用于住宅和商业区的具有成本效益的固定宽带接入解决方案,被广泛应用于 FTTH (Fiber to the Home,光纤到户)网络中。PON 正在演进以适应 5G 新兴移动业务,主要应用是在 RAN 架构中支持 RU 和 DU 之间的移动前传业务。TWDM-PON (Time and Wavelength Division Multiplexed PON,时分和波分复用的无源光网络)由于其大系统容量、高带宽效益和低成本支出等特性有望成为承载固定和移动网络融合的多业务平台。

由 4.1 节中所提的上行时延分析可知,前传网络单向传输时延最多 250 μs (在 CPRI 中)与 100 μs (在 eCPRI 中)的需求使得上行链路传输时延优化成为多业务融合的 TWDM-PON 中承载时延敏感的前传业务所面临的最大挑战[12]。同时,随着 5G NR 中时隙长度的缩短,面向基于 4G LTE 中 TTI 模型传输的移动前传业务与固定业务融合的 PON 上行传输时延优化策略将不适用。本节针对多业务融合的 TWDM-PON 上行传输时延优化策略展开研究,该研究适用于 mini-slot 模型传输的移动前传业务。

4.4.1 面向多业务融合的联合 CO-DBA 和 SR-DBA 调度方案

2019 年,日本 NTT 实验室提出了联合光与无线协同动态带宽分配(CO-DBA)和状态报告动态带宽分配(SR-DBA)的资源调度方案,简称联合 CO-SR 调度方案[13]。联合 CO-SR 调度方案可以为时延敏感的前传业务提供低延迟传输,同时为时延不敏感的固定业务提供大带宽传输。

一方面,为了实现前传业务低时延传输,CO-DBA 的周期应该更短。另一方面,SR-DBA 的周期必须大于 RTD,这是因为在 SR-DBA 周期中 OLT 需要收集到所有 ONU 的报告请求。为了同时满足这两种 DBA 周期长度的需求,NTT 实验室提出的方法是将真实 DBA 周期划分成多个小的授权周期,通过组合多个授权周期以提供虚拟的 CO-DBA 和 SR-DBA 周期,如图 4-18 所示。

联合 CO-SR 调度方案中带宽分配过程包括 3 个步骤。

(1) 分配用于报告每个承载固定业务的 ONU(以下称为固定 ONU)中缓冲区状态的带宽

报告的插入时间由式(4-29)决定:

$$R_{insert} = \left\lfloor \frac{L_{allocation\_cycle} \times N_{allocation\_cycle} - RTD_{max}}{L_{allocation\_cycle}} \right\rfloor \tag{4-29}$$

式中:R_{insert} 表示在真实的 DBA 周期中插入请求消息的时刻位于第几个授权周期(如图 4-18 中的横条方块位置);$L_{allocation\_cycle}$ 表示授权周期的长度,即在真实的 DBA 周期中划分了多个授权周期;$N_{allocation\_cycle}$ 表示在真实的 DBA 周期中授权周期的数量;RTD_{max} 表示最大往返传播时延,由 OLT 与 ONU 之间的距离决定。根据该式计算的报告插入时间可以使得 OLT 能够在下一实际 DBA 周期开始之前收集完所有固定 ONU 的报告请求。

(2) 为承载前传业务的 ONU(以下称为前传 ONU)分配带宽

前传 ONU 的带宽分配过程是基于 CO-DBA 的方式,OLT 根据 DU 下发的 CTI Report 获取移动数据信息,计算移动数据的总量和到达 OLT 的时刻,根据计算的结果决定分配给前传 ONU 的突发时隙大小以及开始时刻(如图 4-18 中的斜方格方块部分)。由于分配给前传 ONU 的发送开始时刻是根据移动数据到达 ONU 后直接传输到达 OLT 的时刻计算的,因此可以减少前传业务的等待时延。

(3) 为固定 ONU 分配带宽

固定 ONU 的带宽分配过程是基于 SR-DBA 的方式,根据(1)中收集到的报告,获取固定 ONU 中的缓冲区状态,根据 ONU 上报的带宽请求和授权函数决定分配给固定 ONU 的突发时隙大小以及开始时刻(如图 4-18 中的横线方框部分)。由于分配给固定 ONU 的突发时隙大小是根据 ONU 向 OLT 上报的带宽申请进行计算的,因此相比于前传 ONU 带宽分配减少了带宽浪费,提高了带宽利用率。

通过上述 3 个步骤进行的带宽分配过程是在每个 DBA 周期中统一进行的。NTT 实验

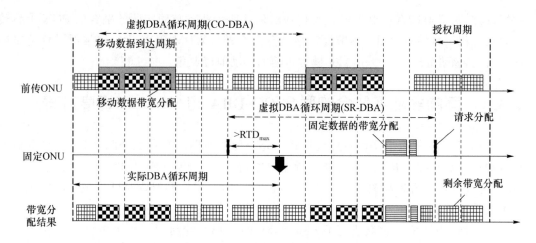

图 4-18　联合 CO-SR 调度方案的动态带宽分配[11]

室提出的联合 CO-SR 调度方案中通过前传 ONU 传输的移动数据是基于 4G LTE 中的 TTI 模式传输的,因此虚拟 CO-DBA 周期的长度等于一个 TTI 长度(即 1 ms)。虚拟 SR-DBA 周期的长度和真实 DBA 周期的长度也设为 1 ms 的 TTI 长度。

4.4.2　mini-slot 场景下联合 CO-SR 调度方案时延问题描述

基于 TTI 的 4G LTE 无线系统信息传输的基本单位是 TTI/slot,包含 14 个 OFDM 符号,且 SCS 为固定的 15 kHz;但是在 5G NR 系统下,由于 OFDM 符号数的灵活减少(变为 2 个、4 个、7 个)和 SCS 的增大(变为 15 kHz、30 kHz、60 kHz),slot 长度减小,无线信息传输的单位变为 mini-slot,且 OFDM 符号数越少、SCS 越大,mini-slot 越小。

在基于 4G LTE 模型的多业务融合 PON 场景中,联合 CO-SR 调度方案可以同时满足对时延敏感的前传业务的低时延传输和对固定业务的高带宽利用率。但是,在基于 mini-slot 的 5G NR 移动前传场景下,现有的 CO-SR 调度方案不再适用,并且原有的带宽分配过程存在冲突,导致前传业务时延的增加。这种冲突产生的根本原因是 5G NR mini-slot 传输模式下,CO-DBA 的 T_{PON} 通常小于 SR-DBA 的 T_{PON}。

根据 4.2.3 节的分析可知,T_{PON} 表示 OLT 从接收 ONU 中的请求消息开始,到接收该 ONU 发送数据的第一个比特经历的时间间隔。对于 OLT 接收的一个上行帧,采用两种 DBA 的 T_{PON} 不同,意味着 OLT 接收到该上行帧中两种业务的请求消息时刻不同(T_{PON} 大的 OLT 会更早接收其对应的请求消息)。两种业务请求消息在不同时刻到达 OLT 的情况下,DBA 的处理有两种方式。

① 接收到第一个业务请求消息后直接对该业务进行带宽分配,等到第二个请求到来时,再基于第一次的分配结果分配剩余的带宽。这种方式的好处是复杂度比较低,由于已经为第一个请求分配带宽,第二个请求可以基于第一次的带宽分配结果进行第二次分配。该方式的缺点是,当第二个到达的带宽请求是时延敏感业务的带宽请求(采用 CO-DBA 的 T_{PON} 小于采用 SR-DBA 的 T_{PON})时,该业务所需的带宽可能已经被第一个非时延敏感业务的带宽请求占用(带宽冲突),此时需要重新分配之前的带宽。

② 接收到第一个业务请求消息后暂时不进行带宽分配,而是等到接收完后续所有请求后一起分配。这种方式的好处是统一带宽分配可以根据优先级分配,不会出现上述带宽冲突。该方式的缺点是,当采用 CO-DBA 的 T_{PON} 小于采用 SR-DBA 的 T_{PON} 时,需要缩短 SR-DBA 的调度周期:OLT 每次接收 CTI Report 后需要针对所有业务的 ONU 进行带宽计算,会使得针对非时延敏感业务的 SR-DBA 调度周期缩短,因此 DBA 计算的复杂度较高。

CO-DBA 的授权时延上限 T_p 的值在 4.2.3 节已经进行了分析和计算,SR-DBA 中授权时延长度主要取决于 SR-DBA 的调度周期长度。当 T_p 的长度大于 SR-DBA 调度周期的长度时,可以确保 OLT 在进行固定带宽分配之前感知前传业务并预留带宽。然而,当 T_p 的长度小于 SR-DBA 调度周期的长度时,无论上述哪种 DBA 计算方式都将存在问题。SR-DBA 调度周期的长度在文献中通常被设为 1 ms 或 1.5 ms,是考虑了带宽利用率和服务的 ONU 数量等因素而设定的[14]。T_p 的长度主要取决于无线数据的用户平面时延,在 4G LTE 和 5G NR 中 T_p 的长度不同。在基于 TTI 的 4G LTE 中,T_p 约为 4 ms[15],比典型的 SR-DBA 调度周期大,OLT 有足够的时间提前为前传 ONU 分配带宽,不会发生冲突。但是,在基于 mini-slot 的 5G NR 中,T_{UE_rx} 和 T_{UE_tx} 均会随着无线子帧长度的减小而减小,因此,根据式 (4-3) 和文献[16]可以得出 T_p 将急剧缩短至一个极小的值,例如,2 个 OFDM 符号和 60 kHz SCS 的 mini-slot 下,考虑 PON 距离为 10 km,传播时延为 50 μs,OLT 下行传输的平均帧对齐时延为 62.5 μs,UE 中上行传输的平均帧对齐时延为 18 μs,传输基本无线帧的时间 (mini-slot 的长度) 为 36 μs,T_p 的长度将缩短至 345 μs,这种 T_p 长度小于 SR-DBA 周期的情况将导致 CO-DBA 和 SR-DBA 之间的带宽分配冲突。如图 4-19 所示,mini-slot m-n(虚线矩形)到达 ONU 后直接传输到达 OLT 所需的带宽将与已经分配给 FTTH 业务的带宽(网格矩形)发生冲突。这是因为当 OLT 接收到 mini-slot m-n 的 CTI Report 时,其所需的带宽已经在之前的 t_{i-1} 时刻通过 SR-DBA 分配给 FTTH 业务,发生冲突的带宽(横线矩形)无法被再次分配。因此,mini-slot m-n 只能被分配 SR-DBA 调度周期 i 末端的剩余带宽以避免冲突,这使得前传业务在 ONU 中的等待时延增大。需要注意的是,图 4-19 中的两条 OLT 线属于同一 OLT 物理实体,它们分别是前传业务和 FTTH 业务的两个接收端。

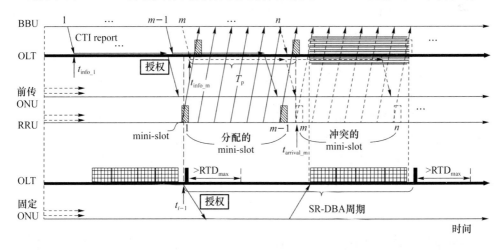

图 4-19　5G NR 中 mini-slot 引起的 CO-DBA 和 SR-DBA 之间的带宽分配冲突

为了解决图 4-19 所描述的前传业务等待时延问题,本节介绍一种基于 WBP(Wavelength

and Bandwidth Preempt,波长带宽抢占)的时延优化方案。该方案在 OLT 发生带宽分配冲突时允许进行资源重新分配,即高优先级业务(基于 mini-slot 传输的移动前传业务)可以抢占低优先级业务(固定接入业务,如 FTTH 业务)已被分配的波长带宽资源。这种基于 WBP 的 DBA 可以解决带宽冲突时由授权时延增加导致的高优先级业务在 PON 中的传输总时延增加问题。4.4.3 节和 4.4.4 节均以大系统容量、高带宽效益和低成本支出的 TWDM-PON 为背景,对基于 WBP 的 DWBA(Dynamic Wavelength and Bandwidth Allocation,动态波长带宽分配)方案及其仿真进行详细介绍。与 TDM-PON 相比,TWDM-PON 具有更大的系统容量及更多数量的波长。

4.4.3 mini-slot 场景下基于波长带宽抢占的 DWBA 方案

1. 基于波长带宽抢占的 DWBA 过程

图 4-20 中展示了两种可能的波长带宽抢占情况下的 DWBA 过程。图 4-20 中的 TWDM-PON 架构包含 3 个 ONU,其中一个 ONU 用于传输下一代 RAN 网络中的前传业务(简称前传 ONU),另外两个 ONU 用于传输传统固定宽带接入网络中的 FTTH 业务(简称固定 ONU)。TWDM-PON 中进行 DWBA 的调度中心位于 OLT 内。首先,SR-DWBA 分配给两个固定 ONU 的传输开始时间分别位于波长 λ_1 上的 t_1 和 t_2 处,分配的带宽大小等于 ONU 请求的数据量,分别为 800 kbit 和 640 kbit。当 OLT 接收到 CTI Report(假设其到达 OLT 的时间晚于 SR-DWBA 计算的时间)时,OLT 会在每个波长上执行 WBP 策略以获得两个系统时间:允许前传业务抢占波长带宽资源进行传输的开始时刻(以 t_{pre} 表示)和重新分配给被抢占业务的传输开始时刻(以 $t_{realloc}$ 表示),并选择 4 个波长上抢占时刻最早的波长进行抢占。对于同一个上行帧中传输的不同业务(抢占和被抢占的),OLT 将通过统一的授权消息将计算得到的两个系统时间分别发送给抢占 ONU 和被抢占 ONU。ONU 收到授权消息后,将根据授权的传输开始时刻进行数据上传。需要注意的是,对 t_{pre} 和 $t_{realloc}$ 的计算应考虑被抢占(FTTH) ONU 到 OLT 之间的传播距离,前传 ONU 应选择尚未被授权的固定 ONU 进行抢占,避免已经进行上行传输的 ONU 由于发生传输中断和数据重组导致的开销和时延增加问题。由于前传 ONU 只抢占了固定 ONU 的突发时隙内长度等于前传数据量的部分时隙,剩余突发时隙仍可传输后续的 FTTH 业务。但是,由于固定 ONU 的突发时隙被部分抢占,因此其原本待传的数据量将超出抢占后被重新分配的突发时隙长度。在不影响其他固定 ONU 传输的情况下,将这部分超出的数据量(即图 4-20 中的斜线块)重新分配在 SR-DWBA 周期末尾的空闲带宽处传输。本节将此部分数据称为"延迟块",这将增加 FTTH 业务的总传输时延(主要是授权时延部分)。为了减少对该延迟块时延的影响,本节选择最早可用的空闲波长和带宽资源进行传输。另外,为了避免 FTTH 业务时延的积压,分配给延迟块的突发时隙优先级也被升级,以后不能被再次抢占。

在 OLT 内进行波长带宽重新分配时,允许前传 ONU 进行波长带宽抢占的位置与前传业务直接传输到达 OLT 的时间有关。在图 4-20(a)中,前传业务直接传输到达 OLT 的时间位于一个 ONU(固定 ONU$_1$)的突发时隙内(情况一)。在不增加其他约束条件时,OLT 授权给前传 ONU 的抢占时刻 t_{pre} 等于前传业务直接传输到达 OLT 的时刻 $t_{arrival}$。此时被抢

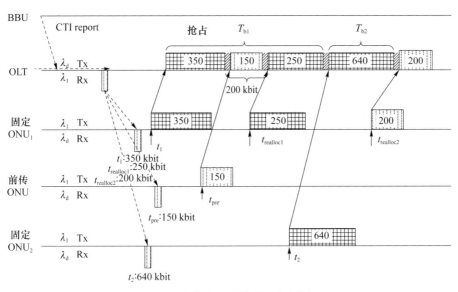

(a) 在单个ONU授权期间发生抢占

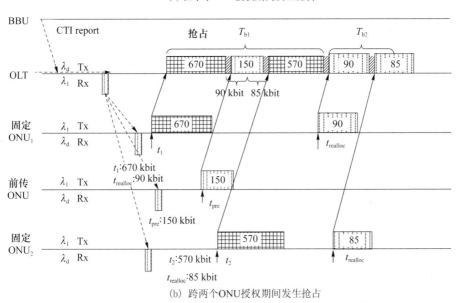

(b) 跨两个ONU授权期间发生抢占

图 4-20　mini-slot 模式下基于波长带宽抢占的 DWBA 过程（25G PON 中）

占的固定 ONU 原本被分配的突发时隙将被划分为 3 部分。第一部分（350 kbit）未受抢占的影响，传输开始时刻仍为一开始分配的时刻 t_1，只是由于发生抢占，突发时隙的长度将缩短。第二部分（250 kbit）是发生抢占后的剩余突发时隙，该剩余突发时隙被重新分配的传输开始时刻 $t_{realloc1}$ 与分配给前传 ONU 的抢占时刻 t_{pre} 有关，等于该抢占位置下的前传业务传输结束时刻加上保护间隔。第三部分（200 kbit）是由于被抢占以及插入两个保护间隔导致未能传输的突发时隙，由于被前传业务抢占而向后推迟，根据上述基于波长带宽抢占的 DWBA 过程描述可知，该被抢占突发时隙位于 SR-DWBA 周期末端的空闲带宽处，传输开始时刻如图 4-20(a)所示。

另一种前传 ONU 进行波长带宽抢占的位置情况如图 4-20(b)所示,前传业务直接传输到达 OLT 的时间位于两个 ONU(固定 ONU_1 和固定 ONU_2)的突发时隙之间(情况二)。同样在不增加其他约束条件时,OLT 授权给前传 ONU 的抢占时刻 t_{pre} 等于前传业务直接传输到达 OLT 的时刻 $t_{arrival}$。此时存在两个固定 ONU 的波长带宽资源被抢占,因此,相比于情况一中仅在一个 ONU 的突发时隙内发生抢占,情况二会导致整个网络中 FTTH 业务的平均授权时延增加。两个被抢占的固定 ONU 原本被分配的突发时隙被分别划分为两部分:对于固定 ONU_1,由于其突发时隙结束时前传业务仍未传输完,因此相比于情况一,这种情况下没有第二部分的剩余突发时隙;对于固定 ONU_2,由于突发时隙未开始时即被前传业务抢占,因此相比于情况一,这种情况下没有第一部分的未发生抢占突发时隙。需要注意的是,情况二中存在两个受抢占影响被推迟的延迟块(90 kbit 和 85 kbit),这两个延迟块影响了两个 FTTH 业务在 ONU(固定 ONU_1 和固定 ONU_2)中的等待时延,使得网络中 FTTH 业务的平均授权时延增加。

2. 基于波长带宽抢占的 DWBA 策略

在基于波长带宽抢占的 DWBA 过程中,关键技术是计算前传业务通过抢占而优先传输的开始时刻 t_{pre} 和重新分配给被抢占业务的传输开始时刻 $t_{realloc}$。本节设计了 WBP 策略用于获取这两个系统时刻,其中时刻 $t_{realloc}$ 通过时刻 t_{pre} 来获取。基于上述两种可能的发生波长带宽抢占的位置,本节针对不同情况提出了 3 种具有代表性的策略。算法 4-3 对 WBP 策略的一般过程进行了描述。

(1) 波长带宽抢占策略 1(WBP-P1)

在该策略中高优先级的前传业务可以在到达 ONU 后立即抢占低优先级的 FTTH 业务的波长带宽资源,无须等待直接上传至 OLT。此时 OLT 授权给前传 ONU 的抢占时刻等于该前传业务直接传输到达 OLT 的时刻(即 $t_{pre}=t_{arrival}$),这种情况下前传业务在 ONU 中的等待时延最小。另外,该策略未限制固定 ONU 的突发时隙内被抢占的次数,允许被多次抢占。因此,WBP-P1 更适用于有超低时延要求的移动前传业务和尽力而为的 FTTH 业务所组成的场景。

(2) 波长带宽抢占策略 2(WBP-P2)

在该策略中不允许前传业务在两个 ONU 的突发时隙之间进行抢占,该约束是针对情况二而言的。根据对情况二中波长带宽抢占过程的描述可知,这种情况下发生抢占将会影响两个固定 ONU,导致网络中 FTTH 业务的平均授权时延增加。因此,当前传业务直接传输到达 OLT 的位置处于两个 ONU 突发时隙之间时,该前传业务必须等待直到第一个 ONU 的传输结束后开始上传,这会在 ONU 中产生较短的等待时延。

(3) 波长带宽抢占策略 3(WBP-P3)

该策略不仅约束了前传业务在固定 ONU 的突发时隙之间的不允许抢占,同时还限制了一个固定 ONU 的突发时隙内的被抢占次数。本节中设置每个固定 ONU 在其授权期间只允许被抢占一次。为了实现该策略,本节采取的方式为将被抢占了一次的固定 ONU 全部突发时隙(不只是分配给延迟块的突发时隙)的优先级进行升级。由于前传 ONU 不能抢占具有高优先级的突发时隙(包括前传 ONU 的突发时隙和升级后的固定 ONU 的突发时隙),因此 WBP-P3 将会使得前传业务在 ONU 中产生较大的等待时延。此策略是针对

FTTH 业务也具有低时延传输要求的场景而设计的。

综上所述,WBP-P1 在固定 ONU 的授权期内允许多次被抢占,但是会引入较多的保护带宽,增加物理层开销。WBP-P3 通过限制固定 ONU 的授权期内允许被抢占的次数,可以减少保护带宽的数量,但是该策略中前传的时延性能最差。另外,可将这 3 个策略应用到 TWDM-PON 系统中的多个波长,并根据可抢占时刻最早、FTTH 业务时延牺牲最小和抢占发生次数最少这 3 个条件来选择最佳的波长。

算法 4-3　基于 WBP 的 DWBA 算法

输入:TWDM-PON 系统中的波长集合Q_λ,前传 ONU 集合Q_{ONU_h},固定 ONU 集合Q_{ONU_l}

输出:前传时延上界$L_{fronthaul}$

1:初始化$\lambda_k(\lambda_k \in Q_\lambda)$上已分配的 ONU 集合$Q_{ONU} \leftarrow \varnothing$、$\lambda_k$上结束传输的时刻$f^k \leftarrow 0$;

2:for $ONU_i \in Q_{ONU\_h}$ do

3:　初始化最早的传输开始时刻,$t_i \leftarrow t_{arrival_i}$;

4:Δ 判断该传输时刻是否存在空闲的可用波长和带宽

5:if $t_i > min(f^k)$ then

6:　根据首次命中策略规则获取波长λ_k、传输开始时刻t_i和传输结束时刻f_i;

7:else

8:　需要通过抢占减少等待时延,初始化最早的可抢占时刻,$t_{pre_i} \leftarrow t_i$

9:　for $\lambda_k \in Q_\lambda$ do

10:　　根据 WBP 策略规则计算t_{pre_i};

11:　end for

12:　选择t_{pre_i}最早的波长进行抢占;

13:　$\lambda_k \leftarrow argmin_k(t_{pre_i}^k)$;

14:　if 存在多个波长具有相同的最早可抢占时刻 then

15:　　选择只在一个 ONU 授权期间发生抢占的波长进行抢占;

16:　　$\lambda_k \leftarrow argmin_k(preONUNum^k)$;

17:　　if 存在多个波长均在一个 ONU 授权期间发生抢占 then

18:　　　选择被抢占次数最少的波长进行抢占;

19:　　　$\lambda_k \leftarrow argmin_k(preTime^k)$;

20:　　　if 存在多个波长可抢占且抢占次数相同 then

21:　　　　选择第一个可获得波长进行抢占;

22:　　　　$\lambda_k \leftarrow argmin_k(\lambda^k)$;

23:　　　end if

24:　　end if

25:　end if

26:　计算最佳波长上的f_i;

27:　$f_i \leftarrow t_{pre_i} + R_i$;

28:　根据首次命中策略规则对被抢占 ONU 进行重新分配,获取$\lambda_{k'}$、$t_{i'}$和$f_{i'}$;

29:　end if

30:end for

31:统计Q_{ONU_h}中所有前传 ONU 时延中的最大值

4.4.4 时延优化方案的性能分析

1. 仿真设计

本节将提出的基于波长带宽抢占策略的联合 CO-SR 方案与现有的非抢占式方案[11]进行比较。不同于现有方案中移动业务基于 4G LTE 中 TTI 传输模型,在本节的仿真中,所有策略均基于 5G NR mini-slot 模型。本节评估了不同条件下基于不同 WBP 策略的 DWBA 方案的性能:波长带宽抢占策略 1(WBP-P1)中高优先级业务可以在到达 ONU 后直接抢占低优先级业务的波长带宽资源;波长带宽抢占策略 2(WBP-P2)中高优先级业务在到达 ONU 时,若需要跨两个 ONU 突发时隙进行抢占,则需要等待,直到抢占只对一个低优先级业务的时延产生影响;波长带宽抢占策略 3(WBP-P3)中在一个低优先级 ONU 的突发时隙内只允许被抢占一次;基于非抢占策略的联合 CO-SR 方案中采用的是传统的 FF(First Fit,首次命中)策略,即 OLT 在收到带宽请求后根据最早可获得的空闲波长和带宽进行分配。

仿真中考虑了移动业务与固定业务融合的网络场景,其中移动业务以下一代 RAN 架构中 RU 与 DU 之间传输的前传业务为代表,固定业务以传统 FTTH 场景下的业务为代表。仿真中的业务划分为两个优先级,时延敏感的前传业务为高优先级,时延要求较低的 FTTH 业务为低优先级。

仿真以具有 4 个波长的 TWDM-PON 系统为背景架构,每个波长都支持 25 Gbit/s。TWDM-PON 系统中有 32 个 ONU,每个 ONU 和 OLT 之间的距离都遵循高斯分布(μ,σ),其中平均值 μ 等于 10 km,方差为 σ 等于 2 km。光纤上的传播时延为 5 μs/km。系统中前传 ONU(用于上传前传业务的 ONU)的数量占全部 ONU 的数量比例用 γ 来表示,在本仿真中 γ 设为可变参数,用于分析前传 ONU 数量比例的变化对所提方案性能的影响。网络中总业务量负载用 ρ 表示,其中通过前传 ONU 和固定 ONU 上传的流量负载根据 γ 进行分配,即前传 ONU 上传的流量负载为 $\rho\gamma$,固定 ONU 承担其余部分流量负载,即 $\rho(1-\gamma)$。ρ 在仿真中已被归一化(最大负载量为系统总容量 100 Gbit/s)。表 4-7 列出了仿真环境设置中关于 PON 的关键参数。

表 4-7 关于 PON 的仿真参数

参数	数值
波长数	4
波长容量 C	25 Gbit/s
保护带宽 G	1 μs
处理时延 T_{proc}	10 μs
传播时延 T_{prop}	5 μs/km
ONU 数量	32
前传 ONU 比例	γ
归一化网络负载	ρ

前传业务的流量特点是具有周期性,其周期等于 mini-slot 的持续时间,定义为 $T_{\text{min-slot}}$。前传数据的速率取决于前传接口采用的功能分割选项。本节仿真中上行链路采用 3GPP 标准化中定义的功能分割方式选项 7-2(option 7-2),在信道估计和资源元素解映射之间进行功能分割。根据 Small Cell Forum 中对 option7-2 分割方式下上行链路带宽的计算公式,每个 mini-slot 持续时间内传输的最大前传数据量(D_{FH})可以通过式(4-30)计算。

$$D_{\text{FH}} = N_{\text{ant}} \times N_{\text{iq}} \times N_{\text{q}} \times N_{\text{sc}} \times N_{\text{sym}} \times N_{\text{rb}} \times T_{\text{min-slot}} \tag{4-30}$$

式中:N_{ant} 表示天线数,在仿真中设置为 2;N_{iq} 表示同相/正交 I/Q 支路的数量(等于 2);N_{q} 表示 IQ 符号的抽样位宽,通常为 16 位;N_{sc} 是每个 RB 的子载波数,在 4G 和 5G 系统中均为 12。本书考虑频分双工移动系统,并讨论 3 个子载波空间,分别是 15 kHz、30 kHz 和 60 kHz。在给定的无线频率宽度下,RB 的最大数量将根据 SCS 的不同而改变。表 4-8 显示了在 50 MHz 频率宽度下不同 SCS 方案的最大 RB 数。需要注意的是,RB 的最大数量与 OFDM 符号的数量无关。N_{sym} 表示 mini-slot 中的 OFDM 符号的数量。eCPRI 前传接口只传输有效用户负载数据,资源元素解映射后一些 RB 并不被任一用户占用,称之为空 RB。空 RB 的比例体现了归一化的无线负载,用 1-ρ 来表示。因此已占用的 RB 数 N_{rb} 表示为 ρN_{rb},随归一化负载 ρ 的变化而变化,其中 N_{rb} 表示 mini-slot 中 RB 的总数。表 4-8 列出了仿真环境设置中关于无线网络的关键参数。

表 4-8　关于无线网络的仿真参数

参数	数值
子载波间隔	15 kHz,30 kHz,60 kHz
mini-slot 中 OFDM 符号数量	2,4,7
分割方案	option 7-2
系统带宽	50 MHz
占用的 RB 数	ρN_{rb}

FTTH 业务通过 SR-DWBA 方式进行上行传输,本节仿真中将 SR-DWBA 的周期设为 1 ms(与仿真周期相同),在此期间固定 ONU 收集大小随机分布在[64～1 518 B]范围内的数据包。所有固定 ONU 负载的总量 $\rho(1-\gamma)$ 以高斯分布的形式分布在各固定 ONU 之间,仿真中将讨论固定 ONU 之间负载标准差变化对提出方案性能的影响。对于每个固定 ONU,数据包的到达时间都遵循泊松分布。仿真将平均数据包到达速率定义为 ν,等于 FTTH 流量负载除以数据包长度。因此,平均数据包到达时间间隔可以表示为 $t = -1/\nu \ln U$,其中 U 表示分布在[0,1]的随机数。表 4-9 列出了仿真环境设置中关于固定接入网络的关键参数。

表 4-9　关于固定接入网络的仿真参数

参数	数值
数据包大小	[64～1 518 B]
数据包到达时间分布	泊松分布
SR-DWBA 周期	1 ms

仿真总共进行了10^5次重复性实验,即验证了10^5个仿真周期内的数据上传过程。在本仿真中,讨论了以下问题。

① 网络负载为满载和半载情况下,3 种抢占策略和非抢占策略中前传业务上行传输时延的频率分布。

② 不同的网络负载下,3 种抢占策略和非抢占策略对前传业务在 PON 中上行传输时延的影响。

③ 不同的网络负载下,3 种抢占策略和非抢占策略对 FTTH 业务在 SR-DWBA 中授权时延的影响。

④ 不同的前传 ONU 数量占比下,3 种抢占策略和非抢占策略对前传业务上行传输时延的影响。

⑤ 不同的固定 ONU 间负载标准差下,3 种抢占策略和非抢占策略对前传业务上行传输时延的影响。

上述讨论均在不同 SCS 和 OFDM 符号数量条件下进行。

2. 性能对比分析

为了简单起见,在以下的仿真结果分析中,将从移动数据到达 ONU 开始到 OLT 接收到移动数据的最后一比特之间所经历的时延(前传业务在 PON 中上行传输的总时延)定义为前传时延上界,即为最差前传时延。将从 OLT 接收到固定 ONU 上行数据传输的带宽请求开始到 OLT 接收到该上行数据之间所经历的时延(SR-DWBA 中的授权时延)平均值定义为平均 FTTH 时延。

(1) 前传时延频率分布

前传时延频率分布是反映前传时延边界(上界和下界)的重要因素。图 4-21 显示了在 15 kHz SCS 和 mini-slot 中具有 2 个、4 个和 7 个 OFDM 符号条件下,采用不同策略时前传时延的频率分布。图 4-21 中的每个纵向条纹对应于 x 轴上的 10 μs 时间范畴,y 轴表示前传时延在每个时间范畴内出现的频率。仿真中同时考虑了半载和满载的情况,并将前传 ONU 的比例 γ 固定为 0.5。从图 4-21 可以看出,WBP-P1 和 WBP-P2 的时延上界比非抢占策略更低。这是因为 WBP-P1 和 WBP-P2 中允许冲突的前传业务通过抢占 FTTH 业务的波长和带宽优先传输。因此,当前传流量到达 ONU 时,可以立即或在非常短的等待时间内进行传输。另外,WBP-P1 和 WBP-P2 的拖尾比非抢占策略短。大多数纵向条纹分布在较小的时延区域中,这表明该策略具备良好的时延抖动性能。

在 WBP 策略中,WBP-P1 和 WBP-P2 具有相似的前传时延性能,并且都优于 WBP-P3。这是因为 WBP-P1 和 WBP-P2 中在一个 ONU 的突发时隙内允许多次被抢占,而 WBP-P3 中只允许一次。此外,图 4-21(c)表明 WBP-P1 略好于 WBP-P2。这是因为当 OFDM 符号的数量增加时,mini-slot 的持续时间也会增加。这增加了跨 ONU 的突发时隙发生抢占的概率,使 WBP-P1 时延性能优于 WBP-P2。但是这种现象仅在 mini-slot 持续时间较长条件下才会发生。

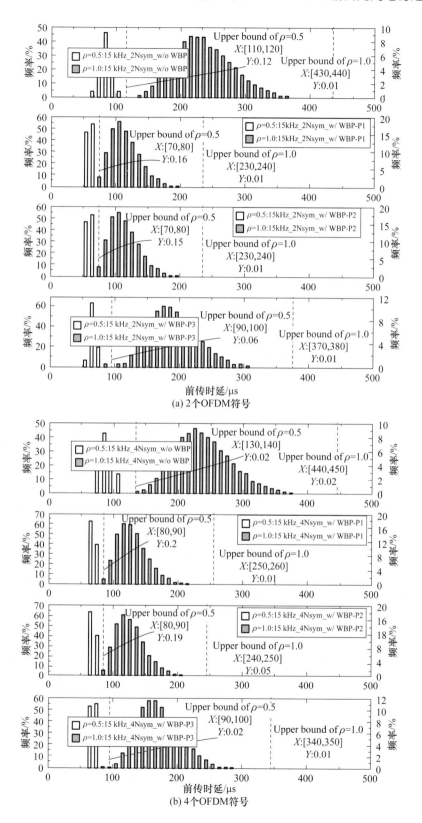

(a) 2个OFDM符号

(b) 4个OFDM符号

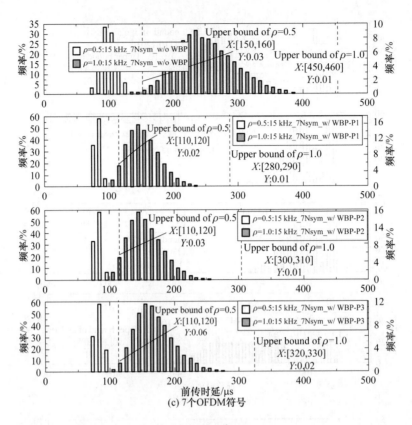

图 4-21　前传时延频率分布

（2）前传时延上界（最差前传时延）vs 归一化网络负载

图 4-22 显示了可变归一化网络负载下的前传时延上界。在仿真参数设置中，前传 ONU 的比例 γ 设为 0.5，固定 ONU 间的负载标准差设为平均值的 0.2 倍。在图 4-22（a）中，固定 OFDM 符号的数量（每个 mini-slot 中 2 个 OFDM 符号），并改变 SCS。在图 4-22（b）中，固定 SCS 为 30 kHz，并更改 OFDM 符号的数量。随着网络负载的增加，前传时延上界增加，其中 WBP-P1 和 WBP-P2 具有相似的前传时延性能，可以实现最低的前传时延上界。即使在满载条件下（$\rho=1.0$），最差的时延上界仍低于 250 μs。图 4-22（b）的第三个图中 7 个 OFDM 符号下时延上界略微超过了 250 μs 的限制。在一些诸如自动驾驶等场景中，时延要求更加严格，时延约束在 100 μs 以内。如果进一步将时延限制降低到 100 μs，WBP-P1 和 WBP-P2 在归一化网络负载 ρ 小于 0.7 条件下可具有低于 100 μs 的前传时延表现。

此外，当归一化网络负载 ρ 大于 0.5 时，WBP-P1 和 WBP-P2 的前传时延上界迅速增长。主要原因是高优先级流量之间的资源竞争。如第 4.4.3 节所提，分配给 FTTH 业务"延迟块"的突发时隙的优先级在被抢占之后升级，不能被前传业务再次抢占。因此，随着被升级的突发时隙数量增加，前传业务的等待时延也增加。最佳的前传时延优化出现在图 4-22（a）中的 60 kHz SCS 条件下和图 4-22（b）中的 2 个 OFDM 符号条件下，相应的前传时延的减小分别为 55.8% 和 46.6%。这表明抢占策略对持续时间较小的 mini-slot 更加适用。

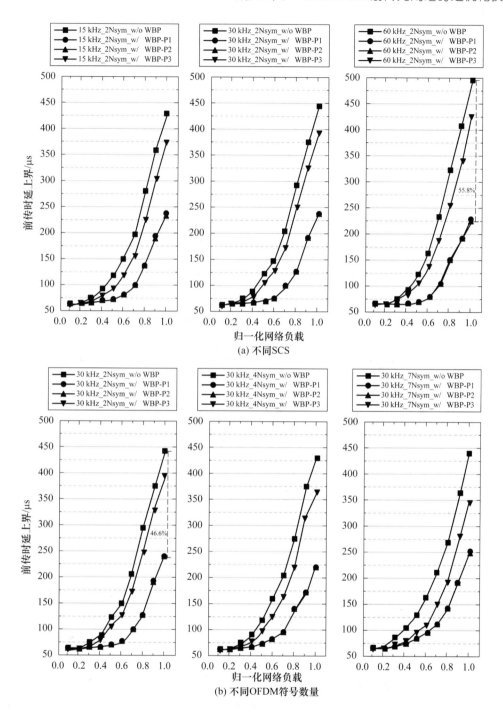

图 4-22 前传时延上界 vs 归一化网络负载

（3）平均 FTTH 时延 vs 归一化网络负载

与图 4-22 的仿真环境相同,图 4-23 显示了平均 FTTH 时延随归一化网络负载变化的情况。与非抢占策略相比,抢占策略会使平均 FTTH 时延增加。这是因为抢占策略滞后了 FTTH 业务的传输,说明前传时延的优化是通过牺牲 FTTH 业务的时延性能来实现的。

最大的平均 FTTH 时延差出现在 mini-slot 持续时间较短的条件下(例如,较大的 SCS 或较少的 OFDM 符号)。同时,WBP-P2 的平均 FTTH 时延比 WBP-P1 的低,特别是对于持续时间较大的 mini-slot。这是因为高优先级的前传业务量较大时出现跨 ONU 的突发时隙发生抢占的概率增加,WBP-P2 禁止了这种抢占,减少了对 FTTH 时延性能的影响,这证实了 WBP-P2 策略的设计初衷。此外,在将减少前传时延上界作为第一优化目标时,WBP-P2 相比于其他策略可以在前传时延和 FTTH 时延之间实现良好的平衡。

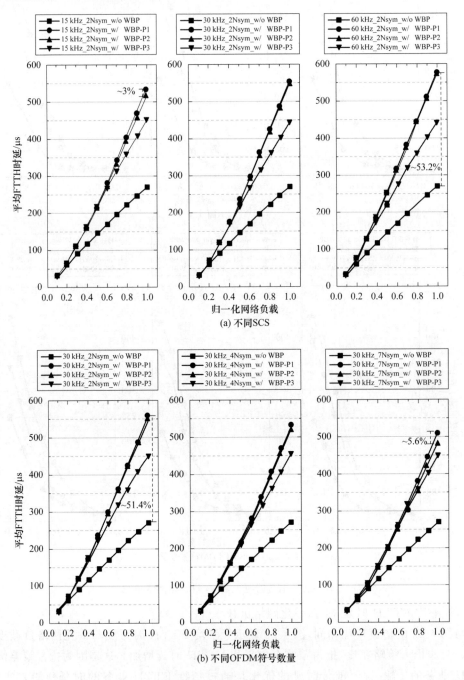

图 4-23　平均 FTTH 时延 vs 归一化网络负载

（4）前传时延上界 vs 前传 ONU 比例

在网络部署规划阶段,对于运营商来说,可以部署多少个前传 ONU 来实现较低的时延上界是一个重要问题。为此,本节进行了仿真,将归一化网络负载固定为 1.0,并改变 TWDM-PON 系统中前传 ONU 的比例。仿真结果如图 4-24 所示,当前传 ONU 的比率小于一半($\gamma < 0.5$)时,可以通过 WBP-P1 和 WBP-P2 获得良好的时延性能(小于 250 μs)。这是因为大多数前传业务都可以通过抢占策略实现在到达 ONU 时立即上传。但是,随着前传 ONU 比例的增加,抢占的成功率将下降,因为越来越多的分配给"延迟块"的突发时隙被升级,无法被再次抢占。这也是当前传 ONU 的比例增加到 0.7 时,抢占策略(WBP-P1、WBP-P1 和 WBP-P3)的曲线上升的原因。但是,曲线并非一直上升,当前传 ONU 的比例继续增加到 0.7 以上时,曲线开始下降。这是因为当固定 ONU 的数量减少到一定程度时,网络中冲突的 mini-slot 减少,多数前传业务可以到达 ONU 后直接传输。这也是非抢占策略下降的原因。该仿真结果有助于分析 TWDM-PON 系统中部署的前传 ONU 和固定 ONU 的数量:较低的前传 ONU 比率(如<0.5)可以获得更好的前传时延性能,但是较高的前传 ONU 比率也可以减少由冲突引起的前传业务等待时延。

（5）前传时延上界 vs 固定 ONU 负载标准差均值比

在实际网络中 ONU 之间的流量负载不是均匀分布的。因此,本节考虑了另一种负载分布,即高斯分布,以评估其对抢占策略的影响。图 4-25 显示了在不同的固定 ONU 负载标准差均值比下,前传时延上界的变化情况。仿真中将 SCS 设为 30 kHz,并改变 OFDM 符号的数量。前传 ONU 的比例 γ 设为 0.5,归一化网络负载 ρ 设为 1.0。可以发现,较大的标准差均值比对 WBP-P3 的影响最为明显,而对 WBP-P1 和 WBP-P2 的影响则较小。这是因为如果一个重载的固定 ONU 被抢占,根据 WBP-P3 策略的规则其无法再次被抢占,因此前传时延增加。

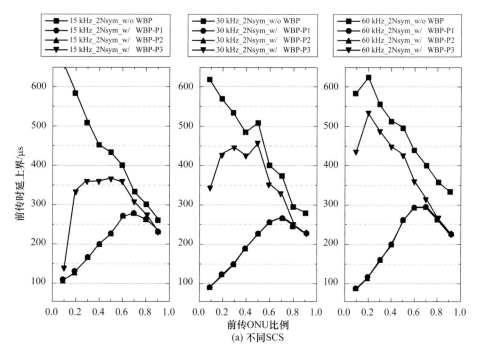

(a) 不同SCS

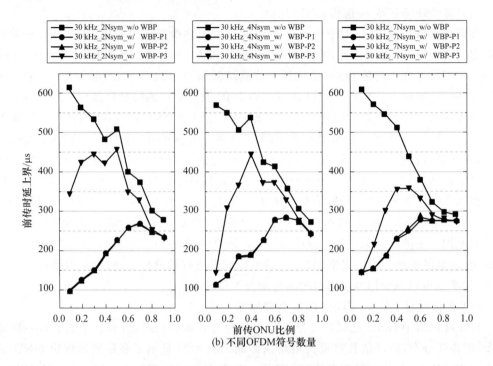

图 4-24　前传时延上界 vs 前传 ONU 比例

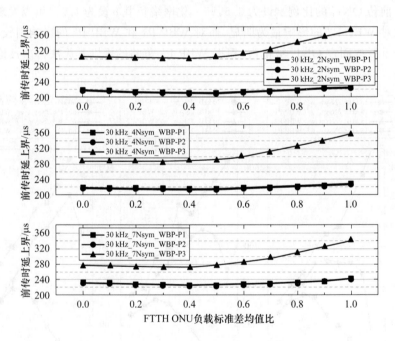

图 4-25　前传时延上界 vs 固定 ONU 负载标准差均值比

本 章 小 结

　　本章对传统 TDM-PON 架构及时延组成部分进行了研究,并分析了其作为移动前传网络所面临的 3 个时延挑战,即 SR-DBA 过程引起的挑战、ONU 注册和测距引起的挑战以及无线数据帧发送引起的挑战。针对上述挑战,本章研究了用于解决前传时延问题的 CO-DBA 方案,该方案通过光与无线协同的方式使 OLT 提前为 ONU 分配带宽,使数据进入 ONU 后等待较短的时间即可进行传输,从而满足了低时延前传业务的时延需求。本章提出了基于变长无线数据帧分块传输的时延优化方案,可有效减少上行传输时延。在移动网络和固定网络融合的网络场景中,针对 CO-DBA 和 SR-DBA 联合调度方案中引起的时延问题,本章提出了一种基于抢占式的波长带宽分配方案,在满足了低时延前传业务时延需求的同时,保障了传统宽带业务的高效资源利用。

本章参考文献

［1］ Pfeiffer T, Pascal D, Sarvesh B, et al. PON going beyond FTTH [J]. Journal of Optical Communications and Networking, 2022, 14(1): A31-A40.

［2］ Edeagu S O, Butt R A, Idrus S M, et al. Performance of PON dynamic bandwidth allocation algorithm for meeting XHaul transport requirements ［C］//2021 International Conference on Optical Network Design and Modeling (ONDM). IEEE, 2021: 1-6.

［3］ Kramer G, Mukherjee B, Pesavento G. IPACT a dynamic protocol for an Ethernet PON (EPON)[J]. IEEE Communications Magazine, 2002, 40(2): 74-80.

［4］ Bonk R, Borkowski R, Straub M, et al. Demonstration of ONU activation for in-service TDM-PON allowing uninterrupted low-latency transport links［C］//2019 Optical Fiber Communications Conference and Exhibition (OFC). IEEE, 2019: 1-3.

［5］ Perez G O, Lopez D L, Hernandez J A. 5G new radio fronthaul network design for eCPRI-IEEE 802. 1 CM and extreme latency percentiles[J]. IEEE Access, 2019, 7: 82218-82230.

［6］ Tashiro T, Kuwano S, Terada J, et al. A novel DBA scheme for TDM-PON based mobile fronthaul[C]//OFC 2014. IEEE, 2014: 1-3.

［7］ O-RAN Alliance. Cooperative transport interface transport control plant specifications[S/ OL]. (2021-03-03)［2022-05-16］. https://orandownloadsweb. azurewebsites. net/ specifications.

［8］ Ou H, Kobayashi T, Shimada T, et al. Passive optical network range applicable to cost-effective mobile fronthaul ［C］//2016 IEEE International Conference on Communications (ICC). IEEE, 2016: 1-6.

［9］ Small cell forum，small cell virtualization：functional splits and use cases［S］. 2016.

［10］ Valcarenghi L，Kondepu K，Castoldi Valcarenghi P. Time-versus size-based CPRI in ethernet encapsulation for next generation reconfigurable fronthaul［J］. Journal of Optical Communications and Networking，2017，9（9）：D64-D73.

［11］ Gosselin S，Pizzinat A，Grall X，et al. Fixed and mobile convergence：which role for optical networks？［J］. Journal of Optical Communications and Networking，2015，7（11）：1075-1083.

［12］ Bonk R，Borkowski R，Straub M，et al. Demonstration of ONU activation for in-service TDM-PON allowing uninterrupted low-latency transport links［C］. 2019 Optical Fiber Communications Conference and Exhibition（OFC）. IEEE，2019.

［13］ Nomura，Hiroko，et al. Novel DBA scheme integrated with SR-and CO-DBA for multi-service accommodation toward 5G beyondp［C］. European Conference on Optical Communication（ECOC）. 2019：139-4.

［14］ Hwang I S，Lee J Y，Yeh T J. Polling cycle time analysis for waited-based DBA in GPONs［C］. Proceedings of the International MultiConference of Engineers and Computer Scientists. 2013，2.

［15］ Kurian A. Latency analysis and reduction in a 4G network［D］. Delft：Delft University of Technology，2018.

［16］ 3GPP. Study on Self-Evaluation Towards IMT-2020 Submission（Release 16）［S/OL］.（2020-11-16）［2022-05-16］. https：//www. 3gpp. org/ftp/Specs/archive/37_series/ 37. 910.

第5章

面向基带功能分割架构的
光与无线资源优化技术

C-RAN 是一种经济高效的移动接入网络架构,通过集中化的基带处理功能部署,能够显著降低网络运维成本,并且提升基站间的协作性能。然而,C-RAN 面临的主要问题是集中式增益与带宽效率间的矛盾。随着天线与基站数量的不断增加,高带宽、低时延成为制约 RAN 发展的重要瓶颈。为了应对上述挑战,5G/B5G 引入基带功能分割技术,将 C-RAN 的二层(BBU-RRU)架构分割为 NG-RAN 更加灵活的三层(RU-DU-CU)架构。基带功能分割的 RAN 架构降低了前传网络对于带宽和时延的严苛要求,提高了网络部署的灵活性,但是也增加了无线、光、计算等异构资源适配的复杂性。本章首先以 3GPP 提出的基带功能分割技术为参考,对基带功能分割下的各层功能模块进行统一的多维资源建模;然后探讨细粒度的功能分割是否有助于推动构建资源高效、成本低廉的 RAN 架构,并分析灵活分割下的基带功能部署与光网络资源的联合优化问题;最后在 NG-RAN 场景中,进一步分析了如何实现高能效的 DU-CU 部署与光路配置。

5.1 基带功能分割架构下的多维资源建模

本节以 3GPP 提出的基带功能分割技术为参考,对 RAN 中所有分割选项的各层功能模块进行资源建模,分别从计算资源建模、传输带宽建模、传送时延建模 3 个方面展开研究。

5.1.1 功能分割描述

在 4G/4G＋时代,C-RAN 架构被引入,其通过将传统基站解耦为集中化的 BBU 与分布式的 RRU 两部分,进而降低蜂窝网络不断小型化与密集化所带来的网络成本。进入 5G 时代,灵活的基带功能分割概念被提出,功能分割的本质是重新定义划分基带处理功能各层的物理归属。5G 标准化组织推行的 NG-RAN 架构将 BBU 重新定义为 DU 与 CU 两个逻辑实体,其中 PDCP 层以下的大带宽、时延敏感型功能归属于 DU,而 PDCP 及以上功能层归属于 CU[1]。通过上述分割,NG-RAN 将演变为 RU-DU-CU 的三层网络架构。

近年来,NFV 技术的研究如火如荼,通过将原先整体的网络功能进行拆解并模块化、软件化实现,从而根据业务需求灵活按需地进行功能间的组合与配置,最终业务在网络中以一条功能链的形态呈现。受 NFV 思想启发,将 BBU 划分为多个功能单元,将有助于缓解集中式增益与带宽效率之间的矛盾。为建立涵盖所有可能基带功能分割方案的数学模型,本章以 BBU 内部的各 FU(Function Unit,功能单元)为最小粒度分解,各 FU 均可独立部署于任意 PP(Processing Pool,处理池)中,如图 5-1 所示。为保障任意相邻 FU 之间任意数据速率的信号封装与传输,与负载相关的 GI(General Interface,通用接口)被引入作为 FU 间的接口,但对于该接口的设计本节暂不做考虑。

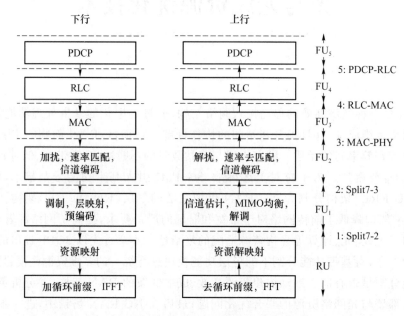

图 5-1　不同 RAN 架构下的基带功能分割示意

依据 3GPP 的标准规范,Low-PHY 功能与 RU 共站部署,包括加/去循环前缀、FFT(Fast Fourier Transform,快速傅里叶变换)/IFFT(Inverse Fast Fourier Transform,快速傅里叶反变换)及资源映射/解映射;而剩余高层功能则部署于合适的处理池中。其中数据平面的基带功能部署以及各 FU 所包含的功能介绍如下[2-4]。

(1) FU_1:对于上行方向,FU_1 包含信道估计、MIMO 均衡及解调功能;对于下行方向,FU_1 包含调制、层映射、预编码等功能。

(2) FU_2:对于上行方向,FU_2 包含解扰、速率去匹配及信道解码功能;对于下行方向,FU_2 包含加扰、速率匹配及信道编码等功能。

(3) FU_3:FU_3 主要面向 MAC(Medium Access Control,介质访问控制)层的功能处理,包含了 HARQ(Hybrid Automatic Repeat Request,混合自动重传请求)、复用/解复用 MAC 层的 SDU(Service Data Unit,业务数据单元)或 PDU(Protocol Data Unit,协议数据单元)、用户优先级管理等功能。

(4) FU_4:FU_4 主要面向 RLC(Radio Link Control,无线链路层控制协议)层的功能处理,包含了分段/级联 RLC 业务数据单元、自动重传、RLC 重建等功能。

(5) FU_5:FU_5 主要面向 PDCP(Packet Data Convergence Protocol,分组数据汇聚协

议)层的功能处理,包括 PDCP 序列号管理、IP(Internet Protocol,互联网协议)包头压缩/解压、加密/解密等功能。

5.1.2　计算资源建模

为了量化分析每个 FU 的计算需求,本章建立了一套通用的计算资源模型,该模型通过实测不同参数下的各功能计算资源需求,分析各变量对计算资源需求的影响程度,拟合得到以 GOPS(Giga Operations Per Second,每秒十亿次计算)为单位衡量 FU 在 GPP(General Purpose Processor,通用处理器)中的计算资源需求。在本模型中,符号 RB 表示无线资源块,A 表示天线数,L 表示 MIMO 层数,M 为所选调制格式下每符号对应的比特数(例如,选取 64 QAM,则 $M=6$),C 为信道编码码率。其中,M 与 C 的取值由所采用的 MCS(Modulation and Coding Scheme,调制编码策略)决定[5-6]。各 FU 的计算资源需求为

$$C_{FU_i} = \alpha_i \cdot \left(3 \cdot A + A^2 + \frac{1}{3} \cdot M \cdot C \cdot L\right) \cdot \frac{RB}{5} \qquad (5\text{-}1)$$

式中,α_i 为介于 0 到 1 之间的系数[5],通过物理平台实验结果估计出了 $\alpha_1 \sim \alpha_5$ 的取值分别为 0.5、0.25、0.1、0.1、0.1[7]。

5.1.3　传输带宽建模

为量化分析各 FU 处理后所需的传输带宽资源,本节结合各 FU 的处理功能,建立了以 Mbit/s 为单位衡量的带宽资源需求模型[6, 8-9],如式(5-2)~式(5-7)所示。

$$B_{\text{Split7-2}} = N_{\text{SYM}} \cdot N_{\text{SC}} \cdot RB \cdot A \cdot BTW / 1\,000 \qquad (5\text{-}2)$$

$$B_{\text{Split7-3}} = N_{\text{SYM}} \cdot N_{\text{SC}} \cdot RB \cdot M \cdot L \cdot N_{\text{LLR}} / 1\,000 \qquad (5\text{-}3)$$

$$B_{\text{MAC-PHY}} = TBS \cdot N_{\text{TBS}} / 1\,000 \qquad (5\text{-}4)$$

$$B_{\text{RLC-MAC}} = \frac{TBS \cdot N_{\text{TBS}} \cdot (IP_{\text{pkt}} + H_{\text{PDCP}} + H_{\text{RLC}})}{(IP_{\text{pkt}} + H_{\text{PDCP}} + H_{\text{RLC}} + H_{\text{MAC}}) \cdot 1\,000} \qquad (5\text{-}5)$$

$$B_{\text{PDCP-RLC}} = \frac{TBS \cdot N_{\text{TBS}} \cdot (IP_{\text{pkt}} + IP_{\text{PDCP}})}{(IP_{\text{pkt}} + H_{\text{PDCP}} + H_{\text{RLC}} + H_{\text{MAC}}) \cdot 1\,000} \qquad (5\text{-}6)$$

$$B_{\text{Backhaul}} = \frac{TBS \cdot N_{\text{TBS}} \cdot IP_{\text{pkt}}}{(IP_{\text{pkt}} + H_{\text{PDCP}} + H_{\text{RLC}} + H_{\text{MAC}}) \cdot 1\,000} \qquad (5\text{-}7)$$

式中,TBS 表示每个 TB(Transport Block,传输块)的比特数,BTW 表示 I 与 Q 路信号的比特数(16+16 bit),N_{SYM} 表示每个子帧的符号数(14),N_{SC} 表示每个 RB 中的子载波数(12),N_{LLR} 表示 LLR(Log-Likelihood Ratio,对数似然比)的比特数(8 bit),N_{TBS} 表示每 TTI 包含的 TB 数(本章取 $N_{\text{TBS}}=1$),IP_{pkt} 表示 IP 数据包的字节长度(1 500 字节),H_{MAC} 表示 MAC 帧头的字节长度(2 字节),H_{RLC} 表示 RLC 帧头的字节长度(5 字节),H_{PDCP} 表示 AM 模式下 PDCP 帧头的字节长度(2 字节)。

5.1.4　传送时延建模

本节考虑一种灵活的 Ethernet over WDM 网络架构,以实现"任意 RU 到任意 PP"的

网络连接,并支持前传、中传、回传共享同一基础网络设置。在 Ethernet over WDM 网络架构中,每条光链路上配有多根光纤,每根光纤采用 WDM 技术包含多条波长信道;每个 PP 节点装配了一台 E-switch（Ethernet Switch,以太网交换机）及一套 ROADM（Reconfigurable Optical Add-Drop Multiplexer,可重构光分插复用器）设备,从而保证各 PP 节点具备电域与光域的数据交换能力。此外,PP 节点中还配置了多台 GPP,并通过虚拟机或容器技术将基带功能部署于其中[10-15]。所有 GPP 直接与 Ethernet 交换机对接。网络中任意 RU 均通过光纤直驱的方式与某一 PP 节点相连（本地 PP）。从 RU 中传出的用户信号可在本地 PP 或者其他任意 PP 中进行基带功能处理。完成所有基带功能的用户数据将汇聚到 NGC（Next Generation Core,下一代核心网）,以便进一步完成核心网功能处理,如图 5-2 所示。

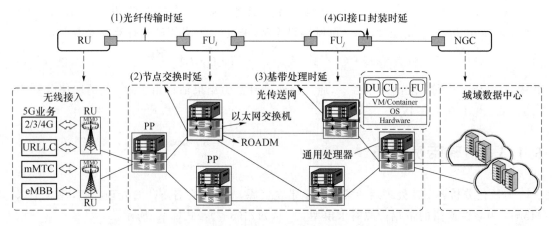

图 5-2　基带功能分割下的网络架构示意图

"Ethernet over WDM"的组网架构具备多重优势:①具备多粒度的数据交换能力,进而支持弹性的资源分配;②支持不同功能分割及差异化业务需求下的基带功能灵活部署;③具备灵活的网络连接与资源配置能力,使得网络可靠性较高;④前传、中传、回传共享同一基础网络设施,可全面提高网络资源效率,并且方便网络实现对各维资源的统一控管[16];⑤是面向未来固移融合需求的有效组网方式。

在此网络架构下,面向基带功能分割的传送时延模型包含以下 4 部分,如图 5-2 所示。

（1）光纤传输时延

该值与光纤长度成正比,即 $5\ \mu s/km$。

（2）节点交换时延

该时延由 ROADM 以及 E-switch 中的数据交换而引发。其中,ROADM 是基于波长层面的数据交换,其耗时极短（约为纳秒级别）;而 E-switch 是基于时隙的细粒度交换,且需经过 OEO（Optical-to-Electrical-to-Optical,光-电-光）交换过程,因此其耗时相对较长（约为数十微秒）。

交换时延的引入分为 4 种情况。首先,如图 5-3（a）所示,若数据交换只发生在光层,则称为"旁路（Bypass）"。在该种情形下,数据从 ROADM 的一个端口进入并从另一个端口离开,不需要任何电层的处理,因此耗时极短。相比于 RAN 传送时延的预算（数百微秒）,ROADM 时延可暂时忽略。其次,如图 5-3（b）所示,若业务数据 S2 需要在该 PP 进行基带功能处理,则承载该业务的波长 λ_1 需要先经历 OEO 转换,其上所有业务进入 E-switch 进行电交换,然后该业务数据才能进入 GPP 中。在该种情况下,波长 λ_1 上的所有业务都引入了 OEO 及电交换时延,相比于数百微秒的传送时延预算不可忽略。再次,如图 5-3(c)所示,若发生流量疏导情况,即将波长 λ_1 与 λ_2 上的数据疏导至同一波长之上,但无基带处理发生,则也会导致 λ_1 与 λ_2 上所有数据皆引入 OEO 与电交换时延。最后,如图 5-3(d)所示,与流量疏导情况相反,同一波长上的数据分开进入不同的 ROADM 端口,从而去往不同的 PP 节点处理。该种情况也会引入 OEO 与电交换时延。

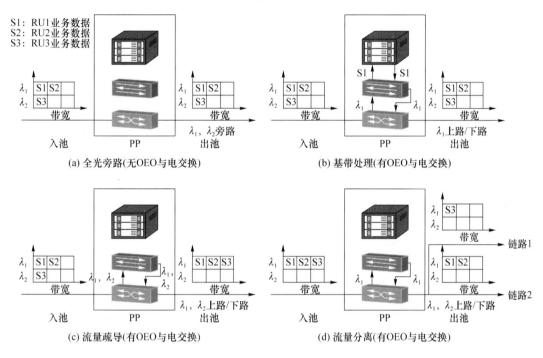

图 5-3　不同的节点交换情形

（3）基带处理时延

BBU 处理时延可建模为如下形式[17]:

$$T(x,y,w)=c[x]+p[w]+u_{\mathrm{r}}[x]+u_{\mathrm{s}}(x,y) \qquad (5-8)$$

式中,(x,y,w) 元组代表 RB、MCS 及虚拟化技术。式(5-8)中,$c[x]$ 与 $u_{\mathrm{r}}[x]$ 表示基站处理（Low-PHY）与用户处理（高层）时延,$u_{\mathrm{s}}(x,y)$ 代表与 RB 及 MCS 相关的用户处理时延,$p[w]$ 为虚拟化平台的运行时延。因此,基带功能的整体处理时延由两方面决定,即其本身功能处理时延与虚拟化平台时延。此外,基带功能本身处理时延主要由 GPP 配置的 CPU 主频决定,更高的主频可实现更快的处理,而与功能分割无关。因此,本节将基带功能本身处理时延设为定值（即可忽略）,换言之,所有 FU 的处理时延之和等于完整基带处理功能的处理时延。然而,虚拟化平台处理时延 T_{v} 不可忽略,且其值会随着分割粒度的细化而增加。例如,将各 FU 分开部署到 3 个处理池中,则会引入 $3T$ 的额外时延。因此,细粒度的分割可能会引入更多的虚拟化平台时延。

（4）GI 接口封装时延

如前文所述,相邻 FU 之间需要引入一个与负载相关的通用接口 GI,实现数据的封装与传输。在 5G/B5G 中,无线数据都将以帧的形式在网络中传输,因此本节参考 eCPRI 来估计 GI 的封装时延。GI 封装时延定义为

$$T_{encap} = L_P / B_{Split}$$

式中,L_P 表示单帧的比特长度,B_{Split} 表示某分割选项下的数据速率(本节考虑基站满载情况,因而该速率值即为满载时的单基站速率)。若某 PP 处理完了最后一个部署于该站的 FU,则需进行 GI 封装,而部署于同一 PP 中的 FU 之间无须进行 GI 封装。此外,当某 PP 处理第一个部署于该站的 FU 时,需要首先进行 GI 解封装。

5.2 灵活分割下的基带功能部署与光网络资源联合优化

5G 引入了功能分割技术,即重新定义划分基带功能各层的物理归属。在这一过程中,如何选择合理的功能分割点,以及如何确定 BBU 不同层功能的部署位置,是灵活分割下基带功能部署研究的关键问题。本节基于 5.1 节建立的通用化基带功能模块资源需求模型,结合 Ethernet over WDM 的灵活光传送网络架构,制订了基带功能部署与光网络资源分配规则,设计了灵活分割下的多维资源联合优化模型,分析了基带功能分割粒度与集中式增益的关系,最后对比 C-RAN、NG-RAN 及本节讨论的灵活分割 RAN 3 种不同架构下的基带处理集中增益、光传输带宽消耗、传送时延及网络部署成本。本节的研究分析能够为未来移动接入网络架构的设计与构建提供技术思路。

5.2.1 灵活分割下的多维资源联合优化模型

为了更好地理解灵活分割下的基带功能部署与光网络资源优化,本节构建了灵活分割下的多维资源联合优化模型,以决策各 FU 的部署位置,旨在最小化处理/传输资源消耗、时延及网络部署成本。本节所介绍模型可适用于任意粒度的功能分割架构。

为了对比灵活分割 RAN 架构的性能,本节考虑了如下 3 种 RAN 架构,分别为:C-RAN 架构,即 RU-SBBU(Split BBU),只采用 Split 7-2 分割选项,将 Low-PHY 功能与 RU 共站部署,而剩余高层功能则形成 SBBU 逻辑实体;NG-RAN 架构,即 RU-DU-CU,采用 Split 7-2 与 Split PDCP-RLC(Radio Link Control,无线链路控制)两种分割选项,将 BBU 分割为 Low-PHY、DU、CU 3 部分;灵活分割 RAN 架构,RU-FU 采用图 5-1 中所有的可用分割选项,将 BBU 划分为 6 个 FU。

对于任意分割架构下的功能部署都必须满足以下准则。首先,必须在源 RU 与 NGC 之间建立一条完整的功能链,使得每一层功能都必须被部署一次且只部署一次。其次,功能部署必须遵循无线协议栈所定义的处理顺序(如图 5-4 所示),例如,RU-FU 架构不能违背 $FU_1 \rightarrow FU_2 \rightarrow FU_3 \rightarrow FU_4 \rightarrow FU_5$ 的处理顺序。此外,不同分割架构还有其特定的部署准则。对于 RU-SBBU 而言,所有基带功能(即 SBBU 逻辑实体)必须全部部署在同一 PP 中;对于 RU-DU-CU 而言,DU 与 CU 可以共 PP 部署,也可分开部署至不同的 PP 中;对于 RU-FU 而言,所有 FU 可全体共站部署,也可分散部署至 2~5 个不同的 PP 中。

为了更直观地解释 3 种分割架构下的部署准则,图 5-4 提供了一个部署示例。

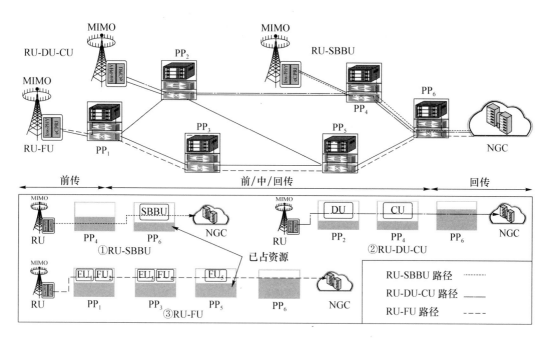

图 5-4　3 种分割架构下的功能部署示例

① 对于 RU-SBBU 架构,SBBU 部署于 PP6 中,并在 RU、PP6 及 NGC 间构建了一条光路。光路在 PP4 进行了光层交换,在 PP6 处进行了电层交换进而进入 GPP 中处理。SBBU 无法部署在 PP4 中,因为该 PP 无法提供足够的处理能力,从而导致 PP4 中剩余的处理资源闲置。

② 对于 RU-DU-CU 架构,在 RU 与 NGC 间创建了一条完整的 DU-CU 功能链,其中 DU 与 CU 分别部署于 PP2 与 PP5 中。光路在 PP6 处进行了光层交换,在 PP2 与 PP5 中进行了电层交换。由于 DU 与 CU 各自所需计算资源均少于 SBBU,因此可以将其部署到负载相对较高的 PP 中,从而提升基带处理的集中程度。

③ 对于 RU-FU 架构,在源 RU 与 NGC 间创建了一条完整的 FU 功能链,其中 FU 部署于 PP1、PP3、PP5 3 个不同的 PP 中。光路在 PP6 处进行了光层交换,在 PP1、PP3、PP5 处进行了电层交换。由于各 FU 相比于 DU、CU、SBBU 所需计算资源更少,因而可部署至负载更高的 PP 中。

在源 RU、目标 PP(需部署基带功能的 PP)及 NGC 间构建的传送光路必须满足以下 3 条准则。首先,该光路必须途经所有目标 PP。其次,每条物理光链路上的波长与带宽资源容量不得低于业务承载需求。最后,从 RU 至 NGC 的端到端传送时延需满足业务需求。

在以上 3 类条件准则的约束下,为了实现基带功能部署与光网络资源的联合优化,本节设置了两个目标函数分别从资源消耗与网络部署成本两个角度进行优化决策,并从路由、容量、时延、功能链部署等方面设置约束条件。模型所涉及的常量、变量及定义如表 5-1 和表 5-2 所示。

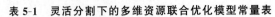

表 5-1　灵活分割下的多维资源联合优化模型常量表

常量符号	常量描述
B，L，R，W	RU 集合，光链路集合，网络节点集合，波长集合
K	FU 集合（$k=2$ 代表 FU_1，$k=1$ 表示 RU）
$F_{b,r}$	RU_b 是否与 PP_r 通过光纤直接相连，相连则为 1
E_r	节点 r 是否为 NGC，是则为 1
$T^{i,j}$	链路 (i,j) 的传播时延
$M^{i,j}$	PP_i 与 PP_j 间是否有直连光链路，是则为 1
T_{soe}	OEO 与电交换时延
T_b	RU_b 中业务的端到端时延需求
TC_b	RU_b 与其直连 PP 之间的光链路传播时延
TE_k	处理完 FU_k 后的 GI 接口封装时延
$CK_{b,k}$	RU_b 对应的 FU_k 的计算资源需求
$RB_{b,k}$	RU_b 完成 FU_k 处理后所需的带宽资源
C_w	波长 w 的带宽容量
C_r	PP_r 中的计算容量
Num	一个较大的正整数
sp	FU 个数加 2（RU-FU 中取值为 7，RU-SBBU 中取值为 3）

表 5-2　灵活分割下的多维资源联合优化模型变量表

变量名称	变量描述
D_r	二进制变量，PP_r 是否启用，是则为 1
$H_{b,r}$	二进制变量，RU_b 是否在 PP_r 中处理，是则为 1
$Y_{b,r}$	二进制变量，RU_b 是否在 PP_r 中经历了 OEO 与电交换，是则为 1
$O_{b,k,r}$	二进制变量，RU_b 的 FU_k 是否在 PP_r 中处理，是则为 1
$X^{i,j,w}_{b,k}$	二进制变量，RU_b 完成 FU_k 处理后的流量是否承载在链路 (i,j) 上的波长 w 中，是则为 1
$Z_{b,k,r}$	二进制变量，FU_k 是不是 RU_b 在 PP_r 中处理的最后一个功能单元，是则为 1
$P^{i,j}$	二进制变量，链路 (i,j) 是否被使用
$I^r_{b1,b2}$	二进制变量，RU_{b1} 与 RU_{b2} 之一，或两者是否都在 PP_r 中进行了功能处理，是则为 1
$Q^{i,j,w}_{b1,b2}$	二进制变量，RU_{b1} 与 RU_{b2} 是否都承载在链路 (i,j) 中的波长 w 上，是则为 1
$Tin^{r,w}_{b1,b2}$	二进制变量，RU_{b1} 与 RU_{b2} 是否在进入 PP_r 时承载在同一波长 w 上，并且其中之一或者两者都在 PP_r 中进行了功能处理，是则为 1
$Tout^{r,w}_{b1,b2}$	二进制变量，RU_{b1} 与 RU_{b2} 是否在离开 PP_r 时承载在同一波长 w 上，并且其中之一或者两者都在 PP_r 中进行了功能处理，是则为 1
$G1^r_{b1,b2}$	二进制变量，针对 $G^r_{b1,b2}$ 的辅助变量
$G2^r_{b1,b2}$	二进制变量，针对 $G^r_{b1,b2}$ 的辅助变量
$G^r_{b1,b2}$	二进制变量，RU_{b1} 与 RU_{b2} 是否在进入 PP_r 时承载在同一波长上但在离开该 PP 时承载在不同波长上，或者 RU_{b1} 与 RU_{b2} 是否在进入 PP_r 时承载在不同波长上但在离开该 PP 时承载在同一波长上，是则为 1

目标函数 1:

$$\text{Minimize:} a \sum_r D_r + b \sum_{\substack{i,j,b,\\k,w}} X_{b,k}^{i,j,w} \cdot \text{RB}_{b,k} + c \Big[\sum_{\substack{i,j,b,\\k,w}} X_{b,k}^{i,j,w} \cdot T^{i,j} + \sum_{r,b} Y_{b,r} \cdot T_{\text{soe}}$$

$$+ \sum_{k,r} Z_{b,k,r} \cdot (T_v + 2 \cdot \text{TE}_k) \Big] \tag{5-9}$$

该目标函数第一部分旨在最小化启用的 PP 数量,第二部分最小化光传送带宽,第三部分最小化传送时延,参数 a、b 及 c 是 3 个优化目标的权重。3 个权重分别设定为:$a = 1/|R|$,$b = 1/(|L| \cdot |W| \cdot C_w)$,$c = 1/(10^{\lceil \log_{10}|R| \rceil} \cdot \sum_b T_b)$。本节将时延设置为第三优化目标($c \ll a, c \ll b$)。其中,OEO 与电交换时延设为 20 μs,虚拟化平台时延设为 52 μs[17-18]。

目标函数 2:

$$\text{Minimize:} (45\,000 + 1.59 \cdot C_r) \cdot \sum_r D_r + (3\,080/5) \cdot \sum_{r,j>i} P^{i,j} \cdot T^{i,j}) \tag{5-10}$$

该目标函数第一部分旨在优化 PP 成本,第二部分优化光路铺设成本,其中"3 080 / 5"权重的引入是因为传播时延是路径长度的 5 倍。其中,PP 成本包括固定投入(包括土地租赁、建机房、配置空调/监控等设备,45 000 美元)与可变投入(由 GPP 计算容量配置决定,1.59 美元/GOPS)[19-21];光路成本包括光纤成本(80 美元/千米)与光纤管道挖掘/铺设成本(3 000 美元/千米)[19]。

约束条件 1:路由约束。

$$\sum_{i \neq r, k < \text{sp}, w} X_{b,k}^{i,r,w} - \sum_{j \neq r, k < \text{sp}, w} X_{b,k}^{r,j,w} = \begin{cases} -1, & F_{b,r} = 1 \\ 1, & E_r = 1, \forall b, r \\ 0, & \text{其他} \end{cases} \tag{5-11}$$

$$\sum_{k,w_1 \in W} X_{b,k}^{i,j,w_1} + \sum_{l \in K, w_2 \in W} X_{b,l}^{j,i,w_2} \leqslant 1, \quad \forall i,j(i \neq j), b \tag{5-12}$$

式(5-11)确保为每个 RU 与 NGC 之间构建一条完整的光路,同时约束(5-12)保证路由不存在回路。

约束条件 2:波长容量约束。

$$\sum_{b,k < \text{sp}} X_{b,k}^{i,j,w} \cdot \text{RB}_{b,k} \leqslant C_w, \forall i,j(i \neq j), w \tag{5-13}$$

式(5-13)保证了承载在每个波长上的数据不能超过该波长容量。

约束条件 3:计算容量约束。

$$\sum_{b,k < \text{sp}} O_{b,k,r} \cdot \text{CK}_{b,k} \leqslant C_r, \quad \forall r \tag{5-14}$$

式(5-14)保证了在任意 PP 池中处理的业务不能超过该 PP 的容量上限。

约束条件 4:时延约束。

$$\sum_{i,j,k < \text{sp}, w} X_{b,k}^{i,j,w} \cdot T^{i,j} + \sum_r Y_{b,r} \cdot T_{\text{soe}} + \sum_{k,r} Z_{b,k,r} \cdot (T_v + 2 \cdot \text{TE}_k) + \text{TC}_b \leqslant T_b, \quad \forall b$$

$$\tag{5-15}$$

式(5-15)保证了任意 RU 与 NGC 之间的端到端时延满足业务需求。其中,式(5-15)第一部分为光纤上的传播时延,第二部分为 OEO 与电交换时延,第三部分为虚拟化平台时延,第四部分为 GI 时延(系数"2"表示封装与解封装两项操作),最后一部分为 RU 与其直连 PP 间的传播时延。

约束条件 5：功能链部署约束。

$$O_{b,k,r} = \begin{cases} F_{b,r}, & k=1 \\ E_r, & k=\mathrm{sp} \end{cases}, \quad \forall b,r \tag{5-16}$$

$$\sum_r O_{b,k,r} = 1, \quad \forall b,k \tag{5-17}$$

$$O_{b,k,r} = \sum_{\substack{j,w \\ k\leqslant l\leqslant \mathrm{sp}-1}} X_{b,l}^{r,j,w} \cdot M^{r,j}, \quad F_{b,r}=1, \forall b,k,r \tag{5-18}$$

$$O_{b,k,r} + 1 \geqslant \sum_{\substack{i,w, \\ 1\leqslant l\leqslant k-1}} X_{b,l}^{i,r,w} \cdot M^{i,r} + \sum_{\substack{i,w, \\ k\leqslant n\leqslant \mathrm{sp}-1}} X_{b,n}^{r,j,w} \cdot M^{r,j} \geqslant 2 \cdot O_{b,k,r},$$
$$F_{b,r} \neq 1, \forall b,k,r \tag{5-19}$$

式(5-16)描述了每个 RU 功能链的起点与终点。式(5-17)确保了每个 RU 的任意 FU 单元只能在网络中部署一次。式(5-18)与式(5-19)描述了 FU 处理与光链路传输之间的关系，并且保证了各 FU 的部署必须满足无线协议栈的处理顺序。其中，式(5-18)描述了各 RU 在直连 PP 中的处理与传输关系，表示离开该 PP 时 RU 的处理状态即为最后一个在该 PP 中完成处理的 FU 的标号 k；而式(5-19)描述了各 RU 在其余 PP 中的处理与传输关系，表示进入该 PP 时各 RU 的处理状态(该 RU 已经处理完的最后一个 FU_k)即为在该 PP 中第一个处理的 FU 标号减 1，另外离开该 PP 时各 RU 的处理状态即为最后一个在该 PP 中完成处理的 FU 标号 k。若该 PP 为"旁路"节点，则 RU 进入与离开该 PP 的处理状态保持不变。

约束条件 6：OEO 变换与电交换约束。

$$Y_{b,r} \leqslant \sum_{b2\in B}(H_{b,r}+H_{b2,r}) \cdot \Big[\sum_{w,i\neq r}\Big(\sum_k X_{b,k}^{i,r,w} \cdot \sum_k X^{i,r,wb2,k}\Big)$$
$$+ \sum_{w,j\neq r}\Big(\sum_k X_{b,k}^{r,j,w} \cdot \sum_k X_{b2,k}^{r,j,w}\Big)\Big] \leqslant \mathrm{Max}_{\mathrm{num}} \cdot Y_{b,r}, \quad \forall b,r \tag{5-20}$$

式(5-20)旨在决定 RU_b 在 PP_r 中是否经历了 OEO 变换与电交换。$H_{b,r}+H_{b2,r}$ 用来判断 RU_b 与 RU_{b2} 其中之一或两者是否都在 PP_r 中进行了 FU 处理。式(5-20)中剩余部分则判定了 RU_b 与 RU_{b2} 在进入或离开 PP_r 时是否承载在同一个波长之上。若 RU_b 与 RU_{b2} 在进入或离开 PP_r 时共享同一个波长，并且它们其中之一或两者都在该 PP 中进行了 FU 处理，则 $Y_{b,r}=1$。

由于式(5-20)为非线性约束，很难通过优化器求解出。本节通过引入一些额外的约束，将上式转化为多个线性约束。

针对图 5-3(b)的情形，

$$I_{b1,b2}^r \leqslant H_{b1,r}+H_{b2,r} \leqslant 2 \cdot I_{b1,b2}^r, \quad \forall b_1,b_2 \in B, r\in R \tag{5-21}$$

$$2 \cdot Q_{b1,b2}^{i,j,w} \leqslant \sum_k X_{b1,k}^{i,j,w} + \sum_l X_{b2,l}^{i,j,w} \leqslant Q_{b1,b2}^{i,j,w}+1, \quad \forall b_1,b_2,i,j,w \tag{5-22}$$

$$2 \cdot \mathrm{Tin}_{b1,b2}^{r,w} \leqslant I_{b1,b2}^r + \sum_{i\neq r} Q_{b1,b2}^{i,r,w} \leqslant \mathrm{Tin}_{b1,b2}^{r,w}+1, \quad \forall b_1,b_2,r,w \tag{5-23}$$

$$2 \cdot \mathrm{Tout}_{b1,b2}^{r,w} \leqslant I_{b1,b2}^r + \sum_{i\neq r} Q_{b1,b2}^{r,j,w} \leqslant \mathrm{Tout}_{b1,b2}^{r,w}+1, \quad \forall b_1,b_2,r,w \tag{5-24}$$

其中，式(5-21)描述了 RU_{b1} 与 RU_{b2} 其中之一或者两者是否都在 PP_r 中进行了功能处理。式(5-22)用来判断 RU_{b1} 与 RU_{b2} 是否在链路 (i,j) 上共享同一根波长。在式(5-23)与式

(5-24)中,若某 RU 在 PP_r 中进行了功能处理,则与该 RU 承载在同一波长上(入或出 PP_r 的波长)的其余 RU 都将经历 OEO 交换与电交换过程。

针对图 5-3(c)和图 5-3(d)的情形,

$$G1_{b1,b2}^r \geqslant -3 + 2 \cdot \sum_{i,w} Q_{b1,b2}^{i,r,w} + 2 \cdot \sum_{j,w} Q_{b1,b2}^{r,j,w} \geqslant 4 \cdot G1_{b1,b2}^r - 3, \quad \forall b_1, b_2, r \quad (5\text{-}25)$$

$$G2_{b1,b2}^r \geqslant 1 - 2 \cdot \left(\sum_{i,w} Q_{b1,b2}^{i,r,w} + \sum_{j,w} Q_{b1,b2}^{r,j,w} \right) \geqslant 4 \cdot G2_{b1,b2}^r - 3, \quad \forall b_1, b_2, r \quad (5\text{-}26)$$

$$G_{b1,b2}^r = 1 - (G1_{b1,b2}^r + G2_{b1,b2}^r), \quad \forall b_1, b_2, r \quad (5\text{-}27)$$

式(5-25)～式(5-27)通过对比波长 w 在入与出 PP_r 时所承载的业务是否发生变化,以判断是否存在流量疏导与分离的情况。例如,若波长 w 在进入 PP_r 时承载了 RU_1、RU_2、RU_3 的数据,但当离开 PP_r 时却承载了 RU_2、RU_3、RU_4 的数据,这意味着 RU_1 离开了波长 w 且 RU_4 加入了该波长中,则 RU_2 和 RU_3 也必须经历 OEO 与电交换过程。此外,式(5-25)与式(5-26)为辅助约束,以起到($Q_{b1,b2}^{i,r,w}$, $Q_{b1,b2}^{r,j,w}$)与 $G_{b1,b2}^r$ 间的衔接作用。

约束条件 7:其余约束。

$$H_{b,r} \leqslant \sum_k O_{b,k,r} \leqslant \text{Num} \cdot H_{b,r}, \quad \forall b, r \neq dc \quad (5\text{-}28)$$

$$D_r \leqslant \sum_{b, 1 < k < \text{sp}} O_{b,k,r} \leqslant \text{Num} \cdot D_r, \quad \forall r \quad (5\text{-}29)$$

$$P^{i,j} \leqslant \sum_{b,k,w} (X_{b,k}^{i,j,w} + X_{b,k}^{j,i,w}) \leqslant \text{Num} \cdot P^{i,j}, \quad \forall i, j \quad (5\text{-}30)$$

$$2 \cdot Z_{b,k,r} \leqslant O_{b,k,r} - O_{b,k+1,r} + 1 \leqslant Z_{b,k,r} + 1, \quad \forall b, k \in (2, \text{sp}), r \quad (5\text{-}31)$$

$$\text{Num} \cdot Y_{b,r} \geqslant \sum_{b2,w1} \text{Tin}_{b,b2}^{r,w1} + \sum_{b3,w2} \text{Tout}_{b,b3}^{r,w2} + \sum_{b4} G_{b,b4}^r \geqslant Y_{b,r}, \quad \forall b, r \quad (5\text{-}32)$$

$$Y_{b,r} \geqslant \sum_{i,k \leqslant \text{sp}} X_{b,k}^{i,r,w} - \sum_{j,l \leqslant \text{sp}} X_{b,l}^{r,j,w} \geqslant -1 \cdot Y_{b,r}, \quad \forall E_r \neq 1, b, w \quad (5\text{-}33)$$

式(5-28)用来判断 RU_b 是否在 PP_r 中进行了 FU 处理。式(5-29)用来判断 PP_r 是否被开启。式(5-30)用来判断链路(i, j)是否被使用。式(5-31)用来判断 FU_k 是不是 RU_b 在 PP_r 中处理的最后一个功能单元,该约束与 GI 封装相关。式(5-32)用来判断 RU_b 在 PP_r 中是否发生了 OEO 与电交换。式(5-33)确保了"旁路"RU 不会在出与入 PP_r 时改变承载波长。

5.2.2 分割粒度与集中式增益的关系

如前文所述,集中化基带处理对于 RAN 而言意义重大,其主导了网络部署成本与能耗。然而,功能分割粒度与集中化增益间的关系如何值得深入探讨。本节针对该问题进行了细致的理论分析。

本节考虑一个完全灵活的功能分割架构,其中 BBU 可以分割为极小粒度的功能单元,即计算资源需求趋于"0"。尽管该种架构在实际应用中不可能存在,但是它确实反映了细粒度分割的极限情况。与此相对,RU-SBBU 代表了最大分割粒度下的 RAN 架构,其与 FFS 构成分割粒度的两个极限情况。首先,本节通过计算 FFS 与 SBBU 下的 NUP(Number of Used Processing Pools,开启的处理池数量)来衡量两者的集中化处理增益,计算结果如式(5-34)与式(5-35)所示。为简化分析说明,假设每条链路上配置了充足的带宽容量(对于不充足的情况,也会在容量约束内呈现出相同趋势)。式中,N、M 及 C 分别表示 RU 的数量、每个 RU 的计算资源需求及每个 PP 的计算容量。数学符号「$\cdot$」表示向上取整,「$\cdot$」表示向下取整。

$$NUP_{FFS} = \left\lceil \frac{NC}{M} \right\rceil \tag{5-34}$$

$$NUP_{SBBU} = \left\lceil \frac{N}{\lfloor M/C \rfloor} \right\rceil \tag{5-35}$$

对于上述两种架构的 NUP,本节定义 $M = \rho \cdot C$(ρ 为一正实数),其中 ρ 表示 PP 容量与 RU 所需计算资源的比值。据此,可将以上两式转换为式(5-36)与式(5-37)。

$$NUP_{FFS} = \left\lceil \frac{N}{\rho} \right\rceil \tag{5-36}$$

$$NUP_{SBBU} = \left\lceil \frac{N}{\lfloor \rho \rfloor} \right\rceil \tag{5-37}$$

考虑到 $\lfloor \cdot \rfloor$ 运算的分析复杂度,本书定义 $\rho = a \cdot N + b$(a 为一整数,$b \in [0, N)$)以及 $\lfloor \rho \rfloor = a \cdot N + b - s$($s$ 为 ρ 的小数部分,$s \in [0, 1]$),FFS 与 SBBU 的集中增益对比如式(5-38)所示:

$$\frac{NUP_{FFS}}{NUP_{SBBU}} = \frac{\lceil 1/(a+b)/N \rceil}{\lceil 1/(a+(b-s))/N \rceil} \tag{5-38}$$

由上述分析可总结出如式(5-39)所示的结论,并据此将式(5-38)转化为式(5-40)。

$$\left\lceil \frac{1}{a+b/N} \right\rceil \leqslant \left\lceil \frac{1}{a+(b-s)/N} \right\rceil \leqslant \left\lceil \frac{1}{a+(b-1)/N} \right\rceil \tag{5-39}$$

$$1 \geqslant \frac{NUP_{FFS}}{NUP_{SBBU}} > \frac{\lceil 1/(a+b/N) \rceil}{\lceil 1/(a+(b-1)/N) \rceil} \tag{5-40}$$

基于上式,首先假设 RU 的数量已知,因此不等式右侧函数结果只与 a 与 b 相关,且其值随着 ρ 增加而增大。因此,对于上述函数进行分段讨论。

① $\rho < N$:在该种情况下,可得参数 a 取值等于零。从而不等式(5-40)右侧可以转化为 $\left\lceil \frac{N}{b} \right\rceil / \left\lceil \frac{N}{b-1} \right\rceil$。随着 b 增大(即 ρ 增大),可知 $\left\lceil \frac{N}{b} \right\rceil$ 与 $\left\lceil \frac{N}{b-1} \right\rceil$ 之间的差值越来越小。

② $\rho \geqslant N$:在该种情况下,可得参数 a 取值大于1。因此,式(5-40)中 $\left\lceil \frac{1}{a+b/N} \right\rceil$ 与 $\left\lceil \frac{1}{a+(b-1)/N} \right\rceil$ 取值都等于1,这意味着 FFS 与 SBBU 中开启的 PP 数量是相同的。

$$1 \geqslant \frac{NAP_{FFS}}{NAP_{SBBU}} \geqslant \frac{\lceil N/b \rceil}{\lceil N/(b-1) \rceil}, \quad \rho < N \tag{5-41}$$

$$\frac{NAP_{FFS}}{NAP_{SBBU}} = 1, \quad \rho \geqslant N \tag{5-42}$$

因此,在 ρ 较小时,细粒度分割下的集中化增益效果极为明显。但是随着 ρ 增大,集中化增益效果会逐渐下降。其间存在两个影响因素,即分割粒度与 ρ。图 5-5 呈现了集中化增益与分割粒度、ρ 之间的关系。

5.2.3 灵活分割方案的性能分析

为评估灵活分割下的多维资源联合优化模型性能,本节将无线侧的仿真参数设置如下:每个 RU 配置 4 根天线,MIMO 层数为 2,100 MHz 的无线频谱(500 RB),MCS 为 23。由此

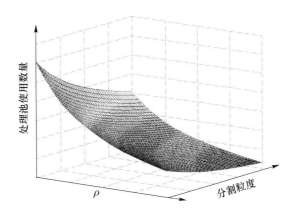

图 5-5　集中化增益与分割粒度、ρ 之间的关系示意图

可计算得出,每个 RU 所需的计算资源总量为 1 800 GOPS。为降低仿真的计算复杂度,本节假设各 RU 中服务的所有业务属性均相同,因而可将一个 RU 视为一个业务整体。对此,本节将 RU 的业务传送时延需求设为 500 μs。

　　基于上述参数,本节考虑两个不同规模的网络仿真场景:在小规模网络中,讨论不同 ρ 取值下,服务 1～8 个 RU 的资源效率与网络部署成本;在大规模网络中,讨论不同 ρ 取值下,服务 5～40 个及 10～80 个 RU 的资源效率与网络部署成本。

1. 小规模网络场景

　　如图 5-6 所示,小规模网络中包含 8 个 PP 节点、1 个 NGC 节点及 16 条光链路。其中,每条光链路长度介于 [5, 30] km,每个 RU 与其直连 PP 间的距离介于 [0, 3] km。其中,PP_1 与 PP_2 存在直连 RU(每个 PP 最多直连 4 个 RU),数据中心部署于节点 9。此外,每条光链路的容量设为 50 Gbit/s。本节讨论不同 ρ 值下的资源效率与网络部署成本(其中,$\rho=1.5$ 代表 2 700 GOPS/PP,$\rho=1.75$ 代表 3 150 GOPS/PP,$\rho=2.5$ 代表 4 500 GOPS/PP)。在每种 ρ 情况下,本节维持网络拓扑与传输容量恒定不变,讨论 3 种分割架构下的基带功能部署性能。

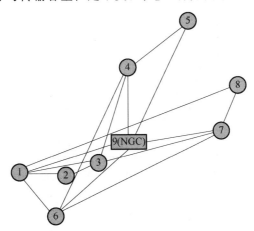

图 5-6　小规模场景下的网络拓扑图

(1) 开启的 PP 数量 vs RU 数量

PP 的使用情况直接反映了基带处理的集中化程度,是运营商极为关注的问题之一,也

是 C-RAN 架构提出的初衷所在。如图 5-7(a)～(c)所示,本节讨论在 3 种 ρ 值情况下 3 种分割架构的 PP 使用数量。由图可见,3 种分割架构所开启的 PP 数量皆随着 RU 数量的增加而增加,因为 RU 的增加使得网络中所需的基带处理资源增多。从图 5-7 可以观察到,RU-FU 所需 PP 数量在 3 种架构中处于最佳水准,而 RU-DU-CU 相比于 RU-SBBU 具备更优的性能。这是因为通过将 BBU 分割为多个细粒度的功能单元,可以提高各 PP 中处理资源的使用效率(可视为装箱问题),而粒度越细则资源效率越高。此外,对比图 5-7(b)与图 5-7(c)可发现,随着 ρ 取值的增大 3 种架构之间的 PP 性能差异变小。

(2) 光带宽消耗 vs RU 数量

本节通过计算出所有链路上的带宽消耗总和,从而对比 3 种分割架构下的带宽效率。如图 5-7(a)～图 5-7(c)所示,相比于 SBBU 与 DU-CU,FU 架构可分别减少 72% 与 61% 的带宽消耗。其原因包括两方面:首先,传输带宽需求随着基带功能逐层处理而持续减少(例如,Split 7-2 带宽需求为 Split PDCP-RLC 的 16 倍);其次,细粒度分割为功能部署与波长分配提供了更多选择,使得高带宽需求的低层基带功能可部署于靠近 RU 的 PP 中,从而避免多跳、长距离的数据传输。通过仿真结果可发现,细粒度分割有助于节省光传输带宽。

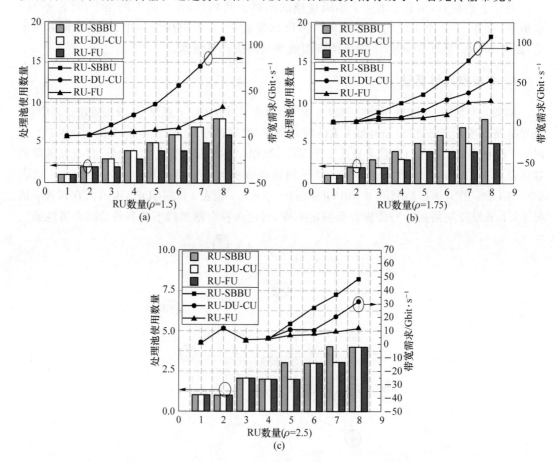

图 5-7　开启的 PP 数量 & 带宽需求 vs RU 数量(小规模网络)

（3）传送时延 vs RU 数量

时延指标是 5G/B5G 中的重点关注对象之一，而细粒度分割是否会对时延造成影响需要进行量化分析。如图 5-8(a)～(c)所示，3 种 ρ 值情况下，SBBU 架构对应的总传送时延最小，而 FU 架构所需的总传送时延最大。因为细粒度分割会导致基带功能分散于多个 PP 中进行处理，进而引入更多的 OEO 变换、电交换与虚拟化平台操作时延，这些时延会随着分割粒度的细化而不断增加。此外，由图 5-8(b)中"3～5 RU"曲线段及图 5-8(c)中"5～8 RU"曲线段可见，在网络处于低负载（负载定义为所需计算资源与网络总计算容量的比值）时，FU 架构对比 DU-CU 架构所需传送时延相对较少。该现象产生的原因是，在低网络负载时由于 FU 消耗的带宽更少，从而可提供更多的路由选择。

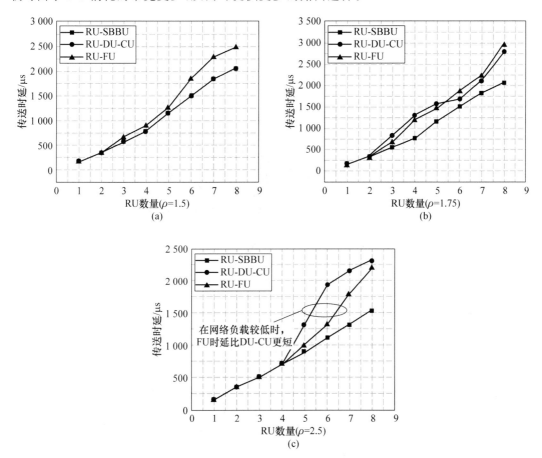

图 5-8　总传送时延 vs RU 数量（小规模网络）

（4）网络部署成本 vs RU 数量

网络部署成本是运营商最为关注的对象之一，因此本章对 3 种分割架构下的成本进行量化分析。如图 5-9(a)～(c)所示，在 3 种 ρ 值情况下，相比于 SBBU 与 DU-CU 架构，FU 可分别降低 23.6% 与 14.7% 的成本投入。这是因为 FU 具有更高的集中化处理增益与带宽效率，从而可以减少 PP 池的建设数量以及光纤管道的铺设量。因此，细粒度分割架构有利于网络部署成本的缩减，然而该优势的存在与否仍需在大规模网络中做进一步验证。

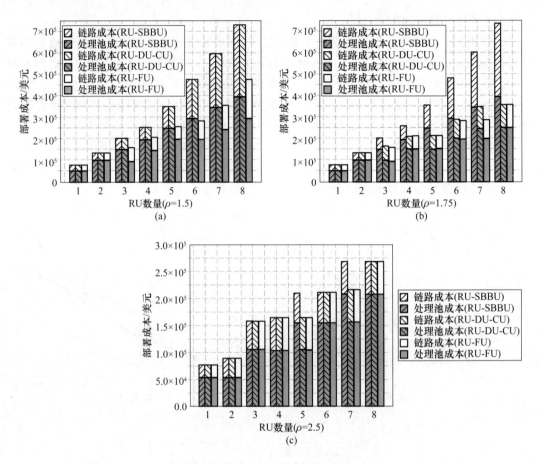

图 5-9　网络部署成本 vs RU 数量(小规模网络)

2. 大规模网络场景

如图 5-10 所示,大规模网络中包含 16 个 PP 节点(其中 5 个 PP 节点有直连 RU)、1 个 NGC 节点(位于节点 28)及 28 条光链路。其中,每条光链路长度介于[10，30] km,并且配置了 200 Gbit/s 的传输容量。本节分别从 6 个方面讨论了不同 ρ 值下的资源效率与网络部署成本($\rho=3.75$ 代表 6 750 GOPS/PP,$\rho=6.75$ 代表 12 150 GOPS/PP)。在每种 ρ 情况下,同样维持网络拓扑与传输容量恒定不变,讨论 3 种分割架构下的基带功能部署性能。

(1) 开启的 PP 数量 vs RU 数量

为进一步验证细粒度分割对处理集中化的作用,本节在大规模场景下对 3 种分割架构的 PP 使用情况进行量化分析。如图 5-11(a)和(b)所示,在两种 ρ 值情况下,FU 架构具备最高的处理集中化增益,该结论与小规模场景相一致。由图 5-11 可见,一方面,并非所有情况下 FU 架构的集中化增益都一定高于 DU-CU(较多情况下两者性能相同),这与各 PP 中处理容量与业务数量等参数相关;另一方面,不同架构下的集中化增益差距会随着分割粒度的细化而逐渐减少。

(2) 光带宽消耗 vs RU 数量

为进一步验证大规模网络中细粒度分割对于带宽效率的影响,本节对 3 种分割架构下

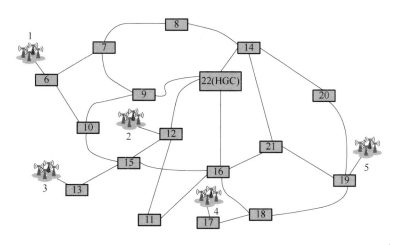

图 5-10 大规模场景下的网络拓扑图

的带宽消耗进行评估讨论。如图 5-11(a)所示,在两种 ρ 值情况下,相比于 SBBU 与 DU-CU 架构,FU 可分别减少 44% 与 34% 的传送带宽需求。如图 5-11(b)所示,相比于 SBBU 与 DU-CU 架构,FU 可减少 52% 与 43% 的带宽消耗,其原因与小规模网络场景相一致。然而,在图 5-11 中"10~15 RU"曲线段,FU 比 DU-CU 架构需要消耗更多的传送带宽。这是因为在低网络负载时,若启用的 PP 相距较远,则 FU 需要通过多跳、长距离的数据传输来保证处理的集中化,从而增加了带宽消耗。

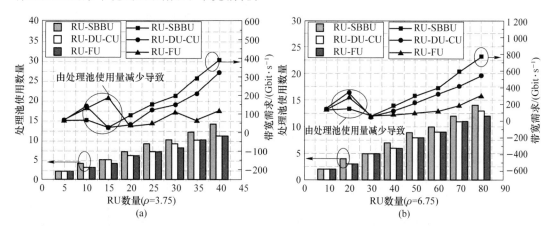

图 5-11 开启的 PP 数量 & 带宽需求 vs RU 数量(大规模网络)

(3)传送时延 vs RU 数量

为进一步验证大规模网络中细粒度分割对传送时延的影响,本节对 3 种分割架构下的时延进行了评估。如图 5-12(a)所示,在两种 ρ 值情况下,对比 SBBU 与 DU-CU 架构,FU 分别增加了 21.6% 与 10.1% 的传送时延。如图 5-12(b)所示,对比 SBBU 与 DU-CU 架构,FU 分别引入了额外 26.1% 与 16.3% 的传送时延。这是因为 FU 通过分布式的功能处理在提升集中增益与带宽效率的同时,引入了额外的 OEO 变换、电交换与虚拟化平台处理时延。同样,在大规模网络场景中也存在 DU-CU 时延大于 FU 的情况,如图 5-12(a)中"20 RU"曲线段以及图 5-12(b)中"40 RU"曲线段。其原因与小规模网络相一致,是低网络负载下产生的情形。

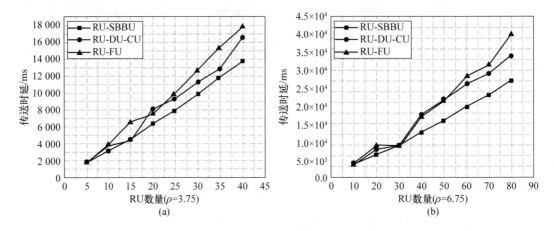

图 5-12　总传送时延 vs RU 数量(大规模网络)

（4）网络部署成本 vs RU 数量

为进一步验证细粒度分割对于网络部署成本的作用,本章对大规模网络下 3 种分割架构的成本进行量化分析。如图 5-13(a)所示,在两种 ρ 值情况下,FU 架构相比于 SBBU 与 DU-CU 可分别降低 21.5% 与 8.2% 的成本投入。类似地,如图 5-13(b)所示,对比 SBBU 与 DU-CU 架构,FU 分别降低了 10.1% 与 5.3% 的成本投入。该优势主要得益于 FU 更高的集中化程度与带宽效率。由此可知,细粒度分割可降低网络部署成本,且成本缩减程度随着分割粒度的细化而越发显著。

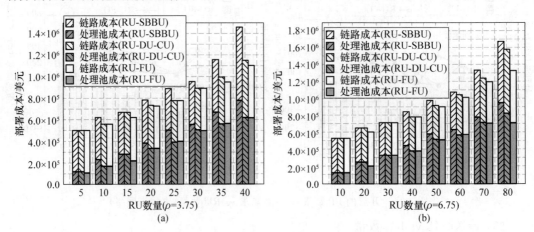

图 5-13　网络部署成本 vs RU 数量(大规模网络)

3. 结论

通过理论分析与仿真论证,现总结细粒度分割架构的优势与劣势如下。

（1）优势

① 能够一定程度地解决基带处理集中化与带宽优化间的矛盾问题。

② 可显著减少网络部署成本。

③ 有助于网络切片隔离性需求下的资源效率。例如,切片 1 的 MAC 层功能需要与其余切片进行隔离部署,则只需将该切片的 MAC 层功能单独部署于独立的 PP、GPP 或虚拟机中,而其他各层功能仍然可以与其余切片共享物理计算资源。

(2)劣势

① 需要引入一个通用可重构的接口 GI,支持任意相邻 FU 间任意速率的数据传输。一方面,GI 会增加系统设计的复杂度;另一方面,频繁的 GI 封装与解封装会增加网络传送时延。

② 分布式的基带处理会引入额外的虚拟化平台操作,进而增加网络传送时延。

③ 需引入复杂的网元控管机制实现对各独立网元的编排与监管。

5.3 高能效 DU-CU 部署与光网络资源联合优化

为应对日益激增的移动数据流量与多元化业务场景需求,移动接入网络逐步向 NG-RAN 架构演进。传统 BBU 功能被重新划分为 DU 与 CU 两个新的逻辑实体,根据业务需求不同,DU-CU 可以实行共站或分站部署。对此,光传送网络也需进一步演进为更为灵活的组网架构,以支持 DU-CU 的按需部署。然而,高度灵活性是以增加异构网络资源协同优化难度为代价的,如果没有高效的部署策略做支撑,NG-RAN 中势必存在诸多资源/设备不合理利用的情况(例如,启用不必要的处理池与光传输设备),进而造成网络资源浪费。因此,如何实现高能效的 DU-CU 部署与光路配置是 NG-RAN 中的一项重要问题。

针对上述问题,本节首先通过将网络中的传输与处理设备从"一直开启"模式转变为"按需开启"模式,来减少 DU-CU 部署与光路配置中非必要的能源消耗,并对网络中基带处理与光传输设备提出相应的能耗模型。基于该能耗模型,本节提出了高能效 DU-CU 部署与光路配置策略,并结合 5G 三大典型业务场景进行策略性能分析。

5.3.1 网络架构与能耗模型

如图 5-14 所示,本节基于 Ethernet over WDM 组网架构,在 RU-DU-CU 组成的 NG-RAN 场景中,研究 DU-CU 部署问题,本节部署问题研究以上行方向数据面为例。

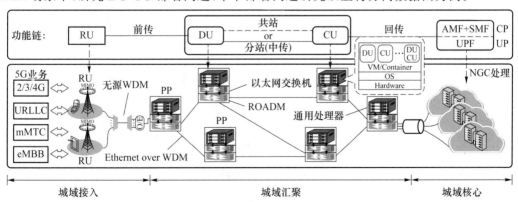

图 5-14 基于 Ethernet over WDM 的光传送网架构示意图

整个网络中 PP 节点是主要的能耗所在,其中又以 ROADM、以太网(Ethernet)交换机、光模块、GPP 及 PP 机房为能耗重点,其能耗模型构建如下。

(1) ROADM

WSS(Wavelength Selective Switch,波长选择开关)是构建无向、无色、无竞争 ROADM 的关键器件。因此,ROADM 的能耗与其节点度相关(即开启的 WSS 数),可计算如下[22]:

$$P_{\text{ROADM}_r} = P_D \cdot N_{\text{PP}_r} \tag{5-43}$$

式中,P_{ROADM_r} 表示 PP_r 处的 ROADM 能耗,P_D 表示每个节点度的能耗(30 W),N_{PP_r} 表示 PP_r 的节点度。

(2) Ethernet 交换机

Ethernet 交换机在进行 ROADM 波长上/下路及电交换操作时会产生能耗,该能耗与所启用的交换机端口数线性相关(73W/端口)[23]。如图 5-15 所示,每个交换机端口与一个光模块或 GPP 相连。

本章将 Ethernet 交换机端口启用情况分为如下 3 类:①如图 5-15(a)所示,为进行 DU-CU 处理,每一个在 ROADM 下路的波长需占据一个端口,每个 GPP 需要一个入端口;②如图 5-15(b)所示,完成 DU-CU 处理后,每个 GPP 需要一个出端口,每一个在 ROADM 上路的波长需占据一个端口;③如图 5-15(c)所示,流量疏导过程需占据额外的端口,例如,将图中 λ_1 与 λ_2 上的数据合并入 λ_3 中,则需对应 3 个波长,从而开启 3 个端口。此外,本地 RU 占据的端口数为:$\sum B_b / C_{\text{port}}$,其中 B_b 表示 RU_b 的前传带宽需求,C_{port} 表示每个 Ethernet 端口的数据速率。然而,如果 DU 与 CU 在同一 PP 中的不同 GPP 中处理,则无须开启额外的端口,即从 GPP_DU 的出端口通过电交换去往 GPP_CU 的入端口。为便于分析,本模型假设所有交换机端口速率相同,不区分线路侧与客户侧端口,且 NGC 中的端口不计入总能耗值。

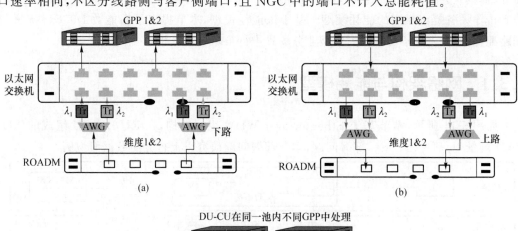

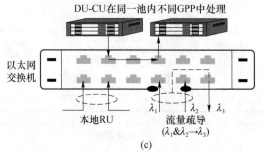

图 5-15　不同场景下的 Ethernet 端口激活状态示意图

（3）光模块（Tr）

光模块的使用与数据传输及 OEO 交换直接挂钩[24-25]。对于 5G 网络而言,25 Gbit/s(2 W)或 50 Gbit/s 的光模块作为建网中的首要选择对象,其能耗与使用的光模块数线性相关[26]。值得注意的是,RU 与其直连 PP 之间使用的光模块对不计入总能耗,因为这些光模块一直处于开启状态,不存在优化的可能。

（4）GPP

GPP 将 DU-CU 功能与专用处理器相解耦,支持 DU-CU 的软件化实现与灵活部署。GPP 的能耗计算如下所示:

$$P_{\mathrm{GPP}_r} = \sum_p G_{r,p} \cdot P_0 + P_{\mathrm{GOPS}} \cdot \sum_{\mathrm{RRU}_b} C_b \tag{5-44}$$

式中,P_{GPP_r} 表示 PP_r 中所有开启的 GPP 整体能耗,P_0 表示 GPP 的基础能耗(100 W),$G_{r,p}$ 表示 PP_r 中的 GPP_p 是否开启(若开启,则 $G_{r,p}=1$),P_{GOPS} 表示每 GOPS 处理所需的能耗,C_b 表示 RU_b 的 GOPS 需求。

（5）PP 机房

每个 PP 池都配置了必备的基础设施,如空调系统、监控系统等。其中,空调系统为 PP 能耗的主体部分,因此本模型以空调系统为代表来估计 PP 机房能耗。空调系统的作用是将热量排出机房从而降低机房内部温度[27]。相比于传输设备,高性能的 GPP 处理会产生更为可观的热量,从而为维持理想温度水平,空调系统需提高能耗来排出这些热量。因此 PP 机房能耗可归结为两种情形:①仅开启传输设备,则 PP 机房处于基础功耗水平(P_{basic});②传输与处理设备均开启,则 PP 机房处于正常功耗水平(P_{normal})。从运营商处可知,PP 机房通常配置一个 3 匹的空调系统(745 W/匹)。因此,本节将 P_{normal} 设为 2 200 W,而将 P_{basic} 设为 P_{normal} 的一半。事实上,可以通过复杂的热力学模型对空调功耗进行精确估计,而本节主要研究的是资源优化问题,因此对空调能耗的设置进行了简化。

5.3.2 高能效 DU-CU 部署与光路配置策略

1. 高能效 DU-CU 部署与光路配置优化 ILP 模型

为了更好地理解高能效 DU-CU 部署与光网络资源联合优化,本节在 Ethernet over WDM 组网结构下,对网络 PP 节点中的 ROADM、以太网交换机、光模块、GPP 以及 PP 机房等能耗进行建模,并针对 DU-CU 部署与光路配置能耗优化问题,提出了一个基于 ILP (Integer Linear Programming,整数线性规划)的优化模型。此模型从路由、容量、时延、DU-CU 部署、PP 启用、GPP 启用、ROADM 启用、Ethernet 交换机端口启用等方面设置了约束条件。模型所涉及的常量、变量及定义如表 5-3 和表 5-4 所示。

表 5-3　高能效 DU-CU 部署与光路配置优化 ILP 模型常量表

常量符号	常量描述
B，L，R，W，P	RU 集合,链路集合,节点集合,波长集合,GPP 集合
K	功能单元集合($k=2$ 代表 DU,$k=1$ 代表 RU)

常量符号	常量描述
$F_{b,r}$	RU_b 是否与 PP_r 通过光纤直连
E_r	NGC 是否位于节点 r
$T^{i,j}$	光链路 (i,j) 上的传输时延
$\Lambda^{i,j}$	PP_i 与 PP_j 间是否有光纤直连链路
T_{soe}	OEO 与电交换时延
T_v	虚拟化平台处理时延
T_b	RU_b 中业务的端到端时延需求
Γ_b	RU_b 中业务的前传时延需求
Θ_b	RU_b 与其直连 PP 之间的光纤传播时延
Φ_k	功能单元 k 处理完之后的接口封装/解封装时延
$\Psi_{b,k}$	RU_b 对应的功能单元 k 的计算资源需求
$\Omega_{b,k}$	RU_b 在完成功能单元 k 处理后的带宽需求
C_w	波长 w 的带宽容量
$C_{r,p}$	PP_r 中 GPP_p 的计算容量
Δ	一个较大的正整数
sp	涉及的功能单元的数量(4,即 RU、DU、CU、NGC)
P_{basic}	PP 的基础功耗
P_{normal}	PP 的正常功耗
P_D	ROADM 每个维度的功耗
P_0	GPP 的基本功耗
P_{port}	Ethernet 端口的功耗
P_{tr}	光模块的功耗

表 5-4　高能效 DU-CU 部署与光路配置优化 ILP 模型变量表

变量符号	变量描述
D_r	二进制变量,PP_r 是否处于基础功耗水平,是则为 1
N_r	二进制变量,PP_r 是否处于正常功耗水平,是则为 1
$G_{r,p}$	二进制变量,PP_r 中的 GPP_p 是否开启,是则为 1
$O_{b,k,r,p}$	二进制变量,RU_b 对应的功能单元 k 是否在 PP_r 中的 GPP_p 中处理,是则为 1
$X_{b,k}^{i,j,w}$	二进制变量,RU_b 在完成功能 k 处理后的用户数据是否承载于链路 (i,j) 中的波长 w 之上,是则为 1
$Y_{b,r}$	二进制变量,RU_b 是否在 PP_r 中经历了 OEO 与电交换操作,是则为 1
$H_{b,r}$	二进制变量,RU_b 是否在 PP_r 中进行了功能处理
$A^{i,j}$	二进制变量,PP_i 与 PP_j 之间的直连光链路是否承载了用户数据,是则为 1
$I^{i,r,w}$	二进制变量,从 PP_i 传输进入 PP_r 的波长 w,是否在 PP_r 经历了 ROADM 下路操作,是则为 1

变量符号	变量描述
$U_{}^{r,j,w}$	二进制变量,离开 PP_r 去往 PP_j 的波长 w 在 PP_r 中是否经历了 ROADM 上路操作,是则为 1
$Q_b^{i,r,w}$	二进制变量,$I^{i,r,w}$ 的辅助变量
$S_b^{r,j,w}$	二进制变量,$U^{r,j,w}$ 的辅助变量
J_r	整数变量,PP_r 中为本地直连 RU 激活的以太网交换机端口数量
$Z_{b,k,p}$	二进制变量,功能 k 是否为 RU_b 在 PP_r 中 GPP_p 内处理的第一个功能,是则为 1
$V_{b,k,p}$	二进制变量,功能 k 是否为 RU_b 在 PP_r 中 GPP_p 内处理的最后一个功能,是则为 1
$M_{b,r}$	二进制变量,RU_b 在前传过程中是否在 PP_r 内经历了 OEO 与电交换,是则为 1

目标函数:

$$\text{Minimize}: P_{\text{basic}} \cdot \sum_r D_r + P_{\text{normal}} \cdot \sum_r N_r + P_0 \cdot \sum_{r,p} G_{r,p} + P_{\text{port}} \cdot \left(\sum_{r,i \in R,w} I^{i,r,w} \right.$$

$$+ \sum_{r,j \in R,w} U^{r,j,w} + \sum_r J_r + 2 \cdot \sum_{r,p} G_{r,p} \right) + P_{\text{tr}} \cdot \left(\sum_{r,i \in R,w} I^{i,r,w} + \sum_{r,j \in R,w} U^{r,j,w} \right) + P_D \cdot \sum_{i,j \in R} A^{i,j}$$

$$(5\text{-}45)$$

式(5-45)中第一行用于最小化 PP 与 GPP 的能耗,第二行用于最小化以太网交换机端口能耗,第三行用于最小化光模块与 ROADM 的能耗。其中,GOPS 能耗并未作为优化目标之一,因为所有 RU 对应的 DU-CU 都要求被成功部署,所以 GOPS 的能耗为定值。

约束条件 1: 路由约束。

$$\sum_{i \neq r,k < \text{sp},w} X_{b,k}^{i,r,w} - \sum_{j \neq r,k < \text{sp},w} X_{b,k}^{r,j,w} = \begin{cases} -1, & F_{b,r} = 1 \\ 1, & E_r = 1, \forall b,r \\ 0, & \text{其他} \end{cases} \quad (5\text{-}46)$$

$$\sum_{k \in K, w1 \in W} X_{b,k}^{i,j,w1} + \sum_{l \in K, w2 \in W} X_{b,l}^{j,i,w2} \leqslant 1, \quad \forall i,j (i \neq j), b \quad (5\text{-}47)$$

约束(5-46)确保为每个 RU 创建一条从 RU 到 NGC 的光路,并且通过式(5-47)避免出现回路。

约束条件 2: 波长容量约束。

$$\sum_{b,k < \text{sp}} X_{b,k}^{i,j,w} \cdot \Omega_{b,k} \leqslant C_w, \quad \forall i,j,w \quad (5\text{-}48)$$

约束(5-48)确保承载于任意波长上的数据量不能超过该波长的容量。

约束条件 3: 计算容量约束。

$$\sum_{b,k < \text{sp}} O_{b,k,r,p} \cdot \Psi_{b,k} \leqslant C_{r,p}, \quad \forall r,p \quad (5\text{-}49)$$

约束(5-49)确保在任意 GPP 中处理的业务不能超过该 GPP 的计算容量上限。

约束条件 4: 以太网交换机端口速率约束。

$$\sum_{b,1 < k < \text{sp}} Z_{b,k,r,p} \cdot \Omega_{b,k-1} \leqslant C_{\text{port}}, \quad \forall r,p \quad (5\text{-}50)$$

$$Z_{b,k,r,p} + 1 \geqslant O_{b,k,r,p} - O_{b,k-1,r,p} + 1 \geqslant 2 \cdot Z_{b,k,r,p}, \quad \forall b, 2 < k < \text{sp}, r \neq DC, p \quad (5\text{-}51)$$

$$Z_{b,2,r,p} = O_{b,2,r,p}, \quad \forall b,r,p \quad (5\text{-}52)$$

约束(5-50)确保通过任意以太网交换机端口的数据量不得超过该端口的速率限制。约束(5-51)与约束(5-52)判断了功能 k 是否为 RU_b 在 PP_r 中 GPP_p 内处理的第一个功能单元。

约束条件 5: 时延约束。

$$\sum_{i,j,k<\text{sp},w} X_{b,k}^{i,j,w} \cdot T^{i,j} + \sum_{r} Y_{b,r} \cdot T_{\text{soe}} + \sum_{k,r,p} V_{b,k,r,p} \cdot (T_v + 2 \cdot \Phi_k) + \Theta_b \leqslant T_b, \quad \forall b$$

$$(5\text{-}53)$$

$$V_{b,k,r,p} + 1 \geqslant O_{b,k,r,p} - O_{b,k+1,r,p} + 1 \geqslant 2 \cdot V_{b,k,r,p}, \quad \forall b, 1 < k < \text{sp}, r \neq DC, p \quad (5\text{-}54)$$

$$M_{b,r} + 1 \geqslant \sum_{i \in R, w} X_{b,1}^{i,r,w} + Y_{b,r} \geqslant 2 \cdot M_{b,r}, \quad \forall b, r \quad (5\text{-}55)$$

$$\sum_{i,j,w} X_{b,1}^{i,j,w} \cdot T^{i,j} + \sum_{r} M_{b,r} \cdot T_{\text{soe}} + T_v + 2 \cdot \Phi_1 + \Theta_b \leqslant \Gamma_b, \quad \forall b \quad (5\text{-}56)$$

约束(5-53)保证了任意 RU 业务的端到端时延需求,包括链路传输、OEO 与电交换、虚拟化平台处理及接口封装/解封装时延。约束(5-54)判定了 RU_b 在 PP_r 中 GPP_p 内处理的最后一个功能单元。约束(5-55)判定了 RU_b 在前传阶段是否在 PP_r 中经历了 OEO 与电交换。约束(5-56)保证了任意 RU 业务的前传时延需求,因为前传时延相对于中传、回传而言更为严苛,所以本模型将其考虑在内。

约束条件 6: DU-CU 部署约束。

$$\sum_{p} O_{b,k,r,p} = \begin{cases} F_{b,r}, & k = 1 \\ E_r, & k = \text{sp} \end{cases}, \forall b, r \quad (5\text{-}57)$$

$$\sum_{r,p} O_{b,k,r,p} = 1, \quad \forall b, k \quad (5\text{-}58)$$

$$\sum_{p} O_{b,k,r,p} = \sum_{\substack{j,w \\ k \leqslant l \leqslant \text{sp}-1}} X_{b,l}^{r,j,w} \cdot \Lambda^{r,j}, \quad F_{b,r} = 1, \forall b, k, r \quad (5\text{-}59)$$

$$\sum_{p} O_{b,k,r,p} + 1 \geqslant \sum_{\substack{i,w, \\ 1 \leqslant l \leqslant k-1}} X_{b,l}^{i,r,w} \cdot \Lambda^{i,r} + \sum_{\substack{j,w, \\ k \leqslant n \leqslant \text{sp}-1}} X_{b,n}^{r,j,w} \cdot \Lambda^{r,j} \geqslant 2 \cdot \sum_{p} O_{b,k,r,p},$$

$$F_{b,r} \neq 1, \forall b, k, r \quad (5\text{-}60)$$

约束(5-57)描述了各业务的源点(RU)与宿点(NGC)。约束(5-58)保证了每个功能单元必须被部署一次。约束(5-59)与约束(5-60)用于描述 PP_r 中处理了哪些功能单元,且构建了处理与传输之间的关系,保证了各功能单元的处理顺序:DU→CU。其中约束(5-59)用于描述各 RU 的直连 PP 中的处理与传输情况,而约束(5-60)用于描述各 RU 在其余 PP 中的处理与传输情况。

约束条件 7: PP 启用情况。

$$D_r + N_r \leqslant 1, \quad \forall r \in R(r \neq DC) \quad (5\text{-}61)$$

$$\Delta \cdot N_r \geqslant \sum_{\substack{b,p, \\ 1 < k < \text{sp}}} O_{b,k,r,p} \geqslant N_r, \quad \forall r \neq DC \quad (5\text{-}62)$$

$$\Delta \cdot (D_r + N_r) \geqslant \sum_{i \neq r, b, k, w} X_{b,k}^{i,r,w} + \sum_{j \neq r, b, k, w} X_{b,k}^{r,j,w} \geqslant D_r + N_r, \quad \forall r \neq DC \quad (5\text{-}63)$$

约束(5-61)保证了 PP 只能工作在一种功耗模式下,即基础功耗或正常功耗模式。约束(5-62)和约束(5-63)保证了若存在 DU-CU 功能在 PP_r 中被处理,则该 PP 一定处于正常功耗模式。若所有用户数据只是旁路 PP_r,则该 PP 处于基础功耗模式。

约束条件 8: GPP 启用情况。

$$\Delta \cdot G_{r,p} \geqslant \sum_{b, 1 < k < \text{sp}} O_{b,k,r,p} \geqslant G_{r,p}, \quad \forall r, p \quad (5\text{-}64)$$

约束(5-64)用于判断 PP_r 中的 GPP_p 是否开启进行 DU-CU 处理。

约束条件 9: ROADM 启用情况。

$$\Delta \cdot A^{i,j} \geqslant \sum_{b,k,w} X^{i,j,w}_{b,k} \geqslant A^{i,j}, \quad \forall i,j(i \neq j) \tag{5-65}$$

约束(5-65)用于判断 PP_i 与 PP_j 之间的直连光链路上是否承载了用户数据,若存在数据传输,则 PP_i 与 PP_j 中各需启用一个 ROADM 维度。

约束条件 10: Ethernet 交换机端口启用情况。

$$Q^{i,r,w}_b + 1 \geqslant Y_{b,r} + \sum_k X^{i,r,w}_{b,k} \geqslant 2 \cdot Q^{i,r,w}_b, \quad \forall b,r,i \neq r,w \tag{5-66}$$

$$\Delta \cdot I^{i,r,w} \geqslant \sum_b Q^{i,r,w}_b \geqslant I^{i,r,w}, \quad \forall i \neq r,w \tag{5-67}$$

$$S^{r,j,w}_b + 1 \geqslant Y_{b,r} + \sum_k X^{r,j,w}_{b,k} \geqslant 2 \cdot S^{r,j,w}_b, \quad \forall b,r,j \neq r,w \tag{5-68}$$

$$\Delta \cdot U^{r,j,w} \geqslant \sum_b S^{r,j,w}_b \geqslant U^{r,j,w}, \quad \forall j \neq r,w \tag{5-69}$$

$$\sum_b F_{b,r} \cdot \Omega_{b,1} \leqslant J_r \cdot C_{\mathrm{port}}, \quad \forall r \tag{5-70}$$

约束(5-66)用于判断从 PP_i 传输进入 PP_r 的波长 w 是否在 PP_r 中进行了"下路"操作。约束(5-68)用于判断从 PP_r 传输前往 PP_j 的波长 w 是否在 PP_r 中进行了"上路"操作。约束(5-67)与约束(5-69)分别为上述两个约束的辅助约束条件。约束(5-70)统计了本地直连 RU 在 PP_r 中需要的端口数。

约束条件 11:其他约束。

$$\Delta \cdot H_{b,r} \geqslant \sum_{k,p} O_{b,k,r,p} \geqslant H_{b,r}, \quad \forall b,r \neq DC \tag{5-71}$$

$$Y_{b,r} \geqslant \sum_{i,k<\mathrm{sp}} X^{i,r,w}_{b,k} - \sum_{j,l<\mathrm{sp}} X^{r,j,w}_{b,l} \geqslant -Y_{b,r}, \quad \forall E_r \neq 1,b,w \tag{5-72}$$

$$Y_{b,r} \leqslant \sum_{b2 \in B}(H_{b,r} + H_{b2,r}) \cdot \Big[\sum_{w,i \neq r}(\sum_k X^{i,r,w}_{b,k} \cdot \sum_k X^{i,r,w}_{b2,k})$$
$$+ \sum_{w,j \neq r}(\sum_k X^{r,j,w}_{b,k} \cdot \sum_k X^{r,j,w}_{b2,k}) \Big] \leqslant \Delta \cdot Y_{b,r}, \quad \forall b,r \tag{5-73}$$

约束(5-71)用于判断 RU_b 是否在 PP_r 中进行了功能处理。约束(5-72)确保了"旁路" RU 在进入与离开 PP_r 时不会改变其承载波长。约束(5-73)用于判断 RU_b 是否在 PP_r 中经历了 OEO 与电交换操作。

2. 高能效 DU-CU 部署与光路配置优化启发式算法

ILP 模型的求解需要消耗较多的时间和计算资源,难以用于大规模网络下的优化。为实现快速高能效 DU-CU 部署与光路配置优化,本节设计了一个基于辅助图的能耗优化启发式算法,该算法分为两个执行步骤。其中,步骤一用于选择目标处理池与 GPP,步骤二用于为功能单元之间建立光通路。然而,若 DU 与 CU 部署在同一 PP 中,则无须为 DU 与 CU 间建立光路。

(1) 步骤一

如前文所述,PP 节点主导了网络能耗,因此将 DU-CU 功能集中到少量的 PP 中有助于降低网络能耗。对此,本节首先从已经启用的处理池中选择目标 PP,然后枚举出所有备选 PP 与 GPP 的组合,生成对应的组合列表(pp1,gpp1,pp2,gpp2)。但是,某些情况下已开启的 PP 未必有足够的剩余容量进行 DU-CU 处理,因此本节在组合列表中额外添加了一些未启用的 PP 作为备选。添加的方法是通过 KSP(K-Shortest Path,K-最短路)算法选出从

RU 到 NGC 的 k 条路径，并将路径上所有未启用的 PP 添加到组合列表中。

（2）步骤二

以步骤一选出的候选 PP 作为锚点，为 RU 与 NGC 之间建立光路，因此整条光路的建立过程可细分为 2 个或 3 个阶段，即分别在 RU-DU、DU-CU、CU-NGC 之间建路。本节通过构建辅助图的方式为各相邻功能单元之间建立光路。其中，辅助图的边权重代表了各部件的能耗。

图 5-16 详细描述了基于辅助图构建光路的过程。首先，如图 5-16（a）所示，构建一张包含光层与电层两部分的辅助图，将图中同一 PP 内的光-电节点间的边权重设为 $P_{port}+P_{tr}$，将存在直连链路的两个光层节点间边权重设为"$2\times P_D$"，并将其他任意节点间的边权重设为"$+\infty$"。其次，本节通过列举两个例子来阐释能耗最优的建路过程。

① 对于 RU_1，先通过步骤一选取了 PP_2 进行 DU-CU 的共站部署，其前传与回传带宽分别为 6 Gbit/s 与 0.5 Gbit/s。然后，如图 5-16（b）所示，在 RU_1 与 PP_2 间使用波长 λ_1 建立了前传光路，并将 λ_1 的剩余容量修改为（10−6）Gbit/s=4 Gbit/s。此外，边 1_e-2_e 与 1_o-2_o 的权重需更新为 0，而边 1_e-1_o 与 2_o-2_e 的权重仍维持 $P_{port}+P_{tr}$，因为两条边上还存在未激活的波长。随之，在 PP_2 与 NGC 之间使用波长 λ_1 建立了回传光路，并同步更新了波长容量与边权重〔如图 5-16（c）所示〕。

② 对于 RU_2，同样先通过步骤一选取了 PP_2 进行 DU-CU 的共站部署，其带宽需求与 RU_1 相同。虽然此时使用波长 λ_1 为 RU_2 建立前传光路可以最小化能耗，但是该波长的剩余容量无法承载 RU_2 的前传需求。因此，如图 5-16（d）所示，通过激活波长 λ_2 来构建 RU_2 至 PP_2 的前传光路，经过 1_e-1_o、1_o-2_o 及 2_o-2_e 三条边。随之，通过使用已经激活的波长 λ_1 构建 PP_2 至 NGC 的回传光路。

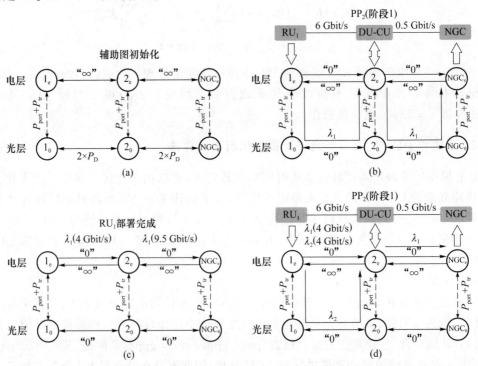

图 5-16　启发式算法中的光路构建示例

步骤一与步骤二的伪代码执行过程如算法 5-1 所示。

算法 5-1　PMD 算法(Power Minimized Deployment,能耗最优 DU-CU 部署与光路配置算法)

输入:①RU 集合,包含 DU-CU 的计算资源需求(C_{DU},C_{CU})、前/中/回传带宽需求、时延需求及本地直连 PP;②网络拓扑;③PP、链路、GPP 及 Ethernet 交换机端口的容量

输出:整体网络能耗

1: 构建辅助图,初始化边权重,Power←0

2: for 任意 RU_b, do

-- 步骤一 --

3:　　　将所有已启用的 PP 记录至集合 CP 中

4:　　　通过 KSP 算法选出从 RU_b 至 NGC 的 k 条路径,并将路径上未激活的 PP 添加至集合 CP 中

5:　　　根据 CP 集合中的候选 PP,生成所有 DU-CU 部署的备选 PP-GPP 组合 CM={pp1, gpp1, pp2, gpp2}

6:　　　for 任意 cm∈CM, do

7:　　　　　if cm. pp1 = cm. pp2 & cm. gpp1 = cm. gpp2, do

8:　　　　　　　if gpp1. 容量 ≤ $b. C_{DU}$+$b. C_{CU}$, do

9:　　　　　　　　　从集合 CM 中移除 cm

10:　　　　　　　end if

11:　　　　　　　if 连接 gpp1 的 Ethernet 交换机端口无法满足速率需求, do

12:　　　　　　　　　从集合 CM 中移除 cm

13:　　　　　　　end if

14:　　　　　else

15:　　　　　　　if cm. gpp1<$b. C_{DU}$ ∥ cm. gpp2<$b. C_{CU}$, do

16:　　　　　　　　　从集合 CM 中移除 cm

17:　　　　　　　end if

18:　　　　　　　if 连接 cm. gpp1 或 cm. gpp2 的交换机端口容量不满足需求, do

19:　　　　　　　　　从集合 CM 中移除 cm

20:　　　　　　　end if

21:　　　　　end if

22:　　　end for

-- 步骤二 --

23: P_{th}←+∞

24:　　　for 任意 cm∈CM, do

25:　　　　　if cm. pp1=cm. pp2, do

26:　　　　　　　使用 KSP 算法在辅助图上选出 b. local_PP 至 cm. pp1 及 cm. pp1 至 NGC 的 k 条路径,检查所选出的路径是否满足带宽容量、端到端时延、前传时延及无回路的约束

27:　　　　　　　将满足条件的最短路径记录到 Path 中

28:　　　　　else

29:　　　　　　　使用 KSP 算法在辅助图上选出 b. local_PP 至 cm. pp1、cm. pp1 至 cm. pp2 及 cm. pp2 至 NGC 的 k 条路径,并检查带宽、端到端时延、前传时延及无回路约束是否满足,将满足条件的最短路径记录在 Path 中

30:　　　　　end if

31:　　　　　if Path≠∅, do

32:　　　　　　　计算出当前功耗 P_1

33:　　　　　　　if P_1-Power<P_{th}, do

34:　　　　　　　　　P_{th}←P_1-Power

35:　　　　　　　　　替换 RES 中的部署策略

36:　　　　　　　end if

```
37：    end if
38：  end for
39：  基于 RES 策略更新辅助图的边权重
40：  更新 GPP 及波长中的剩余容量
41：  Power←Power+$P_{th}$
42：end for
```

5.3.3　高能效部署与光路配置策略的性能分析

为了评估高能效 DU-CU 部署与光路配置策略的性能,本节分别考虑了两个不同规模的网络场景,讨论业务差异化时延需求下的 DU-CU 部署性能。

1. 小规模网络场景

本节选用的小规模网络拓扑如图 5-6 所示,包含 8 个 PP 节点与 1 个 NGC 节点。图中光链路长度设为[10,30] km,RU 与其直连 PP 间的距离设为[0,3] km。每个 RU 配置 4 根天线,100 MHz 无线频谱,MIMO 层数为 2,调制编码策略选取 MCS 23,且在仿真中所有 RU 均设为满载。每个 PP 池配备两个 GPP 处理器,单个 GPP 计算容量设为 4 000 GOPS。每条光链路上配置两根波长,每根波长传输容量设为 25 Gbit/s。仿真考虑了 5G 三大典型业务场景,主要讨论其差异化时延需求下的 DU-CU 部署性能,各业务场景的时延需求如表 5-5 所示[28-29]。本节通过对 5 个独立的案例分别仿真求平均。每个案例中设有 6 个 PP 节点存在直连 RU(每节点不超过 2 个 RU),所有案例中选出的 6 个 PP 节点不尽相同。此外,本节以某运营商提供的某基站单日内的流量变化为依据,讨论了时变流量场景中设备处于"一直开启"与"按需开启"模式下的能耗差异。其中,RU 流量变化如图 5-17 所示,其纵坐标表示 RB 使用率(负载,定义为使用的 RB 与总 RB 数的比值)。

表 5-5　5G 三大典型业务场景的时延需求[28-29]

业务类型	前传时延	中传+回传时延
eMBB	100 μs (≤20 km)	1 ms + 10 ms
URLLC	50 μs (≤10 km)	500 μs
mMTC	250 μs (≤50 km)	10 ms+20 ms

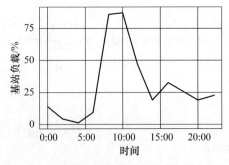

图 5-17　基站单日内流量变化趋势(某运营商)

（1）网络能耗 vs RU 数量

网络能耗是运营商最为关注的对象之一,因此本节对三大 5G 业务场景下的能耗进行了量化分析。如图 5-18 所示,所有业务场景下网络能耗皆随 RU 数量的增加而提高,因为网络中存在越来越多的数据需要处理与传输。由图 5-18 可见,在 ILP 最优解中,URLLC 与 eMBB 相比增加了 7.5% 的能耗,与 mMTC 相比增加了 16.9% 的能耗。这是因为 mMTC 与 eMBB 拥有相对宽松的时延需求,从而可将 DU-CU 部署到更远的 PP 中进行集中化处理。而 URLLC 严苛的端到端时延与前传时延需求使得其 DU-CU 只能就近处理,从而开启了更多的边缘 PP。此外,由图 5-18 可见,本节提出的 PMD 启发式算法能够在一定程度上逼近 ILP 最优化结果,因此可将 PMD 算法拓展至大规模网络中使用。

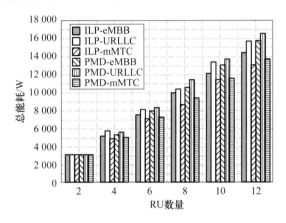

图 5-18　网络总能耗 vs RU 数量(小规模网络)

（2）平均传送时延 vs RU 数量

时延是 5G/B5G 网络的重要技术指标之一,因此本节对时延进行了量化分析。如图 5-19 所示,在 ILP 模型与 PMD 算法求解结果中,URLLC 所需传送时延最短而 mMTC 所需传送时延最大。这是由于将 DU-CU 集中到更少的 PP 中处理,需要引入更长的链路传输时延及更多的 OEO 与电交换时延。此外,从图 5-19 中可发现,业务平均传送时延并非一直随 RU 增多而增大,例如,eMBB 平均传送时延在"6~10 RU"曲线段(ILP)持续下降。这是因为随着 RU 的不断增加网络中开启的 PP 池越来越多,从而各 RU 可以实现就近处理,而无须通过长距离、多跳传输到远端 PP 中处理。

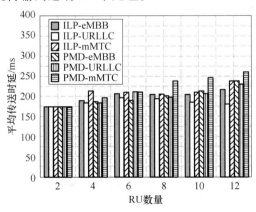

图 5-19　平均传送时延 vs RU 数量(小规模网络)

（3）网络能耗 vs 时变流量

现网中多采用静态的资源分配方式（ILP-Static，PMD-Static），即根据满载情况进行固定的资源分配，且分配方式不会随着时间而变化。因此，本节以静态分配方式为基准，探讨按需分配方式下的能耗效益（ILP-Adaptive，PMD-Adaptive）。此处主要以 eMBB 为代表进行讨论分析，而省略了对另两种业务的讨论，因为另两种业务也会呈现相似的结果。

此处讨论了 10 个 RU 场景下的部署能耗与时变流量之间的关系。如图 5-20 所示，ILP-Adaptive 对比 ILP-Static 策略可降低 2.1% 的能耗，而 PMD-Adaptive 对比 PMD-Static 策略可节省 0.97% 的能耗。因此，在小规模网络中按需分配模式有助于降低网络能耗。

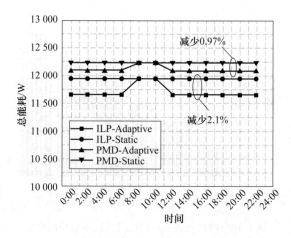

图 5-20　网络总能耗 vs 时变流量

2. 大规模网络场景

本节选用的大规模网络拓扑如图 5-21 所示，包含 29 个 PP 节点及 1 个 NGC 节点。其中，光链路长度设为[10，30] km，RU 与其直连 PP 之间的距离设为[0，3] km。RU 的参数配置与小规模网络保持一致。每个 PP 节点配置 2 个 GPP，每个 GPP 计算容量设为 10 000 GOPS。

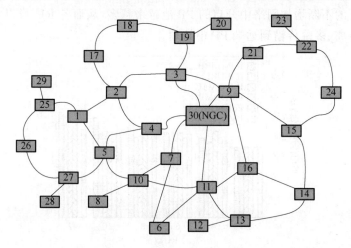

图 5-21　大规模网络仿真拓扑图

每条链路上包含 15 根波长,每根波长带宽设为 25 Gbit/s。本节同样在大规模网络中对 3 种典型 5G 业务场景下的 DU-CU 部署能耗进行讨论,并对 5 个独立案例分别仿真求平均。每个案例中设有 25 个 PP 存在直连 RU(每个 PP 不超过 6 个 RU),从而讨论 30~150 个 RU 下的 DU-CU 部署能耗。此外,在大规模网络中同样针对时变流量情况讨论了设备处于"一直开启"与"按需开启"模式下的能耗差异。

(1)网络能耗 vs RU 数量

为进一步分析网络能耗,本节对大规模网络下的 DU-CU 部署与光路配置能耗进行了量化分析。如图 5-22 所示,URLLC 与 eMBB 相比增加了 3.8% 的网络能耗,与 mMTC 相比增加了 12.9% 的能耗。mMTC 在大规模网络中依然保持着最少的能耗投入,这主要归功于 mMTC 极大的时延容忍度,能更大限度地促进 DU-CU 的集中化处理,从而显著减少了正常能耗的 PP 数量。与之相对,URLLC 需要开启更多的 PP 实现业务的就近处理,从而网络中正常能耗的 PP 较多。而 PP 能耗在总能耗中的占比较大,因此 mMTC 能耗远小于 URLLC 能耗。

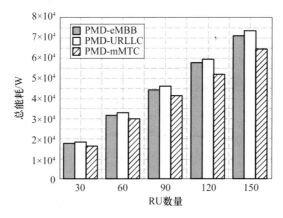

图 5-22 网络能耗 vs RU 数量(大规模网络)

(2)平均传送时延 vs RU 数量

为进一步讨论不同业务场景下网络能耗与传送时延之间的关系,本节对大规模网络下的业务平均传送时延进行了深入讨论分析。如前文所述,相比于 URLLC 业务,mMTC 与 eMBB 中会引入更多的 OEO 与电交换操作,从而增加了业务传送时延。如图 5-23 所示,

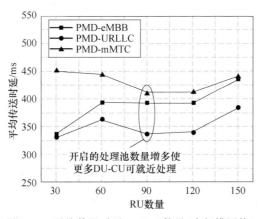

图 5-23 平均传送时延 vs RU 数量(大规模网络)

mMTC 与 URLLC 相比增加了 22.9％的传送时延,eMBB 与 URLLC 相比增加了 11.5％的传送时延。此外,大规模网络中的平均传送时延同样也并非随着 RU 增加而持续增大,其与网络中的 RU 分布情况及 PP 启用情况相挂钩。

(3) 网络能耗 vs 时变流量

为进一步讨论网络能耗与时变流量之间的关系,并验证动态部署方式对于能耗优化的增益作用,本节对大规模网络中的能耗问题进行了深入讨论分析。在此,本节分别对 60 个 RU 与 120 个 RU 下网络能耗与时变流量的关系进行了分析。如图 5-24 所示,对比动态部署方式,在 60 个 RU 场景下静态部署方式会增加 14％的网络能耗,同样在 120 个 RU 场景下静态部署方式会增加 15.6％的网络能耗。结合小规模网络中的结论,可得出"按需部署(即设备按需开启)"方式可极大地促进 NG-RAN 的能耗优化,进而推动绿色 5G/B5G 网络的构建。

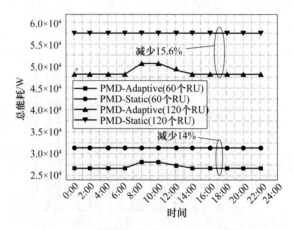

图 5-24 网络能耗 vs 时变流量(大规模网络)

3. 结论

仿真结果显示,能耗与业务时延约束之间存在一个负相关的关系。相比于时延敏感型业务 URLLC,mMTC 与 eMBB 业务在大规模网络下的 DU-CU 部署可分别减少 12％与 3％的能耗。但是,mMTC 与 eMBB 取得低能耗优势是以 22.9％与 11.5％的额外传送时延为代价的,因为它们需要更为频繁的 OEO、电交换与虚拟化平台处理。此外,通过对时变流量下的 DU-CU 部署能耗问题进行仿真讨论,相比于传统静态部署方式,动态按需部署在 120 个 RU 场景下可以降低 14％的能耗。然而,为实现按需部署必须以先进的网络设备控管与快速业务响应机制做支撑,而这又是另一大亟待攻克的技术难点[30]。

本 章 小 结

本章分别从基带功能分割下的多维资源建模、灵活分割下的基带功能部署与光网络资源联合优化技术、高能效 DU-CU 部署与光网络资源联合优化技术 3 个方面展开研究。本章以 3GPP 提出的基带功能分割技术为参考,构建了基带功能分割下的多维资源模型,包括

RAN中各层功能模块的计算资源建模、传输资源建模、传送时延建模。针对灵活分割下的基带功能部署与光网络资源联合优化技术,重点探讨了细粒度分割能否有助于RAN架构的进一步演进,并从基带处理集中增益、带宽效率、传送时延、网络部署成本等方面进行量化分析,通过将其与传统C-RAN、NG-RAN架构的对比,论证细粒度分割所带来的网络性能提升。最后,针对NG-RAN中高能效的DU-CU部署及光路配置问题展开探究,提出了面向基带处理与数据传输的统一能耗量化评估模型,基于此模型进一步提出了高能效DU-CU部署与光路配置策略,并最终通过仿真结果进行算法性能分析。

本章参考文献

[1] Ji Y, Zhang J, Xiao Y, et al. 5G flexible optical transport networks with large-capacity, low-latency and high-efficiency[J]. China Communications, 2019, 16(5): 19-32.

[2] 3GPP. Physical layer procedures for data (3GPP TS 38. 214 V17. 1. 0)[S/OL]. (2022-04-08)[2022-05-16]. https://www.3gpp.org/ftp/Specs/archive/38_series/38.214.

[3] Khatibi S, Shah K, Roshdi M. Modelling of computational resources for 5G RAN [C]//Eucnc. 2018:1-5.

[4] Zhang Y, Barusso F, Collins D, et al. Dynamic allocation of processing resources in cloud-RAN for a virtualised 5G mobile network[C]//2018 26th European Signal Processing Conference (EUSIPCO), 2018: 782-786.

[5] Gkatzios N, Anastasopoulos M, Tzanakaki A, et al. Optimized placement of virtualized resources for 5G services exploiting live migration[J]. Photonic Network Communications, 2020, 40(3): 233-244.

[6] Ferdouse L, Anpalagan A, Erkucuk S. Joint communication and computing resource allocation in 5G cloud radio access networks[J]. IEEE Transactions on Vehicular Technology, 2019, 68(9):9122-9135.

[7] Valastro G C, Panno D, Riolo S. A SDN/NFV based C-RAN architecture for 5G mobile networks[C]//2018 International Conference on Selected Topics in Mobile and Wireless Networking (MoWNeT), 2018: 1-8.

[8] Small Cell Forum. Functional splits and use cases V7. 0[S/OL]. (2016-01-13) [2022-05-16]. https://scf.io/en/documents/159_-_Small_cell_virtualization_functional_splits_and_use_cases.php.

[9] Larsen L M P, Checko A, Christiansen H L. A survey of the functional splits proposed for 5G mobile crosshaul networks[J]. IEEE Communications Surveys & Tutorials, 2018, 21(1): 146-172.

[10] Sun X, Ansari N. Latency aware workload offloading in the cloudlet network[J]. IEEE Communications Letters, 2017, 21(7): 1481-1484.

[11] Garcia-Saavedra A，Salvat J X，Li X，et al. WizHaul：on the centralization degree of cloud RAN next generation fronthaul[J]. IEEE Transactions on Mobile Computing，2018，17(10)：2452-2466.

[12] Gutiérrez J，Maletic N，Camps-Mur D，et al. 5G-XHaul：a converged optical and wireless solution for 5G transport networks [J]. Transactions on Emerging Telecommunications Technologies，2016，27(9)：1187-1195.

[13] 3GPP. Medium Access Control (MAC) protocol specification (3GPP TS 38. 321 V17. 0. 0) [S/OL]. (2022-04-14) [2022-05-16]. https：//www. 3gpp. org/ftp/Specs/archive/38_series/38. 321.

[14] 3GPP. Radio Link Control (RLC) protocol specification (3GPP TS 38. 322 V17. 0. 0) [S/OL]. (2022-04-15) [2022-05-16]. https：//www. 3gpp. org/ftp/Specs/archive/38_series/38. 322.

[15] 3GPP. Packet Data Convergence Protocol (PDCP) specification (3GPP TS 38. 323 V17. 0. 0) [S/OL]. (2022-04-14) [2022-05-16]. https：//www. 3gpp. org/ftp/Specs/archive/38_series/38. 323.

[16] Shehata M，Elbanna A，Musumeci F，et al. Multiplexing gain and processing savings of 5G radio-access-network functional splits [J]. IEEE Transactions on Green Communications and Networking，2018，2(4)：982-991.

[17] Nikaein N. Processing radio access network functions in the cloud：critical issues and modeling[C]//Proceedings of the 6th International Workshop on Mobile Cloud Computing and Services. 2015：36-43.

[18] Musumeci F，Bellanzon C，Carapellese N，et al. Optimal BBU placement for 5G C-RAN deployment over WDM aggregation networks [J]. Journal of Lightwave Technology，2016，34(8)：1963-1970.

[19] Wang X，Ji Y，Zhang J，et al. Joint optimization of latency and deployment cost over TDM-PON based MEC-enabled cloud radio access networks[J]. IEEE Access，2020，8：681-696.

[20] McIntosh-Smith S，Price J，Deakin T，et al. A performance analysis of the first generation of HPC-optimized arm processors[J]. Concurrency and Computation：Practice and Experience，2019，31(16)：e5110.

[21] Chih-Lin I，Kuklinski S，Chen T，et al. A perspective of O-RAN integration with MEC，SON，and network slicing in the 5G Era[J]. IEEE Network，2020，34(6)：3-5.

[22] Rivas-Moscoso J M，Ben-Ezra S，Khodashenas P S，et al. Cost and power consumption model for flexible super-channel transmission with all-optical sub-channel add/drop capability[C]//2015 17th International Conference on Transparent Optical Networks (ICTON)，2015：1-4.

[23] Musumeci F，Tornatore M，Pattavina A. A power consumption analysis for IP-over-WDM core network architectures[J]. IEEE/OSA Journal of Optical Communications &

Networking，2012，4(2):108-117.

[24] Gong L，Zhu Z. Virtual optical network embedding（VONE）over elastic optical networks[J]. Journal of Lightwave Technology，2013，32(3):450-460.

[25] Gong L，Zhou X，Liu X，et al. Efficient resource allocation for all-optical multicasting over spectrum-sliced elastic optical networks[J]. Journal of Optical Communications and Networking，2013，5(8)：836-847.

[26] Song D，Zhang J，Xiao Y，et al. Energy optimization with passive WDM based fronthaul in heterogeneous cellular networking[C]//Asia Communications and Photonics Conference. Optical Society of America，2018：Su4E. 5.

[27] Tang Q，Gupta S K S，Varsamopoulos G. Energy-efficient thermal-aware task scheduling for homogeneous high-performance computing data centers：a cyber-physical approach [J]. IEEE Transactions on Parallel and Distributed Systems，2008，19(11):1458-1472.

[28] Yu H，Musumeci F，Zhang J，et al. Isolation-aware 5G RAN slice mapping over WDM metro-aggregation networks[J]. Journal of Lightwave Technology，2020，38 (6)：1125-1137.

[29] IEEE Standards Association. Dimensioning challenges of xhaul V2. 0[S/OL]. (2018-03-18) [2022-05-16]. http://sagroups. ieee. org/1914/wp-content/uploads/ sites/92/2018/03/tf1_1803_Alam_xhaul-dimensioning-challenges_2. pdf.

[30] 肖玉明. 移动接入网中光与无线资源协同优化技术研究[D]. 北京:北京邮电大学，2021.

第6章
光与无线融合网络中的网络切片技术

未来 5G 移动网络中将涌现大量新型移动业务种类,这些业务的特点是在数据速率、端到端时延和可靠性等方面具有差异化的需求,例如,增强/虚拟现实业务的数据速率要求较高,而自动驾驶、远程医疗等业务对时延要求较高。3GPP 将未来新型的移动业务分为 3 类:eMBB(enhanced Mobile BroadBand,增强型移动宽带)、URLLC(Ultra Reliable Low Latency Communication,超高可靠低时延通信)、mMTC(massive Machine Type Communication,大规模机器类通信)。传统的 4G 网络难以满足多样化的需求,且业务特性相互冲突,而为不同业务搭建专用网络将导致高昂的 CAPEX(Capital Expenditures,资本支出)和 OPEX(Operation Expenditures,运营支出)。为了保证 CAPEX 和 OPEX 受控的同时提供定制的网络服务,运营商引入了 NS(Network Slicing,网络切片)的概念,网络切片将物理网络分为多个逻辑虚拟网络或"切片"共享物理基础设施。经过以切片的方式为多样化的业务提供服务,一方面,共享资源可以帮助降低 CAPEX(包括设备投资、土建和安装调试的成本);另一方面,借助于 SDN 和 NFV 还可以提高网络运营效率,降低 OPEX(包括运营成本、维护成本、能耗等在内的成本)。具体地,本章首先对网络切片及其两大主要支撑技术进行了详细的介绍;然后分析网络切片全生命周期管理过程中的三大阶段,包括网络切片模板与网络切片生成、网络切片部署与虚拟网络映射以及网络切片动态调整与删除;最后重点探讨了网络切片中的虚拟网络隔离技术,并提出了基于隔离感知的网络切片映射方案。

6.1　网络切片的基本概念

6.1.1　网络切片的通用定义

不同的运营商和标准化组织分别对网络切片进行了定义。

- NGMN(Next Generation Mobile Networks,下一代移动通信网):网络切片是在公共的(物理或虚拟)基础架构上根据需求创建端到端的逻辑网络/云,其相互隔离,独立管控[1]。
- 3GPP(3rd Generation Partnership Project,第三代伙伴计划):网络切片是使运营商

能够创建网络的技术,该网络经过定制,可针对不同需求的多种场景提供最优的解决方案[2]。

• 中国联通:网络切片是 SDN/NFV 技术应用于 5G 网络的关键服务,一个网络切片将构成一个端到端的逻辑网络,按切片需求方的需求灵活地提供一种或多种网络服务[3]。

• 中国电信:网络切片是端到端的逻辑子网,涉及核心网络(控制平面和用户平面)、无线接入网、IP 承载网和传送网,需要多领域的协同配合[4]。

根据上述网络切片的定义可知,网络切片具有三大特征。

① 端到端:网络切片需提供端到端服务,包括接入网、承载网、核心网等部分。

② 按需定制:网络切片可实现按需定制的业务、功能、容量、服务质量与连接关系,同时还可以按需进行切片的生命周期管理。

③ 隔离性:共用相同物理网络的不同切片间的差异性决定了网络切片需要彼此隔离,切片彼此隔离能够有效提升切片的安全性及可靠性。

6.1.2 端到端网络切片

端到端的网络切片主要是指核心网侧、承载网侧以及无线接入侧不同维度切片的组合,网络切片中的端到端体现在 5G 网络的各个层面,不仅核心网、承载网和无线接入网需要切片,终端和网络控制器等也需要切片。网络切片将为移动网络业务提供端到端的解决方案,从而保证业务的性能指标以及服务质量。

在端到端网络切片中,核心网提供网络切片选择辅助信息,用户根据该选择辅助信息选择所需的网络切片,该信息中包含了切片业务的类型和不同的业务类型对不同性能的要求。每个网络切片选择辅助信息对应一个网络切片,一个用户可以同时接入一个或多个网络切片。在无线接入网中这些网络切片共享无线网络资源。如图 6-1 所示,在 5G 网络中根据承载业务场景不同,5G 网络切片可分为 eMBB 切片、mMTC 切片及 URLLC 切片。

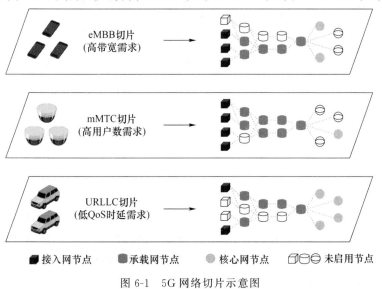

图 6-1 5G 网络切片示意图

6.1.3　RAN 网络切片

1. RAN 网络切片的基本定义

由于 5G 网络中不同用户拥有明显的接入差异化需求。而要满足这种差异化需求,按照传统的方式部署一些独立的网络基础设施需要花费高昂的设备成本,且能效极低。因此,为满足这种高差异化需求,5G RAN 网络引入网络切片的概念。RAN 网络切片就是通过网络切片技术将单一物理 RAN 网络划分成多个逻辑上的 RAN 网络,这些逻辑上的 RAN 网络拥有不同的资源、协议进程与承载能力,以满足不同业务的 RAN 网络服务需求。

2. RAN 网络切片的构成元素

RAN 网络切片主要由无线频谱资源、基带处理功能及承载网络资源构成,是端到端网络切片的重要组成部分。

(1)无线频谱资源

在 5G OFDMA(Orthogonal Frequency Division Multiple Access,正交频分多址)系统中,无线频谱从时域、频域、空域维度被划分为不同的资源块,用于承载终端和基站之间的数据传输,如图 6-2 所示。RAN 网络切片的无线频谱资源管控物理隔离是通过为特定 RAN 网络切片分配专用连续频谱块 PRB(Physical Resource Block,物理资源块)实现的。一个带有专用 PRB 的 RAN 网络切片可以严格保障所需 QoS(Quality of Service,服务质量)或 SLA(Service Level Agreement,服务等级保障),而公共媒体访问控制调度器可以分配和管理共享 PRB,以适应弹性业务、变化的信道条件和 QoS 要求,从而增强资源弹性和复用增益。

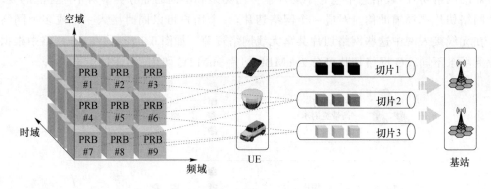

图 6-2　无线频谱资源管控示意

(2)基带处理功能

在 NFV 引入移动网络架构后,通过虚拟化技术可以为不同的切片灵活地提供基带处理资源。

RAN 网络切片的基带功能组成部分——DU 与 CU 既可以通过物理隔离的方式,为不同切片分配不同的处理核或专用硬件,也可以通过逻辑隔离的方式在通用处理池中共享处理资源。网络各计算处理池需对传输资源分配方案进行资源管控,根据 DU/CU 隔离性及计算资源需求灵活分配资源,实现承载性能优化。

（3）承载网络资源

通过承载网络的切片,可以基于统一的物理网络设施提供多个逻辑网络服务,以满足不同客户或者特定场景的差异化需求,实现资源共享、业务快速上线。在保证业务性能及安全隔离的前提下,可以实现承载网络资源共享和灵活调度,以及独立的子网管理,并减少运营商承载网络建设的投入。

RAN 网络切片中的前传、中传及回传部分需要满足指定隔离性需求的承载网络资源管控,可通过 L0/L1/L2/L3 等不同层级的传输网络提供服务。

图 6-3 为基于 WDM 的多层 OTN 城域汇聚网络中的 RAN 网络切片示意图。在各网络切片中,无线频谱资源、基带处理功能、承载网络资源均实现按需管控。

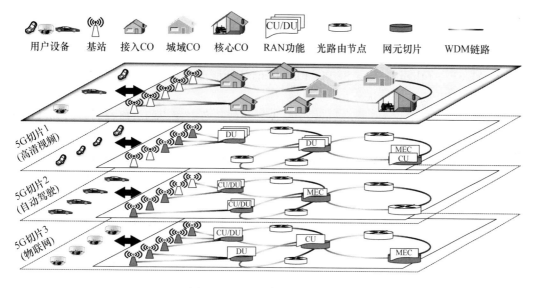

图 6-3 RAN 网络切片示意图

6.1.4 核心网网络切片

1. 核心网网络切片的基本定义

传统的核心网由一组垂直集成的节点提供所有的网络功能,是一种单一的网络架构。这种单一的网络架构解决多种需求的方法虽然可以将运营商的成本保持在合理的范围内,但是在 5G 时代,面对越来越多样化的业务场景,传统的核心网将不再适用。3GPP 定义了 5G 核心网络的体系结构,以支持数据连接和服务,使部署能够使用 NFV 和 SDN 技术。在 NFV 管理和编排的框架下,一个由多个核心网虚拟网元组成的运行在底层网络中的虚拟网络即为一个核心网网络切片。5G 核心网网络切片正是在信息通信业务需求不断变化的基础上形成的新型通信技术,以满足 5G 新的服务需求。

2. 核心网网络切片的构成元素

5G 核心网 SBA(Service Based Architecture,服务化架构)通过模块化实现网络功能间的解耦和整合,将网元打散重构为实现基本功能集合的微服务,各解耦后的微服务可以独立扩容、独立演进、按需部署;各种服务采用服务注册、发现机制,实现了各自网络功能在 5G 核心网中的即插即用、自动化组网;同一服务可以被多种网络功能调用,提升服务的重用性,简化业务流程设计。图 6-4 为 5G 核心网服务化架构示意图,5G 核心网采用控制转发分离架构,同时实现移动性管理和会话管理的独立进行。用户面上去除承载概念,QoS 参数直接作用于会话中的不同流。通过不同的用户面网元可同时建立多个不同的会话并由多个控制面网元同时管理,实现本地分流和远端流量的并行操作。其中 5G 核心网网络切片涉及的主要微服务及功能列举如下。

- AMF(Access and Mobility Management Function,接入和移动性管理功能):负责用户的接入和移动性管理。
- SMF(Session Management Function,会话管理功能):负责用户的会话管理。
- UPF(User Plane Function,用户面功能):负责用户面处理。
- AUSF(Authentication Server Function,认证服务器功能):负责对用户的 3GPP 和非 3GPP 接入进行认证。
- PCF(Policy Control Function,策略控制功能):负责用户的策略控制,包括会话的策略、移动性策略等。
- UDM(Unified Data Management,统一数据管理):负责用户的签约数据管理。
- NSSF(Network Slice Selection Function,网络切片选择功能):负责选择用户业务采用的网络切片。
- NRF(Network Repository Function,网络注册功能):负责网络功能的注册、发现和选择。
- NEF(Network Exposure Function,网络能力开放功能):负责将 5G 网络的能力开放给外部系统。
- AF(Application Function,应用功能):与核心网互通来为用户提供业务。

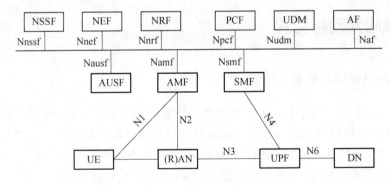

图 6-4　5G 核心网架构示意图(服务化方式)

6.2　网络切片中的虚拟化技术

网络功能虚拟化和传输资源虚拟化作为下一代网络的关键支撑技术,通过网络功能虚拟化和承载网络虚拟化实现了对计算资源和网络资源的灵活管控,为在跨域网络基础上建立端到端的网络切片提供了可能。本节重点探讨虚拟化技术在网络切片中的应用。

6.2.1 网络功能虚拟化

1. 基本定义

NFV 的核心思想是通过软硬件解耦及功能抽象,用部署在通用硬件平台上实现了特定网络功能逻辑的 VNF 替代传统通信网络中与硬件设备紧耦合的封闭网元,实现网络功能的自动化部署和编排。虚拟化技术为网络切片的部署提供了重要基础,通过共享物理网络资源,虚拟化技术可以实现灵活的切片创建。

2. 实现方式

现有 NFV 的实现主要基于 VM(Virtual Machine,虚拟机)和容器技术,两种虚拟化方式都是通过将一个物理服务器资源切分成多个逻辑独立的单元来完成相应的工作,如图 6-5 所示。

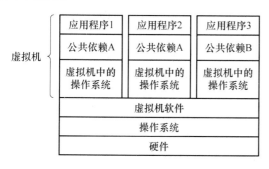

图 6-5 虚拟机技术及容器技术核心架构

- VM 虚拟化方式采用硬件级虚拟化,利用虚拟机管理程序(Hypervisor)创建和运行 VM,每个虚拟机拥有完全相互独立的操作系统,与主机操作系统隔离。这种方式在提升安全性的同时,由于虚拟机管理程序的加入带来一定程度的 CPU 性能损耗,同时每个 VM 中庞大的操作系统增加了很多额外内存消耗以维持基本运行。
- 容器技术是在统一的容器引擎上运行着不包含操作系统的轻量级应用程序,性能近似裸机环境,但同一物理机承载的容器共享宿主机操作系统的内核。相比于虚拟机,其在安全隔离性方面存在一定缺陷,这是由于在运行过程中,若容器内的应用程序修改内核参数或与内核进行直接的信息交互,会在一定程度上影响宿主机中其他容器的正常运行。NFV 是实现网络功能单元虚拟化以及网络切片全生命周期管理的理想技术。基于 NFV,面向下一代网络的无线接入网(RAN)、核心网将以模块化、软件化的方式对网元进行重构,图 6-6 所示为由网络功能网元组网形成的网络切片示意。

(1) NFV 在 RAN 网络切片中的应用

在 4G 中,C-RAN 架构包含两部分:位于基站侧的 RRU 和负责基带处理功能的 BBU。

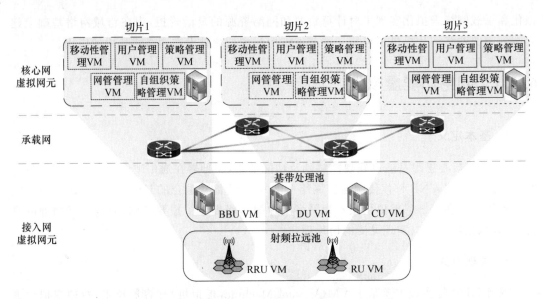

图 6-6　网络功能网元组网形成的网络切片示意

在 5G 中,通过灵活的基带功能分割,RAN 架构重构为包含 3 部分的 NG-RAN 架构:位于基站侧的 RU、分布式处理单元 DU 及集中式处理单元 CU。其中:RU 为处理 DFE(Digital Front End,数字前端)和 PHY 层各部分以及数字波束赋形功能的无线电单元;DU 是分布式单元,用于处理 L1(PHY)和 L2(MAC)层功能,如资源块调度、调制编码、功控等功能,其操作由 CU 控制;CU 用于处理 L2 层以上的功能,如分组数据汇聚、切换等功能。

传统的黑盒化 RAN 架构使用 FPGA(Field Programmable Gate Array,现场可编程门阵列)和 ASIC(Application Specific Integrated Circuit,专用集成电路)等专用芯片,其内部软硬件集成在一起,僵化的体系结构不利于扩容及后续升级迭代。基于 Open RAN 体系架构,5G RAN 架构的各功能模块可以实现标准化单元接口及通用虚拟化功能服务,促进 RAN 架构向灵活化、智能化管控趋势发展。对于 5G RAN 的三大组成部分,CU 始终是集中化和虚拟化的,通常通过 NFV 技术运行在基于 x86 的 Linux 服务器上;DU 通常是一个虚拟化组件,为处理实时性基带功能,需要通过 NFV 技术运行在基于 x86 的 Linux 服务器上,并以 FPGA 或 GPU(Graphics Processing Unit,图形处理单元)形式提供硬件加速辅助;RU 需要由专用的 DSP(Digital Signal Processor,数字信号处理器)处理 PHY 层协议,受能耗及尺寸限制,只能运行在嵌入式专用的硬件平台中。

(2)NFV 在核心网网络切片中的应用

传统核心网架构中的电信设备采用垂直一体化架构,软硬件均采用黑盒化模式集成,不同厂商间设备无法实现互联互通。5G 核心网的云化将进一步打破网元界限,将网络功能解构为微服务,以微服务为基础进行调度编排、资源配置。在虚拟化资源层,通过软件化开放接口,能够组织各种网络服务提供业务,通过应用 NFV 技术,核心网微服务可拆解并通过开放的网络平台统一承载。

容器技术是实现业务灵活编排和按需功能调用所必需的云化 NFV 平台能力。AMF、SMF、UPF 等微服务可按需拼装实现定制化的核心网网络切片,并云化部署在由容器组成的基于 x86 的存储型 Linux 服务器中。具体地,对于区域云 NFVI(Network Function

Virtualization Infrastructure,网络功能虚拟化基础设施)承载 5G 核心网控制面网元, UDM、PCF 等网元和 NFVI 管理设备需存储大量的用户、日志及监控信息,对存储容量存在较大需求,需配备高性能大容量的存储设备;对于边缘云 NFVI 承载 5G 核心网用户面网元 UPF,需在基于 x86 的转发型 Linux 服务器配备转发加速设备,边缘云 NFVI 需对 UPF 流量进行接入汇聚,并保证与外部公网的连接,重点要规划好物理和虚拟组网方案,保证交换机的南北向链路带宽,提供 QoS 能力。受限于机房环境,边缘云 NFVI 在硬件设备数量、重量和功耗方面有设备精简需求,建议在保证可靠性的前提下,配备所需物理硬件的最小集合,并选择功耗较低、重量较轻的服务器。

6.2.2　传输资源虚拟化

1. 基本定义

传输资源虚拟化是一种允许多个虚拟传输网络共存于一个公共物理传输网络基础设施上,并提供差异化传输能力的技术。传输网络根据所处的网络分层不同可分为 L0 光层、L1 电路层、L2/L3 分组层,不同层次之间的资源分配策略和资源使用情况均相互独立,且网络不同层次之间通过不同的南向接口进行连接。根据网络切片的不同隔离等级需求,可以为切片分配不同级别的虚拟化传输资源。

2. 实现方式

按照传输网络的层次结构,本节对几种常用的传输资源虚拟化的实现方式进行分析,如表 6-1 所示。

表 6-1　常用传输资源虚拟化实现方式

网络层次	L0		L1		L2/L3		
技术名称	SDM	WDM	FlexE	OTN	MPLS-TP	VLAN	VPN
虚拟化实现方式	光纤/纤芯/模式	波长	FlexE Slot	ODU/OSU	MPLS 帧	VLAN ID	VPN 隧道

(1) L0 层光层资源虚拟化

L0 层光层资源虚拟化主要应用于专线等大带宽业务服务,需要承载网络具备 L0 层单通路高速光接口和多波长光层传输、调度、组网能力。L0 层光层资源虚拟化的实现手段主要包括 SDM(Space Division Multiplexing,空分复用)和 WDM(Wavelength Division Multiplexing,波分复用)。

① SDM 是利用空间分割构成不同信道的一种复用方法,在光纤网络中通常基于 SDM 技术使用光纤/纤芯/模式等传输实现 L0 层传输资源虚拟化。图 6-7 所示为基于 SDM 技术的多芯光纤实现传输资源虚拟化以承载不同切片的示意图,每个切片占据不同的纤芯,实现切片间硬隔离。

② WDM 是指将多种不同波长的光载波信号在发送端经合波器汇合在一起,并耦合到光线路的同一根光纤中进行传输,在接收端,经解复用器将各种波长的光载波分离,然后由

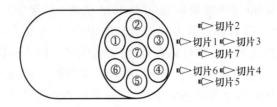

图 6-7　基于 SDM(多芯光纤)的网络切片

光接收机作进一步处理以恢复原信号的技术,如图 6-8 所示。按照波长通道间隔的不同,WDM 可以细分为 CWDM(Coarse Wavelength Division Multiplexing,稀疏波分复用)和 DWDM(Dense Wavelength Division Multiplexing,密集波分复用)。

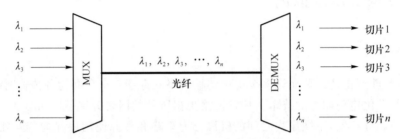

图 6-8　基于 WDM 的网络切片

(2) L1 层电层资源虚拟化

L1 层电层资源虚拟化主要采用 TDM 方式。TDM 是指一种通过不同信道或时隙中的交叉位脉冲,在一个传输媒介中同时传输多个信号的技术。L1 层电层资源虚拟化一般采用 FlexE(Flexible Ethernet,灵活以太网)技术或基于 ITU-T G.709 规范的 OTN 的 ODU k (Optical Channel Data Unit k,光通道数据单元 k)/OSU(Optical Service Unit,光业务单元)技术实现。

① FlexE 打破 MAC 层与 PHY 层强绑定的一对一映射关系,是承载网实现业务隔离、业务带宽需求与物理接口带宽解耦合以及网络切片的一种接口技术。如图 6-9 所示,FlexE 通用架构包括 FlexE Client、FlexE Shim 和 FlexE Group,其中 FlexE Client 对应网络的业务接口。每个 FlexE Client 可根据切片带宽需求灵活配置,支持各种速率的以太网 MAC 数据流,并通过 64B/66B 的编码方式将数据流传递至 FlexE Shim 层。FlexE Shim 作为插入 MAC 层与 PHY 层中间的一个逻辑层,通过基于时隙分配器(Calendar)的 Slot 分发机制实现 FlexE 技术的核心架构。

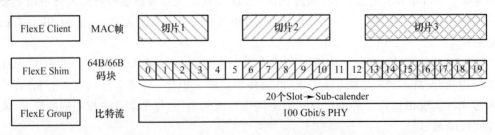

图 6-9　基于 FlexE Shim 机制的网络切片

② OTN 是一种通过引入电域子层,为客户信号提供在波长/子波长上进行传送、复用、交换、监控和保护恢复的技术。OTN 的业务处理分为光层和电层,L1 电层处理的是 ODU k/OSU 颗粒,而 L0 光层的基本单元是波长通道,如图 6-10 所示。其中,L1 电层则将单个波道中包含的不同等级的 ODU k/OSU 数据帧进行映射、交叉、复用,L0 光层负责将波道合并、分离,将波长信号在各站点上下、调度。

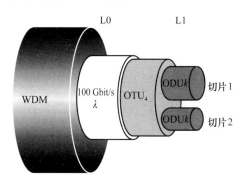

图 6-10 基于 OTN 技术的网络切片

(3) L2/L3 层分组转发层资源虚拟化

L2/L3 层分组转发层资源虚拟化技术主要通过面向传送的 MPLS-TP(Multi-Protocol Label Switching-Transport Profile,多协议标签交换-传输参数)技术、VLAN(Virtual LAN Technology,虚拟局域网技术)、VPN(Virtual Private Network,虚拟专用网)技术等实现,为网络切片提供灵活连接调度、OAM(Operation Administration and Maintenance,操作、管理与维护)、保护、统计复用和 QoS 保障功能。

① MPLS-TP 技术是一种面向连接的分组交换网络技术。在传送网络中,MPLS-TP 将网络切片信号映射进 MPLS 帧并利用 MPLS 机制(如标签交换、标签堆栈等)进行转发,同时增加了传送层的基本功能,如连接和性能监测、生存性(保护恢复)、管理和控制,如图 6-11 所示。

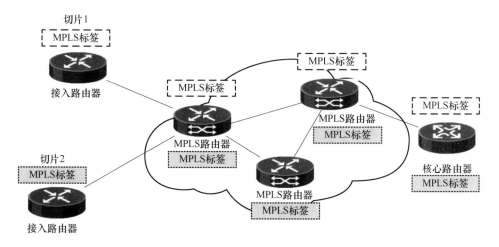

图 6-11 基于 MPLS-TP 的网络切片

② VLAN 技术是对连接到的第二层交换机端口的切片用户的逻辑分段,不受切片用户

的物理位置限制,而根据切片用户需求进行网络分段。一个 VLAN 可以在一个交换机或者跨交换机实现。VLAN 可以根据切片用户的位置、作用、部门或者根据切片用户所使用的应用程序和协议来进行分组,以 VLAN ID(Identity,标识)标记各切片,如图 6-12 所示。

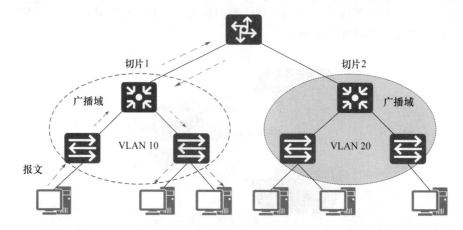

图 6-12　基于 VLAN 分组的网络切片

③ VPN 技术是一种利用公众信息网络基础设施、隧道协议和安全技术提供具有保密性、灵活性和低成本优势的专用数据网络。VPN 技术是在公共网络中建立的连接多个局域网的隧道,其实现方式是通过配置两端的路由器 R_1 和 R_2,可以为两个局域网创建一条隧道,让两个局域网之间能够相互通信,从而实现具备 L2/L3 层隔离性的网络切片承载,如图 6-13 所示。

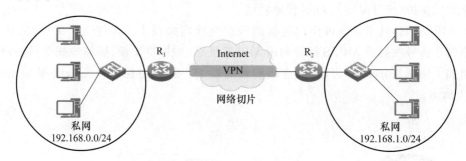

图 6-13　基于 VPN 技术的网络切片

6.3　网络切片的全生命周期管理

3GPP 规定了网络切片的全生命管理流程,可概括为网络切片模板与网络切片生成、网络切片部署与虚拟网络映射、网络切片动态调整与删除 3 个阶段。参照 3GPP 的切片管控流程,5G 承载网络管控系统的网络切片全生命周期管理流程如图 6-14 所示。

(1) 网络切片模板与网络切片生成

在网络切片部署之前,承载网络管控系统对网络资源占用状态和网络切片能力信息进行实时感知。随后,承载网管控系统接收到网络切片请求后,自动地发起网络切片模板的创建,即根据网络切片需求信息为业务分配或生成由一系列网络功能和传输资源组成的虚拟网络,实现切片需求的快速响应。

(2)网络切片部署与虚拟网络映射

为特定业务建立网络切片模板后,需要将网络切片部署到物理网络中,此过程采用的关键技术为虚拟网络映射技术。网络切片可建模为由多个计算节点及连接计算节点的传输链路组成的虚拟网络,因此在映射到物理网络中时需要将虚拟网络节点和虚拟网络链路分别映射到相应的物理网络节点和物理网络链路中,满足切片网络业务的多样化 QoS 保障需求。

(3)网络切片动态调整与删除

承载网络管控系统需对网络切片进行实时监测,包括告警、流量、时延等性能信息。基于网络监测结果,对分配给切片的资源进行优化和调整,保障切片网络的 SLA 资源。通过网络切片的动态调整,可以实现业务驱动的网络资源的实时优化,保障业务 QoS 需求。切片生命周期结束后,删除切片网络承载的业务,释放切片网络占用的资源。

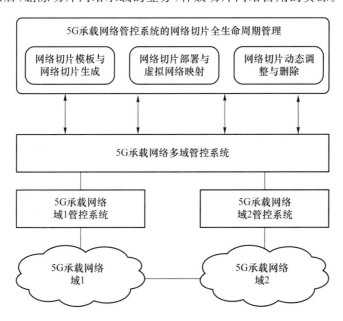

图 6-14 网络切片全生命周期管控流程

本节立足于网络切片的全生命周期管理问题,从网络切片模板与网络切片生成、网络切片部署与虚拟网络映射以及网络切片动态调整与删除这 3 个方面展开理论分析。

6.3.1 阶段一:网络切片模板与网络切片生成

1. 基本定义

网络切片模板是切片设计阶段的输出结果,用于创建网络切片实例。切片模板中包含不同技术领域中的相关网络功能以及相关资源的部署和配置。在设计阶段,将根据每个技术领域的网络功能和租户的特定需求来生成网络切片模板。在操作阶段,将基于网络切片模板实例化网络切片。网络切片设计与操作分开,以允许网络切片模板的重复使用。

网络切片用户向网络切片提供商提供其想要实现的用例的服务需求。网络切片提供商将服务需求映射到通用切片模板的属性中,并给属性分配合适的值,从而生成切片原型,进一步具象化为网络切片模板,这一过程即网络切片生成,如图 6-15 所示。

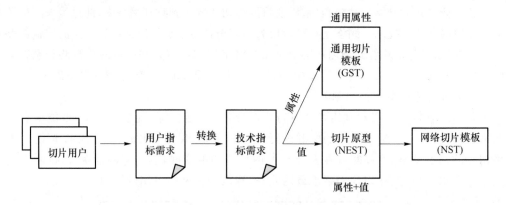

图 6-15　网络切片模板与网络切片生成流程

2. 构成及需求

网络切片模板主要由资源模型信息(包括切片模板标识、切片类型、切片优先级、SLA 模型、子网切片模板信息等)和管理模型信息(包括监控信息、告警信息、测试验证信息、策略模型组件参数、工作流参数等)组成,具体说明如表 6-2 所示。

表 6-2　网络切片模板的组成

信息类型	信息	说明
资源模型信息	切片模板标识	表示可以是一个数字或者字符描述,用于索引到某一个切片模板
	切片类型	目前切片模板主要按照 5G 网络的 eMBB、URLLC、mMTC 三大业务场景进行分类
	切片优先级	用于指示网络切片的优先级
	SLA 模型	一些网络特性及相关的参数,如时延、带宽、丢包率、可靠性等
	子网切片模板信息	子网切片模板信息与切片模板信息相似,同样包含标识、类型、优先级和 SLA 模型
管理模型信息	监控信息、告警信息、测试验证信息、策略模型组件参数、工作流参数	描述切片生命周期管理的信息

其中,网络切片模板中包含的部分信息不可更改,是网络切片模板的固有属性,如切片模板标识、切片类型等;还有一些信息可以被按需设定,如 SLA 模型等。

3. 操作流程

网络切片模板与网络切片生成过程包含两种情况。

① 对于运营商现有类型的网络切片模板,可以根据业务需求分类,识别为现有网络切

片模板并进行后续映射。

② 对于垂直行业新业务类型的未知分类业务,需根据业务技术指标需求,通过聚类方式为特定类型的业务生成新的网络切片模板,并加入运营商网络切片模板库。

4. 作用与难点

使用网络切片模板能够实现快速操作的网络切片编排设计,使得网络切片实例创建过程更为便捷。对于一类较为相似的切片实例,可以为该类切片创建切片模板,通过模板中不同的参数设定即可生成不同的切片实例。根据一个切片模板可以生成具有相同特性的不同切片实例,这些切片实例在功能上可以是大体相同的,但由于各自的网络特性不尽相同,可适用于不同的网络场景中。不同的网络切片模板之间又可以通过定制化的参数调整,形成新的网络切片模板,实现网络切片模板的快速可迭代,帮助运营商对用户需求进行快速响应。

在这一过程中,仍存在目前尚未解决的关键挑战。

① 对于新增加的网络切片,应决策将该类切片归为现有切片模板还是创建新切片模板,其界定阈值应如何确定。

② 如何权衡网络切片细分类的资源高效性与网络切片粗分类的决策高效性关系。

6.3.2 阶段二:网络切片部署与虚拟网络映射

1. 基本定义

网络切片通常由多个虚拟网络功能和虚拟链路组成,网络切片部署即将网络切片模板映射到物理网络中完成部署的过程,其中网络切片模板是根据业务属性的差异化和多样化,由运营商制订的合适的抽象资源模型。通常,网络切片部署问题可归结为虚拟网络映射这一根本问题,如图 6-16 所示。

在虚拟网络嵌入问题中,虚拟网络是由特定处理资源需求的虚拟节点和特定带宽需求的虚拟链路共同组成的虚拟拓扑。在嵌入过程中,映射的物理节点剩余计算资源需大于等于虚拟网络中对应虚拟节点的计算资源需求,映射的物理链路剩余传输资源需大于等于虚拟网络中对应虚拟链路的传输资源需求。同时,考虑到网络切片业务的多样化需求,网络切片部署时还需考虑网络功能节点之间的通信时延需求。

2. 构成及需求

网络切片可由一个虚拟有向图来表示 $\mathcal{G} = \{\mathcal{V}, \mathcal{E}, \mathcal{C}, \mathcal{B}\}$。$\mathcal{V}$ 表示网络切片请求的虚拟节点集,$\mathcal{C}$ 表示各虚拟节点的计算资源需求。连接虚拟节点的虚拟链路表示为 $\mathcal{E}$,并且该虚拟链路的带宽需求为 $\mathcal{B}$。切片的计算与带宽需求 $\mathcal{C}$、$\mathcal{B}$ 是根据该切片的流量负载求得的,具有动态性[5]。

NG-RAN 网络切片中的虚拟节点包括 RU、DU、CU 和 NGC;虚拟链路连接各虚拟节点,分别为前传、中传、回传。其中 RU 通常部署在蜂窝基站中,NGC 为下一代核心网,部署在城域网边缘计算节点或云数据中心。各虚拟节点需要消耗计算资源用于处理 eCPRI(enhanced Common Public Radio Interface,增强型通用公共无线接口)信号,各虚拟链路带

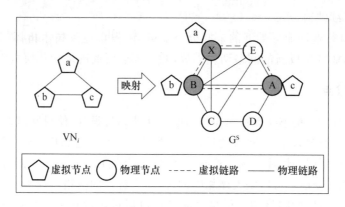

图 6-16　虚拟网络映射流程

宽开销由前传、中传和回传的业务流传输引起。各虚拟节点计算资源需求及各虚拟链路带宽资源需求详见 5.1 节。NG-RAN 网络切片映射过程如图 6-17 所示。

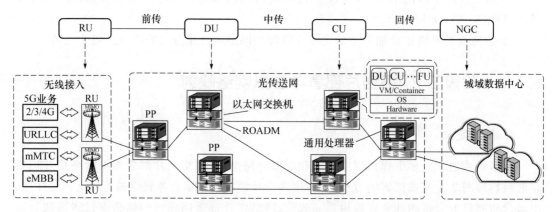

图 6-17　NG-RAN 切片部署示意图

在进行 NG-RAN 网络切片虚拟网络映射过程中,虚拟节点的映射需要考虑 DU、CU 的计算开销不超过节点的计算容量约束;虚拟链路的映射可以看作光网络中的路由和波长分配问题,且某个物理链路上的带宽开销不应超过该链路的带宽容量;同时,不同类型业务的前传、中传、回传的定制化时延需求[6-7]也应被满足,如表 6-3 所示。

表 6-3　3 种服务业务的资源、时延需求[6-7]

种类	无线资源块	前传时延	中传＋后传时延	回传时延
eMBB	450(～300 Mbit/s)	100 μs(20 km)	1 ms	20 ms
URLLC	50(～30 Mbit/s)	250 μs(50 km)	50 μs	500 μs
mMTC	150(～100 Mbit/s)	50 μs(10 km)	10 ms	20 ms

3. 操作流程

由切片的基本定义可知,网络切片部署问题实质上是 VNE(Virtual Network Embedding,虚拟网络嵌入)问题,这一问题包含两个子过程,即决策虚拟网络节点的放置位置及虚拟网络链路的路由波长分配,在此过程中需要综合考虑网络计算资源、带宽资源占用状态及业务时延需求。根据这两个映射过程是否同时进行,虚拟网络映射方法分为两阶段映射法和同阶段映射法两类。

(1) 网络切片的两阶段映射法

虚拟网络映射问题早期的主流解决方案是先进行节点映射后进行链路映射的两阶段映射法,因此这种映射也称为虚拟节点优先映射。两阶段映射法将节点映射阶段与链路映射阶段分离,第一阶段先实现虚拟节点的优化映射,然后基于已完成映射的虚拟节点来寻找虚拟链路映射的优化方案。

两阶段映射法通过将多目标优化问题分解成两个单目标优化问题并分步求解,这种求解方法更符合人们的思维习惯,而且简化了映射问题的求解,可以在一定程度上解决虚拟网络映射问题。两阶段映射法通常通过构建优化模型,采用贪婪策略来寻找映射问题的最优解。

对于 RAN 网络切片的两阶段映射法,步骤如下。

① 根据各节点计算资源剩余信息为物理节点排序,根据排序结果为 DU、CU 选择合适的物理节点部署。

② 完成网络功能节点位置决策后,分析物理网络中各链路的带宽资源剩余,并为前传、中传、回传选择最优路由及波长分配方案。

虽然两阶段映射法可以将多目标优化问题简化成两个单目标优化问题,即把节点映射和链路映射这两个本来相关联的部分分割开来。但这种方法会使第一阶段的节点映射过程不能充分考虑链路映射过程的资源分配问题。因此,两阶段映射法也存在如下一些不足。

① 在节点映射完成后,往往会发现无法满足链路映射的所有约束条件,导致已经完成的节点映射工作无效。

② 有时无法获得全局最优映射。

③ 当发现映射方案不可行或不是最优解时,虽然可以通过回溯法来重新进行节点的映射,但这种试探—回溯—试探的过程非常耗时,导致映射处理过程耗时较长。

(2) 网络切片的同阶段映射法

为了改进两阶段映射法所存在的不足,另一类方案是在实施节点映射的同时进行链路映射,这类方案被称为一阶段映射法或同阶段映射法。同阶段映射法试图通过同步考虑这两个映射阶段,以实现全局最优的虚拟网络映射,同时提高映射的速度。

同阶段映射法是将所有候选的虚拟网络映射方案(包括虚拟节点映射方案和虚拟链路映射方案)进行列举,并在同一阶段完成映射。在此基础上,可以通过深度强化学习算法等优化算法寻找最优映射方案,实现虚拟网络的同阶段映射。

4. 作用与难点

网络切片部署可根据切片多样化需求,实现定制化切片部署。网络切片的按需部署能使通信服务运营商优化分配的网络资源,以最大限度地提高网络价值。

在这一过程中,仍存在目前尚未解决的关键挑战。

① 随着无线接入网架构的演进,接入网的部署方案变得更加灵活、多变,如何实现高动态的网络切片映射方案,是网络切片映射中的一项难点。

② 如何针对多种差异化业务需求,为业务设置差异化的网络切片部署方案,实现网络切片的自动配置。

6.3.3　阶段三:网络切片动态调整与删除

1. 基本定义

网络切片除了具备多样化特性外,切片资源需求的动态性同样是运营商需要面对的问题。由于切片资源需求动态变化及切片动态到达与离去的特性,资源的按需分配、动态调整与迁移是移动承载网络中的一个关键问题,即针对切片资源需求在时间与空间上的变化,通过合理地资源调度尽可能地保证业务服务质量。当切片生命周期结束后,需对切片占用的计算、传输资源进行释放。

2. 构成及需求

在网络切片模式下,资源的动态调整包括两部分:一是根据业务的动态需求对切片进行扩缩容操作;二是在扩缩容失败的情况下对切片进行迁移操作以满足业务需求。在业务信息不可知的情况下,如何针对业务需求变化进行资源动态调整,并使网络长期收益最大化是实现运营商经济效益的关键。

3. 操作流程

由于未来移动网络中业务在带宽、计算等方面需求不同并且有着不同的服务质量保证,为实现网络切片动态调整,以满足网络长期收益最大化,一方面,需要探索业务的动态特性及相应的服务质量保证需求,实现网络切片计算资源与传输资源的动态调整,此过程可加入流量预测以实现资源的预先动态调整;另一方面,当感知到当前或近期部署网络切片的物理资源不足以承载当前业务时,需要重新为网络切片选择合适的网络切片迁移策略,以最大化网络资源的利用效率,此过程方案与6.3.2节相同。图 6-18 所示为网络切片动态调整的操作示意。

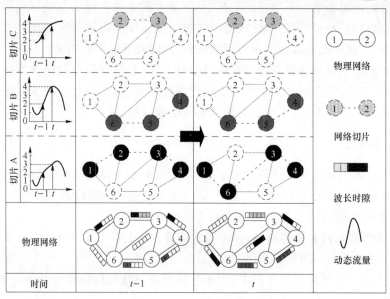

图 6-18　RAN 切片动态调整操作示意

4. 作用与难点

通过分析网络切片带宽资源及计算资源的动态变化规律,根据业务状态信息对网络切片的资源配置进行指导,实现网络切片资源的动态调整与迁移,并在业务离开时自动删除占用的传输资源及计算资源,能够帮助运营商进行决策分析,减少运营开销成本,优化运营收益。但目前仍面临以下挑战。

① 业务流量数据的动态变化特性导致网络切片所需资源也在不断变化,如何实现网络切片资源的高效动态调整,保证网络服务质量,是网络切片动态调整的关键问题。

② 如何在保证服务未降级的前提下合理地为网络切片分配带宽,以提高网络及计算资源使用效率。

6.4　网络切片中的虚拟网络隔离技术

网络切片可以提高资源效率并降低网络成本,但是当不同的租户在同一基础架构上创建切片时,切片间的安全性将成为一个重要问题。因此,对于不同的切片,出于安全性和隐私原因,应对切片执行隔离的操作,RAN 功能和功能之间的流量应彼此隔离。隔离是网络切片的一个重要特征,GSMA 建议了 RAN 切片的不同隔离等级,RAN 功能和网络连接可以根据隔离级别实现部分或完全隔离。与网络资源共享机制相反,隔离会使切片在物理资源上独立运行,降低了资源利用效率。本节对网络切片中的虚拟网络隔离技术进行探讨:首先介绍了网络功能隔离与传输资源隔离的关键技术;然后引入 GSMA 提出的 RAN 网络切片隔离等级模型;最后针对基于隔离感知的网络切片映射问题,提出了能够有效提升网络中处理资源和传输资源利用率的切片映射模型。

6.4.1　网络功能隔离与传输资源隔离

隔离为网络切片的关键特征之一。出于安全考虑,切片租户可能需要将本切片与其他切片完全或部分隔离,以保证当某一切片发生流量波动或受到安全攻击时,不会影响其他切片的正常运行。网络切片隔离分为两部分:网络功能隔离和传输资源隔离。网络功能隔离是指将不同切片的功能隔离到单独的物理实体中;传输资源隔离意味着数据应在不同的波长甚至不同的物理链路中传输。

1. 网络功能隔离

为了实现切片之间的网络功能隔离,网络中需要应用 NFV 技术,NFV 允许将网络功能与专用硬件设备解耦,为用户提供面向业务的网络功能部署模式,网络功能实例部署可以按需动态地通过逻辑隔离方式部署到通用服务器上的不同虚拟机、容器,或通过物理隔离方式部署到不同的物理服务器中,如图 6-19 所示。隔离具体实现方式详见 6.2.1 节。

RAN 网络切片的基带功能 DU 与 CU 既可以通过物理隔离的方式为不同切片分配不同的处理核或专用硬件,也可以通过逻辑隔离的方式在通用处理池中共享处理资源。从专

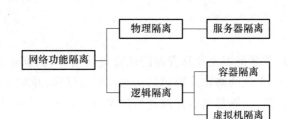

图 6-19　网络功能隔离方式

用硬件成本和处理效率的角度来看,DU 应更多采用共享处理资源的方式。当 CU 软件运行在专用硬件上时,策略可以类似于 DU,更倾向于共享处理资源。当 CU 软件运行在通用服务器上时,网络切片在 CU 的隔离可基于 NFV 隔离技术实现,通过虚拟机/容器隔离实现 CU 隔离。根据切片的安全隔离要求,在 DU、CU 上的隔离机制可单独或组合使用。

2. 传输资源隔离

传输资源隔离可以通过 L0/L1/L2/L3 层传输网络隔离技术实现,其中 L0/L1 层的网络资源隔离为物理隔离,如光纤隔离、波长隔离、ODU 隔离、FlexE 隔离等,L2/L3 层的隔离技术为逻辑隔离,如 MPLS-TP 隔离、VLAN 隔离、VPN 隔离等,如图 6-20 所示。相关传输资源管控技术详见 6.2.2 节。

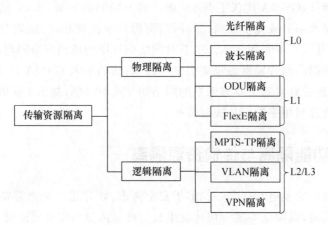

图 6-20　传输资源隔离方式

RAN 网络切片的传输资源:前传、中传、回传既可以通过物理隔离的方式为不同切片分配不同的波长或光纤,也可以通过逻辑隔离的方式根据切片标识为不同切片数据映射封装不同的 VLAN 标签,或通过 MPLS-TP、VPN 等隔离方式实现切片的承载隔离。

6.4.2　网络切片的隔离等级模型

根据不同的隔离等级,需要对切片进行不同程度的隔离。结合 GSMA 对网络切片隔离的多等级建议,本节建立了面向移动承载网络的网络切片隔离模型,如图 6-21 所示。移动承载网络中切片隔离的资源主要包括 DU/CU/NGC 的网络功能隔离和前/中/回传的传输资源隔离,随着隔离等级的升高,网络功能及传输资源隔离程度递增。对于最低隔离级别

I1,切片内所有网络功能均采用容器虚拟化方式承载,功能间链路采用逻辑隔离承载,即 OTN/WDM 场景中的 L2/L3 层软管道隔离,不同切片业务可共享 ODUflex 通道;对于最高隔离等级 I4,所有网络功能采用高度隔离的虚拟机技术承载,链路采用物理硬隔离管道(ODUflex 通道)承载。随着隔离等级递增,越来越多的网络功能及相应链路采用更严格的隔离技术承载,在保障切片性能及安全的同时,提高了网络成本。

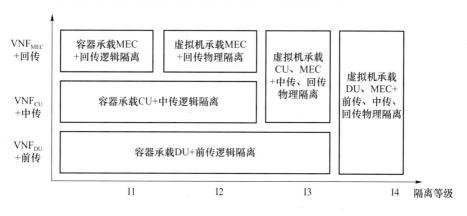

图 6-21　5G 移动承载网络中的网络切片隔离模型

6.4.3　基于隔离感知的网络切片映射技术

为了更好地理解基于隔离感知的网络切片映射技术,本节给出了在基于 WDM 的多层 OTN 城域汇聚网络中的基于隔离感知的网络切片映射案例[8]。在该网络架构中,基站分布在一定的地理区域内,接入移动流量,并通过光纤链路与 CO(Central Office,中央机房)互连进行数据的传输。CO 根据其在聚合层次结构中的位置可以分为接入 CO、城域 CO 以及核心 CO,数据流量从基站接入,经过接入 CO 和城域 CO 最终汇聚到核心 CO(通往核心网段的网关节点)。这些城域 CO 以"环形和星形"拓扑结构进行组网,每个 CO 中会部署 IP 层交换能力和光层交换能力,并支持光电信号的转换功能,以用于流量疏导。除了流量交换,城域 CO 还将配备基带处理能力来承载 RAN 功能。本节针对上述 RAN 切片的隔离特性提出基于城域网拓扑的 RAN 切片映射方案。该 RAN 切片映射方案分为两部分:首先,针对 RAN 功能,如 DU、CU 和 NGC 服务器,假设所有服务将在城域 CO 中的 NGC 服务器中被服务,进行网络功能的映射,通过 NFV 技术在物理节点中的服务器上动态建立与删除虚拟机或容器,以执行特定的网络功能;其次,针对不同功能之间的传输数据进行流量疏导,如果切片中的不同功能处于地理分离的两个物理节点中,需要为功能之间的数据传输进行业务流的路由和波长分配。

图 6-22 显示了隔离约束下映射 RAN 功能的方式。由于 URLLC 业务的低时延约束,其所有 RAN 功能都将放置在基站附近的接入 CO 或城域 CO 中,特别地,DU 功能通常只能放置在接入 CO 中。对于 eMBB 业务,因为其时延约束更宽松,因此可以将其 RAN 功能部署在更高阶的 CO 中,以实现更高的资源复用率(定义为启用 CO 节点数量与网络中的 CO 总数的比值),即将功能放置在核心 CO 中可以实现更高的 DU/CU 复用。考虑到隔离约束,不同运营商的 RAN 功能需要保障网络功能隔离。其中,同一运营商的 2 号用户的

CU 和 3 号用户的 CU 可以共用位于城域 CO 中的同一 VM(虚线矩形),且前/中/回传可共用同一波长承载;但是不同运营商的 1 号用户和 2 号用户的 DU 不能共用同一 VM,且需要保障传输资源隔离,即采用不同波长承载。同时,更多的处理资源复用会以更大的带宽消耗为代价。

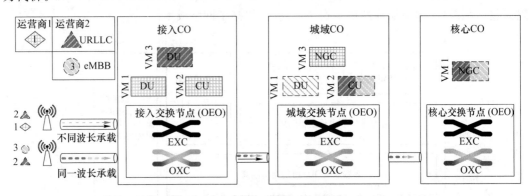

图 6-22 基于隔离的 RAN 切片映射示意图

从结构上讲,由于城域汇聚网具有多个层级,将更多的 RAN 功能集中到更少的高层级的 CO(如核心 CO)中能够提高处理资源的利用率。本节定义了一个"复用率"的度量标准 $R = N_a/N_t$,其中 N_a 代表开启节点(CO)的数量,N_t 代表网络中节点的总数量。R 的值越小,说明资源的复用率越高。通过将更多的 DU/CU 集中到更少的 CO 中来最大限度地减少开启节点的数量,能够帮助运营商节省运营成本。然而,更高的资源复用率(更低的 R)是以更高的带宽消耗和更高的时延为代价的,因为流量必须穿越更长的路径和更多的 CO。此外,隔离也同样影响着处理/带宽利用率。

1. 基于隔离感知的网络切片映射优化模型

为实现基于隔离感知的网络切片映射优化,本节建立了一个 ILP(Integral Linear Programming,整数线性规划)模型来描述切片映射优化问题,以决策网络切片各功能节点的部署位置及功能节点间路由,旨在最小化开启物理网络计算节点的数量[9]。本 ILP 模型根据网络中的路由等网络环境属性设置约束条件。由于 RU 执行射频和某些物理层功能,需要专用的处理平台,因此始终将其部署在基站中。仅针对 DU、CU 和 NGC 设计放置方案。所涉及的常量和变量如表 6-4 和表 6-5 所示。

表 6-4 基于隔离感知的网络切片映射优化 ILP 模型常量表

常量名	含义
V	CO 集合
S	业务集合
N	功能集合
C_p^i	CO i 的处理能力
C_w	波长的容量
G_n	功能 n 的计算需求
B_n	功能 n 和 $n+1$ 之间的带宽需求

续 表

常量名	含义
$T_{i,j}$	CO i 和 j 之间的传输时延
$M_{i,j}$	CO i 和 j 是否相邻
$I_{i,j}$	CO i 和 j 之间的跳数
T_{oe}	交换与处理所需时延
T_{HARQ}	HARQ 处理所需时延
T_s	业务时延要求
$K_{s,i}$	业务 s 属于 CO i
Max	较大的正数值

表 6-5 基于隔离感知的网络切片映射优化 ILP 模型变量表

变量名	含义
$Y_i^{s,n}$	当业务 s 的功能 n 被放置到 CO i 时,为 1
$Y_{s,n}^{i,j,w}$	当业务 s 的功能 n 和 $n+1$ 被放置到 CO i,j 使用波长 w 时,为 1
D_i	当 CO i 中放置功能时,为 1
$P_{i,j,w}$	当 CO i 和 j 之间的波长 w 有业务时,为 1
$H_{s,r}$	业务 s 在 CO i 中处理,为 1

目标函数:

$$\text{Minimize}: \sum_{i \in V} D_i \tag{6-1}$$

式(6-1)旨在最小化开启 CO 的数量 $\sum_{i \in V} D_i$。

约束条件 1:路由约束。

$$Y_i^{s,n} = \begin{cases} K_{s,i}, & n=1 \\ 1, & i=\text{dest}, n=N \end{cases}, \forall s \in S, i \in V, n \in N \tag{6-2}$$

$$\sum_{n \in N, i \in V, w \in W} X_{s,n}^{i,k,w} - \sum_{n \in N, j \in V, w \in W} X_{s,n}^{k,j,w}$$

$$= \begin{cases} -1, & K_{s,k}=1 \\ 1, & k=1, \forall s \in S, k \in V, l \in L \\ 0, & \text{其他} \end{cases} \tag{6-3}$$

式(6-2)和式(6-3)保证为每个 RU 与 NGC 之间构建一条完整的光路,同时保证路由不存在回路。

约束条件 2:波长容量约束。

$$\sum_{s \in S, n \in N} B_n \cdot X_{s,n}^{i,j,w} \leqslant C_w, \quad \forall i,j \in V, i \neq j, w \in W \tag{6-4}$$

$$P_{i,j,w} \leqslant \sum_{s \in S, n \in N} X_{s,n}^{i,j,w} \leqslant P_{i,j,w} \cdot \text{Max}, \quad \forall i,j \in V, w \in W \tag{6-5}$$

$$\sum_{s \in S, n \in N} X_{s,n}^{i,j,w} \leqslant 1, \quad \forall i,j \in V, w \in W \tag{6-6}$$

式(6-4)和式(6-5)保证了 WDM 方案流量疏导中承载在每个波长上的数据不能超过

该波长的容量上限。式(6-6)保证了 Overlay 方案的带宽约束。

约束条件 3：计算容量约束。

$$\sum_{s \in S, n \in N} G_n \cdot Y_i^{s,n} \leqslant C_p^i, \quad \forall i \in V \tag{6-7}$$

$$D_i \leqslant \sum_{s \in S, n \in N} Y_i^{s,n} \leqslant \text{Max} \cdot D_i \tag{6-8}$$

式(6-7)和式(6-8)保证了在任意 CO 中处理的业务不能超过该 CO 的计算容量上限。

约束条件 4：时延约束。

$$X_{s,1}^{i,j,w} \cdot (T_{i,j} + I_{i,j} \cdot T_{oe}) \leqslant T_{\text{HARQ}}, \quad \forall s \in S, i,j \in V, w \in W \tag{6-9}$$

$$\sum_{n \in N, i,j \in V, w \in W} X_{s,n,n+1}^{i,j,w} (T_{i,j} + H_{i,j} \cdot T_{oe}) \leqslant T_s, \quad \forall s \in S \tag{6-10}$$

式(6-9)和式(6-10)保证了 DU 的放置满足 HARQ(Hybrid Automatic Repeat Request,混合自动重传请求)的时延约束,所有功能的放置满足整体服务时延的约束。前传、中传、回传时延需求如表 6-3 所示。本节中,前传、中传、回传时延包括数据的传播时延和交换时延;传播时延取决于连接的源节点和目的节点之间的距离,一般为 5 μs/km;交换时延包括交换节点中的 OEO 交换和排队时间。

约束条件 5：功能链部署约束。

$$2X_{s,n}^{i,j,w} \leqslant Y_i^{s,n} + Y_j^{s,n+1} \leqslant X_{s,n}^{i,j,w} + 1, \quad \forall s \in S, n \in N, i,j \in V, w \in W \tag{6-11}$$

$$\sum_{i \in V} Y_i^{s,n} = 1, \quad \forall s \in S, n \in N \tag{6-12}$$

$$X_{s,n}^{i,j,w} \leqslant M_{i,j}, \quad \forall s \in S, n \in N, i,j \in V, w \in W \tag{6-13}$$

式(6-11)~式(6-13)保证了每个功能单元只能在网络中部署一次,且各网络切片功能单元的部署必须满足无线协议栈的处理顺序。

2. 基于隔离感知的网络切片映射优化启发式算法

为解决静态场景下基于隔离感知的网络切片映射问题,在所有切片请求给定的情况下,需要通过合理地将切片映射到物理网络中(包括节点和链路映射),最小化网络中的计算和带宽资源使用。该问题可分为两个目标:①最小化开启节点的数量;②最小化已建立的波长数量。在考虑目标①时,将每个链路的带宽容量设置为有限,并且将计算资源设置为始终足够,因此可以最小化开启节点的数量。相反,在考虑目标②时,将每个 CO 中的计算资源设置为有限的,而将带宽资源设置为总是足够的,因此可以最小化网络中已建立的波长数量。

为了成功地映射切片请求,并尽可能地最大化网络资源利用率,本节提出了一个基于隔离感知的网络切片映射优化启发式算法,该算法分为两个阶段:节点排序阶段和切片映射阶段。

(1) 节点排序阶段

本算法提出了一个综合衡量物理节点的指标,并根据该指标对所有物理节点进行排序。该指标考虑节点的剩余处理资源、节点光端口的剩余带宽、节点到源节点的距离以及节点级别(接入 CO、城域 CO 和核心 CO)等因素,对所有物理节点进行排序,并根据排序结果对 RAN 功能进行映射。评价物理节点的指标定义为

$$F_n = \alpha U_n + \beta B_n + \lambda H_n + \gamma L_n \tag{6-14}$$

式中:F_n 是物理节点 n 的综合评估指数;U_n 是节点 n 的已使用处理资源的归一化;B_n 是节点

n 的所有端口已用带宽资源的归一化，$B_n = \sum\limits_{p \in P(n)} \mathrm{BW}(p)$，$\mathrm{BW}(p)$ 是节点 n 每个端口的已用带宽的归一化；H_n 是切片请求中节点 n 与该切片请求所有蜂窝节点之间的平均距离，$H_n = \dfrac{\sum\limits_{r \in R} \mathrm{dis}(r)}{|R|}$，$\mathrm{dis}(r)$ 是节点 n 与每个基站 r 之间的最短距离，R 是切片请求中的所有蜂窝节点的集合；L_n 是城域网络中节点 n 的等级；α、β、λ、γ 是系数，且 $\alpha + \beta + \lambda + \gamma = 1$。

可以根据不同的切片类型和算法目标来调整系数 α、β、λ、γ。例如，对于 eMBB 切片，α 的值可以更大，以便更可能选择具有更多剩余处理资源的节点；对于 URLLC 切片，β 的值应相对较大，以便更可能选择靠近基站的节点。

（2）切片映射阶段

算法 6-1 中详细介绍了该算法。首先，该算法根据每个切片请求的 RB（Resource Block，资源块）总数按降序对切片请求 S 进行排序，将排序后的切片请求放入 S'，开始迭代集合 S' 中的切片请求（算法 6-1 第 1 行，下同）。然后，对当前切片请求 s 计算网络中所有节点的综合评估指数，并进行排序（第 2 行），按每个基站中请求的 RB 数对切片 s 的基站进行降序排列，将排序后的基站放入集合 C'（第 4 行）。遍历 C' 中的基站，计算 DU、CU、NGC 的处理要求以及前传、中传、回传的带宽。

算法 6-1   5G RAN 切片映射启发式算法

输入：切片请求 S，物理拓扑 $G(N, E)$

输出：RAN 切片的功能放置、流量的路由和波长分配

1：根据每个切片请求的 RB 总数，对 S 中的切片请求进行降序排序，将排序后的切片请求放入 S'

2：根据切片请求的类型设置参数 α、β、λ、γ，计算节点评估指标 F_n，将排序后的节点放入 N'

3：for S' 中的切片请求 s, do

4：   根据蜂窝请求的 RB 数，对属于 s 的基站进行降序排序，将排序后的基站放入 C'

5：   for C' 中的蜂窝 c, do

6：   计算 RU、DU、CU、NGC 功能的处理要求以及前传、中传、回传的带宽需求，对于每个基站，RU 功能都在基站中本地部署

7：   for $\{DU, CU, NGC\}$ 中的功能 f, do

8：优化目标 1：最小化开启节点

9：   for N' 中的节点 n', do

10：   if ①节点 n' 和基站 c 之间至少有一条光路，其等待时间低于 $l_f / l_m / l_b$；②如果存在光路，是该光路 l 中的每段链路有足够的可用带宽，then

11：   MapFunction(f, n')

12：   MapLink$(\text{traffic}, p)$

13：   end if

14：   end for

15：优化目标 2：最小化建立波长

16：   for N' 中的节点 n', do

17：   if ①节点 n' 与基站 c 之间是否至少有一条光路的时延低于 $l_f / l_m / l_b$；②节点 n' 中是否有足够的处理能力，then

18：   将该节点 n' 放入 N''

19：   end if

20：   end for

21:     for N'' 中的节点 n'', do

22:      计算节点 n'' 和基站 c 之间的链接数,并选择光路 l,其节点 n^* 和基站 c 之间的物理链接数最少

23:     end for

24:     MapFunction(f, n')

25:     MapLink(traffic, p)

26:   end for

27:end for

-------------------------------子函数 MapFunction(功能 f, 物理节点 n)-------------------------------

28:检查切片 s 请求的隔离级别 I_s

29:查找具有足够处理能力的开启的 VM v

30:if VM v 中的切片 s' 和切片 s 属于同一运营商,并且与切片 s' 的隔离约束不冲突

31: 将功能 f 映射到此 VM v 中

32:else

33: 创建一个新的 VM 以部署该功能 f

34:end if

35:if 存在隔离冲突

36: 创建一个新的 VM 以部署该功能 f

37:end if

-------------------------------子函数 MapLink(流量 t, 路径 p)-------------------------------

38:for 路径上的所有物理链接 l, do

39:检查切片 s 请求的隔离级别 I_s

40:查找具有足够带宽容量的波长 w

41:if 该波长中的切片 s' 和切片 s 属于同一运营商,并且与切片 s' 的隔离约束不冲突

42: 将流量 t 疏导到此波长 w 中

43:else

44: 建立一个新的波长以疏导该流量 t

45:end if

46:if 存在隔离冲突

47: 建立一个新的波长以疏导该流量 t

48:end if

（1）优化目标 1:最小化开启节点

对于 {DU, CU, NGC} 中的功能 f,检查集合 N' 中的节点 n' 与基站 c 之间是否至少有一条路径的时延小于 $l_f/l_m/l_b$,如果存在这样的路径,检查该节点中是否有足够的处理能力,并检查该路径上的每段物理链接(第 10 行)中是否有足够的可用带宽。然后调用 MapFunction(f, n') 将该功能 f 部署在节点 n' 中(第 11 行),否则,继续检查下一个节点。在将功能 f 放置到物理节点,即执行 MapFunction(f, n') 时,应主要考虑隔离性。首先,尝试重用现有开启的 VM v,对已开启的资源进行复用,然后检查功能 f 和 VM 中已经存在的功能之间是否存在隔离冲突:检查功能 f 是否与 VM v 中的函数属于同一运营商;根据功能类型,检查隔离级别,以判断是否需要隔离。对于 DU,如果 v 已部署的功能都具有隔离级别 I0~I2,则可以将函数 f 部署在 VM v 中,与其他切片共享处理资源。如果 v 的存在隔离级别为 I3 或它们的所属运营商不一致,则应通过创建新的 VM 部署该函数 f(第 30~42 行)。功能映射成功 f 之后需进行链路映射,因为已经存在一条满足延迟和带宽约束的可用路径,所以当将链接 l 映射到

物理链路时,隔离是唯一的考虑因素。就像功能放置一样,传输隔离意味着需要将两个链接映射到两个分离的波长中。对于前传,如果链接 l 和现有波长中的链接都具有隔离级别 I0~I2,则映射此链接 l 到该路径上,否则,建立新的波长。

(2) 优化目标 2:最小化已建立波长的数量

与优化目标 1 不同,最小化已建立波长的数量需要另一种链路映射解决方案。在优化目标 2 中,将物理节点的容量设置为有限,并将带宽容量设置为无限。在节点映射阶段,将物理节点综合评价指标中的带宽参数调高,在满足时延、处理能力约束的节点中,计算候选节点与基站 c 之间路径的链路数,选择到基站 c 的链路数最少的节点,以避免沿该路径建立更多的波长光路。确定候选节点后,调用 MapFunction(f, n') 和 MapLink(l, n^*) 完成节点映射和链接映射。

节点排序对于启发式算法至关重要,它在节点映射阶段提供了一个节点选择的标准,将影响启发式算法的性能。因此,式(6-14)中的参数应根据不同情况进行相应的设置。对于优化目标 1,最小开启节点是主要目标,应将节点等级的权重设置为最高,将已使用的处理资源的权重设置为 0,其他参数可以根据切片类型进行设置。例如,将带宽的权重调高,以增加 eMBB 业务下带宽复用的可能性,或将时延的权重调高,以增加映射 URLLC 切片的可能性。表 6-6 中显示了不同切片类型的 α、β、λ、γ 的参考值。

表 6-6 用于不同目标和不同切片类型的 α、β、λ、γ 的参考值

目标	切片类型	α	β	λ	γ
1	eMBB	0	0.3	0	0.7
1	URLLC	0	0	0.3	0.7
1	mMTC	0	0.1	0.1	0.8
2	eMBB	0.8	0	0.1	0.1
2	URLLC	0.2	0.2	0.6	0
2	mMTC	0.4	0	0.3	0.3

6.4.4 基于隔离感知的网络切片映射性能分析

为测试基于隔离感知的网络切片映射策略的性能,本节分别考虑了两个不同规模的网络场景,讨论切片需求、切片类型、隔离级别和网络容量对复用率、创建的虚拟机数量、建立的波长数等指标的影响。

1. 小规模网络场景

对于小型网络拓扑中的 RAN 切片部署方案,假设网络中有 9 个城域节点和 6 个基站,每条光纤链路中最多两个波长,容量为 1 Gbit/s,VM 容量设置为 100 GOPS。基站的每个扇区的无线配置为 20 MHz 载波带宽,QPSK(Quadrature Phase Shift Keying,正交相移键控),以及 2×2 MIMO〔180 kHz 和 7 OFDM(Orthogonal Frequency Division Multiplexing,正交频分复用)符号为 1 RB〕,在此配置下,每个扇区为 100 个 RB。所有切片请求都属于同一运营商,每个切片请求包含 5 个基站,并且每个小区所请求的 RB 遵循正态分布,平均值为 10,偏差为 5。

全部仿真参数如表 6-7 所示。此外,在这种情况下,不考虑隔离约束。在此网络场景下,仅执行最小化开启节点数量的优化目标,对比 ILP 算法与启发式算法。在这种情况下,不执行隔离操作,也不指定特定的切片类型。

表 6-7 仿真参数汇总

	参数	小规模拓扑
无线部分	载波带宽	20 MHz
	调制格式	QPSK
	MIMO 数	2×2
	RB 数	100
城域网部分	CO 数	9
	基站数	6
	链路中的波长数	2
	CO 中的 VM 数	NULL
	波长容量	1 Gbit/s
	VM 容量	100 GOPS
切片请求部分	运营商数	1
	切片种类	NULL
	请求的 RB 平均数	10
	基站数	5
	隔离等级	I0
	时延约束	$[100 \sim 1\,000\,\mu s]$
其他	$\alpha, \beta, \lambda, \gamma$	0.2, 0.2, 0, 0.6

(1) 复用率 R vs 切片数量

R 的值较小表示更多的资源复用,即较少的 CO 被开启以承载 RAN 功能。如图 6-23 所示,ILP 实现了最佳性能(较小的 R 值),但是启发式算法的结果与 ILP 相差在 10% 以内。结果显示,利用三层架构在分配 RAN 功能时具有更细的功能粒度,其性能比二层架构更好。实际上,放置功能时,在不超出剩余容量的前提下,更小粒度的功能更可能映射到 VM 中。

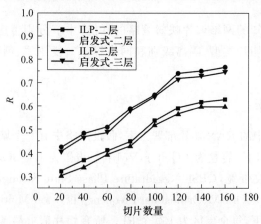

图 6-23 复用率 R vs 切片数量(小规模网络)

（2）复用率 R vs 最大服务时延约束

在该场景中，将 RU 和 NGC 之间的用户平面时延要求设置为自变量，从 $100\ \mu s$ 至 $1\ 000\ \mu s$，而前传延迟要求是固定值，为 $250\ \mu s^{[6]}$。如图 6-24 所示，R 的值随着自变量增大，并且在时延为 $500\ \mu s$ 时达到最大值，然后随着时延要求增大而减小。当时延要求严格时，几乎所有功能都放置在基站。当时延要求相对宽松时，部分功能（如 CU 和 NGC）倾向于放置在网络的较高层次，而由于严格的前传时延要求，部分功能（如 DU）仍位于基站中，因此整体 CO 会增加。当时延要求足够宽松时，大多数功能将放置在核心 CO 中，而在基站中仅剩部分 DU。

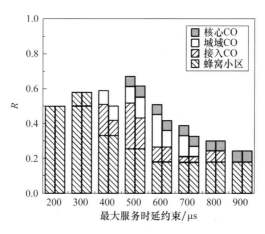

图 6-24 复用率 R vs 最大服务时延约束（小规模网络）

图 6-25 给出了波长数量对复用率 R 的影响。除了时延约束外，链路带宽容量也会影响 RAN 功能的放置。例如，前传的特点是带宽需求高，物理链路中带宽容量的不足将迫使 RAN 功能放置在基站附近的 CO 中。因此，物理链路中的带宽容量越大，处理资源的复用就越多。此外，由于灵活的 RAN 功能放置和流量疏导，与二层架构相比，三层架构在处理资源复用方面也具有更好的性能。

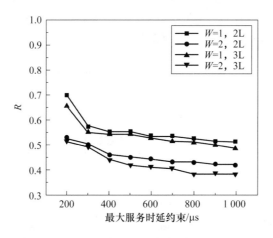

图 6-25 不同波长数量下的 R 值 vs 最大服务时延约束

2. 大规模网络场景

对于大规模网络拓扑,如图 6-26 所示,该拓扑为意大利某城市运营商的城域网拓扑,其有 52 个城域节点,由两个核心 CO、6 个城域 CO、44 个接入 CO 组成,每个接入 CO 与 3 个基站相连,因此有 132 个基站在该拓扑中(为了清楚起见未在图中示出)。每个光纤链路中最多可以建立 10 Gbit/s 的 40 个波长。基站/接入 CO /城域 CO /核心 CO 的容量为 3/10/20/50 个虚拟机,每个虚拟机为 1 000 GOPS。无线配置符合 5G 城市汇聚网络的准则[8],为 100 MHz,256 QAM(Quadrature Amplitude Modulation,正交幅度调制)和 8×8 MIMO。在此无线配置下,每个小区中有 500 个 RB。不同的切片可以在同一个基站中共享 500 个 RB,这意味着一个基站中所有切片请求 RB 的数量不能超过 500。假设一个切片中每个基站的请求 RB 呈正态分布,对于 eMBB/URLLC/mMTC 类型,请求 RB 的平均数量为 100/30/30。全部仿真参数如表 6-8 所示。此外,对于 eMBB/URLLC/mMTC 类型,切片中的基站数量均匀地分布在[5,10]/[5,10]/[20,30]。在本仿真中,将考虑 3 个运营商。表 6-3 显示了 eMBB/URLLC/mMTC 类型的最大前传/中传/回传时延约束。在大规模拓扑中,由于 ILP 无法在有效的时间内解决此问题,因此只能通过启发式方法解决。

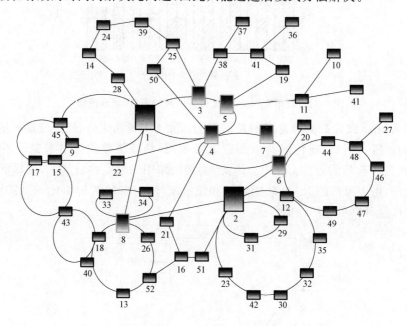

图 6-26　大规模网络拓扑

表 6-8　仿真参数汇总

	参数	大规模拓扑
无线部分	载波带宽	100 MHz
	调制格式	256 QAM
	MIMO 数	8×8
	RB 数	500

续 表

	参数	大规模拓扑
城域网部分	CO 数	52
	基站数	132
	链路中的波长数	< 40
	CO 中的 VM 数	3/10/20/50
	波长容量	10 Gbit/s
	VM 容量	1 000 GOPS
切片请求部分	运营商数	3
	切片种类	eMBB/URLLC/mMTC
	请求的 RB 平均数	100/30/30
	基站数	[5，10]/[5，10]/[20，30]
	隔离等级	I0, I1, I2, I3
	时延约束	表 6-3
其他	$\alpha,\beta,\lambda,\gamma$	表 6-6

（1）复用率 R vs 切片请求数量

本节比较了大规模网络场景中 3 种切片类型（eMBB、URLLC 和 mMTC）在复用率 R 方面的启发式方法的性能，如图 6-27 所示。结果表明，由于 URLLC 切片的时延要求比其他切片类型严格得多，因此 URLLC 切片会导致更多 CO 开启，是处理资源复用率最低的情况。由于 mMTC 切片的时延要求在这 3 种类型中最小，因此 mMTC 情况实现了最高的资源复用率。

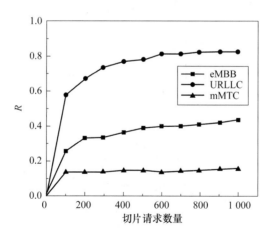

图 6-27　不同类型业务的 R 值 vs 切片请求数量

（2）已创建 VM 数量 vs 切片请求数量

本节评估了切片隔离对 RAN 切片映射的影响，探究了 VM 隔离下的计算资源复用率，并给出了不同类型的切片下，随着分片请求增加而创建的 VM 数量。如图 6-28 所示，由于 eMBB 服务的较大流量需求，为 eMBB 切片创建的 VM 数量在这 3 种类型中最高。另外，可以观察到,以开启 VM 的数量来衡量,三层体系结构的性能也更好。尤其是,在 3 种切片类型中,具有三层架构的 eMBB 切片的处理资源复用率最高,例如,在 1 200 个切片请求时,创建的 VM 减少了近 28%。

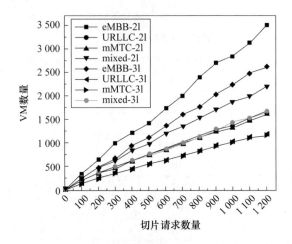

图 6-28 不同切片类型下创建的 VM 数 vs 切片请求数量

在以上结果中,所有分片请求的隔离级别设置为 I0,即不采用隔离,只要 VM 中有足够的可用资源,所有 RAN 功能都共享整个物理基础结构。图 6-29 显示了不同隔离级别下已创建 VM 的数量。在这种情况下,本节考虑 3 个运营商和 3 个切片类型随机混合。当隔离级别从 I0 变为 I3 时,相对于 I0,在 I3 上创建的 VM 的数量增加了 6 倍。此外,将切片请求的数量和隔离等级固定,以显示运营商数量对 URLLC 和 eMBB 创建的 VM 的影响,可以发现,运营商的数量对 VM 的创建数的影响不如隔离等级高。所以可以推理,多个运营商可以共享同一网络基础架构(可能是虚拟运营商),而不会有额外的资源浪费。

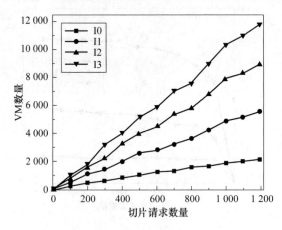

图 6-29 不同隔离等级下创建的 VM 数量 vs 切片请求数量

(3)创建的波长数量 vs 切片请求数量

在图 6-30 中,算法目标切换为目标 2 以最小化已建立的波长(所有物理链路中建立波长的总和),并评估已建立的波长数与切片类型之间的关系。在这种情况下,将切片的隔离级别设置为级别 I3。首先,可以观察到二层和三层之间已建立波长的差异似乎不如在创建的 VM 中明显。其次,不同切片类型的波长数量在不同阶段显示出不同的趋势。对于 eMBB 切片,由于对带宽的要求很高,因此在开始阶段就建立了大量波长。但是,对于 URLLC 切片,当业务量很高时,已建立的波长会迅速增加,并超过 eMBB 切片的波长。不同的切片类型意味着不同的时延要求,由于低时延特性,URLLC 切片的 RAN 功能更可能分布在网络中。相反,更多的 eMBB 切片连接可以在城域网的更高阶段进行复用。尽管从一开始,由于高带宽需求,eMBB 切片会消耗更多的波长,但最终 URLLC 切片将比 eMBB 情况消耗更多的波长。

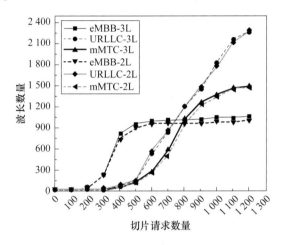

图 6-30　不同切片类型下创建的波长数量 vs 切片请求数量

最后,将 3 种类型的切片随机混合,探讨不同隔离级别下已建立的波长数。如图 6-31 所示,结果表明隔离度越高,建立的波长越多。需注意,在低流量负载下,隔离等级对波长的数量(实际上,4 条曲线彼此非常接近)没有显著影响。由于一开始就建立了大量新波长,因此随着切片请求的增加,切片往往会映射到现有波长,因此曲线在某个点之后缓慢增加。

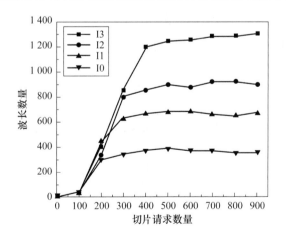

图 6-31　不同隔离等级下创建的波长数量 vs 切片请求数量

3. 结论

仿真结果表明,在处理资源方面,三层架构中的 RAN 切片映射性能优于二层架构(例如,在 eMBB 场景下,创建的 VM 数量减少了 28%),且实现切片隔离需要以较高的资源占用为代价(在 I3 情况下的虚拟机是 I0 情况下的 VM 的 6 倍)。

本 章 小 结

　　本章分别从网络切片的基本概念、网络切片中的虚拟化技术、网络切片的全生命周期管理、网络切片中的虚拟网络隔离技术 4 个方面进行阐述。网络功能虚拟化技术和传输资源虚拟化技术是网络切片的关键使能技术,本章分析了常用的网络功能虚拟化及传输资源虚拟化实现方式,并对其在网络切片中的应用进行了探讨。此外,针对网络切片全生命周期管理的三大关键阶段进行分析研究:阶段一,网络切片模板与网络切片生成;阶段二,网络切片部署与虚拟网络映射;阶段三:网络切片动态调整与删除。根据上述分析提出针对网络切片中的虚拟网络隔离技术,包括网络切片的隔离等级模型和基于隔离感知的网络切片映射技术,并对其性能进行了分析验证。

本章参考文献

[1]　NGMN. NGMN 5G White Paper[R]. 2015.

[2]　NGMN. Description of Network Slicing Concept[R]. 2016.

[3]　5G Americas. Network Slicing for 5G Networks & Services[R] 2016.

[4]　5GPPP. 5GPPP Architecture Working Group-View on 5G Architecture[R] 2017.

[5]　韩培.基于 RAN 模板的 5G 端到端网络切片模型和部署策略研究[D]. 北京:北京邮电大学, 2019.

[6]　Gosselin S,Mamouni T,Bertin P,et al. Converged fixed and mobile broadband networks based on next generation point of presence[C]//2013 Future Network & Mobile Summit. IEEE, 2013: 1-9.

[7]　3GPP TR 38. 801 V14. 0. 0. Radio access architecture and interfaces (Release14)[R]. 2017.

[8]　刘博妍.5G 移动承载网络中面向隔离需求的切片映射策略研究[D]. 北京:北京邮电大学, 2021.

[9]　于浩. 业务驱动的移动承载网络资源联合优化技术研究[D].北京:北京邮电大学,2020.

第7章

边缘计算下的光与无线融合网络资源优化

边缘计算技术作为网络实现云边协同、通信和计算融合的桥梁,是光与无线融合网络实现大带宽、低时延和海量连接的关键。本章将围绕边缘计算场景下的光与无线融合网络资源优化技术展开。首先介绍光与无线融合接入网数据中心的边缘化需求;然后介绍基于边缘计算的光与无线融合网络的3种关键技术,即网络时延优化技术、计算资源部署技术和多边缘计算中心协同技术;最后针对上述技术介绍了3个典型研究案例。

7.1 光与无线融合接入网数据中心边缘化需求

随着物联网、无人驾驶、虚拟现实等新兴业务的到来,特别是低时延、大带宽业务对现有接入网架构提出了严峻挑战,迫切需要现有接入网架构发生重要变革。

变革一:光与无线接入的融合。随着移动接入用户带宽需求的增长,无线基站的能耗和成本激增,为了降低成本和能耗,将 BBU(Baseband Unit,基带处理单元)从传统的基站中剥离并进行集中式的虚拟化部署,基站侧仅保留 RRU(Remote Radio Unit,远端射频单元)并通过移动前传网络与其连接,从而实现 BBU 资源的高效利用。其中移动前传网络是连接 BBU 与 RRU 的数据传送通道,需要满足超大带宽与超低时延的传输需求。将光作为移动前传的传输媒介成为一种重要的解决方案。

变革二:数据中心的边缘化。目前的信息处理为集中式的云计算。用户数据进入云数据中心前,需经过接入网、汇聚网及核心网等逐层传送,需要消耗大量的带宽并引入额外的时延。此外,大量待处理数据在云数据中心里排队,将引入大量的等待时延,难以满足新兴业务的低时延通信需求。因此需要将信息处理转变为边缘化的 MEC(Mobile Edge Computing,移动边缘计算)。用户数据通过一跳式网络接入边缘数据中心,大大减少了数据中心的接入带宽压力和端到端的信息处理时延,从而达到海量信息快速高效处理的目的,这种模式被认为是面向超低时延通信的主要计算方式[1]。

MEC 使能的光与无线融合接入网的演进过程如图 7-1 所示。随着云数据中心的下沉,用户与服务提供端的距离缩短,使得大量端到端业务在网络边缘侧完成服务,满足了用户逐步增长的低时延型业务需求。同时业务需求日益增加,网络向着大带宽方向迈进,在边缘数据中心与用户间需要搭建一个"宽阔、坚实"的桥梁,而光与无线融合网络是一个非常具有前景的解决方案,既保留了无线的泛在连接特性,同时又具备光网络的大容量、低干扰特性。因此,面对大带宽、低时延、超密级规模连接的多样化的新兴应用场景,构建 MEC 使能的光与无线融合接入网是网络技术发展的必然趋势。

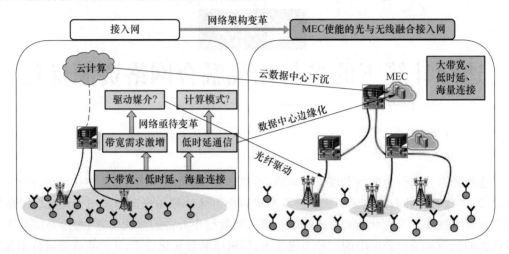

图 7-1　MEC 使能的光与无线融合接入网演进过程

在 MEC 使能的光与无线融合接入网中,边缘数据中心的位置接近用户端,可有效避免长距离传输带来的时延和带宽问题,由于边缘数据中心服务能力有限,为了满足网络需求,需要引入边缘数据中心,如何实现大量 MEC 的灵活部署将面临严峻的挑战。另外,边缘数据中心分配的负载过重时,会导致用户的计算时间增加,响应时延增大。当多个用户需求需要响应时,为保障用户的服务质量,需要考虑边缘数据中心和用户负载之间的对应关系。因此,在 MEC 背景下光与无线融合接入网在资源部署和云边服务器协同方面仍面临挑战。

1. 挑战一:边缘复杂网络环境引发的网络资源优化及部署问题

(1) 基于 MEC 的网络部署问题

传统的云计算模式将云服务器部署在骨干网,将会在用户和传统云之间产生较大的地理距离,从而导致 E2E(End to End,端到端)传输时延远大于业务所要求的时延。随着 MEC 在下一代光与无线融合接入网络中的引入,大量 MEC 节点的部署使网络规模大大增加。为了提升网络运营效率,同时降低 E2E 的时延和网络部署成本与维护成本,并尽可能地满足用户不同业务的通信需求,需要在对网络资源进行具体部署前对其位置间的拓扑连接进行合理规划。为解决基于 MEC 的网络资源部署存在的时延要求高、资源种类多、网络结构复杂等问题,如何实现网络资源的最优部署,是亟待解决的一个重要问题[2]。

(2) 基于 MEC 的计算资源部署问题

基于 MEC 的计算资源通常指边缘数据中心,由于其更靠近用户端,能够以更小带宽、更低时延对用户的请求进行响应,从而有效避免网络长距离传输所带来的时延与可靠性的问题。由于单个边缘数据中心的计算能力十分有限,而为了满足大量用户的计算需求,往往需要部署较多的数据中心,而在每个接入点进行计算资源部署会增加网络部署成本。另外,如果将 MEC 部署在离用户较远的位置,虽然其部署成本降低,但响应时延会显著增大。如果 MEC 部署在离用户较近的位置,尽管时延减少,但较短的距离需要部署大量的 MEC,使得网络部署成本增加。因此,如何对计算资源进行部署从而平衡用户服务质量与部署成本是亟待攻克的一个重要难题[2]。

2. 挑战二:多个数据中心引发的多数据中心协同问题

在多个数据中心协同处理一个任务前,需要将该任务划分为多个相互关联的子任务,并在相互协同的数据中心之间实现子任务流的合理分配,该问题被称为多数据中心协同的任务流调度问题。为了更好地将一个任务转化为多个关联子任务,通常将任务请求划分为独立任务和关联任务。独立任务是指一个用户请求所需的数据存储在一个边缘数据中心内。关联任务是指一个用户请求所需的数据存储在多个边缘数据中心内。不同于独立任务,关联任务调度需要考虑任务间相对位置、任务间数据传输等因素。因此,独立任务调度策略不再适用于关联任务的调度问题。将这样一组具有关联的任务描述为相关流(coflow),相关流任务分配过程受计算资源、网络资源以及优化目标等多方面因素的影响,不合理的配置会导致相关流之间资源分配不合理,影响执行性能。并且由于相关流任务是由多个相关联的子任务组成的,在进行相关流任务调度时需要考虑子任务间的相对位置和子任务间数据的传输,可以归结为复杂 NP-Hard 问题。因此,如何实现多相关流任务分配是边缘数据中心光网络中面临的一个关键问题[2]。

7.2 基于 MEC 的光与无线融合网络关键技术

基于 MEC 的光与无线网络架构如图 7-2 所示,其基本架构是由分散部署的边缘数据中心通过光与无线网络进行互联组成的,同时在网络的上层通过软件定义网络技术对网络中的资源进行统一控管,方便网络实现各种业务请求。

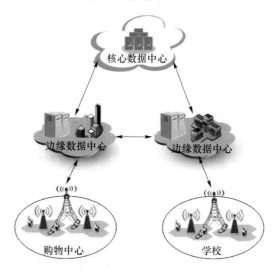

图 7-2 基于 MEC 的网络架构图

在该网络架构当中,属于同一任务的原始数据被分散存储在多个边缘数据中心中,当用户请求到来时,需要首先根据既定策略选择一个合适的边缘数据中心作为目的聚合中心;然后将先前分散存储在各个 MEC 中的原始数据在本地进行处理,并将处理后的中间结果通过光与无线融合网络传输到目的聚合数据中心;所有的数据处理结果到达聚合中心后,进行数据聚合操作,最后将结果返回给用户。

由于边缘计算中心的计算与存储能力都十分有限,因此往往难以将用户的全部请求都保存在边缘数据中心中,这就需要多个边缘数据中心协同计算处理。为了尽可能地降低数据在网络中的传输时延、实现边缘计算资源的最优部署,并实现多个数据中心间的协同工作,本节主要介绍 MEC 下的时延优化技术、计算资源部署技术以及多边缘数据中心的协同技术。

7.2.1　MEC 网络时延优化技术

在 MEC 光与无线融合网络中,传输时延主要包括 5 类,分别是数据帧从第一个比特发送到最后一个比特发送的发送时延,在时分复用传输过程中产生的排队时延,光信号在光纤路径上传播产生的传播时延,边缘服务器的计算时延以及在 CU/DU、OLT 等设备产生的其他处理时延。

针对网络中产生的时延问题,主流的解决方案针对网络中光纤、网络设备、器件等参数,构建时延及部署成本的数学模型,基于该模型设计光与无线融合场景下表征时延和部署成本的目标函数。此外,基于光与无线融合网络的真实场景设置连接数、端口数、带宽容量、传输距离等约束条件。最终在实际网络场景的限制约束下,以最小化传输时延和部署成本为目标函数,为 MEC 光与无线融合网络提供低时延规划方案。

传统数学模型可以满足一定规模的网络低时延规划,但随着网络规模的扩大,传统混合整数线性规划模型的时间复杂度和内存占用量急剧上升,难以在有限的时间内进行求解。因此,为了更高效地解决大规模网络的低时延和低成本部署问题,常在构建真实网络场景相关约束的基础上,设置位置集合和节点连接规则,采用启发式算法(如 Floyd-Warshall 算法等)寻找最优位置和连接方案,返回最优连接拓扑、传输时延和相应的部署成本,更加高效、准确地解决大规模网络下的低时延部署问题[3]。

7.2.2　MEC 网络计算资源部署技术

边缘数据中心的部署位置灵活,运营商和服务提供商可以根据业务属性和需求在不同网络节点位置部署边缘数据中心。边缘数据中心部署位置包括基站侧、接入侧和边缘侧,不同的部署位置使得边缘数据中心具有不同的网络特性,如图 7-3 所示。

当边缘数据中心部署在基站侧时,边缘数据中心距离终端设备最近,节省网络带宽消耗,传输时延最小。但该位置的边缘数据中心覆盖范围有限,覆盖基站的个数较少,部署成本高。当边缘数据中心部署在接入侧时,覆盖的基站数有一定程度的提高,部署成本相比于在基站侧部署边缘数据中心的成本低,同时也会节省传输带宽,时延也比较小。这种部署位置比较适合较大的场馆、矿厂等场所。当边缘数据中心部署在边缘侧时,每个边缘数据中心将为更多的用户提供服务,并且具有更低的成本,但是时延相比前两者略有增加,同时网络带宽消耗也增加。同时,当多个用户需求需要响应时,为保障用户的服务质量,需要考虑边缘数据中心和用户负载之间的对应关系。当边缘数据中心内分配的负载过重时,用户的计算延迟增加,导致响应延迟增加。

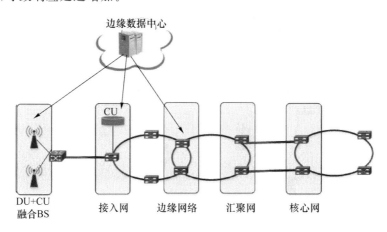

图 7-3 网络中的边缘数据中心

边缘数据中心部署和负载分配对时延和部署成本有显著影响。边缘数据中心的位置决定了负载到目标边缘数据中心的距离,边缘数据中心的数量决定了网络的服务能力。因此,如何部署边缘数据中心和分配负载是边缘数据中心光网络中的一个关键问题。考虑到不同的部署位置具有不同的时延、带宽和部署成本特性,为了满足差异化需求,需要对 MEC 下的计算资源部署与负载分配问题进行建模,并进行联合优化。

边缘数据中心对用户请求所产生的响应时延主要包括传播时延、排队时延和处理时延。由于传播时延不受边缘数据中心部署和负载分配的影响,所以在考虑计算资源部署问题时,主要对排队和处理时延进行分析。由于边缘数据中心的计算能力限制,用户服务需要排队进行处理,由此产生的时延即为排队时延,可以将用户请求转化为排队问题,对排队和处理时延进行建模分析,通过最优的计算资源部署策略来降低时延。

为了在满足用户服务的前提条件下,最小化边缘数据中心的访问时延与部署成本,可以寻找所有可行的候选部署集与计算各边缘数据中心可行集合下的部署成本与时延。该方法实质上是穷举确定数据中心的具体部署情况,复杂度较高。求得一个边缘数据中心部署与负载分配的近似解,确定每个候选位置的指标,并对这些候选位置进行评分,从中得到尽可能降低时延与部署成本的候选位置[4]。

7.2.3 多边缘计算中心的协同技术

与位于核心网的云数据中心不同,边缘数据中心存储和处理能力有限,单个边缘数据中心无法满足用户的某些业务需求。因此,可以通过多边缘数据中心协同处理技术响应用户需求。图 7-4 所示为"互补型"协同计算和"协作型"协同计算。

图 7-4(a)所示为"互补型"协同计算,即当本地边缘数据中心内没有用户请求所需的内容时,可以从具有该内容的其他边缘数据中心内获取。例如,边缘数据中心 1 内没有用户 2

所需的内容,而边缘数据中心 2 内存储有该内容,则首先将边缘数据中心 2 内的内容传送到边缘数据中心 1,然后由边缘数据中心 1 为用户 2 提供服务。

图 7-4(b)所示为"协作型"协同计算,即用户请求的内容不只存储在一个边缘数据中心内,而是存储在多个边缘数据中心内。例如,用户 2 请求的内容一部分存储在边缘数据中心 1,一部分存储在边缘数据中心 2。为了响应用户 2 的需求,需要边缘数据中心 1 和边缘数据中心 2 同时为用户 2 提供服务。

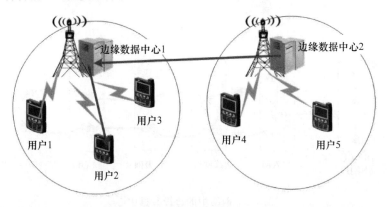

(a) "互补型"协同计算

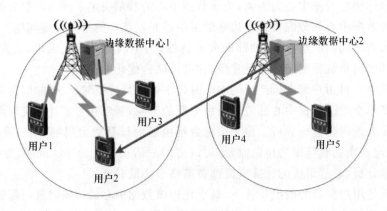

(b) "协作型"协同计算

图 7-4   协同计算操作示意图

为了实现多边缘数据中心的协同计算,所采用的关键技术为任务流分配技术。任务流即为用户向数据中心发送的数据计算请求,在多边缘数据中心协作场景下,用户请求的数据存储在多个跨异地分布的边缘数据中心内,这就构成了相关流任务请求。边缘数据中心光网络是一个多用户系统,每个用户可以提交多个相关流任务请求,每个相关流任务请求所需的数据根据需求不同存储的位置也不尽相同。为了高效响应多个相关流任务请求,需要采用任务流分配技术来对这些相关流任务进行分配处理[5]。

任务流的分配与处理流程如下:首先对这些待处理的相关流任务进行排序。其次针对一个相关流任务请求,在本地的边缘数据中心中处理数据,并将跨异地分布的多个中间数据汇聚到一个边缘数据中心内。为了确定该过程中相关流的优先级及相关流中各任务的路由、调制格式和频谱隙,可以先单独计算各个相关流的完成时间,之后根据最小完成时间优先的准则对相关流进行优先级排序。最后针对每个相关流任务请求,计算单个相关流的完成时间,并确定相关流中每个任务的路径、调制格式和频谱隙。

其中,相关流完成时间取决于最晚到达目标边缘数据中心的子任务的完成时间,其他子任务提前到达目标边缘数据中心,不仅不会减少相关流完成时间,还会占用更多带宽和目标边缘数据中心内的存储资源。因此,需要对相关流中提前到达目标边缘数据中心的子任务重新分配带宽,以确保一个相关流中多个子任务同时到达目标边缘数据中心,从而减少多个相关流的平均完成时间。

7.3　边缘计算下的光与无线融合网络时延优化技术

伴随着大带宽、低时延、海量连接的新兴业务涌现,下一代移动通信技术正朝着万物互联的新趋势发展。面对多样化的新兴应用场景,现有技术指标、功能和网络架构无法满足低延迟、节能和成本效益的严格要求,尤其是时延敏感型业务,如 URLLC(Ultra-Reliable and Low-Latency Communications,超高可靠低时延通信)、实时监控、虚拟现实和触觉互联网等应用。这些时延敏感型业务对低时延传输有严格需求,低时延传输是提高用户 QoS(Quality of Service,服务质量)的关键。

在 5G(5th Generation Mobile Communication Technology,第五代移动通信技术)中,BBU 功能被分解为 CU(Centralized Unit,集中式单元)和 DU(Distributed Unit,分布式单元)两个功能实体,CU 主要包括非实时的无线高层协议栈功能,同时支持部分核心网功能下沉和边缘应用业务的部署,DU 主要处理物理层功能和实时性需求层功能。在众多 5G 前传网络承载技术中,TDM-PON(Time Division Multiplexing-Passive Optical Network,时分复用无源光网络)具备灵活接入和高效利用的优点,可以支持点对多点高效传输。因此,本节讨论将 TDM-PON 应用于 MFWAN(MEC-enabled Fiber-Wireless Access Network,边缘计算使能的光与无线融合接入网)。考虑到业务端到端低时延传输需求和运营商实际部署成本,通常假设 MEC 部署位置在 CU/DU 处。CU、DU 与 OLT(Optical Line Terminal,光链路终端)部署在同一站点,称为 CUDU-OLT。本节以 TDM-PON 网络结构模型为例,介绍 MEC 下光与无线融合网络的时延优化技术[5]。

7.3.1　边缘计算下光与无线融合网络时延模型分析

在本节所涉及的参数变量根据类别定义如表 7-1 所示。

表 7-1　数学模型中参数和变量的数学符号及含义

集合参数	含义
M_{mec}	边缘服务器潜在位置集合。M_{mec} 中的元素个数为 $N_{mec}(N_{mec}=\mid M_{mec}\mid)$。此外,每个边缘服务器被视为一个实体,集合元素表示为 $m\in M_{mec}$

集合参数	含义
C_{CUDU}	CUDU-OLT 潜在位置集合,其中 C_{CUDU} 中的元素个数为 N_{CUDU}($N_{CUDU}=|C_{CUDU}|$),集合中的元素表示为 $c \in C_{CUDU}$
A_{ONU}	网络中所有 ONU(Optical Network Unit,光网络单元)的位置集合,其中 N_{ONU} 代表 ONU 的数量,A_{ONU} 中的元素表示为 a
$S_{splitter}$	分光器潜在位置集合,其中 $S_{splitter}$ 中的元素个数为 $N_{splitter}$($N_{splitter}=|S_{splitter}|$),集合中的元素表示为 $s \in S_{splitter}$
Ω	网络所有设备的集合,包括 MEC 服务器、CUDU-OLT、分光器和 AAU-ONU,其中 $\Omega=\{M_{mec}, C_{CUDU}, S_{splitter}, A_{ONU}\}$
W	物理拓扑的距离矩阵,其中 $W=\{w_{i,j}\}, i,j \in [1,|\Omega|]$
V	物理拓扑的节点集合
E	物理拓扑的边集合
时延参数	含义
T_{mec}	对于每个 AAU 的边缘服务器的处理时延
T_{CUDU}	对于每个 AAU 的 OLT-CUDU 的处理时延
η	每千米光纤的传播时延,设置为 5 μs/km
T_{FON}	前传网络中的最大传输时延,设置为 100 μs
成本参数	含义
C_{mec}	边缘服务器的成本系数
C_{cd}	CUDU-OLT 的成本系数
C_s	分光器的成本系数
C_f	每千米光纤的成本系数
C_{tl}	每千米光纤挖沟和铺设的成本系数
功率参数	含义
P_B	TDM-PON 的功率预算,设置为 21 dBm
P_L	一个 OLT 端口的发送功率,设置为 +3 dBm
P_{OS}	每个 ONU 端口的接收灵敏度,设置为 -20 dBm
AF	正常条件下,每千米 1 310 nm 波长的光纤衰减功率
AS	AWG 插损功率,其中 $AS=10 \cdot \log(Power_{in}/Power_{out})$,1:16 分光比的衰减功率为 -12.04 dBm
Δs	分光器最大分光比,如 1:16 分光比的分光器最多连接 16 个 AAU-ONU
带宽参数	含义
N_{Ant}	基站的天线数量,设置为 4
B	每个 AAU 的载波带宽,设置为 100 MHz
RB_a	第 a 个 AAU 请求的 RB(Resource Block,资源块)数量
L_a	第 a 个 AAU 的流量负载占比,其中 $L_a=RB_a/500$
T_{send}^a	第 a 个 AAU 的发送时延,其中 $T_{send}^a=(RB_a-2)\times 1.84/5$

带宽参数	含义
BU_a	采用分割选项 3 时,第 a 个 AAU 的上行传输带宽,其中 $BU_a = (23.04 \cdot B \cdot N_{Ant} \cdot L_a - 9.216 \cdot N_{Ant})/1\,000$
BD_a	采用分割选项 3 时,第 a 个 AAU 的下行传输带宽,其中 $BD_a = (24 \cdot B \cdot N_{Ant} \cdot L_a + 5.504 \cdot N_{Ant})/1\,000$
B_{up}	TDM-PON 的上行最大传输带宽容量,设置为 50 Gbit/s
B_{down}	TDM-PON 的下行最大传输带宽容量,设置为 50 Gbit/s
$BU1_a$	采用分割选项 7 时,第 a 个 AAU 的上行传输带宽,$BU1_a = 2.432 \cdot B \cdot N_{Ant} \cdot L_a/1\,000$
$BD1_a$	采用分割选项 7 时,第 a 个 AAU 的下行传输带宽,$BD1_a = 7.493 \cdot B \cdot N_{Ant} \cdot L_a/1\,000$
BM_{up}	从 CUDU-OLT 到 MEC 服务器的上行最大带宽容量,设置为 100 Gbit/s
BM_{down}	从 MEC 服务器到 CUDU-OLT 的下行最大带宽容量,设置为 100 Gbit/s
L_{max}	从 AAU-ONU 到 MEC 服务器的最大端到端传输距离
变量参数	含义
$\varphi_{m,c}^a$	二进制变量,代表与第 a 个 AAU 相关的第 m 个 MEC 服务器潜在位置和第 c 个 CUDU-OLT 潜在位置的连接状态,其中 $m \in M_{mec}, c \in C_{CUDU}, a \in A_{ONU}$。如果 $\varphi_{m,c}^a = 1$,则表示第 m 个 MEC 服务器潜在位置和第 c 个 CUDU-OLT 潜在位置相连接;否则,$\varphi_{m,c}^a = 0$
$\varphi_{c,s}^a$	二进制变量,代表与第 a 个 AAU 相关的第 c 个 CUDU-OLT 潜在位置和第 s 个 Splitter 潜在位置的连接状态,其中 $c \in C_{CUDU}, s \in S_{splitter}, a \in A_{ONU}$。如果 $\varphi_{c,s}^a = 1$,则表示第 c 个 CUDU-OLT 潜在位置和第 s 个 Splitter 潜在位置相连接;否则,$\varphi_{c,s}^a = 0$
$\varphi_{s,a}$	二进制变量,代表第 s 个 Splitter 潜在位置和第 a 个 AAU 潜在位置的连接状态,其中 $s \in S_{splitter}, a \in A_{ONU}$。如果 $\varphi_{s,a} = 1$,则表示第 s 个 Splitter 潜在位置和第 a 个 AAU 潜在位置相连接;否则,$\varphi_{s,a} = 0$
θ_m	二进制变量,代表第 m 个 MEC 服务器的使用状态,其中 $m \in M_{mec}$。如果 $\theta_m = 1$,则表示第 m 个 MEC 服务器被使用;否则,$\theta_m = 0$。
θ_c	二进制变量,代表第 c 个 CUDU-OLT 的使用状态,其中 $c \in C_{CUDU}$。如果 $\theta_c = 1$,则表示第 c 个 CUDU-OLT 被使用;否则,$\theta_c = 0$
θ_s	二进制变量,代表第 s 个 Splitter 的使用状态,其中 $s \in S_{splitter}$。如果 $\theta_s = 1$,则表示第 s 个 Splitter 处于被使用状态;否则,$\theta_s = 0$
$l_{i,j}^{total}$	在 W 中,第 i 个节点与第 j 个节点的距离
$P_{i,j}^{total}$	在 W 中,第 i 个节点与第 j 个节点的传输功率,包括分光器插损功率和每千米光纤的衰减功率

本节以 TDM-PON 网络模型为例介绍边缘计算下光与无线融合网络的时延优化技术。基于 TDM-PON 的 MEC 使能的光与无线融合接入网的端到端时延分布如图 7-5 所示,可以看出其中"Gate"和带宽计算分配延时是在上行数据传输之前进行的,因此,该过程产生的额外时延可忽略不计。为了简化问题,从 AAU-ONU 到边缘服务器的单程传输时延具体包括发送时延、等待时延、处理时延和传播时延,即

$$T = T_{send} + T_{wait} + T_{mec} + T_{CUDU-OLT} + T_{fiber} \tag{7-1}$$

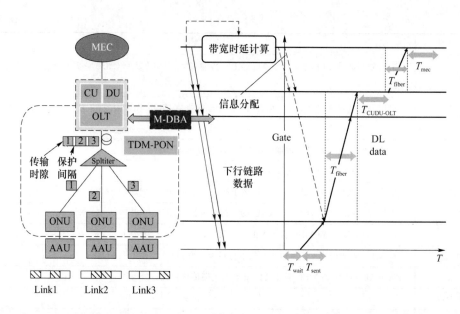

图 7-5　基于 TDM-PON 的 MEC 使能的光与无线融合接入网的时延分布图

（1）发送时延

发送时延 T_{send} 表示在 AAU-ONU 处从数据帧的第一个比特开始发送到最后一个比特发送完的总时延。T_{send} 的具体计算过程详见式（7-2）～式（7-5）。首先，根据 3GPP 和 CPRI 组织的最新研究进展，为 CU 和 DU 提出了多个功能分割选项，以在较低层划分物理层。本节选取功能分割选项 Ⅱ，其相应的上行吞吐量 R_{UL} 由式（7-2）表示。此外，请求的 RB 数量可表示为式（7-3）。

$$R_{UL} = \frac{N_{SYM}^{Data} \cdot N_{SC}^{RB} \cdot (N_{RB} - PUCCH_{RB}) \cdot N_{Ant} \cdot N_{IQ} \times 1\,000}{1\,000\,000\,000} \tag{7-2}$$

式中：参数 N_{SYM}^{Data} 表示每个子帧的数据承载信号数量，设置为 12；N_{SC}^{RB} 表示每个无线 RB 的子载波数量，设置为 12。

$$N_{RB} = \frac{500\ \text{kbit/s} \times 0.5\ \text{ms}}{12\text{sym} \times 12\text{carrier} \times 8(256\text{QAM})} \tag{7-3}$$

N_{RB} 表示每个用户的资源块数量，其中时隙为 0.5 ms，信号数量为 12 sym，每个 RB 的子载波数量为 12 carrier。$PUCCH_{RB}$ 为 PUCCH（Physical Uplink Control Channel，物理上行链路控制信道）分配的 RB 数量，设置为 2。N_{Ant} 为天线数量，取值为 4。N_{IQ} 表示 16I 加 16Q 位，被设置为 32。发送的数据帧等于 R_{UL}（Gbit/s）$\times 1$ ms，且 AAU-ONU 的流量负载根据式（7-4）计算。

$$L = N_{RB}/5B \tag{7-4}$$

式中，L 为 AAU-ONU 的流量负载，B 为 AAU-ONU 的载波带宽，被设置为 100 MHz，每个 AAU 的总 RB 数量设置为 500。

$$T_{send} = R_{UL} \times 1\ \text{ms}/B_{up} \tag{7-5}$$

因此，发送时延可由式（7-5）计算获得，其中 B_{up} 是 TDM-PON 上行数据流的最大传输带宽容量，被设置为 50 Gbit/s。

（2）等待时延

等待时延也称为排队时延,是在时分复用传输过程中产生的。例如,当 N 个 AAU-ONU 共享同一个波长信道时,等待时延为前 $N-1$ 个 AAU-ONU 的传输时延之和。换言之,在前 $N-1$ 个 AAU-ONU 均完成数据发送后,第 N 个 AAU-ONU 开始发送数据帧。因此,式(7-6)中等待时延 T_{wait} 等于前 $N-1$ 个 AAU-ONU 的发送时延之和。

$$T_{wait} = \sum_{i=N-1} T_{send}^i \tag{7-6}$$

式中, N 为 AAU-ONU 的总数, T_{send}^i 表示第 i 个 AAU-ONU 的发送时延。

（3）传播时延

传播时延是由光信号在光纤路径上传播而产生的,表示为 T_{fiber} 。传播时延通常与光纤路径的物理距离呈线性关系,每千米产生的传播时延为 5 μs。值得指出的是, T_{fiber} 在单程传输时延中占据主导地位。

（4）处理时延

网络中处理时延主要由两部分产生,边缘服务器的处理时延和 CUDU-OLT 产生的处理时延。尽管一个边缘服务器通常包括一组有限的物理机,但是每个边缘服务器都被视为一个实体,用于处理来自 AAU-ONU 的流量。边缘服务器的处理时延 T_{mec} 通常包括来自边缘服务器的计算时延和其他处理时延。

令 d_i^j 定义为在第 j 个边缘服务器中来自第 i 个 AAU-ONU 的请求计算任务的输入数据长度。 f_j 定义为第 j 个边缘服务器的计算容量(如每秒 CPU 周期)。为了简化问题,假设不同的边缘服务器具有相同的计算能力。基于此, f_j 在本节中被视为常量,由第 j 个边缘服务器处理的来自第 i 个 AAU-ONU 的计算任务的处理时延由式(7-7)表示。

$$t_i^j = \frac{d_i^j}{f_j} \tag{7-7}$$

此外,由边缘服务器产生的其他处理时延,如边缘云将计算结果回传至 AAU-ONU 用于某些人脸识别应用程序的时间开销以及排队等待时延远小于边缘服务器的计算时延,因此 T_{mec} 忽略了上述较小的时延。

CUDU-OLT 产生的处理时延 $T_{CUDU-OLT}$ 通常包括由 CUDU 和 OLT 产生的两部分处理时延,在本节中 $T_{CUDU-OLT}$ 作为常量。

7.3.2 边缘计算下面向低时延的网络部署问题

基于 TDM-PON 的光与无线融合接入网规划问题可描述为:给定网络设备的潜在位置,其中网络设备包括边缘服务器、CUDU-OLT、分光器和所有 AAU-ONU,在一定约束条件下,以联合最小化时延和部署成本为目标将上述设备的潜在位置连接起来。基于 TDM-PON 的光与无线融合接入网络的稀疏和密集网络节点分布示例分别如图 7-6(a)和图 7-6(b)所示。

基于 TDM-PON 的边缘计算使能的光与无线融合接入网络场景和网络规划示例如图 7-7 所示。图 7-7 从全局角度出发描述了网络规划,为所有 AAU-ONU 建立与边缘服务器的最优端到端连接。其中,AAU-ONU 到边缘服务器的最优配置路径如图 7-7 中虚线/

实线箭头所示。

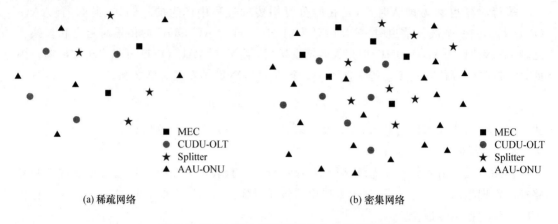

图 7-6 稀疏网络和密集网络的节点分布示例图

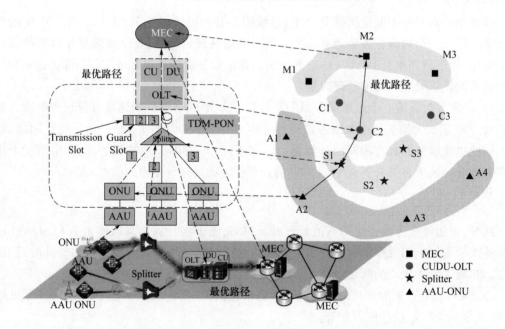

图 7-7 基于 TDM-PON 的边缘计算使能的光与无线融合接入网络场景和网络规划示例图

7.3.3 边缘计算下网络时延和部署成本的联合优化模型

本节将基于 TDM-PON 的边缘计算使能的云接入网络联合优化问题建模成 MILP（Mixed Integer Linear Programming，混合整数线性规划）模型，该模型面向时延敏感型业务，以最小化传输时延和部署成本为优化目标，同时满足网络环境的约束条件。

该模型目标函数由式(7-8)表示，其中前 5 项代表所有 AAU-ONU 的总传输时延，后 6 项代表硬件设备、挖沟和铺设光纤的部署成本。此外，前 3 项定义了不同网络设备之间的光纤路径的传播时延，第 4 项和第 5 项分别定义了 CUDU-OLT 和边缘服务器的处理时延。第 6 项、第 7 项和第 8 项分别代表光纤、挖沟和铺设光纤的部署成本，最后 3 项定义了边缘服务器、CUDU-OLT 和分光器的硬件成本。

$$\sum_{\substack{s \in S_{\text{splitter}} \\ a \in A_{\text{ONU}}}} \varphi_{s,a} \cdot w_{s,a} \cdot \eta \cdot \alpha + \sum_{\substack{c \in C_{\text{CUDU}} \\ s \in S_{\text{splitter}} \\ a \in A_{\text{ONU}}}} \varphi_{c,s}^{a} \cdot w_{c,s} \cdot \eta \cdot \alpha$$

$$+ \sum_{\substack{m \in M_{\text{mec}} \\ c \in C_{\text{CUDU}} \\ a \in A_{\text{ONU}}}} \varphi_{m,c}^{a} \cdot w_{m,c} \cdot \eta \cdot \alpha + \sum_{\substack{m \in M_{\text{mec}} \\ c \in C_{\text{CUDU}} \\ a \in A_{\text{ONU}}}} \varphi_{m,c}^{a} \cdot T_{\text{CUDU}} \cdot \alpha$$

$$+ \sum_{\substack{m \in M_{\text{mec}} \\ c \in C_{\text{CUDU}} \\ a \in A_{\text{ONU}}}} \varphi_{m,c}^{a} \cdot T_{\text{mec}} \cdot \alpha + \sum_{a \in A_{\text{ONU}}} T_{\text{send}}^{a} \cdot \alpha$$

$$+ \sum_{i = |A_{\text{ONU}}| - 1} T_{\text{send}}^{i} \cdot \alpha + \sum_{\substack{s \in S_{\text{splitter}} \\ a \in A_{\text{ONU}}}} \varphi_{s,a} \cdot w_{s,a} \cdot (c_{\text{f}} + c_{\text{tl}}) \cdot \beta$$

$$\sum_{\substack{c \in C_{\text{CUDU}} \\ s \in S_{\text{splitter}} \\ a \in A_{\text{ONU}}}} \varphi_{c,s}^{a} \cdot w_{c,s} \cdot (c_{\text{f}} + c_{\text{tl}}) \cdot \beta$$

$$\sum_{\substack{m \in M_{\text{mec}} \\ c \in C_{\text{CUDU}} \\ a \in A_{\text{ONU}}}} \varphi_{m,c}^{a} \cdot w_{m,c} \cdot (c_{\text{f}} + c_{\text{tl}}) \cdot \beta + \sum_{m \in M_{\text{mec}}} \theta_{m} \cdot c_{\text{mec}} \cdot \beta$$

$$+ \sum_{c \in C_{\text{CUDU}}} \theta_{c} \cdot c_{\text{cd}} \cdot \beta + \sum_{s \in S_{\text{splitter}}} \theta_{s} \cdot c_{s} \cdot \beta \tag{7-8}$$

该目标函数旨在在一定约束下(如端到端路径连接原则,即保证每个 AAU-ONU 至少存在一条信号传输路径),选取一定功能分割选项下前传网络时延约束、带宽容量、最大传输距离和 PON 网络功率预算,联合最小化传输时延和部署成本。为了整合不同维度的目标函数变量,本节引入了两个加权系数,即 α 和 β。α 和 β 的值由实际环境确定,以至于目标函数中传输时延和部署成本变得有可比性。该联合部署问题的约束条件由式(7-9)～式(7-22)所示。

$$\sum_{c \in C_{\text{CUDU}}} \varphi_{c,s}^{a} = \varphi_{s,a}, \quad \forall a \in A_{\text{ONU}}, s \in S_{\text{splitter}} \tag{7-9}$$

$$\sum_{m \in M_{\text{mec}}} \varphi_{m,c}^{a} = \sum_{s \in S_{\text{splitter}}} \varphi_{c,s}^{a}, \quad \forall c \in C_{\text{CUDU}}, \quad \forall a \in A_{\text{ONU}} \tag{7-10}$$

$$\sum_{s \in S_{\text{splitter}}} \varphi_{s,a} = 1, \quad \forall a \in A_{\text{ONU}} \tag{7-11}$$

式(7-9)～式(7-11)保证了对于每个向边缘服务器获取计算服务的 AAU-ONU 至少存在一条信号传输路径。对于每个 AAU-ONU,式(7-9)保证了仅有一个可用的分光器将 AAU-ONU 与 CUDU-OLT 相连接,式(7-10)表示仅有一个可用的 CUDU-OLT 将边缘服务器与分光器相连接。此外,每个 AAU-ONU 应该连接到一个分光器上,由式(7-11)表示。然而,一个分光器可以连接多个 AAU-ONU。

$$1 \Big/ \sum_{a \in A_{\text{ONU}}} \varphi_{s,a} \geqslant \Delta s, \quad \forall s \in S_{\text{splitter}} \tag{7-12}$$

式(7-12)保证了一个分光器至少连接一个 AAU-ONU,然而连接分光器的 AAU-ONU 的最大数量不能超过分光器的最大端口数。

$$\theta_m \leqslant \sum_{\substack{c \in C_{\text{CUDU}} \\ a \in A_{\text{ONU}}}} \varphi_{m,c}^a \leqslant \theta_m \cdot N_{\text{CUDU}}, \quad \forall\, m \in M_{\text{mec}} \qquad (7\text{-}13)$$

$$\theta_c \leqslant \sum_{\substack{s \in S_{\text{splitter}} \\ a \in A_{\text{ONU}}}} \varphi_{c,s}^a \leqslant \theta_c \cdot N_{\text{ONU}}, \quad \forall\, c \in C_{\text{CUDU}} \qquad (7\text{-}14)$$

$$\theta_s \leqslant \sum_{a \in A_{\text{ONU}}} \varphi_{s,a} \leqslant \theta_s \cdot N_{\text{ONU}}, \quad \forall\, s \in S_{\text{splitter}} \qquad (7\text{-}15)$$

式(7-13)~式(7-15)分别表示可用的边缘服务器、CUDU-OLT 和分光器的数量取值范围。

$$\sum_{s \in S_{\text{splitter}}} \varphi_{s,a} \cdot w_{s,a} \cdot \eta + \sum_{s \in S_{\text{splitter}}} \varphi_{c,s}^a \cdot w_{c,s} \cdot \eta \leqslant T_{\text{FON}}, \quad \forall\, a \in A_{\text{ONU}}, \quad \forall\, c \in C_{\text{CUDU}}$$

$$(7\text{-}16)$$

式(7-16)保证了前传网络的最大传输时延约束。换言之,对于从任意 AAU-ONU 到任意 CUDU-OLT 流经的信号传输路径,其最大传输时延不能超过 T_{FON}。

$$\sum_{a \in A_{\text{ONU}}} \text{BU}_a \cdot \varphi_{s,a} \leqslant B_{\text{up}}, \quad \forall\, s \in S_{\text{splitter}} \qquad (7\text{-}17)$$

$$\sum_{a \in A_{\text{ONU}}} \text{BD}_a \cdot \varphi_{s,a} \leqslant B_{\text{down}}, \quad \forall\, s \in S_{\text{splitter}} \qquad (7\text{-}18)$$

式(7-17)保证了当选取功能分割选项 3 时,从分光器到 CUDU-OLT 的上行传输带宽容量约束。式(7-18)保证了当选取功能分割选项 3 时,从 CUDU-OLT 到分光器的下行传输带宽容量约束。

$$\sum_{\substack{c \in C_{\text{CUDU}} \\ a \in A_{\text{ONU}}}} \text{BU1}_a \cdot \varphi_{m,c}^a \leqslant \text{BM}_{\text{up}}, \quad \forall\, m \in M_{\text{mec}} \qquad (7\text{-}19)$$

$$\sum_{\substack{c \in C_{\text{CUDU}} \\ a \in A_{\text{ONU}}}} \text{BD1}_a \cdot \varphi_{m,c}^a \leqslant \text{BM}_{\text{down}}, \quad \forall\, m \in M_{\text{mec}} \qquad (7\text{-}20)$$

式(7-19)和式(7-20)分别保证了在采取功能分割选项 7 时,CUDU-OLT 与边缘服务器之间的上行和下行带宽容量约束。

$$l_{ij}^{\text{total}} = \sum_{c \in C_{\text{CUDU}}} \varphi_{m,c}^a \cdot w_{m,c} + \sum_{\substack{c \in C_{\text{CUDU}} \\ s \in S_{\text{splitter}}}} \varphi_{c,s}^a \cdot w_{c,s} + \sum_{s \in S_{\text{splitter}}} \varphi_{s,a} \cdot w_{s,a} \leqslant L_{\text{max}}$$

$$\forall\, m \in M_{\text{mec}}, \forall\, a \in A_{\text{ONU}} \qquad (7\text{-}21)$$

$$P_{ij}^{\text{total}} = \sum_{s \in S_{\text{splitter}}} \varphi_{s,a} \cdot w_{s,a} \cdot \text{AF} + \sum_{s \in S_{\text{splitter}}} \varphi_{s,a} \cdot \text{AS} + \sum_{s \in S_{\text{splitter}}} \varphi_{c,s}^a \cdot w_{c,s} \cdot \text{AF}$$

$$\geqslant P_{\text{OS}} + P_{\text{L}} - P_{\text{B}}, \quad \forall\, c \in C_{\text{CUDU}}, \quad \forall\, a \in A_{\text{ONU}} \qquad (7\text{-}22)$$

式(7-21)表示网络中从 AAU-ONU 到边缘服务器的端到端传输路径的最大传输距离约束。网络最大功率预算由式(7-22)表示。

7.3.4 联合成本最小的集成多关联定位和路由优化技术

随着网络规模的扩大,MILP 模型问题的解决消耗较大的计算资源。为了在大规模网络拓扑中解决同样的问题,本节介绍一种基于 TDM-PON 的 MEC 使能的云接入网规划问题的启发式算法。为了在不同优化参数之间找到平衡点,本节提出一种联合成本最小的集成多关联定位和路由算法(JCM-IMPRA)。

给出网络设备潜在位置和物理拓扑距离矩阵,网络规划的目标旨在考虑一定物理和管理约束条件下,最小化传输时延和部署联合成本。JCM-IMPRA 算法的详细过程如下。

① 将基于 TDM-PON 的 MEC 使能云接入网络的所有节点进行分类,得到 M_{mec}、C_{CUDU}、$S_{splitter}$、A_{ONU},网络中 AAU-ONU 逐一进行处理。

② 当满足分光器的分光比和分光器部署数目约束条件时,采用 Floyd-Warshall 算法获得每个 $a \in A_{ONU}$ 和 $s \in S_{splitter}$ 之间的最优连接路径,同时满足式(7-10),得到连入网络的分光器集合 W_s。

③ 为了建立 $s \in W_s$ 和 $c \in C_{CUDU}$ 之间的最优路径连接,在采用功能分割选项 3 时,当满足分光器与 AAU-ONU 之间的上下行传输带宽容量时,本节应用 Floyd-Warshall 算法,同时满足式(7-8),因此得到连入网络的 CUDU-OLT 集合 W_c。

④ 重复上述步骤,直至前传时延〔如式(7-15)〕和最大功率预算〔如式(7-21)〕约束条件均满足。

⑤ 当 MEC 数量约束〔如式(7-12)〕和采用功能分割选项 7 时 $c \in W_C$ 和 $m \in M_{mec}$ 之间上下行传输带宽容量约束〔如式(7-17)和式(7-18)〕满足时,采用 Floyd-Warshall 算法在式(7-19)约束下建立 $c \in W_C$ 和 $m \in M_{mec}$ 之间的最优配置路径。

⑥ 重复上述步骤直至满足式(7-21)中的最大传输距离约束。

⑦ 当所有 AAU-ONU 均连入网络时,计算总传输时延 T、总部署成本 C 和联合成本 Ω。

7.3.5 仿真设置及实验结果

本节对所提算法的性能进行验证,在仿真中,将基站 AAU 载波带宽设置为 100 MHz,上行使用 16QAM,天线数设置为 4。仿真环境具体参数设置详见表 7-2,MILP 模型和启发式算法在 Intel®Core™ i7-7500U CPU @ 2.70 GHz、2.90 GHz 处理器和 8 GB RAM 的性能服务器上运行。

表 7-2 仿真成本参数

设备	成本	功率衰减	时延
边缘服务器	6 000 美元		40 μs
CUDU-OLT	4 500 美元		40 μs
1∶16 分光器	250 美元	12.04 dBm	
光纤铜缆	80 美元/千米	0.35 dBm/km	5 μs/km
光纤挖沟/铺设	3 000 美元/千米		

选取"随机抽样枚举法(RSEA)"作为评估所介绍算法性能的对比算法,并且本节在相同约束条件下对算法性能进行比较。其中,对比算法的一些步骤与所介绍算法相似,具体表现在网络节点分类、AAU-ONU 处理原则和端到端路径连接原则上。

此外,在满足端到端路径连接原则〔如式(7-8)～式(7-10)〕和最大传输距离约束〔如式(7-21)〕下,该方法遍历了网络中由 AAU-ONU 到 MEC 服务器的所有可能的端到端路径。然后,本节随机选出 $K(1<K<|V|/2)$ 条端到端路径,采用 Floyd-Warshall 算法分别在 $a\in A_{ONU}$ 和 $s\in S_{splitter}$、$s\in W_s$ 和 $c\in C_{CUDU}$、$c\in W_C$ 和 $m\in M_{mec}$ 之间建立最优配置连接,同时满足约束条件式(7-9)～式(7-22)。最后,当所有 AAU-ONU 均连入网络中时,得到最优连接拓扑。

本节在稀疏和密集网络场景中,随着 AAU 数量和 RB 数量的变化,比较不同算法的性能。在稀疏网络场景中,设置有 2 个 MEC 服务器、4 个 CUDU-OLT、4 个分光器和 6 个 AAU-ONU;在密集网络场景中,设置有 10 个 MEC 服务器、24 个 CUDU-OLT、24 个分光器和 40 个 AAU-ONU。在两种网络场景中,比较不同算法在联合规划成本、总传输时延和总部署成本方面的性能。这些都是影响基于 TDM-PON 的 MEC 使能的云接入网络规划的重要因素。其中,时延和部署联合成本是反映不同算法性能的关键优化目标。

1. 结果 1:总成本结果分析

图 7-8 表示在稀疏和密集测试网络中,不同算法在联合规划成本方面的性能比较。n_{MEC}、n_{CUDU}、$n_{Splitter}$、n_{AAU} 分别表示 MEC 服务器数、CUDU-OLT 数、分光器数和 AAU 数。本节仿真首先固定 n_{MEC}、n_{CUDU}、$n_{Splitter}$ 参数,在稀疏网络中分别设置为2、4、4,在密集网络中分别设置为10、24、24;通过改变 AAU 数量评估算法性能,在稀疏网络和密集网络中,分别将 AAU 数量的变化范围设置为以 1 为间隔从 4 到 12 和以 1 为间隔从 34 到 42。仿真结果表明,在稀疏和密集场景中,在联合成本性能方面获得了类似的逐渐上升趋势,与所介绍算法和对比算法相比,MILP 消耗了最少的联合成本。并且,所介绍算法性能明显优于对比算法(在密集网络和稀疏网络中,所介绍算法比对比算法分别降低11.25%和6.71%的联合成本);与稀疏网络场景相比,所介绍算法在密集网络中获得更近似于 MILP 的精确解(在密集网络和稀疏网络中,与精确解的误差分别为 1.53%和8.99%)。

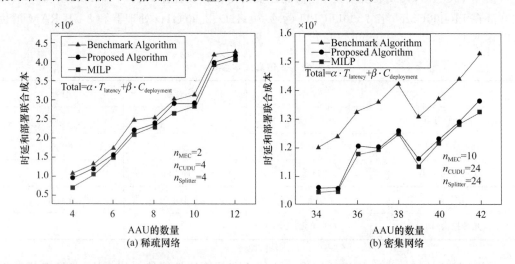

图 7-8　随着 AAU 数量增加,不同算法在稀疏网络和密集网络中的联合性能比较

2. 结果 2:总部署成本和传输时延结果分析

图 7-9 和图 7-10 分别展示了随着 AAU 参数的增加,不同算法在总部署成本和总传输时延方面的性能比较。仿真结果表明,在不同网络场景中得到了相似的比较结果,所介绍算法性能在这两方面性能优于对比算法,且近似于模型精确解。并且,在密集网络场景中,所介绍算法性能优势更明显。这种现象的产生是由方法搜索范围决定的,是局部最优还是全局最优,后者可得到更精确的结果。网络规模越大,所介绍算法的性能越优。

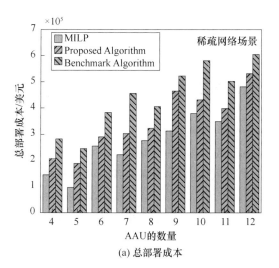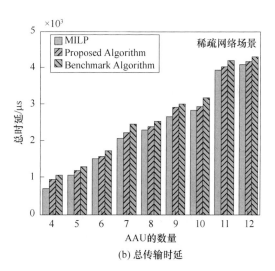

图 7-9　随着 AAU 数量增加,不同算法在稀疏网络中的部署成本和总传输时延性能比较

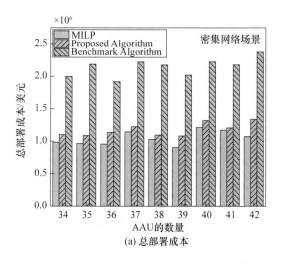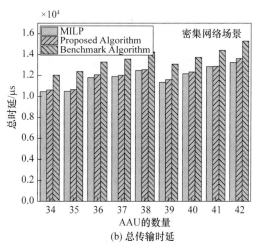

图 7-10　随着 AAU 数量增加,不同算法在密集网络中的总部署成本和总传输时延性能比较

7.4 边缘计算下的光与无线融合网络数据中心部署及负载分配技术

不同的 MEC 部署位置具有不同的时延、带宽和部署成本特性,为了满足差异化需求,本节介绍了边缘数据中心分层部署策略。同时,考虑到边缘数据中心部署和负载分配相互影响:一方面,边缘数据中心部署的位置和数量受工作负载影响;另一方面,工作负载分配又取决于所部署的边缘数据中心的位置和数量。本节针对该问题介绍边缘数据中心的位置、数量及负载服务分配方面的技术研究[6]。

7.4.1 支持边缘数据中心部署的 5G RAN 架构

基于 5G RAN(Radio Access Network,无线接入网)架构,本节介绍了支持边缘数据中心分层部署的三层 RAN 架构。如图 7-11 所示,该架构中考虑了一种基于 WDM (Wavelength Division Multiplexing,波分复用)的光接入网,各节点被组织为三级环形支线拓扑结构,其中,RRU(Radio Remote Unit,射频拉远单元)为第一层支线结构,DU 和 CU 分别为第二层和第三层环形结构。在 WDM 环网中,相邻节点由光纤相互连接成环。在该架构中,边缘数据中心可部署在 DU 节点,也可以部署在 CU 节点。

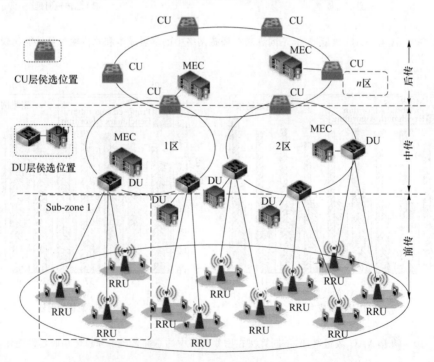

图 7-11 支持边缘数据中心分层部署的三层 5G RAN 架构

（1）针对 DU 节点处部署的边缘数据中心

DU 节点处部署边缘数据中心靠近用户端,可以减少网络的传播时延和带宽消耗。但是,由于 DU 节点处边缘数据中心的服务能力和覆盖范围有限,因此在满足相同数量用户需求的情况下,DU 节点处部署边缘数据中心的部署成本较高。

（2）针对 CU 节点处部署的边缘数据中心

由于 CU 节点处边缘数据的服务能力强、覆盖范围广,因此在满足相同数量用户需求的情况下,在 CU 节点处部署边缘数据中心的部署成本较低。但是,CU 节点处边缘数据中心距离用户较远,用户在 CU 节点处边缘数据中心内获取服务的网络传播时延和带宽消耗比在 DU 节点处边缘数据中心内获取服务时的网络传播时延和带宽消耗高。

7.4.2　边缘数据中心分层部署和负载分配问题建模

本节考虑用户需求的响应时延主要包括传播时延、排队和处理时延。其中,传播时延包括用户到其直接相连的 RRU 之间的无线传播时延和 RRU 到目标边缘数据中心的光网络传播时延。而无线传播时延不受边缘数据中心部署和负载分配的影响,所以暂不考虑无线传播时延。因此,本节重点关注 RRU 到边缘数据中心的传播时延和在边缘数据中心内的排队和处理时延。表 7-3 为数学模型中会用到的符号定义。

表 7-3　数学模型中常量和变量的数学符号及含义

常量符号	含义
E	网络中的链路集合
I	用户请求集合
R	RRU 节点集合
N	DU 节点集合
M	CU 节点集合
J	$J=M+N$,边缘数据中心可部署的候选位置集合
(l,m)	节点 l 和节点 m 之间的链路
f_j	位置 j 处部署边缘数据中心的租赁成本
SC_j	位置 j 处可放置的物理机数目
d_i	请求 i 所需的处理能力
$L_{l,m}$	节点 l 和节点 m 之间的距离
u_j	位置 j 处部署边缘数据中心的平均服务率
λ_i	请求 i 中的平均产生率
$Z_{i,r}$	二进制指标,表示请求 i 在 RRU_r 的覆盖区域内
$Z_{r,n}$	二进制指标,表示 RRU_r 与 DU_n 相连
$Z_{i,n}$	二进制指标,表示请求 i 在 DU_n 的覆盖区域内
P	单个物理机的价格
C	单个物理机的处理能力
W	每条链路上的最大可用波长数目

常量符号	含义
ν	单位距离的传播时延
变量符号	**含义**
x_j	二进制变量,位置 j 处是否部署边缘数据中心
$y_{i,j}$	二进制变量,请求 i 是否在位于位置 j 处的边缘数据中心内获取服务
$Q_{i,n,j}^{(l,m),w}$	二进制变量,当在 DU n 覆盖区域内的请求 i 由边缘数据中心 j 服务时,需要占用链路 (l,m) 之间链路上的第 w 个波长
$Q_{i,n,j}^{w}$	二进制变量,当在 DU n 覆盖区域内的请求 i 由边缘数据中心 j 服务时,需要占用第 w 个波长

当请求到达相应的最优边缘数据中心时,为每个请求分配一定数量的计算资源。将边缘数据中心服务请求到达看作排队模型。设定请求 i 服从泊松分布,请求的平均达到率为 λ_i。通过将与边缘数据中心 j 相关联的所有服务请求的到达率相加,计算边缘数据中心 j 的总服务请求率,即 $\sum_i \lambda_i \cdot y_{i,j}$。同时,假设边缘数据中心 j 执行分配给它的请求的服务时间呈指数分布,平均服务时间为 $1/u_j$。因此,可以将边缘数据中心对请求的处理构建为 M/M/1 排队模型,边缘数据中心 j 中请求 i 的平均时延为 $1/(u_j - \sum_i \lambda_i \cdot y_{i,j})$。综上所述,请求 i 的平均排队和处理时延表示如下:

$$\sum_{j \in J} \frac{1}{u_j - \sum_i \lambda_i \cdot y_{i,j}} \cdot y_{i,j} \tag{7-23}$$

网络时延是将用户的工作负载发送到目标边缘数据中心的时延,主要包括两部分:用户与 RRU 之间的时延(如无线时延)和 RRU 与目标边缘数据中心之间的时延(如光网络传送数据的时延)。而目标边缘数据中心位置的改变不会影响用户与 RRU 之间的时延。因此,本节主要考虑 RRU 与目标边缘数据中心间的时延,即光网络传送数据的时延。光网络中传送数据的时延包括发送时延、传播时延、处理时延和排队时延。其中,处理时延和排队时延是指路由器或者交换机处理数据包、排队所需的时间,在不发生网络拥塞的情况下两个时延值均较小。本节假设在负载分配过程中网络不产生拥塞,因此处理时延和排队时延可忽略不计。并且,发送时延受数据量和传输路径带宽的影响,一方面由于以用户为单位发送的工作负载的数据量较小,另一方面光网络的传输速率高。因此,发送时延较小。因此,本节只考虑网络中的传播时延,其取决于 RRU 与目标边缘数据中心之间路径的距离。因此,请求 i 由边缘数据中心 j 服务时的网络时延为

$$\nu \cdot \Big[\sum_{n \in N} \sum_{r \in R} Z_{i,r} \cdot Z_{r,n} \cdot d_{(r,n)} \cdot y_{i,n}$$
$$+ \sum_{j \in J/n} \Big(\sum_{n \in N} \sum_{r \in R} Z_{i,r} \cdot Z_{r,n} \cdot d_{(r,n)} + \sum_{n \in N} \sum_{l,m \in J} Q_{i,n,j}^{(l,m),w} \cdot Z_{i,n} \cdot d_{(l,m)} \Big) \cdot y_{i,j} \Big] \tag{7-24}$$

其中,$d_{(r,n)}$ 表示节点 r 到节点 n 的距离。式(7-24)的方括号内包含 3 项:第一项表示 DU n 覆盖区域内的请求 i 由位于本地 DU_n 处的边缘数据中心服务时的传播时延;第二项和第三项表示请求 i 由位于非本地 DU_n 处边缘数据中心服务时的传播时延。

边缘数据中心的部署不仅包括部署位置的选择,还包括部署的 MEC 的最佳数量。部署成本包括场地租用费和基础设备费两部分。其中,租用站点的成本取决于边缘数据中心

的位置,基本设备的成本取决于边缘数据中心中物理机的数量。

MEC 可以部署在 DU 节点处,也可以部署在 CU 节点处。通常部署在 CU 节点处的边缘数据中心的容量比 DU 节点处边缘数据中心的容量大。而对于单位工作负载,CU 节点处边缘数据中心的租用站点成本低于 DU 节点处边缘数据中心的租用站点成本,而 CU 节点处边缘数据中心的基本设备成本与 DU 节点处边缘数据中心的基本设备成本相同。因此,单元工作负载在 CU 节点处的部署成本低于单元工作负载在 DU 节点处的部署成本。本节用单位工作负载的部署成本来代表每个候选位置的经济效益。因此,单位工作负载的部署成本为

$$\sum_{j \in J} \frac{f_j + P \cdot SC_j}{C \cdot SC_j} \cdot x_j \tag{7-25}$$

7.4.3　边缘数据中心分层部署和负载分配联合优化技术

为了最小化部署成本和时延,本节介绍基于递归算法、基于熵权法和逼近理想解排序法(EWTURR)的边缘数据中心分层部署和负载分配的两种启发式算法,以获得边缘数据中心部署位置、部署数量和负载服务的位置。

本节首先介绍采用递归算法寻找边缘数据中心最优部署位置、最优数据数量和负载的最优服务位置以最小化部署成本和时延。所介绍的穷举算法包括两部分:①寻找所有可行候选部署集,如算法 7-1 所示;②计算各边缘数据中心可行集合下的部署成本和时延,如算法 7-2 所示。

在第一阶段,在寻找边缘数据中心部署的所有可行集合的过程中,为了能够响应所有请求,首先根据式(7-20)计算边缘数据中心部署的最小数量;然后利用递归算法得到不同边缘数据中心部署数量下的集合;最后基于所有请求的容量约束,找到所有边缘数据中心部署的可行集合。

算法 7-1　基于递归的边缘数据中心分层部署和负载分配

输入:物理拓扑 $G(V,E,W)$,请求集 I

输出:总成本 φ_r^I,边缘数据中心的部署数量 F,边缘数据中心的部署位置 W_{opt}

"确定可行部署集合"

1:以 f_u 为初始值,对可行集合 U 进行初始化:$U \leftarrow f_u$

2:计算边缘数据中心部署数量的下限,$F^{lo} = \lceil \sum_i d_i / \max(C \cdot SC_j) \rceil$

3:　for $F \leftarrow F^{lo}$ 到 $N+M$ do

4:　　利用递归算法,找出包含有 F 个边缘数据中心的候选位置集合 $Q^F = \{Q_1^f, Q_2^f, \cdots, Q_v^f\}$

5:　　for $Q_v^f \in Q^F$ do

6:　　　if $\sum_{j \in Q_v^f} C \cdot SC_j < \sum_i d_i$ then

7:　　　　$Q^F \leftarrow Q^F - \{Q_v^f\}$

8:　　　end if

9:　　end for

10:$U \leftarrow U \cup Q^F$

11： end for

"计算各个可行部署集合的总成本"

12：for 可行部署集 $Q_v^l \in U$ do

13： 根据算法 7-2 计算所有用户的最小时延

14： for 边缘数据中心 $j \in Q_v^l$ do

15： 根据式(7-27)计算单位工作负载的部署成本 D_{c_j}

16： end for

17： $D_c = \text{sum}_j(D_{c_j})$

18： 计算总成本 φ_v^l，$\varphi_v^l = D_c + \Psi \cdot (T/|I|)$

19：end for

20：选择具有最小 φ_v^l 的部署集合 Q_v^l 作为边缘数据中心的最优部署集 W_{opt}

在第二阶段,确定服务请求 i 的边缘数据中心为部署在位置 j 处的边缘数据中心,根据式(7-26)和式(7-27)分别计算请求 i 由边缘数据中心 j 服务的时延和边缘数据中心部署在位置 j 的部署成本,其具体过程如下所示。

$$t_{i,j}^k = \nu \cdot \sum_n \sum_r Z_{i,r} \cdot Z_{r,n} \cdot d_{(r,n)} + \sum_j \left(\nu \cdot d_{i,(n,j)}^k + \frac{1}{u_j - \sum_i \lambda_i \cdot y_{i,j}} \right) \cdot y_{i,j} \quad (7-26)$$

$$D_{c_j} = \frac{f_j + P \cdot \text{SC}_j}{C \cdot \text{SC}_j} \quad (7-27)$$

① 根据每个请求到候选集合中每个边缘数据中心的平均时延进行从低到高的排序,最先分配时延最小的请求。

② 由于 CU 和 DU 在三层 RAN 架构中具有主从特性,因此需要考虑 DU 层候选位置和 CU 层候选位置之间的不同覆盖关系。即部署在 DU 层候选位置的边缘数据中心只能服务本区域的请求,部署在 CU 层候选位置的边缘数据中心可以响应网络中的所有请求。这里,如果边缘数据中心 j 属于 DU 层,请求 i 属于位置 j 所在的本地区域,在请求 i 被分配到边缘数据中心 j 后,需要计算总请求到达率是否大于边缘数据中心 j 的平均服务率。如果边缘数据中心 j 的平均服务率 u_j 大于边缘数据中心 j 的总请求到达率,则请求 i 被分配到边缘数据中心 j,并根据 K 最短路算法,找到 DU_n 和边缘数据中心 j 之间的 k 条候选路径。根据式(7-26)计算请求 i 经过路径 k 由边缘数据中心 j 服务的时延 $t_{i,j}^k$。如果边缘数据中心 j 属于 CU 层,则重复第 7～15 行,计算请求 i 的时延。

③ 为请求 i 遍历所有的边缘数据中心,根据步骤②计算每个边缘数据中心服务请求 i 时的时延。将最小时延对应的边缘数据中心作为服务请求 i 的最终边缘数据中心,并计算相应边缘数据中心的部署成本。

④ 根据步骤①～③计算各候选集合的部署成本和时延,则具有最小部署成本和时延的部署集为最优边缘数据中心部署集。

算法 7-2 负载分配算法

输入:物理拓扑 $G(V,E,W)$,请求集 I

输出:所有请求的总时延 T

1:预计算每个请求到候选集合中每个边缘数据中心的平均时延

2：将请求按照平均时延升序排序

3： while 请求 $i \in I$ do

4： for 边缘数据中心 $j \in Q_v^l$ do

5： if 边缘数据中心 $j \in N$ then

6： if 请求 i 属于边缘数据中心 j 所在的区域 then

7： if $C \cdot SC_j > \sum_i d_i \cdot y_{i,j}$ 和 $u_j > \sum_i \lambda_i \cdot y_{i,j}$ then

8： 寻找请求 i 所属的 RRU_r 和直接与 RRU_r 相连的 DU_n

9： 根据 K-shortest 算法，找到 DU_n 和边缘数据中心 j 之间的 k 条候选路径 K_i

10： for 路径 $k \in K_i$ do

11： 利用 First-fit 算法在路径 k 上分配波长

12： 根据式(7-26)计算时延

13： end for

14： $t_{i,j} \leftarrow \min_k t_{i,j}^k$

15： else $t_{i,j} \leftarrow \infty$

16： end if

17： else $t_{i,j} \leftarrow \infty$

18： end if

19： end if

20： if 边缘数据中心 $j \in M$ then

21： 重复第 7～15 行

22： end if

23： end for

24： $t_i \leftarrow \min_j t_{i,j}$

25： 寻找具有最小时延的边缘数据中心 j^*，i.e.，$j^* = \arg\min_{j \in q_v^k}(t_{i,j})$

26： $T \leftarrow T + t_i$

27： end while

在处理大规模问题时，基于递归的启发式算法复杂度较高。因此，本节介绍了一种基于 EWTURR 的快速、高效启发式算法，以得到边缘数据中心部署和负载分配的近似解，如算法 7-3 所示。该算法主要包括两部分：①确定每个候选位置的指标；②对每个候选位置进行评分。

算法 7-3　基于 EWTURR 的边缘数据中心分层部署和负载分配算法

输入：物理拓扑 $G(V,E,W)$，请求集 I

输出：总成本 φ_v^l，边缘数据中心的部署数量 F，边缘数据中心的部署位置 W_{opt}

1：以 $\varnothing$ 为初始值，初始化 $W_{opt} \leftarrow \varnothing$，$T \leftarrow \varnothing$，$K=0$

2：根据式(7-28)计算每个候选位置的单位负载的部署成本

3：根据算法 7-4 计算每个候选位置的平均时延

4：根据式(7-35)计算 c_j

5：for 0 到 R do

6： if $I \neq \varnothing$ then

7： for $j \in (N+M)/W_{opt}$ do

8：　　　　　计算未分配请求 UI_j

9：　　　　　根据式(7-36)计算 S_j

10：　　end for

11：　　将 S_j 进行降序排序

12：　　发现第一个 S_j

13：　　$W_{opt} \leftarrow W_{opt} \bigcup \{j\}$

14：　　根据算法 7-5 确定未分配的请求

15：　　$R = R + 1$

16：　　更新网络状态

17：　　else exit

18：　　end if

19：end for

20：根据式(7-27)计算出 W_{opt} 集合中每个边缘数据中心中单位负载的部署成本

21：根据算法 7-2 计算所有请求的总时延 T

22：计算总成本 $\varphi_t^l, \varphi_t^l = D_c + \Psi \cdot (T / |I|)$

在第一阶段中，影响边缘数据中心位置的因素有很多，如延迟、带宽、能耗和部署成本。而部署成本和时延是边缘数据中心选址考虑的主要因素。首先，根据式(7-27)计算每个候选位置的部署成本。然后，计算请求到达各候选位置的平均时延，如算法 7-4 所示。

在第二阶段中，部署成本和平均延迟是属性指标，属性指标值越小，表示位置越好。本节结合熵权法和逼近理想解排序法计算每个候选位置的得分，具体过程如下。

① 利用熵权法计算各指标的熵值。首先，根据式(7-28)和式(7-29)分别标准化每个候选位置的指标，并计算每个候选位置中每个指标的比例。然后，根据式(7-30)和式(7-31)计算每个指标的输入熵 E_σ 和熵权 w_σ。

$$x'_{j\sigma} = \frac{\max_\sigma(x_{j\sigma}) - x_{j\sigma}}{\max_\sigma(x_{j\sigma}) - \min_\sigma(x_{j\sigma})} \tag{7-28}$$

$$\xi_{j\sigma} = \frac{x'_{j\sigma}}{\sum_j x'_{j\sigma}} \tag{7-29}$$

$$E_\sigma = -\frac{1}{\ln(N+M)} \sum_j \xi_{j\sigma} \ln \xi_{j\sigma} \tag{7-30}$$

$$w_\sigma = \frac{1 - E_\sigma}{\sum_\sigma (1 - E_\sigma)} \tag{7-31}$$

式中：$x_{j\sigma}$ 表示位置 j 指标 σ 的初始值；$\max_\sigma(x_{j\sigma})$ 是指标 σ 的最大值；$\min_\sigma(x_{j\sigma})$ 是指标 σ 的最小值。

② 根据熵权法和逼近理想解排序法计算候选位置的初步分数。首先，为了消除指标维数及其变化范围对评价结果的影响，根据式(7-32)将原始矩阵进行加权归一化。然后，根据式(7-33)和式(7-34)分别计算每个候选位置到正理想位置和负理想位置的欧氏距离。最后，根据式(7-35)计算各候选位置的初步得分。

$$V = (v_{j\sigma})_{m \times n} = \left(\eta_\sigma w_\sigma \frac{x_{j\sigma}}{\sqrt{\sum_j x_{j\sigma}^2}} \right)_{m \times n} \tag{7-32}$$

$$d_j^+ = \sqrt{\sum_\sigma (v_{j\sigma} - v_\sigma^+)^2} \tag{7-33}$$

$$d_j^- = \sqrt{\sum_\sigma (v_{j\sigma} - v_\sigma^-)^2} \tag{7-34}$$

$$c_j = \frac{d_j^-}{d_j^+ + d_j^-} \tag{7-35}$$

式中,v_σ^+ 和 v_σ^- 分别表示正理想位置和负理想位置。

③ 根据"用户未分配比"计算候选位置的最终得分。一方面,边缘数据中心部署由给定的工作负载决定;另一方面,工作负载分配又取决于所部署的边缘数据中心的容量。因此,在基于熵权法和逼近理想解排序法的启发式算法中,加入了未分配用户对部署位置的影响,避免了边缘数据中心聚集在同一区域内,同时也防止大容量的边缘数据中心只服务少量未分配的请求。本节引入了"用户未分配比"指标,表示为"$\mathrm{UI}_j/\mathrm{TI}_j$",重新定义了每个候选位置的得分,如式(7-36)所示。其中,$\varnothing$ 为初始化值。

$$S_j = \begin{cases} c_j, & W_{\mathrm{opt}} = \varnothing \\ \dfrac{\mathrm{UI}_j}{\mathrm{TI}_j} \cdot c_j, & W_{\mathrm{opt}} \neq \varnothing \end{cases} \tag{7-36}$$

④ 根据 S_j 对候选位置进行降序排序,选择前几个候选位置作为边缘数据中心部署的最终位置,并计算相应的时延和部署成本之和。

算法 7-4　计算每个候选位置的平均时延

输入:物理拓扑 $G(V,E,W)$,请求集 I

输出:每个候选位置上请求的平均时延 $\mathrm{ave}T_j$

1: for $j \in J$ do

2: 　以 $\varnothing$ 为初始值,初始化 $\lambda_j \leftarrow \varnothing, D \leftarrow \varnothing, R \leftarrow \varnothing, T_j \leftarrow \varnothing$

3: 　if $j \in N$ then

4: 　　预计算每个请求到候选集合中每个边缘数据中心的平均时延

5: 　　将请求按照平均时延升序排序

6: 　　for 请求 $i \in I$ do

7: 　　　if $C \cdot \mathrm{SC}_j > \sum_i d_i \cdot y_{i,j}$ and $u_j > \sum_i \lambda_i \cdot y_{i,j}$ then

8: 　　　　将请求 i 分配给边缘数据中心 j 服务

9: 　　　　寻找请求 i 所属的 RRU_r 和直接与 RRU_r 相连的 DU_n

10: 　　　　根据 K-shortest 算法,找到 DU_n 和边缘数据中心 j 之间的 k 条候选路径 K_i

11: 　　　　　for 路径 $k \in K_i$ do

12: 　　　　　　根据式(7-26)计算请求 i 的时延 $t_{i,j}^k$

13: 　　　　　end for

14: 　　　　$t_{i,j} \leftarrow \min_k t_i^k$

15: 　　　　$T_j = T_j + t_{i,j}$

16: 　　　　$R = R + 1$

17: 　　　else exit

18: 　　　end if

19: 　　end for

20: 　$\mathrm{ave}T_j = T_j / R$

21：   end if
22：   if $j \in M$ then
23：   预计算每个请求的时延
24：   重复以第 6~20 行,计算 $aveT_j$
25：   end if
26：end for

计算得到每个候选位置的平均时延之后,需要对尚未分配的请求进行确定,如算法 7-5 所示。

算法 7-5　确定未分配的请求

输入:物理拓扑 $G(V,E,W)$,请求集 I

输出:未分配的请求 I

1：if $j \in N$ then
2：   预先计算出每个连接请求到候选集合中每个边缘数据中心的平均时间延迟大小
3：   将请求按照平均时延升序排序
4：   for 请求 $i \in I$ do
5：   if $C \cdot SC_j > \sum_i d_i \cdot y_{i,j}$ and $u_j > \sum_i \lambda_i \cdot y_{i,j}$ then
6：   将请求 i 分配给边缘数据中心 j 服务
7： $I \leftarrow I/i$
8：   else exit
9：   end if
10：   end for
11：end if
12：if $j \in M$ then
13：   预计算每个请求的时延
14：   重复以上过程,寻找 I
15：end if

7.4.4　仿真设置和实验结果

本节对所提算法的性能进行评估,通过 Java 仿真平台实现,在 3.4 GHz 的处理器和 8.00 GB 内存的主机上运行。

本节采用图 7-12 所示的网络拓扑,其包括 55 个 RRU、13 个支持边缘数据中心部署的 DU 节点、5 个支持边缘数据中心部署的 CU 节点。DU 节点处可部署的边缘数据中心的容量服从区间 $[5,10] \times 10^4$ cycle 的均匀分布,CU 节点处可部署的边缘数据中心的容量服从区间 $[1,5] \times 10^5$ cycle 的均匀分布。DU 和 CU 节点处部署的边缘数据中心的平均服务率服从正态分布。在 DU 节点处部署的边缘数据中心的平均服务率 u_j 服从均值为 800、方差为 20 的正态分布,即 $N(800,20)$。部署在 CU 节点处的边缘数据中心的平均服务率 u_j 服从均值为 2 000、方差为 100 的正态分布,即 $N(2\,000,100)$。设置仿真网络拓扑中的链路长度:RRU-DU、DU-DU、DU-CU 和 CU-CU 的长度分别是 $[1,9]$ km、$[40,80]$ km、

[80,100]km和[100,200]km 的均匀分布。仿真中假设每根光纤上的波长数是80。考虑到回程链路的共享请求比中传和前传多,CU 之间回程链路的光纤对数为 6 对。类似地,从 DU 到 CU 的每个中传链路都有 4 个光纤对,从 DU 到 DU 的每个中传链路都有两个光纤对,从 RRU 到 DU 的每个前传链路都有 1 个前传链路。同时,多个请求在 RRU 之间均匀分布。之前已有研究验证了请求的数据量大小和服务请求的到达率分布对仿真结果没有显著的影响。因此,本节假设每个请求的数据量服从均值为 500 cycle、方差为 50 cycle 的正态分布,即 $N(500,50)$。服务请求的到达率服从泊松分布,在 0 和 λ 之间随机选择请求的平均到达率,其中设置 $\lambda=1.7$ 请求/秒。

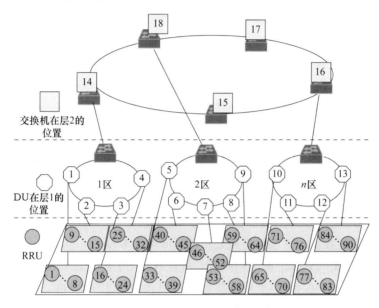

图 7-12 仿真网络拓扑

本节从两个角度分析算法的性能:从总成本的角度出发,将基于 EWTURR 的近似算法与基于递归的启发式算法、HLFA(Heaviest Location First Algorithm,最重位置优先算法)和 LBA(Latency Based Algorithm,基于延迟的算法)进行对比分析。对于 HLFA,在请求最多的候选位置部署边缘数据中心,而 LBA 是在接近用户的位置部署边缘数据中心。从服务提供商部署成本与请求时延之间的关系出发,将近似算法与 HLFA 和 LBA 进行了对比。仿真主要评估两个方面的性能:部署成本和时延。

1. 结果 1:总成本结果分析

本节固定确定权衡系数 $\eta_1=0.6$。由图 7-13 可知,基于递归的启发式算法成本更低,而基于 EWTURR 的近似算法性能较差。同时,HLFA 只关注部署成本,导致时延增大;LBA 只关注平均时延,造成成本增多。此外,由图 7-13 可知,LBA 的性能优于 HLFA,这是因为权衡系数为 0.6,造成时延对总成本的影响更大,进而导致 HLFA 成本更高。

如图 7-14 所示,随着请求数量的增加,边缘数据中心的数量将增加,从而增加部署成本。同时,网络中更多的边缘数据中心可以为请求提供更多的计算资源,从而减少时延。因此,基于递归的启发式算法和基于 EWTURR 的近似算法保持相对稳定的性能。

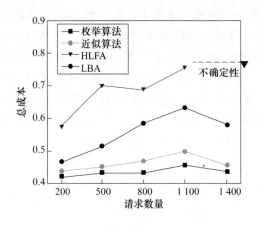

图 7-13　不同请求数量下的总成本分析

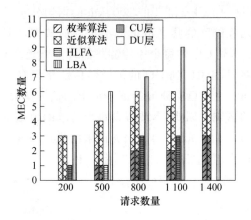

图 7-14　不同请求数量下的 MEC 数量分析

2. 结果 2:部署成本和时延结果分析

本节固定请求数量为 800。从图 7-15 中可以看出书中所介绍的近似算法的总成本低于 HLFA 和 LBA。如图 7-15 所示,与 LBA 相比,近似算法降低了 37.8% 的部署成本。这是因为 LBA 只考虑时延最小,选择在靠近请求的候选位置部署边缘数据中心,而不考虑每个候选位置的部署成本。也就是说,LBA 总是选择 DU 节点处的候选位置部署边缘数据中心。但是,由于部署在 DU 节点处的边缘数据中心的服务能力有限,基础设施成本较高。因此,LBA 在服务相同数量的请求时会导致较高的部署成本。

图 7-16 描述了不同算法下的平均时延。可以看出,与 HLFA 相比,近似算法的平均延迟减少了 42.6%;与 LBA 相比,近似算法的平均时延降低了 10.6%。从图 7-16 可以进一步看出,所介绍的近似算法可以权衡网络时延和计算时延。这是因为所采用的分层边缘数据中心部署策略,当边缘数据中心部署在 DU 节点处时,边缘数据中心接近用户侧,网络时延会减少。而边缘数据中心部署在 CU 节点处时,边缘数据中心的服务能力强,计算时延减少。

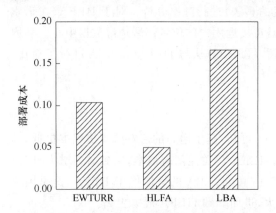

图 7-15　不同算法的部署成本分析

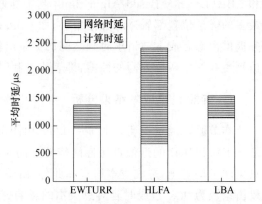

图 7-16　不同算法的平均时延分析

7.5 基于 MEC 的光与无线融合网络多数据中心协同技术

在边缘数据中心光网络中,为了保证时延和带宽需求,数据源将生成的数据发送到距离其最近的边缘数据中心内进行处理。因此,用户请求的数据可能存储在多个跨异地分布的边缘数据中心内,从而构成具有多个关联子任务的相关流任务请求。不同于独立任务的请求,为了响应相关流任务请求,需要在考虑任务间相对位置、任务间数据传输等因素的前提下,将跨异地分布的数据汇聚到一个目标位置进行分析处理。因此,亟待研究以下 3 个问题。

① 如何确定目标位置。

② 如何为相关流包含的多个相关任务分配网络资源。

③ 如何确定多个相关流的优先级。

针对上述问题,本节介绍了在多边缘数据中心分布式部署场景下的任务调度方案,以最小化相关流完成时间为目标,高效响应多个相关流任务请求[7]。此外,针对移动数据量暴增情况下产生的密集型相关流,通过分布式数据多阶段聚合算法最小化相关流完成时间的任务调度方案,可解决集群中心及相应集群的选取和光网络资源配置问题。

7.5.1 网络模型

边缘数据中心互联光网络如图 7-17 所示,该网络包含多个边缘数据中心,各边缘数据中心之间通过光网络连接。每个边缘数据中心具有有限的处理和存储能力,并存储由附近的物联网设备生成的多种类型的原始数据。为了有效地满足边缘光网络领域的各种业务需求,采用 EON 作为边缘数据中心互联的基础设施。基于 OFDM(Orthogonal Frequency Division Multiplexing,正交频分复用),EON(Elastic Optical Network,弹性光网络)可以根据业务需求灵活地分配频谱隙,并且可以通过调节调制格式改变单位频谱隙的容量大小,使用高级调制格式提高频谱效率,比传统固定光网络具有更高的频谱效率。

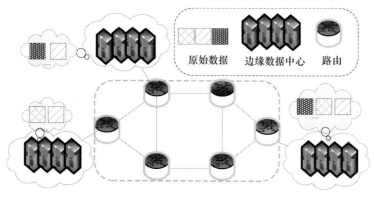

弹性光网络(EON)

图 7-17 边缘数据中心互联光网络

边缘数据中心互联光网络被表示为 $G(V,E,N)$，其中 V 和 E 表示网络节点和光纤链路的集合，N 表示每条光纤链路上的可用频谱隙数量。网络节点 V 包括两种类型的节点：具有边缘数据中心的网络节点 V_{DC} 和没有边缘数据中心的交换节点 V_s。每个频谱隙的容量是 $M \cdot C_{slot}$（单位：Gbit/s），其中 M 代表调制格式（例如，$M=1,2,3,4,5$ 分别表示 BPSK，QPSK，8QAM，16QAM，32QAM）。

7.5.2　相关流模型

网络中同时存在多个相关流任务请求，每个相关流任务中包含一组具有先后序约束关系的子任务。每个相关流任务请求都可表示为一个任务图 $W=\{M, T, C, BN\}$。其中：M 为相关流任务中包含的子任务集合；T 为相关流中各子任务在源边缘数据中心的处理时间的集合，如第 i 个相关流的第 j 个子任务在源边缘数据中心的处理时间为 $t_{i,j}$；C 为相关流中各子任务在网络中传送的中间数据数据量的集合，如第 i 个相关流的第 j 个子任务在网络中传送的中间数据的数据量为 $c_{i,j}$；BN 为两个子任务所在边缘数据中心之间的最大可用带宽。图 7-18 为一个相关流任务的任务图，其中各节点表示子任务；节点边上的数字表示在该边缘数据中心内处理数据的时间；带箭头的边表示子任务的通信边，即两个子任务间存在依赖关系；边上的箭头表示数据传输的方向；边上的数字代表传输的数据量和边缘数据中心间的可用带宽。子任务 $1,2,\cdots,m$ 执行完成前，子任务 n 不能开始执行，即只有当子任务 1，$2,\cdots,m$ 均通过网络将数据传送到子任务 3 所在的边缘数据中心后，任务 n 所在的边缘数据中心才能进一步处理数据。

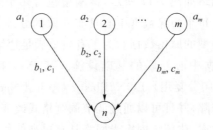

图 7-18　相关流任务的任务图

为了响应多个相关流任务请求，最小化平均完成时间，首先需要对多个相关流进行优先级排序；然后针对一个相关流任务请求，在本地边缘数据中心内处理数据，将跨异地分布的多个中间数据汇聚到一个边缘数据中心内。

利用图 7-19 进一步举例说明多相关流调度问题。在图 7-19 所示的边缘数据中心互联光网络中包含 4 个边缘数据中心，有两个相关流任务请求。相关流任务请求 A 所需的数据分别存储在边缘数据中心 2、3、n 中，目标边缘数据中心是边缘数据中心 2。相关流任务请求 B 所需的数据分别存储在边缘数据中心 1、2、3、n 中，目标边缘数据中心是边缘数据中心 3。针对单个相关流任务请求，为了减少网络中的发送时间和带宽消耗，数据首先在本地数据中心内处理。然后，将中间结果传送到目标边缘数据中心（例如，相关流任务请求 A 所需的数据汇聚到边缘数据中心 2，相关流任务请求 B 所需的数据汇聚到边缘数据中心 3）。

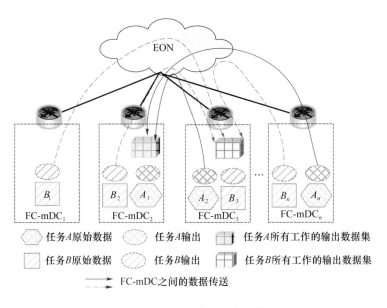

图 7-19　多相关流调度示例

为了实现以上流程,需要解决目标边缘数据中心选择和两个边缘数据中心之间的光路配置问题,以最小化相关流完成时间和频谱隙占用。

7.5.3　多相关流调度和光路配置联合优化技术

当网络中有多个相关流发起服务请求时,需要确定相关流的优先级及相关流中各任务的路由、调制格式和频谱隙。因此,本节介绍一种相关流调度和光路配置联合优化的启发式算法(MJSLP)。首先,假设网络中只存在一个相关流任务请求,计算各个相关流的完成时间。然后,根据最小完成时间优先的准则对相关流进行优先级排序。最后,针对每个相关流任务请求,根据算法 7-7 和算法 7-8 计算单个相关流的完成时间,根据算法 7-9 确定相关流中每个任务的路径、调制格式和频谱隙。

算法 7-6　MJSLP 算法

输入:物理拓扑 $G(V,E)$,相关流任务请求集合 S

输出:T_i,$c_{i,j,d}^k$,$S_{i,j}^k E_{i,j}^k$

1: 根据算法 7-7 和算法 7-8 预计算每个相关流单独在网络中时的完成时间

2: 将相关流按照其完成时间升序排序

3:　while 相关流任务请求集 $S \neq \emptyset$ do

4:　　for 相关流任务请求 $s_i \in S$ do

5:　　　根据算法 7-7 和算法 7-8 计算当前网络状态下各相关流的完成时间

6:　　　根据算法 7-9 得到相关流中每个任务的路径和分配的频谱隙

7:　　end for

8:　$S \leftarrow S/\arg s_i \min T_i$

9:　end while

7.5.4 单相关流完成时间优化方法

本节在联合考虑计算和网络资源的基础上,介绍最小化相关流完成时间的问题。首先,将具有跨异地分布数据特性的相关流调度问题描述成一个混合整数非线性规划问题。其次,为了应对大型网络和大量用户请求的情况,介绍一种快速启发式算法。

1. 相关流完成时间最小化优化模型

在描述数学模型之前,本节先给出模型所需要的数学符号及其含义,如表 7-4 所示。

表 7-4　数学模型中常量和变量的数学符号及其含义

常量符号	含义
E	网络中的链路集合
I	相关流任务请求集合
J	一个相关流中包含的相关任务集合
K	每个任务的候选路径集合
D_i	存储相关流任务请求 i 所需数据的边缘数据中心集合
N_i	存储相关流任务请求 i 所需数据的边缘数据中心的数量
$d_{i,j}$	相关流 i 中的任务 j 所在的边缘数据中心
$c_{i,j}$	相关流 i 中的任务 j 请求的数据经过本地边缘数据中心处理后在网络中需要传送的数据量
AC_d	边缘数据中心 d 的可用存储容量
$t_{i,j}$	相关流 i 中的任务 j 请求的数据在本地边缘数据处理的时间
C_{slot}	单个频谱隙的容量,本书仿真中 $C_{slot}=6.25\,\text{GB/s}$
B_e	链路 e 上的可用频谱隙数量
M^k	路径 k 支持的最高调制格式
$P_{i,j}^k$	相关流 i 中的任务 j 在网络中选择的第 k 条候选路径的链路集合
变量符号	含义
$T_{i,d}$	浮点数,当目标边缘数据中心为边缘数据中心 d 时,相关流 i 的完成时间
T_i	浮点数,相关流 i 的完成时间
α_i	浮点数,带宽和数据量的比例
$n_{i,j}^k$	整数,相关流 i 中的任务 j 在网络中选择的第 k 条候选路径上分配的频谱隙数量
$x_{i,d}$	二进制,等于 1 表示相关流 i 的目标数据中心为边缘数据中心 d
$\tau_{i,j,d}^k$	二进制,等于 1 表示当目标边缘数据中心为边缘数据中心 d 时,相关流 i 中的任务 j 选择了第 k 条候选路径

该相关流调度问题是以最小化完成时间为目标,以边缘数据中心容量限制和网络中带宽资源限制为约束条件,构建问题 P1,如式(7-37)所示。

$$\text{P1}:\min\sum_{d=1}^{N_i} T_{i,d}\cdot x_{i,d} \tag{7-37}$$

$$\text{s. t.} \ T_{i,d} \geqslant t_{i,j} + \sum_{k \in K_{i,j}} \frac{c_{i,j}}{n_{i,j}^k \cdot M^k \cdot C_{\text{slot}}} \cdot \tau_{i,j,d}^k, \quad \forall d, \forall j \tag{7-38}$$

$$\sum_{d=1}^{N_i} x_{i,d} = 1 \tag{7-39}$$

$$\sum_j c_{i,j} x_{i,d} \leqslant c_d, \quad \forall d \tag{7-40}$$

$$\sum_{k \in K_{i,j}} \tau_{i,j,d}^k = x_{i,d}, \quad \forall d, \forall j \tag{7-41}$$

$$\sum_j \sum_{k; e \in p_{i,j}^k} n_{i,j}^k \cdot \tau_{i,j,d}^k < B_e, \quad \forall d, \forall e \tag{7-42}$$

约束(7-38)定义了相关流的完成时间取决于该相关流中最慢任务的完成时间,包括处理时间和发送时间。约束(7-39)保证一个相关流只能选择一个目标边缘数据中心。约束(7-40)保证传送到目标边缘数据中心的数据量不超过边缘数据中心的容量。约束(7-41)保证相关流中的各任务在传送数据时只选择一条路径。约束(7-42)保证每条链路上分配的带宽不超过该链路的可用带宽。

由于式(7-38)和式(7-42)为非线性,且 $n_{i,j}^k$ 和 $\tau_{i,j,d}^k$ 分别是整数变量和 0-1 变量,因此,问题 P1 为混合整数非线性规划(MINLP)问题。为求解问题 P1,本节将非线性规划问题转换为线性规划问题。具体过程如下所示。

首先,考虑到带宽分配与数据量大小成正比,即 $n_{i,j}^k \cdot M^k \cdot C_{\text{slot}} = \alpha_i \cdot c_{i,j}$。因此,问题 P1 可以转换为问题 P2:

$$\text{P2:} \min \sum_{d=1}^{N_i} T_{i,d} \cdot x_{i,d}$$
$$\text{s. t.} \ \text{式}(7\text{-}39),\text{式}(7\text{-}40)\text{和式}(7\text{-}41)$$

$$T_{i,d} \geqslant t_{i,j} + \frac{1}{\alpha_i}, \quad \forall d, \forall j \tag{7-43}$$

$$\sum_j \sum_{k; e \in P_{i,j}^k} c_{i,j} \cdot \alpha_i \cdot \frac{\tau_{i,j,d}^k}{M^k} < B_e \cdot C_{\text{slot}}, \quad \forall d, \forall e \tag{7-44}$$

其次,注意到式(7-42)是非线性的,式(7-43)包含两个变量相乘(α_i 和 $\tau_{i,j,d}^k$)。因此,问题 P2 是一个二次优化问题,即不是凸优化也不是凹优化。为了线性化问题 P2,定义新的变量 $\beta_i = \frac{1}{\alpha_i}$,问题 P2 可以转换为问题 P3:

$$\text{P3:} \min_d T_{i,d}$$
$$\text{s. t.} \ \text{式}(7\text{-}39),\text{式}(7\text{-}40)\text{和式}(7\text{-}41)$$

$$T_{i,d} \geqslant t_{i,j} + \beta_i, \quad \forall d, \forall j \tag{7-45}$$

$$\sum_j \sum_{k; e \in P_{i,j}^k} c_{i,j} \cdot \frac{\tau_{i,j,d}^k}{M^k} < B_e \cdot C_{\text{slot}} \cdot \beta_i, \quad \forall d, \forall e \tag{7-46}$$

注意,问题 P3 是混合整数线性规划(MILP)问题,与混合整数非线性规划问题 P1 相比,大大降低了求解难度。

2. 相关流完成时间最小化启发式算法

由于数学模型仅限于解决小网络且业务数量较少情况下的网络优化问题,当网络规模增大时,需要采用时间复杂度较低的启发式算法对问题进行求解。为了实现单个相关流完成时间的最小化,本节还介绍了一组启发式算法,用来在问题规模较大时获得目标数据中心的位置和光路配置近乎最佳的方案。本节所介绍的启发式算法分为两个阶段:①目标边缘数据中心的选择(如算法 7-7 所示);②光路配置(如算法 7-8 所示)。

在第一个阶段,为每个相关流任务请求选择目标边缘数据中心位置的过程中,分别定义了基于网络资源的边缘数据中心的评定指标 m_1、基于计算资源的边缘数据中心的评定指标 m_2、基于网络和计算资源联合考虑的边缘数据中心的评定指标 m_3:

$$m_1 = \frac{\sqrt{\text{Deg}_{i,j}} \cdot \text{ASPB}_{i,j}}{\sqrt{\text{ASPL}_{i,j}}}, \quad \forall i \in I, \forall j \in J \tag{7-47}$$

$$m_2 = c_{i,j} \cdot \text{AC}_{i,j}, \quad \forall i \in I, \forall j \in J \tag{7-48}$$

$$m_3 = c_{i,j} \cdot \text{ASPB}_{i,j} \cdot \text{AC}_{i,j}, \quad \forall i \in I, \forall j \in J \tag{7-49}$$

式中,$\text{Deg}_{i,j}$ 是任务 $f_{i,j}$ 所在边缘数据中心的网络节点度。

目标边缘数据中心选择的过程如算法 7-7 所示。

① 确定选择目标边缘数据中心的参数。本节考虑了网络指标 Deg、ASPL 和 ASPB,计算指标 c 和 AC。其中,Deg 确保目标边缘数据中心具有较多的链路连接,以减少数据传输过程中的网络竞争;ASPL 确保数据传输过程中占用尽可能少的链路;ASPB 确保源边缘数据中心和目的边缘数据中心之间具有最大可用带宽;c 确保目标边缘数据中心内存储较大的数据量,可以减少数据发送时间;AC 确保目的边缘数据中心有充足的可用容量。

② 根据式(7-46)~式(7-48)选择不同评定指标下的目标边缘数据中心。

③ 选择具有最大指标的边缘数据中心作为相关流任务请求的目标边缘数据中心。

算法 7-7　目标边缘数据中心选择算法

输入:物理拓扑 $G(V,E)$,相关流任务请求 s_i,相关流任务请求 s_i 的数据所在边缘数据中心的集合 D_i

输出:dd_i

1:for 任务 $f_{i,j}$ 所在边缘数据中心 $d_{i,j} \in D_i$ do

2:　　for 边缘数据中心 $d_{i,j'} \in D_i$ do

3:　　　　根据 Dijkstra 算法,找到 $d_{i,j}$ 和 $d_{i,j'}$ 之间的最短路径

4:　　　　计算最短路径的距离 $\text{SPL}_{j,j'}$ 和带宽 $SPB_{j,j'}$

5:　　end for

6:　　计算请求 $f_{i,j}$ 所在边缘数据中心 $d_{i,j}$ 到其他边缘数据中心的平均距离 $\text{ASPL}_{i,j}$ 和平均带宽 $\text{ASPB}_{i,j}$

7:　　分别根据式(7-47)~式(7-49)计算选取目标边缘数据中心的指标

8:end for

9:选择具有最大指标的边缘数据中心作为相关流任务请求的目标边缘数据中心 dd_i

在第二个阶段,基于确定的目标边缘数据中心,根据式(7-50)计算相关流中每个任务在每条路径上的发送时间,其过程如算法 7-8 所示。

$$F_{i,j}^k = t_{i,j} + \frac{c_{i,j}}{\min_{e \in k}(n_{i,j}^{k,e}) \cdot M^k \cdot C_{\text{slot}}} \tag{7-50}$$

① 找到相关流 i 中每个任务所在边缘数据中心与目标边缘数据中心的 k 条备选路径。

② 首先,计算每条候选路径的距离,确定其调制格式。然后,联合考虑每条路径的调制格式和可用频谱隙,计算 k 条备选路径上的可用带宽。最后,根据式(7-50)计算相关流中各个任务在 k 条备选路径上的发送时间 $F_{i,j}^k$,选择最大的 $F_{i,j}^k$ 作为相关流中任务的发送时间 $F_{i,j}$。

③ 由于相关流的完成时间 T_i 取决于最慢的任务到目标边缘数据中心的时间,因此相关流完成时间 T_i 等于该相关流中最大任务的完成时间。

算法 7-8　光路配置算法

输入:物理拓扑 $G(V,E)$,相关流任务请求 s_i 和目标边缘数据中心 dd_i

输出:T_i

1: for 任务 $f_{i,j} \in s_i$ do

2:　　根据 K-shortest 算法,找到任务 $f_{i,j}$ 所在边缘数据中心与 dd_i 之间的 k 条候选路径 $K_{i,j}$

3:　　for 路径 $k \in K_{i,j}$ do

4:　　　　根据路径距离,确定调制格式 $m \in M$

5:　　　　根据 $\min\limits_{e \in k}\left(n_{i,f}^k\right) \cdot M^k \cdot C_{\mathrm{slot}}$,计算路径上的最大可用带宽

6:　　　　根据式(7-50)计算任务完成时间

7:　　end for

8:　　$F_{i,j} \leftarrow \min\limits_{k} F_{i,j}^k$

9:　　更新网络带宽

10: end for

11: $T_i \leftarrow \max\limits_{j} F_{i,j}$

12: 选择具有最大 $F_{i,j}$ 的路径作为目标路径

7.5.5　基于时间反馈的相关流光路配置技术

相关流完成时间取决于最后到达目标边缘数据中心的子任务的完成时间,其他子任务提前到达目标边缘数据中心,不仅不会减少相关流完成时间,还会占用更多带宽和目标边缘数据中心内的存储资源。因此,本节介绍基于相关流完成时间的光路重配方案,即相关流中提前到达目标边缘数据中心的子任务重新分配带宽,以确保一个相关流中多个子任务同时到达目标边缘数据中心,从而减少了多个相关流的平均完成时间。

1. 频谱隙占用最小化优化模型

本节数学模型所需要的数学符号及其含义如表 7-5 所示。

表 7-5　数学模型中常量和变量的数学符号及其含义

常量符号	含义
n_g	保护频谱隙的数量
$\varPhi$	一个很大的正数

变量符号	含义
$\tau_{i,j,d}^{k,e}$	二进制,等于 1 表示当目标边缘数据中心为边缘数据中心 d 时,相关流 i 中的任务 j 选择了第 k 条候选路径的链路 e
$V_{i,j}^{k,w}$	二进制,等于 1 表示相关流 i 中的任务 j 占用了第 k 条候选路径上的频谱隙 w
$S_{i,j}^{k}$	整数,在第 k 条候选路径分配给相关流 i 中的任务 j 的开始频谱隙
$E_{i,j}^{k}$	整数,在第 k 条候选路径分配给相关流 i 中的任务 j 的结束频谱隙
$\delta_{i,j,j'}^{e}$	二进制,等于 1 表示在一条共享链路 e 上相关流 i 中的任务 j 的结束频谱隙小于相关流 i 中的任务 j' 的开始频谱隙
F	整数,在网络中占用频谱隙的最大值

由于相关流的完成时间取决于最慢的任务到目标边缘数据中心的时间,因此为了减少带宽的占用,延长相关流中提前到达目标边缘数据中心的任务的完成时间,即重新分配提前到达目标边缘数据中心的任务所需的频谱隙,如式(7-51),保证一个相关流中多个相关任务同时到达目标边缘数据中心。

$$n_{i,j}^{k,\mathrm{req}}=\left\lceil \frac{c_{i,j}}{(T_i-t_{i,j})\cdot M^k\cdot C_{\mathrm{slot}}}\right\rceil+n_{\mathrm{g}} \tag{7-51}$$

在不影响相关流完成时间的基础上,以最小化相关流中所有相关任务频谱隙占用为优化目标:

$$\min\sum_j F_{i,j} \tag{7-52}$$

$$\text{s. t.} \quad F_{i,j}\geqslant E_{i,j}^{k}, \quad \forall j,\forall k \tag{7-53}$$

$$E_{i,j}^{k}=S_{i,j}^{k}+n_{i,j}^{k,\mathrm{req}}\cdot \tau_{i,j,d}^{k}+n_{\mathrm{g}}-1, \quad \forall j,\forall k \tag{7-54}$$

$$\sum_{k\in K_{i,j}}\tau_{i,j,d}^{k}=1, \quad \forall j \tag{7-55}$$

$$(V_{i,j}^{k,w}-V_{i,j}^{k,w+1}-1)\cdot(-\Phi)\geqslant \sum_{\overline{w}=w+2}^{B}V_{i,j}^{\overline{w}}, \quad \forall j,\forall k,\forall w \tag{7-56}$$

$$(V_{i,j}^{k,w}-1)\cdot \Phi+n_{i,j}^{k,\mathrm{req}}\leqslant \sum_{\overline{w}=1}^{B}V_{i,j}^{\overline{w}}, \quad \forall j,\forall k,\forall w \tag{7-57}$$

$$\delta_{i,j,j'}^{e}+\delta_{i,j',j}^{e}=1, \quad \forall j,\forall j',\forall e,j\neq j' \tag{7-58}$$

$$E_{i,j'}^{k'}-S_{i,j}^{k}\leqslant \Phi\cdot(\delta_{i,j',j}^{e}+2-\tau_{i,j,d}^{k,e}-\tau_{i,j',d}^{k',e})-1,$$
$$\forall k,\forall k',\forall e,\forall j,\forall j',e\in p_{i,j}^{k},e\in p_{i,j'}^{k'},j\neq j' \tag{7-59}$$

约束(7-53)保证相关流 i 中的任务 j 在网络中分配的频谱隙的最大索引值。约束(7-54)确保路径 k 上的频谱隙数满足相关流 i 中的任务 j 所需的频谱隙。约束(7-55)确保相关流中的各任务在传送数据时只选择一条路径。约束(7-56)保证分配的频谱隙是连续的。约束(7-57)保证分配的频谱隙数量是 $n_{i,j}^{k,\mathrm{req}}$。约束(7-58)和约束(7-59)保证分配频谱隙的临界性和非覆盖性。

2. 频谱隙占用最小化启发式算法

根据上文计算的相关流完成时间,对提前到达目标边缘数据中心的任务进行频谱隙和路径重配置,具体过程如下。

① 根据任务的数据量对任务进行降序排序,按照从大到小的顺序依次对任务需求进行处理。

② 利用 K-shortest 算法,为每个业务寻找源边缘数据中心和目标边缘数据中心间的 k 条候选路径。

③ 针对每个任务的每条路径,首先,根据式(7-51)计算每条路径上实际所需的频谱隙数。然后,根据式(7-60)计算光路重配后每条路径上减少的频谱隙数。最后,将减少频谱隙数目最多的路径作为传送数据的实际路径。

$$\Delta n_{i,j}^k = n_{i,j}^k - n_{i,j}^{k,\text{req}} \tag{7-60}$$

算法 7-9   基于相关流完成时间的光路重配算法

输入:物理拓扑 $G(V,E)$,相关流任务请求 s_i,目标边缘数据中心 dd_i 和相关流完成时间 T_i

输出:$t_{i,j,d}^k$, $S_{i,j}^k$, $E_{i,j}^k$

1: 将任务 $f_{i,j}$ 按照其数据量大小降序排序

2: for 任务 $f_{i,j} \in s_i$ do

3:   根据 K-shortest 算法,找到任务 $f_{i,j}$ 所在边缘数据中心与 dd_i 之间的 k 条候选路径 $K_{i,j}$

4:   for 路径 $k \in K_{i,j}$ do

5:     根据式(7-51)计算实际所需的频谱隙数量

6:     根据式(7-60)计算光路重配后减少的频谱隙数

7:   end for

8:   选择减少最多频谱隙数的路径为最终传送路径

9: end for

基于时间反馈的光路重配工作流程如图 7-20 和图 7-21 所示。首先,利用图 7-20 说明相关流完成时间和子任务时间的关系。在图 7-20 中,相关流 B 中包含 4 个相关子任务 B_1、B_2、B_3 和 B_n,所需数据分别存储在边缘数据中心 1、2、3 和 n 中。选择将边缘数据中心 3 为目标边缘数据中心,其中 t_{cm} 代表处理时间,t_{cp} 代表发送时间。任务 B_2、B_n 和 B_1 到达目标边缘数据中心 3 的时间分别是 t_1、t_2 和 t_3。由于相关流的完成时间等于最慢到达目标边缘数据中心的任务完成时间,因此即使相关流中某些任务(如 B_2 和 B_n)提前到达目标边缘数据中心,该相关流的完成时间也不会减少。所以,本节通过重新配置光路延迟提前到达目标边缘数据中心的任务的发送时间,即延长 B_2 和 B_n 在网络中的发送时间。

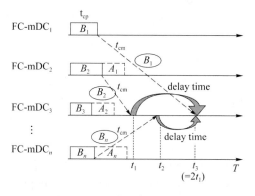

图 7-20   相关流完成时间示例

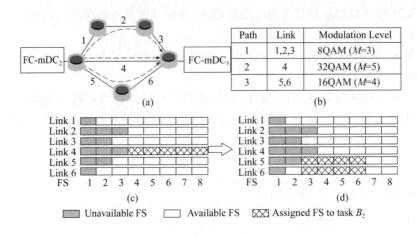

Path	Link	Modulation Level
1	1,2,3	8QAM (M=3)
2	4	32QAM (M=5)
3	5,6	16QAM (M=4)

图 7-21　基于相关流完成时间的光路重配示例

在图 7-21 中,以任务 B_2 为例说明光路重配。首先,在边缘数据中心 2 与边缘数据中心 3 之间为任务 B_2 寻找 3 条候选路径,如图 7-21(a)所示。然后,根据每条路径的条数确定路径的调制格式,如图 7-21(b)所示。在同时考虑路径上的可用频谱隙和调制格式的情况下,图 7-21(a)中路径 1、2 和 3 的传输速率分别是 $15C_{slot}$、$25C_{slot}$ 和 $20C_{slot}$(路径的传输速率=可用频谱隙数×调制格式×C_{slot})。因此,为了最小化子任务完成时间,选择路径 2 作为任务 B_2 的传输路径,如图 7-21(c)所示。然而,即使任务 B_2 提前到达目标边缘数据中心,相关流 B 的完成时间也不能减少。所以,将任务 B_2 的完成时间从 t_1 延长到 t_3。从而,任务 B_2 实际所需的传输速率为 $12.5C_{slot}$(实际所需传输速率=数据量/t_3),即路径 1、2 和 3 实际所需频谱隙数分别为 5、3 和 4。通过联合考虑频谱隙、光信噪比(高调制格式有高的光信噪比需求)和链路可用性(例如,除了满足任务 B_2 的频谱隙需求,链路 5 和 6 具有剩余频谱隙以确保其他任务的频谱隙需求),选择路径 3 作为任务 B_2 的最终传送路径,如图 7-21(d)所示。

7.5.6　仿真设置和实验结果

本节 MILP 模型通过 CPLEX 12.6 实现,启发式算法通过 Java 仿真平台实现。以上所有仿真均运行在一个 3.4 GHz 的处理器和 8.00 GB 内存的主机上。本节网络中所有链路均为双向链路,每个方向都使用单独的光纤,两个节点之间的传出和传入流量并不共享同一介质。网络中每个链路上的可用频谱隙数服从区间[20,100]上的均匀分布。每个频谱隙的宽度为 6.25 Gbit/s,保护带宽为 6.25 Gbit/s(1 个频谱隙)。为了评估任务分配的影响,相关流中的任务在边缘数据中心之间的分布采用 Zipf 分布来模拟。Zipf 的偏斜度参数越高,任务分配的偏斜度参数越大,任务被分配到较少数量的边缘数据中心内。每个任务请求的数据量 $c_{i,j}$ 服从区间[20,100] Gbit 上的均匀分布。每个子任务请求的数据在本地边缘数据中心内的处理时间采用区间为[0.05,0.1] s 的帕累托分布。弹性光网络中存在多种调制格式,在算法中根据数据的传输距离自适应地选择调制格式。考虑到城域网内边缘数据中心之间的距离较短,本节在仿真中设定较高的调制格式,如 8QAM、16QAM 和 32QAM。由于不同的调制格式具有不同的光信噪比(OSNR)需求,OSNR 参考值设置如下：8QAM、16QAM 和 32QAM 的 OSNR 分别是 16 dB、18.6 dB 和 21.6 dB。

如图 7-22 所示,考虑一个城域网络拓扑(38 个节点和 59 条链路),其包括 7 个边缘数据中心,分别位于网络节点 7、9、11、18、20、27 和 32。在城域网络中,边缘数据中心之间的距离(每条链路的长度)设定为 20 km,光纤衰减系数 0.2 dB/km。在光纤链路传输过程中,为了实现光信号放大,每 80 km 放置一个掺铒光纤放大器(EDFA)。本节只考虑 EDFA 的自发辐射噪声,EDFA 噪声系数为 5 dB,增益为 30 dB。本节设定每个相关流包含 3～7 个任务。

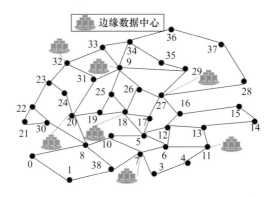

图 7-22　城域网络拓扑

本节从两个角度分析 MJSLP-m3 算法:从联合任务调度和光路配置的角度,将所介绍的 MJSLP-m3 算法与基线(Baseline)算法(调度算法为先进先出,路由算法为 Dijkstra 算法)、Scheduling-only 算法(调度算法为 MCTF,路由算法为 Dijkstra 算法)和 Routing-only 算法(调度算法为先进先出,路由算法为 K-shortest 算法)相比较;从调制格式的角度分析,比较了自适应调制格式、8QAM、16QAM 和 32QAM。

1. 结果 1:任务分布分析

不同偏斜度参数会影响任务分布的位置,为了评估任务分布对时延的影响。首先分析了不同偏斜度参数下的平均完成时间,固定相关流数量为 5 和相关流宽度为 5。

图 7-23 显示,随着偏斜度的增加,各算法的平均完成时间先减少后增加。这是因为当偏斜度较小(偏斜度=1)时,相关流中各子任务分散在多个边缘数据中心内,此时网络竞争较大,可用带宽较少,发送时延增加,从而平均时延增加。当偏斜度增加时,相关流中多个子任务可能在同一个边缘数据中心内,在网络中传送的数据量较大,发送时延增加,从而平均时延增加。此外,图 7-23 显示随着偏斜度的增加,MJSLP-m3 算法的优势越来越不明显。这是因为偏斜度增加,相关流中多个子任务可能集中在一个边缘数据中心内,使得一个相关流中需要延长完成时间的任务数减小,通过书中所介绍的光路重配算法可以减少的频谱隙数量降低,为后续的相关流提供的可用带宽减少,优化效果降低。

2. 结果 2:相关流宽度分析

相关流宽度表示一个相关流中包含的任务个数。为了评估相关流宽度对平均完成时间

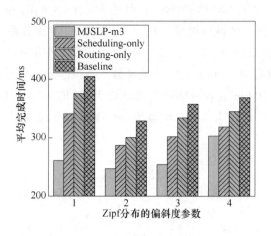

图 7-23　不同任务分布场景

和频谱隙的影响,固定相关流数量为 5,Zipf 分布的偏斜度参数为 2。

如图 7-24 所示,随着相关流宽度的变化,相关流的平均完成时间随之增加。这主要是因为任务数越多,网络资源的竞争越激烈。此外,如图 7-24 所示,一个相关流中包含的任务数量越多,书中所介绍的 MJSLP-m3 算法在降低平均完成时间方面的性能越好。例如,与基线算法相比,MJSLP-m3 算法可以降低 32.3% 的完成时间,而 Scheduling-only 和 Routing-only 算法分别降低了 24.7% 和 30.6% 的完成时间。

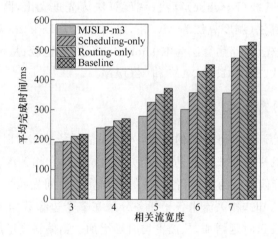

图 7-24　不同相关流宽度下多种算法的平均完成时间分析

从图 7-25 可以看出,所介绍的 MJSLP-m3 算法与其他算法相比占用最少的频谱隙。这是因为书中所介绍的光路重配算法可以通过延长任务完成时间减少占用的时隙数。在图 7-25 中,基线算法占用的频谱隙少于 Scheduling-only 和 Routing-only 算法占用的频谱隙。造成这种现象的主要原因是基线算法以牺牲完成时间为代价。此外,图 7-25 显示 Routing-only 算法占用的频谱隙少于 Scheduling-only 算法,从而验证了路由算法在网络中起到重要作用。

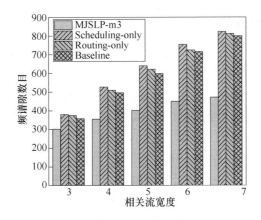

图 7-25　不同相关流宽度下多种算法的频谱隙占用分析

3. 结果 3:相关流数量分析

为了评估相关流数量对平均完成时间和频谱隙的影响,固定相关流宽度为 5。

在图 7-26 中,首先,观察到平均完成时间随着相关流数量的增加而增加。这是因为相关流数量越多,网络资源竞争越激烈。然后,MJSLP-m3 算法的平均完成时间最低,其次是 Scheduling-only 算法、Routing-only 算法和基线算法。例如,MJSLP-m3 算法的性能与 Scheduling-only 算法(25 个相关流)相比提高了 6.9%,与 Routing-only 算法(25 个相关流)相比提高了 16.5%,与基线算法(20 个相关流)相比提高了 25.8%。主要原因是 MJSLP-m3 算法结合了任务调度和光路配置。当路由在优化过程中起到的作用较小时,所介绍的调度算法还可以降低完成时间。因此,联合优化相关流调度和光路配置可以有效减少相关流的平均完成时间。最后,Scheduling-only 算法的性能总是优于 Routing-only 算法,说明当同一链路上有较多相关流相互竞争时,调度比路由的贡献大。

从图 7-27 中可以看出,书中所介绍的 MJSLP-m3 算法占用的频谱隙少于 Scheduling-only 和 Routing-only 算法。其原因在于 MJSLP-m3 算法通过延长某些提前到达目标边缘数据中心的完成时间,减少了频谱时隙的占用。

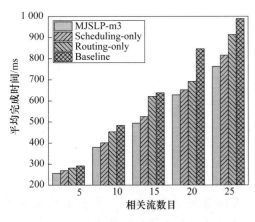

图 7-26　不同相关流数量下多种算法的
平均完成时间分析

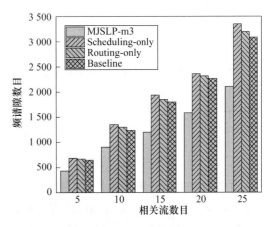

图 7-27　不同相关流数量下多种算法的
频谱隙占用分析

4. 结果 4:调制格式分析

在本节中,设定网络中有 4 种可用的调制格式:8QAM、16QAM、32QAM 和自适应调制格式。其中,自适应调制格式是指根据所选路径的距离确定调制格式,即当路径的距离大于 240 km 时采用 8QAM,在 60 km 与 240 km 范围时采用 16QAM,距离小于 60 km 时采用 32QAM。比较了不同相关流数量下,不同调制格式对平均完成时间和发射功耗的影响。其中,根据式(7-61)计算各调制格式下的发射功耗:

$$P = 10^{0.1OSNR + 0.5 - 3i + 0.4h} N_0 \tag{7-61}$$

式中,i 表示 EDFA 的个数,h 表示路径的跳数,N_0 表示功率谱密度。

如图 7-28 所示,32QAM 调制格式下的 MJSLP-m3 算法与其他调制格式下的 MJSLP-m3 算法相比,平均完成时间最短。其原因在于 32QAM 是高调制格式,而高调制格式在网络中具有高的传输速率。因此,32QAM 可以减少数据的发送时间。同理,由于 8QAM 是低调制格式,因此平均完成时间较长。如图 7-29 所示,32QAM 调制格式下的 MJSLP-m3 算法有较高的功耗。这是因为高调制格式有高的 OSNR 需求。因此,在同样情况下,相比于 8QAM、16QAM 和自适应(Adaptive)调制格式,32QAM 有较高的功率需求。从图 7-29 可见,16QAM 和自适应调制格式的功耗性能基本相同。这是因为大多数候选路径的跳数是从 4 跳到 6 跳。也就是说,大多数候选路径的调制格式为 16QAM。综上,结合图 7-28 和图 7-29可以得出,自适应调制格式可以权衡完成时间和功耗。

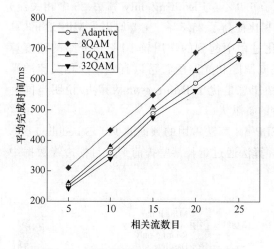

图 7-28　多种调制格式的完成时间分析

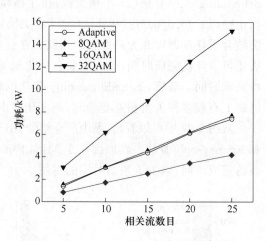

图 7-29　多种调制格式的功耗分析

本 章 小 结

本章围绕边缘计算下的光与无线融合网络资源优化问题,分析了光与无线融合接入网数据中心的边缘化需求、基于 MEC 的光与无线融合网络关键技术以及 3 种技术的基本原理与性能。针对网络时延优化问题,本章提出了网络设备部署最优位置和连接方案,仿真结果证明所提算法能够有效降低网络传输时延;针对网络资源部署问题,分析了边缘数据中心分层部署的成本模型、网络时延模型和处理时延模型,并介绍了一种算法来高效地解决边缘数据中心部署和负载分配问题;针对多数据中心协同问题,分析了多边缘数据中心分布式部署的网络场景,提出了一种任务调度与资源配置来联合优化算法,实现了网络相关流完成时间的最小化。

本章参考文献

[1] Ji Y, Zhang J, Xiao Y, et al. 5G flexible optical transport networks with large-capacity, low-latency and high-efficiency[J]. China Communications, 2019, 16(5): 19-32.

[2] 刘真. 边缘数据中心光网络中计算资源部署与任务调度策略研究[D]. 北京:北京邮电大学, 2020.

[3] Ji Y, Zhang J, Wang X, et al. Towards converged, collaborative and co-automatic (3C) optical networks[J]. Science China Information Sciences, 2018, 61(12): 1-19.

[4] Wang X, Ji Y, Zhang J, et al. Joint optimization of latency and deployment cost over TDM-PON based MEC-enabled cloud radio access networks[J]. IEEE Access, 2019, 8: 681-696.

[5] Wang X, Ji Y, Zhang J, et al. Low-latency oriented network planning for MEC-enabled WDM-PON based fiber-wireless access networks[J]. IEEE Access, 2019, 7: 183383-183395.

[6] Liu Z, Zhang J, Li Y, et al. Joint jobs scheduling and lightpath provisioning in fog computing micro datacenter networks[J]. Journal of Optical Communications and Networking, 2018, 10(7): B152-B163.

[7] Liu Z, Zhang J, Li Y, et al. Hierarchical MEC servers deployment and user-MEC server association in C-RANs over WDM ring networks[J]. Sensors, 2020, 20(5): 1282.

第8章

自由空间光与无线融合网络资源优化技术

自由空间光与无线融合网络是未来很有前景的一种接入网络架构,相较于传统地面光与无线融合网络空间维度更高,链路特性更加多变,因此其网络资源优化更加具有挑战性。本章将围绕自由空间光与无线融合网络资源优化技术展开。首先介绍光与无线融合网络空间组网需求,其次介绍该网络架构下的主要传输技术——自由空间光通信技术,针对自由空间光与无线融合网络面临的挑战,提出两种资源优化技术及其科研案例[1-2]。

8.1 光与无线融合网络空间组网需求

随着互联网的迅猛发展,用户对于业务的需求也趋于多样化,对业务的速率要求也越来越高,如VR(Virtual Reality,虚拟现实)、高质量视频流以及网络社交等。为了应对随之而来的爆炸式的流量增长,为用户提供无缝覆盖的高速及高质量的通信服务,5G(5th Generation Mobile Communication Technology,第五代移动通信技术)应运而生。5G的业务需求为4G(4th Generation Mobile Communication Technology,第四代移动通信技术)的1 000倍。日益增加的用户终端设备接入量使得5G的发展需要满足较高的速率带宽需求、较大的SC(Small Cell,微蜂窝)的覆盖,以及较低的网络延时。因此,构建具有高速率、低开销、灵活扩展性的移动前/回传网络是移动通信网发展的迫切需求。

由于陆地网络抗毁性较差,当遇到自然灾害,如洪水、地震等,网络设施损毁后,网络恢复时间长。并且在某些应急通信场景,如举办运动会,陆地网络扩容较为困难。使用NFP(Networked Flying Platform,网络飞行平台)作为空中中继,构建灵活的光与无线融合空间网络具有重要意义。FSO(Free Space Optics,自由空间光)通信技术被认为是构建前/回传网络的最具前景的技术之一。FSO通信技术使用激光作为信号载体,可以提供距离较远的两个站点之间的远距离直线、无线、高带宽的数据通信链路。激光发射器发射的激光束是一种配置灵活、低风险的通信方式,且可以带来移动通信网络所需的极高带宽的网络功能。经过许多公司和研究机构组织的大量实验和数据验证,FSO通信技术在多领域的应用中可作为有线通信(如光纤、铜线电缆)或无线通信无线电频率的一种很好的替代通信方式。如图8-1所示,NFP可以是具备FSO通信功能的无人机或飞艇等设备。该 NFP 可以悬停在几百米至上万米的高空中提供视距传播 FSO 通信链路。基于 NFP 的前/回传网络相较于传统陆地移动网络具有更高的抗毁性和更强的灵活性及可拓展性。

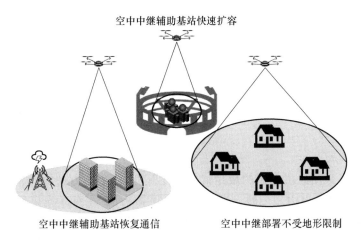

图 8-1　空间组网场景

8.2　自由空间光通信技术

通信系统不断增加的带宽需求是光通信技术发展的驱动力。光通信技术的巨大带宽保证了网络的高数据速率能力。但由于成本、光纤铺设等限制,构成现代通信技术骨干的光纤环网上可用的巨大带宽无法供接入网络的终端用户使用。这主要是由于大多数终端用户连接到骨干网是基于带宽有限的无线射频链路。这对终端用户可用的数据速率/下载速率有所限制。FSO 通信技术是一种非常有前途的接入网络通信技术。FSO 通信技术的通信容量可与光纤相媲美,且其部署成本远远小于光纤到户的成本。FSO 通信链路的部署不需要铺设管道,其部署时间短,灵活性高。并且 FSO 通信技术对流量类型和协议是透明的,这使其与接入网络的集成几乎毫无障碍。因此,为了进一步增强移动接入网络的灵活性和数据承载能力,FSO 通信技术是必不可少的。

8.2.1　FSO 通信技术的特性

FSO 通信技术是一种点对点视距传播通信技术,以激光作为信息载波,以自由空间大气作为传输信道。与传统的通信系统类似,FSO 通信系统由发射端、信道以及接收端组成。图 8-2 所示为使用两个同样 FSO 收发机的经典的 FSO 双向通信系统,该系统为全双工通信系统,FSO 收发机 1 与 FSO 收发机 2 可以同时收发信息。该 FSO 双向通信系统的工作原理为(以传输数据 1 为例):数据 1 调制激光器 1 发出携带相应信息的光信号,经由镜头准直后发射到大气信道中,收发机 2 的镜头将光信号的功率集中在光电探测器 2 上,将接收到的光信号转变为电信号,最后经由信号处理电路恢复为数据 1。

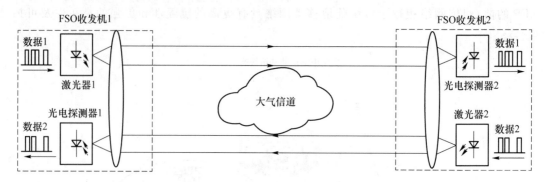

图 8-2　FSO 双向通信系统

FSO 通信技术采用经过调制的激光束作为发射机,相对较为灵敏的光探测器作为接收机,即一个 FSO 通信信道由一个激光发射器和探测器构成,注意激光束作为数据信息载体在视线范围内必须保持直线传输且无任何遮挡。如果考虑 FSO 信道的双向和双工,则需要由两个激光发射器和两个探测器组成两条方向相反的链路。FSO 链路的形成方式使得 FSO 通信有独特的优势,同时也有一定的局限性。

1. FSO 通信技术的优势

FSO 通信技术在速率、干扰性、部署成本以及灵活性等方面相较于传统光纤通信技术具有其独特的优势,具体如下。

① FSO 链路的速率较高。FSO 通信作为一种无线光通信,与光纤通信具有相同的链路带宽,但是与光纤的传输介质不同,FSO 通信技术以激光束作为信息载体在大气中进行传输,当传输距离为几百米到几千米时,其数据通信速率在每秒几兆比特到 10 Gbit/s。

② FSO 频谱免费,资源丰富。FSO 通信技术作为一种无线通信技术,与传统的 RF(Radio Frequency,射频)通信技术不同,RF 采用 6~60 GHz 范围内的频率带宽,采用米到毫米的无线电磁频谱,随着频谱带宽需求的增加,许多国家面临着频谱拥塞的问题。而 FSO 激光束的波长在微米范围,其频段较高,属于 3 000 GHz 以上的频段,FSO 通信无须获得许可审批和缴纳频率占用费用。

③ FSO 链路的干扰较小,安全性高。由于 FSO 通信技术采用点对点的窄带激光束进行定向通信,只有当激光器和探测仪在一条直线上且无遮挡的前提下,接收端与发射端才能成功通信。因而,链路相互间的干扰较少,并且可以很好地避免消息被窃听和截取,可用于传输保密性要求较高的通信环境。

④ FSO 设备成本较低。有线通信技术(包括光纤和铜线等)的费用较高,在具体应用中管道的铺设也需要很高的费用,维护困难且工程开销较大。传统无线 RF 通信同样需要很高的设备费用。FSO 通信的建立仅需要激光发射器和信号探测仪,设备简单,成本较低,且方便维护。

⑤ FSO 配置灵活。FSO 链路的设备简单,功耗小,灵活性强,可以用于多种环境,如高山、深海,以及移动的空间平台上等,能够应用于各种恶劣环境或者传统有线和无线无法快速配置的区域,快速实现在多种环境中端到端的通信连接。

2. FSO 通信技术的局限性

虽然 FSO 链路在数据速率、缓解干扰、节约成本等方面具有很大优势,但 FSO 通信技术的发展和应用仍然面临以下几个问题。

① FSO 链路的脆弱性。FSO 通信是激光束以大气作为介质,与稳定的光纤传输介质不同,大气容易受时间和环境变化的影响,因此大气环境的不稳定性导致 FSO 链路信道状态具有较高的动态性。

② FSO 链路需要较高精度的 PAT(Pointing,Acquisition and Tracking,瞄准、捕获及跟踪)系统。如上文所述,FSO 激光束主要由激光发射器和探测仪组成,且收发机必须经过校准保证在视线范围内无遮挡,且发射机的光束必须在接收机的接收角度范围内。受天气影响,如风、雪等自然现象或者环境的改变容易导致收发机光束发生偏移,光束不再对准。因此,为了保证链路的连通性和准确性,FSO 收发机需要自动捕获、跟踪对准装置,且由于大气环境的动态性,对捕获、跟踪对准协议具有较高的精度要求。

③ FSO 链路距离受限。FSO 通信作为一种视距技术,其传输数据信号的质量与激光器与探测仪之间的距离密切相关。一方面,由于 FSO 激光发射器所发射的激光束具有一定的发散角度,随着传输距离的增加,激光束的发散角度增加甚至超过接收机的孔径限制。激光束距离和光束直径的关系为:光束直径(m)= 光束角度(mrad)×链路经过的距离(km)。例如,激光束在发射端的角度为 1 mrad,经过距离为 1 km 后,光束的直径大约为 1 m。另一方面,随着激光束传输距离的增加,大气对激光的吸收增加导致链路的衰减加大。尤其是在恶劣的天气中,如浓雾情况下,传输功率在大气中的衰减增加达到 300 dB/km,从而严重影响 FSO 链路的性能。

④ FSO 激光的安全性。光通信中使用的光谱通常对人眼是不可见的,同时人眼对波长为 1 550 nm 的激光有很强的吸收性,从人体安全性考虑,尽可能采用发射功率较小的激光器。同时,由于 FSO 链路的衰减,为保证 FSO 链路的连通性需要增加激光器的发射功率,因此激光器发射端发射功率的选择需严格遵循激光的安全标准。

8.2.2 FSO 通信系统

图 8-3 所示为 FSO 通信系统框图。FSO 通信系统主要由 3 部分组成:发射机、大气信道和接收机。下面详细介绍这 3 部分。

图 8-3 FSO 通信系统示意图

1. 发射机

发射机主要负责将源数据调制到光载体上,再通过大气信道传输到接收机。应用最广泛的调制类型是 IM（Intensity Modulation，强度调制），其中源数据被调制到光信号强度上。另外，光信号的其他特性，如相位、频率和偏振状态，也可以通过使用外部调制器用数据/信息进行信号调制。调制后的信号通过发射镜头进行收集、准直后将光信号导向大气信道另一端的接收镜头。

2. 大气信道

FSO 技术不同于传统无线射频通信技术，在 FSO 系统通信过程中关注的是传输信号的功率而不是信号的幅度。信号在传输过程中受到大气信道的影响会产生功率损耗。大气信道由氮气、氧气及二氧化碳等气体以及悬浮在空气中的微粒组成。光信号在穿越大气信道时，受到大气信道中气体分子的吸收作用以及微粒的散射作用，光信号的功率产生损耗。除了常见的吸收损耗及散射损耗外，大气湍流对于光信号的影响也是不可忽视的。

3. 接收机

接收机负责光信号的接收以及信号还原，发射机的光信号经过大气信道到达接收机，接收机镜头将光信号进行聚焦，光带通滤波器减少背景噪声，光电探测器将光信号转化为对应电信号，而后电信号处理模块将电信号还原为原信息流。

随着通信系统的发展，用户对于业务需求越来越多样化，出现了许多高速率、高带宽业务，如 VR、高质量视频传输等。虽然 FSO 技术具有高带宽、高速率、容易部署、不受管制的带宽等优势，但单波长的 FSO 链路的承载能力仍然难以满足网络中激增的业务需求。并且由于大气信道的不稳定性，FSO 链路的性能下降。为了进一步提高 FSO 链路容量，使用 WDM（Wavelength Division Multiplexing，波分复用）技术是一种简单高效的解决方案。在 WDM-FSO 通信系统中，如图 8-4 所示，多路信号经过电/光转换器将电信号转换为不同波长的光信号，再通过光复用器将这些光信号耦合为一个波束。该波束经由大气信道被传输到接收端，在接收端由光解复用器对光信号进行解复用，还原出不同波长的光信号，再经由光/电转换器转换为原始电信号，并送往接收机处理。

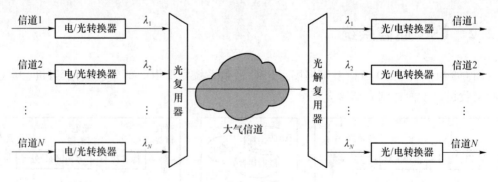

图 8-4　WDM-FSO 通信系统

8.2.3　FSO 信道分析

FSO 技术相较于传统光纤通信技术最大的不同在于其信道，光纤通信的信道是相对较为稳定低损的光纤,而 FSO 通信技术的信道是动态多变的自由空间大气。大气信道由多种气体以及悬浮微粒组成,会对 FSO 信号造成功率损耗,其中主要包括吸收损耗、散射损耗以及大气湍流造成的 FSO 信号衰落。

1. 吸收损耗及散射损耗

在光信号穿越大气信道的过程中,光信号的能量会被大气分子吸收,大气分子在光波电场作用下产生极化作受迫振动,分子间发生碰撞并产生热量,光能转化为分子热能,这就是大气的吸收效应。当入射光频率与大气分子的固有频率相等时则会产生共振吸收,此时大气吸收效应最明显,由于分子结构不同,从而表现出不同的光谱吸收特性。加之,大气对光信号的吸收是由气体分子的能级结构决定的,因此,大气分子的吸收特性不仅取决于分子种类,更取决于光信号的频率。大气对某些波长的光吸收较弱,而对某些波长对应的光吸收非常强烈,形成大气窗口。通常将透过率较高的光波段称作大气窗口,大气分子在大气窗口内呈现弱吸收。常见的大气窗口有 1 550 nm、1 300 nm、1 060 nm 以及 850 nm 等。

另外,光波在大气信道传输过程中,由于大气分子以及气溶胶等颗粒的存在,受到光波振荡电磁波的作用,散射体产生极化而感应出振荡的电磁多极子。散射体多极子产生电磁振荡会向各个方向辐射出电磁波,形成光的散射现象。单纯散射效应不会引起激光总能量的损失,但会改变原来光波传输方向上的能量大小。大气对光束的散射可分为大气分子散射和悬浮微粒散射。

吸收损耗及散射损耗造成光信号功率下降。通常使用比尔-朗伯理论描述光信号在经过大气信道后的透过率[3]:

$$\tau(\lambda, D) = \frac{I_R}{I_T} = \exp\left[-\gamma_T(\lambda)D\right] \tag{8-1}$$

式中:$\tau(\lambda, D)$ 为光信号波长为 λ 时,大气信道的透过率;I_R 为接收光信号功率;I_T 为发射光信号功率;$\gamma_T(\lambda)$ 为总衰减/消光系数;D 为传输距离。

此时,衰减系数 $\gamma_T(\lambda)$ 为大气信道中气体分子以及悬浮微粒的吸收损耗与散射损耗系数之和。因此,可以得到

$$\gamma_T(\lambda) = \chi_m(\lambda) + \chi_a(\lambda) + \eta_m(\lambda) + \eta_a(\lambda) \tag{8-2}$$

式中,$\chi_m(\lambda)$ 与 $\chi_a(\lambda)$ 分别为大气分子与悬浮微粒的吸收系数,$\eta_m(\lambda)$ 与 $\eta_a(\lambda)$ 分别为大气分子与悬浮微粒的散射系数。它们都与光信号波长有关,当光信号波长确定时,衰减系数 $\gamma_T(\lambda)$ 为常量。

2. 大气湍流

地球表面吸收太阳光热量,温度比高层大气温度高,接近地表的大气密度较小,上升与高层大气混合,大气温度产生随机波动,大气运动呈现不稳定状态,从而形成大气湍流。湍流引起的大气不均匀现象可以看作在大气中存在许多温度不同的气涡。对于光信号而言,这些气涡作用相当于不同尺寸、不同折射率的折射透镜。当光信号穿越大气湍流时,光信号强度与相位发生随机波动,FSO 链路性能下降。大气湍流通常根据折射指数的大小、变化和不均匀程度而划分为弱湍流、中湍流、强湍流以及饱和湍流。

由于大气湍流具有随机性,将大气湍流对光信号的影响描述为光信号强度波动的概率

密度函数的统计量模型。目前缺少适用于所有湍流强度下的通用湍流模型。现有的 3 种湍流统计模型为对数正态分布（log-normal）模型、伽马-伽马（gamma-gamma）模型以及负指数分布（negative exponential）模型。以上 3 种湍流模型分别对应弱湍流、弱湍流至强湍流以及饱和湍流的情况。

（1）对数正态分布模型

在弱湍流情况下，通常使用对数正态分布模型来描述湍流对于光信号强度的影响。在对数正态分布模型中，光信号强度经过弱湍流后服从对数正态分布，光信号强度 I 的概率密度函数为[4]

$$f_I(I)=\frac{1}{2\sigma_X I}\frac{1}{\sqrt{2\pi}}\exp\left\{-\frac{[\ln(I)-\ln(I_0)]^2}{8\sigma_X^2}\right\} \tag{8-3}$$

式中，σ_X 为光斑平均闪烁指数，$\sigma_X^2=0.305\,45(2\pi/\lambda)^{7/6}C_n^2(h)D^{11/6}$，$I_0$ 为无湍流情况下接收光信号的平均光强度，λ 为光信号波长，$C_n^2(h)$ 为在高度 h 下的光折射率参数，D 为传输距离。

（2）伽马-伽马模型

gamma-gamma 模型由 Andrews 等人提出[5]，他们认为穿越大气湍流的光信号强度波动由小尺度（散射）波动和大尺度（折射）波动组成。小尺度波动与湍流中小于菲涅尔区和相干半径的气涡有关，大尺度波动与湍流中大于第一菲涅尔区和散射盘的气涡有关。假设小尺度气涡受大尺度气涡调制，则归一化接收光信号强度 I 由两个独立统计随机过程 I_1 和 I_2 的乘积得到：

$$I=I_1 I_2 \tag{8-4}$$

式中，I_1 和 I_2 分别表示通过小尺度气涡和大尺度气涡的归一化接收光信号强度，并且都服从伽马分布，其概率密度分布函数分别为

$$p(I_1)=\frac{\omega(\omega I_1)^{\omega-1}}{\Gamma(\omega)}\exp(-\omega I_1) \tag{8-5}$$

$$p(I_2)=\frac{\xi(\xi I_2)^{\xi-1}}{\Gamma(\xi)}\exp(-\xi I_2) \tag{8-6}$$

将 $I_2=I/I_1$ 代入式（8-6）中得到

$$p(I/I_1)=\frac{\xi(\xi I/I_1)^{\xi-1}}{\Gamma(\xi)}\exp(-\xi I/I_1) \tag{8-7}$$

由此，经过伽马-伽马湍流信道的接收光信号强度 I 的概率密度分布函数为

$$p(I)=\int_0^\infty p(I/I_1)p(I_1)\mathrm{d}x \tag{8-8}$$

$$p(I)=\frac{2(\omega\xi)^{(\omega+\xi)/2}}{\Gamma(\omega)\Gamma(\xi)}I^{(\frac{\omega+\xi}{2})-1}K_{\omega-\xi}(2\sqrt{\omega\xi I}) \tag{8-9}$$

式中，ω 和 ξ 分别表示散射过程中小尺度气涡和大尺度气涡的有效数目，$K_n(\cdot)$ 表示 n 阶二类修正贝塞尔函数，$\Gamma(\cdot)$ 为伽马函数。如果达到接收端的光信号为平面波，则 ω 和 ξ 与大气条件有关。

（3）负指数分布模型

负指数分布模型适用于饱和大气湍流情况下。当 FSO 链路跨越数千米时，独立散射的数量将会变得非常大，从而造成强光信号强度波动。因此，穿越饱和情况大气湍流的光信号

强度 I 服从瑞利分布[6]：

$$p(I) = \frac{1}{I_0} \exp\left(-\frac{I}{I_0}\right) \tag{8-10}$$

式中，I_0 为平均接收光信号强度。

8.2.4　FSO 通信技术的研究现状

　　FSO 研究最初开始于 20 世纪 60 年代。1962 年，麻省理工学院林肯实验室的研究人员在 48 km 的范围内使用砷化镓（GaAs）发光二极管进行电视信号的传输。1963 年 3 月，北美航空的研究人员第一次利用激光进行了电视演示，同年 5 月，美国研究者在 Panamint Ridge 和 San Gabriel 之间利用激光器对调制后的语音进行了 190 km 的传输。美国国家航空航天局开发了深空光学通信项目，该项目是为了实现深空光收发器和地面接收器之间的数据传输，并保证在现有技术基础上使得数据速率提高 10 倍以上。欧洲也随之开始了对激光通信的研究。欧洲航天局开始资助各种 FSO 研究项目，旨在开发高数据速率的项目——太空中的激光链路，制造两个卫星终端，并在卫星之间采用 800～850 nm 的波长，验证信标的跟踪获取，并对其误差和精度进行分析。德国航空航天中心的研究人员展示了 FSO 数据传输速率在传输距离为 10.45 km 时，速率可达 1.72 Tbit/s，为 FSO 网络在下一代宽带无线网络中的应用奠定基础。

　　日本在 20 世纪 80 年代也开始了对激光通信的研究。日本航天局、邮政省的通信研究室和高级长途通信研究所等研究机构也相继对激光通信进行了研究。邮政省的通信研究室的研究主要集中于地面与卫星、卫星与卫星之间的通信实验，对链路精度的测量和卫星的跟踪精度和误差进行分析。在商业应用方面，日本电气股份有限公司在 1970 年构建了第一条用于交通的激光链路，该链路横跨横滨和多摩川之间，其长度为 14 km，使用全双工 0.632 8 μm 氦-氖（He-Ne）激光进行通信。

　　我国在激光通信方面的研究也紧追国际上其他国家的研究步伐。在 20 世纪 70 年代我国的研究学者已经开始对大气激光通信进行研究。由开始激光通信系统实验样机的推出到 2001 年多种型号类型激光通信设备的成功开发，都是我国对激光通信研究的成果。在此基础上，国内各高校和研究机构也开始了对激光通信的研究，包括北京邮电大学、电子科技大学、长春理工大学以及各地的单位和研究机构。其中，电子科技大学针对大气激光通信系统的相关探测技术进行了研究，并首次完成了大气激光束在空间的跟踪和对准。在此基础上，长春理工大学完成了星际间 10 Gbit/s 激光通信链路的传输，同时对星间的激光通信系统进行研究，实现了多卫星间"一对多"同时激光通信。

8.2.5　FSO 通信技术的应用场景

　　FSO 通信技术最初的研究一方面主要集中于星际卫星之间的通信，另一方面主要集中在军方通信研究，用于军事作战和秘密通信。随着 FSO 通信技术的推广和研究的逐渐发展，FSO 通信在大气中进行光信号的传输，其作为一种新型的网络技术，成为光纤、射频、微波等通信技术的替代方案。随着激光技术的快速发展，除了星间与星空之间的通信，激光通信逐渐在空空与空地之间得到了广泛应用。作为一种特殊的无线光通信技术,FSO 的主要应用包括以下两个方面。

1. FSO 作为光纤的替代用于现代光通信网络中

随着物联网技术的迅速发展和大数据时代的到来,人们对网络带宽和数据速率的要求日益增加。在这种情况下,光纤通信技术逐渐被选择成为主要的骨干网通信技术。然而,由于光纤铺设和维护费用较高且用户大量增加,光纤通信技术难以满足用户需求。FSO 技术可以作为代替光纤通信的技术用于光网络中,例如,在接入网中,FSO 链路具有较长的通信距离和较高的数据速率,因此可以作为终端用户和光纤骨干网之间的通信桥梁,以缓解"最初/最后一公里"接入问题。FSO 链路也可以作为光纤链路的备份链路,当光纤网络中数据链路发生中断时,可以建立 FSO 临时链路以维持网络的正常通信。

2. FSO 作为 RF 的替代用于无线移动通信网络中

在无线移动通信网络中,日益增加的用户量使得网络中数据量呈指数增长,因此采用具有较高传输速率的 FSO 通信代替 RF 通信可以有效增加网络的容量,缓解链路间的干扰问题。随着移动通信技术的发展,固定的基站已不能满足人们日趋多样化的数据业务请求,例如在火车、轮船等高速移动的环境中,移动的接入点和基站已逐渐成为另一种重要的移动通信场景。在移动的基站与网络连接以及移动接入点与固定的基站连接中,FSO 链路可以代替 RF 链路作为通信方式,有效增加网络的覆盖量,提高网络的性能。

8.3　基于 FSO 的空间光与无线融合网络

随着用户需求的不断增长以及新业务类型的出现,网络对于数据速率以及带宽的需求越来越高,使用密集蜂窝小区服务用户可以满足爆炸式的速率与带宽增长需求,但由此带来的问题是如何在大量的密集蜂窝小区与核心网间构建一个低成本、高带宽以及可拓展的接入网络。无人机等 NFP 作为网络中继节点可以拓展地面基站的覆盖以及服务能力,而且 FSO 技术部署灵活且成本较低,因此,基于 FSO 的空间光与无线融合网络是未来无线通信接入网络的可行解决方案。

8.3.1　基于 FSO 的移动前/回传中继网络架构

在 5G 无线通信网络中,采用 NFP,即无人机、热气球等作为空间载体,以 FSO 通信技术或者无线 RF 通信技术作为其通信方式,构建无线移动前/回传网络被认为是一种非常具有前景的网络结构。该网络结构可以有效增加地面网络节点的覆盖,同时提高区域内的网络容量。传统的无线电通信在现实应用中存在一定的限制,如数据速率的限制、严重的链路通信干扰以及安全性较低等。相对于传统的无线电通信,FSO 通信具有其独特的优势,如较高的数据速率、较长的链路通信范围和几乎可以忽略的链路间干扰问题。研究表明,当节点间距离为 10.45 km 时,FSO 通信的速度可以达到 1.72 Tbit/s,因此,FSO 通信技术被认为是一种很好的未来可替代无线电通信的通信方式,同时基于 FSO 的移动前/回传网络逐渐引起研究者的广泛关注。基于 FSO 的无线移动前/回传网络是未来无线移动通信网络中一种新型的接入结构,其关键的组成部分是 NFP 和 FSO 通信链路。

图 8-5 所示为基于 FSO 的无线移动前/回传网络,多个 NFP 之间通过 FSO 链路进行通信,构成移动前/回传网络,地面基站间可通过 RF、FSO 或光纤链路进行信息传输,也可通过 RF 或者 FSO 通信与 NFP 进行数据传输,NFP 作为中继节点将数据经过 BBU(Baseband Unit,基带处理单元)池转发至移动核心网或者将移动核心网的数据下发给地面 SC。该架构连接地面基站(包括宏基站、微蜂窝基站等)与移动核心网络,一方面,由于 FSO 链路具有较高的带宽速率,可以增加网络的覆盖,提高网络的容量,优化网络的性能。尤其是在热点区域,如运动场、大型会议中心、火车站等人口密集的区域,基于 FSO 的中继平台应用于移动接入网络中可以有效增加地面 SC 的容量,减少数据业务的拥塞现象。另一方面,由于 NFP 的移动性和配置灵活性,它可以用于各种紧急容灾情况和高速运行的环境,以满足移动通信网络中随时随地高速率的业务需求。例如,光纤或者铜线等传统有线通信方式无法布置安装,导致出现移动基站不能与移动核心网保持有效通信的情况,NFP 可以灵活地布置在偏远或者环境恶劣的区域以保证用户数据与移动核心网之间的通信。

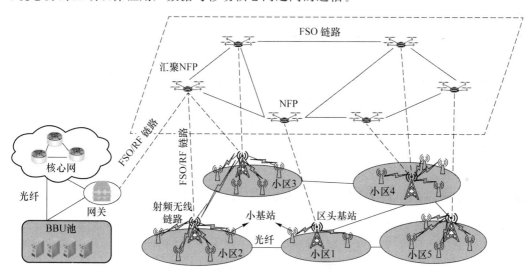

图 8-5　基于 FSO 的前/回传网络架构

8.3.2　挑战一:FSO 链路脆弱性引发的网络拓扑控制及资源优化问题

由于受链路衰减和大气湍流的影响,FSO 链路的性能极易受天气条件的影响,从而导致 FSO 链路的稳定性较差。在基于 FSO 的移动前/回传网络中,地面微蜂窝基站等接入点与 NFP 之间以及 NFP 与 NFP 之间通过 FSO 链路通信,FSO 链路的不稳定则会严重影响地面接入点与移动核心网之间的通信。首先,由于 FSO 链路属于"点对点"的通信方式,且每条链路需要一个发射机和接收机。与 RF 不同,在网络中 FSO 链路数受网络中 FSO 节点所配置的收发机个数的限制,从而影响网络拓扑的连通性。其次,由于 FSO 链路在空间环境中的脆弱性,为减少大气湍流对 FSO 链路可靠性造成的影响,应尽可能缩短 FSO 链路的传输距离,而链路传输距离的缩短增加了网络拓扑构建和维护的困难。此外,除了 FSO 通信技术和 NFP 的特性,在移动通信网络中,地面 SC 的数据业务在时间和空间上均具有高度的动态性,固定的网络拓扑结构难以长时间满足网络中的业务需求,因此需要对基于 FSO 的移动前/回传网络拓扑进行实时调整优化,以满足网络中的业务需求。综上,FSO 通信的特性以及空间网络环境的动态性使得基于 FSO 的移动前/回传网络拓扑控制和网络资源优化配置面临挑战。

8.3.3 挑战二:网络移动节点部署灵活性引发的网络节点定位及资源优化问题

在基于 FSO 的前/回传网络架构中,首先,由于网络空间的空间维度较大,NFP 节点的部署位置解空间大,难以寻优。其次,由于 FSO 链路在不稳定大气信道中传输,其受到大气湍流、大气吸收以及大气散射等效应影响,FSO 链路难以保证稳定传输,使其传输距离受到严格限制。由于 FSO 链路的传输距离影响地面接入点与 NFP 节点的通信建立,FSO 传输距离的缩短不仅会影响 FSO 网络拓扑构建,还会影响 NFP 节点的定位以及和地面接入点之间的通信匹配关系,使得 NFP 节点部署定位问题变得复杂。此外,NFP 节点的可承载重量有限,使其可装载的 FSO 收发器数量受到限制,导致网络中链路数量受到限制,从而使得在链路数有限的情况下,NFP 节点的部署定位和与地面接入点之间的通信连接建立联合问题更为复杂。综上,由于 FSO 链路的脆弱性以及 NFP 节点的度约束,NFP 节点的部署定位与网络拓扑构建密切相关,使得基于 FSO 的移动前/回传网络的 NFP 节点部署定位以及网络资源的配置面临挑战。

8.4 基于 FSO 的空间光与无线融合网络建模

在基于 FSO 的空间光与无线融合网络中,由于引入了 FSO 通信技术以及 NFP 中继节点,其网络模型与传统光纤网络模型有所区别,主要体现在以下方面。

① 链路容量模型:FSO 传输信道为大气信道,再加上 NFP 的空间组网特性,导致链路容量模型与传统光纤链路容量模型不同。

② 链路可靠性模型:与链路容量模型类似,FSO 链路的可靠性模型与传统光纤链路可靠性模型不同。

③ 网络资源优化模型:NFP 的能量有限以及 FSO 链路的脆弱性,导致 FSO 网络与传统光纤网络的资源优化目标有所区别。

8.4.1 FSO 链路容量模型

在基于 FSO 的空间光与无线融合网络中,地面 AP_i(Access Point,接入点)的业务数据经过空间中的 NFP 传递到汇聚 NFP_H 处。在该过程中经过两跳 FSO 链路,即从 AP_i 到

NFP(链路 l_{ij})和从 NFP 到汇聚 NFP(链路 l_{jH})。假设 P_{trans} 是 FSO 发射机在 AP_i 处的发射功率,τ_t 和 τ_r 是光学收发机的发射和接收效率,ε 是大气衰减因子,其单位是 dB/km,大小由天气条件(如晴天、雾天等)决定。定义 L_{ij} 为 AP_i 到 NFP 位置 j 之间的距离,ϑ 为 FSO 收发机上孔的直径大小,θ_{div} 是激光发射机的全光发射角,E_p 是当波长为 λ 时的光子能量,即

$$E_p = c\alpha/\lambda \tag{8-11}$$

式中,α 为普朗克常数,c 为光的传播速度,λ 为光子的波长。定义 N_b 为 FSO 收发机的灵敏度,则 AP_i 到 NFP 位置 j 之间的链路容量 c_{ij} 为[7]

$$c_{ij} = \frac{P_{trans}\tau_t\tau_r 10^{-\frac{\varepsilon L_{ij}}{10}}\vartheta^2}{\pi(\theta_{div}/2)^2 L_{ij}^2 E_p N_b} \tag{8-12}$$

在式(8-12)中,AP_i 到 NFP 位置 j 之间的距离计算如下:

$$L_{ij} = \sqrt{(a_i - a_j)^2 + (b_i - b_j)^2 + h^2}, \quad \forall i \in I, j \in J \tag{8-13}$$

式中,I 为地面 AP 的集合,J 为 NFP 可以放置位置的集合。$\langle a_i, b_i \rangle$ 和 $\langle a_j, b_j \rangle$ 分别为 AP_i 以及 NFP 位置 j 的横纵坐标,h 为 NFP 的高度。类似地,NFP 位置 j 到汇聚节点 H 的链路容量表示为

$$c_{jH} = \frac{P_{trans}\tau_t\tau_r 10^{-\frac{\varepsilon L_{jH}}{10}}\vartheta^2}{\pi(\theta_{div}/2)^2 L_{jH}^2 E_p N_b} \tag{8-14}$$

式中,L_{jH} 为 NFP 位置 j 到汇聚节点 H 之间的距离,可得

$$L_{jH} = \sqrt{(a_j - a_H)^2 + (b_j - b_H)^2}, \quad j \in J \tag{8-15}$$

式中,a_H 和 b_H 分别为 NFP 汇聚节点的纵、横坐标。

8.4.2 FSO 链路可靠性模型

由于大气湍流的影响,FSO 光束在空间环境中衰减十分严重。针对 FSO 光束的光照幅度衰减强度,常用两种概论密度分布函数来表示,即 gamma-gamma 分布和 log-normal 分布。尽管 gamma-gamma 分布可直接通过相关的大气参数定义大气湍流的条件,但是对于较弱的湍流情况,由于 log-normal 分布模型简单,通常被用于描述光信号受大气湍流的影响。考虑弱湍流情况,采用 log-normal 分布概论密度随机分布函数,则激光强度衰减的边缘分布可表示为

$$f_{ij}(I) = \frac{1}{2\sigma_{ij}I}\frac{1}{\sqrt{2\pi}}\exp\left\{-\frac{[\ln(I) - \ln(I_0)]^2}{8\sigma_{ij}^2}\right\} \tag{8-16}$$

式中,σ_{ij} 是光斑平均闪烁指数,$\sigma_{ij}^2 = 0.30545(2\pi/\lambda)^{7/6}C_n^2(h)L_{ij}^{11/6}$,$\lambda$ 为波长,$C_n^2(h)$ 为高度 h 处的光折射率参数,L_{ij} 为节点 i 和节点 j 之间的几何距离。此外,I 和 I_0 分别为有大气湍流影响和无大气湍流影响下接收到的平均信号强度。节点 i 和节点 j 之间的几何距离可表示为

$$L_{ij} = \sqrt{(d_i(x) - d_j(x))^2 + (d_i(y) - d_j(y))^2 + (d_i(h) - d_j(h))^2} \tag{8-17}$$

其中,$\langle d_i(x), d_i(y), d_i(h) \rangle$ 和 $\langle d_j(x), d_j(y), d_j(h) \rangle$ 分别表示节点 i 和节点 j 在空间的 3D 位置坐标。

链路可靠性表示为接收的光信号强度累计超过特定阈值 I_{th} 的概率[8],即

$$\gamma_{ij} = P(I \geqslant I_{th}) = \frac{1}{2} - \frac{1}{2}\text{erf}\left(\frac{\ln(I_{th}/I_0)}{2\sigma_{ij}\sqrt{2}}\right) \tag{8-18}$$

FSO 节点 i 和节点 j 之间的链路称为链路 l_{ij} 和链路 l_{ji}，其中链路 l_{ij} 和链路 l_{ji} 被认为是对称的，因此链路 l_{ij} 和链路 l_{ji} 的可靠性相等，即 $\gamma_{ij} = \gamma_{ji}$。定义 γ_{th} 为链路可靠性的阈值，当且仅当链路的可靠性大于该阈值 γ_{th} 时，链路才能被激活（建立）进行数据传输，为保证所建立链路的连通，所选择的链路 l_{ij} 和 l_{jH} 的可靠性必须满足

$$\gamma_{jH} \geqslant \gamma_{th}, \gamma_{ij} \geqslant \gamma_{th} \tag{8-19}$$

8.4.3 FSO 网络资源优化模型

在基于 FSO 的空间光与无线融合网络中，由于 FSO 链路的脆弱性以及 NFP 中继节点的能量受限，网络优化目标区别于传统的光纤网络。下面详细介绍 FSO 网络中的资源优化模型。

1. FSO 网络开销

（1）FSO 网络收发机消耗总功率

在空间网络环境中，由于 NFP 节点的能量是由所携带的电池供给的，NFP 节点所携带的有限的电池能量不足以长时间持续地为地面 SC 提供服务，因此需要充分利用网络的能量资源以提高网络的性能。为解决基于 FSO 的光与无线融合网络的拓扑构建与优化问题，可以最小化网络的功率消耗为目标，找到链路激活状态集合 $B = \{b_{ij} \mid i, j \in N\}$ 以构建最优的网络拓扑，其中，N 为 NFP 节点集合。定义整个基于 FSO 的网络拓扑中所有 FSO 收发机所消耗的总传输功率为网络的开销，即

$$C = \sum_i \sum_j o_{ij} b_{ij} \tag{8-20}$$

式中，$o_{ij} = P_{ij}^{\mathrm{T}}$，$P_{ij}^{\mathrm{T}} \geqslant \dfrac{P_0 16\pi^2 d_{ij}^2}{n_{ij}^{\mathrm{T}} n_{ij}^{\mathrm{R}} G_{ij}^{\mathrm{T}} G_{ij}^{\mathrm{R}} \lambda^2 h_{ij}}$，$o_{ij}$ 为链路 l_{ij} 消耗的传输功率，P_{ij}^{T} 为发射机传输功率，P_0 为接收功率阈值，d_{ij} 为发射机 NFP_i 到接收机 NFP_j 之间的距离，n_{ij}^{T} 和 n_{ij}^{R} 分别为 FSO 发射机和接收机的效率，G_{ij}^{T} 和 G_{ij}^{R} 分别为 FSO 发射机和接收机的放大增益，λ 为激光束波长，h_{ij} 为 FSO 链路的信道状态，该信道状态与大气衰减、大气湍流以及对准误差相关。b_{ij} 为链路 l_{ij} 的激活状态变量，若链路 l_{ij} 建立，则 $b_{ij} = 1$；反之，$b_{ij} = 0$。

（2）FSO 网络 NFP 中继数

地面节点的位置是确定的。因此，NFP 节点的部署位置决定了网络中的 FSO 链路是否可以建立。由于 NFP 节点的能量以及承载能力受限，其能装配的 FSO 收发机数量受到严格限制，即 NFP 节点的度严格受限。而 FSO 链路会影响 NFP 节点的度利用率。在同样的网络业务需求下，NFP 节点的度利用率越低，在网络中需要的 NFP 节点的数量越多。NFP 节点部署定位与 FSO 网络拓扑生成相互制约。NFP 节点的数量是 FSO 网络成本的重要影响因素。其表达式如下：

$$\text{minimize} \sum_{i=1}^{N} p_i \tag{8-21}$$

式中，p_i 表示 NFP 节点 i 是否激活。

2. FSO 链路利用率

链路利用率表示链路中业务承载量与其容量的比值，是衡量网络资源利用率的一个重

要指标,在 8.4.1 节中已经推导出地面业务汇聚基站 AP_i 到 NFP 位置 j 之间的链路容量 c_{ij} 为

$$c_{ij} = \frac{P_{trans} \tau_t \tau_r 10^{-\frac{\epsilon L_{ij}}{10}} \vartheta^2}{\pi (\theta_{div}/2)^2 L_{ij}^2 E_p N_b}$$

假设由 AP_i 产生的数据量为 β_i,那么链路 l_{ij} 的利用率为

$$\rho_{ij} = \frac{\beta_i}{c_{ij}} \tag{8-22}$$

类似地,NFP 位置 j 到汇聚节点的链路容量表示为

$$c_{jH} = \frac{P_{trans} \tau_t \tau_r 10^{-\frac{\epsilon L_{jH}}{10}} \vartheta^2}{\pi (\theta_{div}/2)^2 L_{jH}^2 E_p N_b}$$

因此,链路 L_{jH} 的利用率可以表示为

$$\rho_{jH} = \frac{\sum_{i \in I} \beta_i x_{ij}}{c_{jH}}, \quad j \in J \tag{8-23}$$

假设 NFP 配置在位置 j 处,那么 $\sum_{i \in I} \beta_i x_{ij}$ 表示为所有与该 NFP 连接的 AP 的数据业务量上传至该 NFP 的总和,也就是配置在位置 j 处的 NFP 上传至汇聚 NFP 的负载,其中二进制变量 x_{ij} 表示 AP_i 是否与放置在位置 j 处的无人机有连接关系。

3. FSO 网络波长资源占用

类似于木桶效应(木桶中最低的那块木板决定该木桶可装水的容积),在 WDM 网络中,通常将网络所有链路中占用波长的最大波长数作为网络拥塞的表征指标,因此,在 FSO 网络中,通常也将该指标作为衡量网络拥塞的表征,其表达式如下:

$$W_{max} = \max(w_{ij}) \tag{8-24}$$

式中,w_{ij} 为链路 l_{ij} 的波长占用数。

围绕基于 FSO 的空间光与无线融合网络的两大挑战,参照本节的网络模型,下面介绍 FSO 网络的拓扑控制与资源优化技术,以及 FSO 网络节点定位与资源优化技术。

8.5 基于 FSO 的光与无线融合网络拓扑控制与资源优化技术

采用 FSO 作为空间光与无线融合网络的通信方式可以有效保证地面密集小区与核心网之间的通信,但是同时面临一些挑战。第一,在空间网络中,FSO 链路的状态很容易受不同天气的影响。不同的天气状态,如云、雪、雾、霾等,都会引起链路的严重衰减,从而大大增加网络的 BER(Bit Error Rate,误码率)和链路的拥塞概率。第二,空间网络中 NFP 的负载是有限的。也就是说,每个 NFP 上安装 FSO 收发机的个数有限,这将严重影响节点所连接的链路数和整个网络的连通性。第三,在空间环境中,通常情况下 NFP 通过携带的能量有限的便携电池来提供网络通信需要的能量,因此,功率消耗是基于 FSO 的光与无线融合网络的一个十分重要的研究指标。第四,地面密集小区的数据业务在时间和空间方面皆呈现

较强的动态性,因此基于 FSO 的光与无线融合网络需要调整链路的连接,改变网络拓扑,以满足地面 SC 的业务需求。

本节主要从静态网络和动态网络两方面介绍如何解决基于 FSO 的光与无线融合网络拓扑重置问题。其中静态网络是指在一定时间段内,网络的链路状态和数据业务不发生变化;而动态网络是指在某时间段内,网络环境发生变化,链路状态和小区的数据业务发生变化。在该网络拓扑重置问题中,联合考虑 NFP 的功率和负载限制、FSO 的链路特性以及地面小区的动态业务流量。该网络拓扑重置方案包括两部分:首先,针对静态网络拓扑(一定时间段内网络链路状态和数据业务量不发生变化),给出一种先验式的拓扑重置算法。其次,在根据先验式拓扑重置算法构建的网络拓扑的基础上,当网络中 FSO 链路状态或者小区的数据业务量发生改变时,反应式网络拓扑重置算法针对确定发生的网络环境变化情况,给出网络拓扑动态调整方法,以优化网络拓扑结构。

如图 8-6 所示,基于 FSO 的移动前/回传网络结构是由多个 NFP 和 FSO 链路组成的。该网络作为基于 FSO 的光与无线融合网络连接地面 SC 与 FSO 网关。每个 SC 可以通过 NFP 相互通信,且空间网络中每个 NFP 上安装有 FSO 收发机。定义空间网络中 NFP 的集合为 N,i 和 j 作为 NFP 的索引。

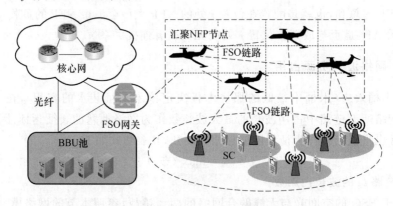

图 8-6　基于 FSO 的移动前/回传网络结构

8.5.1　先验式网络拓扑重置技术

传统的光纤网络拓扑构建方法有最小生成树算法以及狄洛尼三角剖分算法等。最小生成树的目标是在节点位置确定的前提下以最少的边构成一个生成树,从而实现网络连通;狄洛尼三角剖分是根据节点位置生成狄洛尼三角从而得到一个高连通度的网络拓扑。但 FSO 网络中的节点度是受到严格约束的,上述两种方案难以用于 FSO 网络,因此本节介绍一种先验式拓扑重置算法,该算法主要针对相对静态的网络环境,即在一定时间段内网络中 FSO 链路状态和地面业务数据相对稳定。在这种网络场景中,先验式网络拓扑重置方法通过预测一段时间内的 FSO 链路状态和业务请求情况,构建最优的网络拓扑结构,预测算法在本节中不作详细介绍。

1. 基于最优化理论的网络拓扑优化配置算法

在空间光与无线融合网络中,NFP 的能量是由能量有限的电池供应的,无法长时间为地面小区提供服务,因此空间网络需要尽量提高网络能量利用率以提升网络性能。本节以最小化网络总功率消耗以及最大化网络吞吐量为优化目标,构建最优拓扑。8.4.3 节定义网络拓扑中所有 FSO 收发机所消耗的总传输功率为网络开销:

$$C = \sum_i \sum_j o_{ij} b_{ij}$$

网络吞吐量定义为 T,表示为

$$T = \sum_s \sum_d f^{sd} \tag{8-25}$$

式中,f^{sd} 为源节点 s 到目的节点 d 的数据流大小,下面将对该优化问题进行数学建模。

(1)网络开销最小和吞吐量最大的双目标优化问题建模

将先验式网络拓扑重置问题建模成一个双目标优化问题,在一定时间段内通过调整网络中链路的激活状态,即改变链路激活状态 b_{ij},以优化网络的开销和网络的吞吐量,双目标优化问题 P1 描述如下。

目标函数:

$$\text{Minimize } C \text{ \& Maximize } T \tag{8-26}$$

约束条件:

$$w_{ij} = \begin{cases} \gamma_{ij}, & \gamma_{ij} \geqslant \gamma_{th} \\ 0, & \text{其他}, \end{cases} \forall i,j \in N \tag{8-27}$$

$$\sum_j b_{ij} \leqslant \Delta_{th}, \quad \forall i,j \in N \tag{8-28}$$

$$b_{ij} b_{jk} \cos \alpha_{\langle ij,jk \rangle} \leqslant \cos \theta, \quad \forall i,j,k \in N \tag{8-29}$$

$$\sum_s \sum_d f_{ij}^{sd} \leqslant b_{ij} \times R_{ij} \times E, \quad \forall s,d,i,j \in N \tag{8-30}$$

$$\sum_j f_{ij}^{sd} - \sum_j f_{ji}^{sd} = \begin{cases} f^{sd}, & s = i \\ -f^{sd}, & d = i, \quad s,d,i,j \in N \\ 0, & \text{其他} \end{cases} \tag{8-31}$$

$$f^{sd} \leqslant D^{sd}, \quad \forall s,d \in N \tag{8-32}$$

式中,N 为 NFP 节点集合。式(8-27)中 γ_{th} 定义为链路可靠性的阈值,且只有当链路可靠性满足 $\gamma_{ij} \geqslant \gamma_{th}$ 时,该链路才能被选择激活用于传输数据。式(8-28)表示每个节点可以建立的链路数受限。式(8-29)表示避免相邻两条链路之间的相互干扰,因此相邻 FSO 链路 l_{ij} 和 l_{jk} 的夹角 $\alpha_{\langle ij,jk \rangle}$ 应该大于其发散角 θ。式(8-30)表示所有汇聚在每一条 FSO 链路上的数据流不能超过该条链路的容量,f_{ij}^{sd} 为源节点 NFP_s 和目的节点 NFP_d 间的数据流 f^{sd} 经过链路 l_{ij} 的数据,$R_{ij} = R_0 w_{ij}$ 为链路 l_{ij} 的有效容量,R_0 为 FSO 链路的标准容量,E 为每个时隙的时间长度。式(8-31)表示网络路由应该是连续的,即业务从源节点流出,从中间节点流入并流出,直至流入目的节点。式(8-32)定义任意一对 NFP(如 NFP_s 和 NFP_d)之间的业务请求为 D^{sd},则每对 NFP 节点之间的数据流小于该对节点之间的业务请求量。

由上述描述可知问题 P1 是 NP-hard 问题,同时也是一个混合整数非线性规划问题。为解决 P1,首先将非线性规划问题转化为线性规划问题。具体过程如下所示。

定义新的变量 t_{ij}^{jk} ($t_{ij}^{jk} = b_{ij}b_{jk}$)。因为 b_{ij} 和 b_{jk} 都是二进制 0-1 变量,当且仅当 $b_{ij} = b_{jk} = 1$ 时,$t_{ij}^{jk} = 1$;否则,$t_{ij}^{jk} = 0$。因此,约束条件(8-29)可以转化为

$$t_{ij}^{jk}\cos \alpha_{\langle ij,jk\rangle} \leqslant \cos \theta, \quad \forall j, i \in N \tag{8-33}$$

此时,$t_{ij}^{jk} = b_{ij}b_{jk}$ 可以被分解成 3 个不等式,$t_{ij}^{jk} \leqslant b_{ij}$ ($\forall i, j \in N$),$t_{ij}^{jk} \leqslant b_{jk}$ ($\forall i, j \in N$) 和 $b_{ij} + b_{jk} - 1 \leqslant t_{ji}^{jk}$ ($\forall i, j \in N$)。因此,问题 P1 可以转化为问题 P2。

目标函数:

$$\text{Minimize } C \& \text{ Maximize } T$$

约束条件:

式(8-27),式(8-28),式(8-30),式(8-31),式(8-32)和式(8-33)

$$t_{ji}^{jk} \leqslant b_{ij} \quad \forall i, j \in N \tag{8-34}$$

$$t_{ji}^{jk} \leqslant b_{jk} \quad \forall i, j \in N \tag{8-35}$$

$$b_{ij} + b_{jk} - 1 \leqslant t_{ji}^{jk} \quad \forall i, j \in N \tag{8-36}$$

注意,P2 是 MILP(Mixed Integer Linear Programming,混合整数线性规划)问题,与混合整数非线性规划问题 P1 相比,求解难度大大降低。

(2) 双目标优化问题的 Pareto 最优解

先验式网络拓扑重置算法有两个相互冲突的目标函数,即最小化网络开销(网络中所有传输功率总消耗)和最大化网络吞吐量,那么在两个优化目标之间存在一个平衡点。为有效求解双目标优化问题,找到该平衡点,首先将双目标问题转化为单目标优化问题。在双目标优化问题向单目标优化问题转化的过程中,将第一个目标函数,即网络开销的最小化转化成约束条件,并给定一个固定网络开销阈值 C_{th},即

$$\sum_i \sum_j o_{ij}b_{ij} \leqslant C_{th} \tag{8-37}$$

改变 C_{th} 的值从 0 到 C_{max},针对每个 C_{th} 值,可以得到所对应的最大网络吞吐量的值,因此,问题 P2 可以转化成 P3。

目标函数:

$$\text{Maximize } T \tag{8-38}$$

约束条件:

式(8-27),式(8-28),式(8-30),式(8-31),式(8-32),式(8-33),式(8-34),

式(8-35),式(8-36)和式(8-37)

为了得到原问题的最优解,引入(弱)帕累托最优化解[9]。帕累托最优解是指这样的一个解,找不到其他的解使得该双目标优化问题的两个相互对立的解同时得到改进和优化。

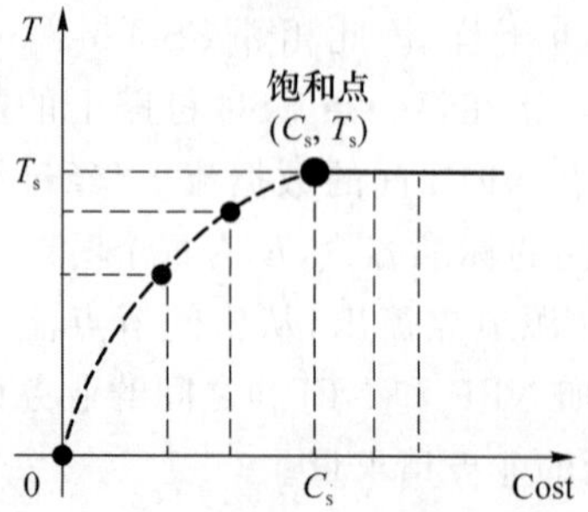

改变网络开销的阈值 C_{th} 从 0 到 C_{max},求解问题 P3 可以得到相应的网络吞吐量的值。需要注意的是,当网络开销值为 0 时,网络中没有激活的链路,此时网络的吞吐量为 $T = 0$。根据多个开销值可以得到不同的网络吞吐量的值,网络吞吐量与网络开销曲线如图 8-7 所示。当网络开销值超过一定数值 C_s 时,

图 8-7 网络吞吐量与网络开销曲线

网络的吞吐量值依然保持在 T_s 不再增加,根据帕累托最优理论可知,饱和点(C_s,T_s)为弱帕累托最优点。

2. 基于启发式思想的先验式网络拓扑优化配置

由上一节可知,P1 为 NP-hard 问题,即便转化后的问题 P2 和 P3 可利用现有的优化工具(如 Cplex)求解,但需要较长的运行时间和较多的资源。本节给出一个基于启发式思想的先验式网络拓扑配置算法,该算法的主要思路是将原网络拓扑配置问题分解为两个子问题:其一,在一定时间段内利用 GMB(Greedy Matching Based Algorithm,基于贪婪匹配思想的算法)选择需要激活的链路,以构建最优的基于 FSO 的光与无线融合网络拓扑结构;其二,在得到的最优网络拓扑结构的基础上,基于传统的最大流和增广路径算法[10],建立数据路由。

(1)基于贪婪匹配思想的网络拓扑构建

GMB 受一般图匹配的开花算法(Blossom)[11]启发。GMB 通过寻找扩展路径更新激活链路的集合 M。所寻找的扩展路径与增广路径相似,是由网络中未激活的链路和已激活的链路交替出现的一条路径。本节通过定义网络效益函数对每一条扩展路径进行评估,其中网络效益函数描述如下:

$$u = \frac{\sum\limits_{s}\sum\limits_{d} D^{sd} h^{sd}}{\sum\limits_{i}\sum\limits_{j} b_{ij} o_{ij}}, \quad \forall i,j \in N \tag{8-39}$$

式中:D^{sd} 是节点 NFP_s 到 节点 NFP_d 之间的业务需求;h^{sd} 是当前网络拓扑中,节点 NFP_s 到节点 NFP_d 之间的最小跳数;$\sum\limits_{i}\sum\limits_{j} b_{ij} o_{ij}$ 是指网络中的功率消耗,即网络的开销。相应地,如果选择一条扩展路径对当前的网络拓扑进行更新,那么更新后网络拓扑所引起的网络效益值变化为

$$\Delta u = \frac{\sum\limits_{s}\sum\limits_{d} D^{sd}(h^{sd} - h^{sd*})}{\sum\limits_{i}\sum\limits_{j} b_{ij} o_{ij}^{*} - \sum\limits_{i}\sum\limits_{j} b_{ij} o_{ij}}, \quad \forall i,j \in N \tag{8-40}$$

推论 8-1 假设网络中每个 NFP 上的收发机个数是相同的,并且每对节点之间的业务请求量相同。在一个网络拓扑中,当网络中所有业务请求的源节点与目的节点之间所经过的跳数最小时,该网络的吞吐量最大。证明过程参考文献[1]。

根据推论 8-1,问题 P1 的目标函数可以转化为最小化 $\sum\limits_{s}\sum\limits_{d} D^{sd} h^{sd}$ 和 $\sum\limits_{i}\sum\limits_{j} b_{ij} o_{ij}$ 的值。因此,GMB 通过迭代选择一个新的扩展路径,并计算该路径在当前网络和更新后网络中的网络效益值的变化,即根据式(8-39)和式(8-40)中的 u 与 Δu 来判断是否可以提高网络的性能。也就是说,当 $\Delta u > u$ 时,选择的扩展路径可以更新网络中激活链路集合 M,从而更新网络拓扑;否则,该扩展路径不予采用。直到网络中不能找到可以提高网络性能的扩展路径,算法终止。GMB 的过程如算法 8-1 所示。

算法 8-1 GMB

输入：N，$M=\varnothing$，Δ_i，D^{sd}，o_{ij}，R_{ij}

输出：M

1：while 节点度 $\Delta_i=0$，$\Delta_j=0$ do

2：　　随机选择一条未激活的链路

3：　　更新 M

4：end while

5：for（节点度 $\Delta_i<\Delta_{th}$）

6：　根据算法 8-2 找到扩展路径 L

7：　计算 u 和 Δu

8：　　if($\Delta u>u$)

9：　　　更新 M

10：　　end if

11：　　if（网络中有扩展路径）

12：　　　返回至 6

13：　　else

14：　　　输出最优网络拓扑

15：　　end if

16：end for

为了找到激活链路集合 M，以构建最优网络拓扑结构。GMB 主要分为两个阶段：①找到在节点度限制条件下的扩展路径，确定选择需要激活的链路；②根据网络效益值判断选择的链路是否可以更新网络拓扑，提高网络的性能。

在第一个阶段，度限制条件下的扩展路径的寻找过程如算法 8-2 所示。该过程类似于匈牙利算法寻找增广路径的过程，扩展路径开始于一条未激活的链路，在网络中交替经过激活链路和未激活链路，并以未激活的链路结束。为了保证网络拓扑中激活的链路数满足每个 NFP 节点的节点度限制，即约束条件(8-28)，GMB 在选择激活一条链路之前先确定该链路两端点所连接的链路数。

需要注意的是，若一条扩展路径的终止节点已经在该路径上，则这种情况就会造成路径环。当这条路径环上的链路数为奇数时，该路径环被定义为花。这种奇数长度的路径环，即花，是很难确定扩展路径的终点已经经过的最后链路的。为准确找到一条扩展路径，需要对所形成的花进行缩花处理。对花进行缩花处理，即把该路径环看作一个 NFP 节点。例如，在图 8-8 中，如果扩展路径经过 NFP 0，经过 NFP 2、3、4、5、6，并在 NFP 2 处终止，该路径形成一个具有奇数条链路的路径环，即 2-3-4-5-6-2，并形成花。对于花 2-3-4-5-6-2 进行缩花处理，将其看作 NFP 2，然后从 NFP 2 开始反方向延伸经过 6、5、4、3 到 7，最终找到扩展路径 0-1-2-6-5-4-3-7。

算法 8-2　扩展路径的寻找

输入：M，Δ_{th}，D^{sd}，o_{ij}

输出：L

1：while $\Delta_i<\Delta_{th}$ do

2：　　从 NFP 节点 i 开始进行路径扩展

3：   找到 NFP 节点 j，使得 $b_{ij}=0$

4：   if $(0<\Delta_j<\Delta_{th})$

5：   找到 NFP k，使得 $b_{jk}=1$

6：   if $(\Delta_k=\Delta_{th})$

7：   返回 3

8：   else $\Delta_k<\Delta_{th}$

9：   if $\theta_{<jk,km>}\geqslant\theta_{th}(b_{km}=1)$

10：   找到 NFP p 满足 $\Delta_p<\Delta_{th}$ 且 $b_{kp}=1$

11：   if $\{p\}\neq\varnothing$ 且 $p\neq i$

12：   从 NFP 节点 k 开始进行路径扩展

13：   end if

14：   if $p=i$

15：   缩花处理

16： $k=j$，返回 4

17：   end if

18：   end if

19：   end if

20：   end if

21：end while

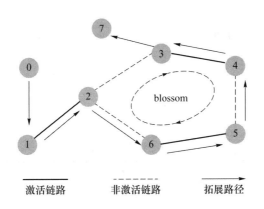

图 8-8 带花的扩展路径的寻找过程

在第二个阶段，根据式(8-40)对找到的扩展路径进行评估，判断其是否能提高网络拓扑的性能。具体对扩展路径的判定过程如下。

(2) 已构建网络拓扑的数据路由建立

在 GMB 构建的网络拓扑基础上，根据最大流算法思路依次对每条链路上经过的数据流大小请求进行计算分配，具体过程如下所示。

① 对业务量进行降序排列，按照从大到小的顺序依次对业务需求进行处理。

② 针对每个业务，根据网络最大流算法为其选择最大增广路径，其中，增广路径是由一系列激活和未激活的链路组成的，且开始链路和终止链路均为未激活链路。

③ 根据②中选择的数据路由，计算网络中链路的剩余容量，并更新网络当前状态。

④ 直到网络中找不到增广路径，算法终止。

该数据路由建立过程可以在容量有限的网络中满足尽可能多的数据业务量,即保证在所构建的网络拓扑中最大化网络吞吐量,其过程如算法 8-3 所示。

算法 8-3　数据路由的建立

输入:M,D^{sd},o_{ij},R_{ij}

输出:T

1:将 D^{sd} 按照降序排列

2:while $b_{ij}=1$

3:　　$T=T+D_{ij}$

4:　　$R_{ij}=R_{ij}-D_{ij}$,$D=D-D_{ij}$

5:end while

6:for ($b_{ij}=0$)

7:　　找到增广路径

8:　　针对 D_{ij} 计算最大流 f_{ij}

9:　　$T=T+f_{ij}$

10:end for

---

3. 仿真设置和结果分析

本节对上述所介绍的先验式网络拓扑重置方法的性能进行分析。通过仿真验证了先验式网络拓扑重置方法在网络吞吐量和网络开销方面均具有较好的性能。考虑在 10 km×10 km 的网络场景中,NFP 的位置按照均匀分布随机生成。根据 NFP 的位置以及两两之间的距离,可以计算得出链路的容量和链路所消耗的发射功率。另外,固定时间周期内业务需求量按照期望为 10、方差为 2 的正态分布随机生成。仿真过程中需要的其他参数如表 8-1 所示。

表 8-1　仿真参数说明

符号	参数说明	数值
P_0	最小接收功率	$10^{-7}\,\mathrm{W}$
n_T/n_R	发射机/接收机效率	0.8
G_T/G_R	收发机的激光增益	72/112
σ_s	抖动标准差	0.2 cm
C_n^2	大气折射率结构参数	$10^{-15}\,\mathrm{m}^{-2/3}$
λ	激光束波长	1 550 nm
w	光束半径	1 m
σ	衰减系数	0.1
θ	夹角阈值	15°
γ_{th}	链路可靠性阈值	$1-10^{-6}$

本节对先验式网络拓扑重置方法的性能进行分析。在不同的网络拓扑环境中,将所给出的先验式网络拓扑重置方法与 FSO 网络拓扑构建算法 GEA(Greedy-Edge Appending,

贪婪边添加)算法[12]进行比较。GEA 算法是一种 FSO 网络拓扑生成算法,该算法先通过最小生成树将每个 FSO 节点连接起来,然后逐渐增加 FSO 链路,直到在当前 FSO 节点度限制下没有可增加的 FSO 链路。

设置 NFP 的个数分别为 6、8、10、12、16 和 20。在不同网络规模大小的网络中分析对比算法 GMB 和算法 GEA 所构建网络拓扑的性能。图 8-9 所示为在不同规模大小的网络拓扑中,算法 GMB 和算法 GEA 所构建网络拓扑的网络开销变化情况。结果显示,随着网络规模的增大,网络中 NFP 个数增加,算法 GMB 和算法 GEA 的网络开销均增大,且 GEA 的网络开销明显远远大于所设计算法 GMB。图 8-10 描述了随着网络拓扑规模的增大,算法 GMB 和对比算法 GEA 的网络吞吐量的变化。结果显示,随着网络规模的增加,算法 GMB 所构建网络拓扑的吞吐量逐渐加大,而对比算法 GEA 所构建网络拓扑的吞吐量没有明显的上升趋势。造成这种结果的主要原因是算法 GMB 选择扩展路径的标准是所有扩展路径中效益值 Δu 最大者,而效益值 Δu 越大意味着根据该扩展路径更新网络拓扑会带来较少的网络开销和较高的网络吞吐量。另外,对比算法 GEA 在激活链路更新网络拓扑的过程中仅考虑链路的可靠性,而忽略网络吞吐量的变化。因此,随着网络拓扑规模的加大,即使网络开销增加,而算法 GEA 所构建网络拓扑的网络吞吐量不会随之加大。

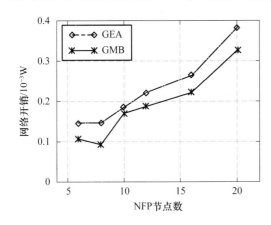

图 8-9 网络拓扑开销 vs 网络拓扑中的 NFP 个数

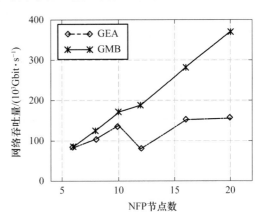

图 8-10 网络吞吐量 vs 网络拓扑中的 NFP 个数

8.5.2 反应式网络拓扑重置技术

在空间网络环境中,由于大气信道和数据业务需求在时间和空间上的动态性,空间 FSO 网络拓扑需要相应地动态变化。先验式的网络拓扑重置方法已不足以保证网络的性能。本节在上述构建的先验式网络拓扑重置方法的基础上,分别在 FSO 链路中断和数据业务发生剧变的情况下介绍两种反应式的网络拓扑重置方法。

1. 针对 FSO 链路中断情况的反应式网络拓扑重置

在自由空间光网络中,FSO 链路状态受大气环境的影响具有较高的脆弱性和动态性。例如,当大气中湍流影响发生改变时,FSO 链路的可靠性随之发生变化。当链路 l_{ij} 的可靠性 γ_{ij} 低于链路可靠性阈值 γ_{th} 时,链路 l_{ij} 上的数据通信极易中断,这将影响整个网络数据通信的可靠性,并且大大降低网络的吞吐量。针对这种 FSO 链路状态不稳定情况,介绍一种 RTRLF（Reactive Topology Reconfiguration Algorithm for Link Failures,针对链路中断的反应式拓扑重置算法）,该算法当 FSO 链路中断时,快速提供备选链路以保证网络拓扑的可靠性,提高网络拓扑的吞吐量,减少网络拓扑的开销。

RTRLF 算法选择备选 FSO 链路的主要依据是 NFP 节点的节点度和链路开销-容量比（cost-capacity ratio）。定义链路的开销-容量比为 μ_{ij}, $\mu_{ij} = o_{ij}/R_{ij}$。RTRLF 主要包括以下几个方面,其过程如算法 8-4 所示。

① 当网络中链路 l_{ij} 发生中断,即由于 NFP$_i$ 和 NFP$_j$ 间距离过大,所需的发射功率超过网络中所规定的阈值 o_{th} 时,RTRLF 首先判断发生中断的链路两端点,即 NFP$_i$ 和 NFP$_j$ 所连接的链路数,以及 NFP$_i$ 和 NFP$_j$ 邻居节点所连接的链路数目。

② 如果中断链路 l_{ij} 的一个端点（假设为 NFP$_i$）的邻居节点（假设为 NFP$_k$）所连接的链路数小于节点度限制（Δ_{th}）,RTRLF 直接连接中断链路 l_{ij} 的另一个端点（NFP$_j$）与该端点邻居节点 NPF$_k$,同时在网络中建立链路 l_{kj}。

③ 如果中断链路两端点的所有邻居节点所连接的链路数达到节点度限制 Δ_{th},那么备份链路不能直接建立。在这种情况下,建立一条新的链路需要删除一条链路,以保证每个节点所连接的链路数小于节点度限制。建立链路 l_{kj},则对节点 NFP$_k$ 所连接的链路进行评估,计算 NFP$_k$ 所连接链路的开销-容量比,选择开销-容量比值最大的链路,假如 NFP$_q$ 与 NFP$_k$ 相连接,且在与 NFP$_k$ 所连接的所有链路中,l_{kq} 的开销-容量比最大,则中断链路 l_{kq},连接 NFP$_q$ 与 NFP$_i$。

④ 代替中断的链路 l_{ij},连接链路 l_{qi} 和链路 l_{kj},中断链路 l_{kq}。

算法 8-4　RTRLF

1: while $o_{ij} \geqslant o_{th}$

2:　　找到链路端点 NFP$_i$ 和 NFP$_j$ 的邻居节点,并计算 μ

3:　　if 邻居节点的节点度 $\Delta < \Delta_{th}$

4:　　　　连接链路 l_{ij} 的一个端点与另一个端点的邻居节点

5:　　　　根据式(8-40)计算 Δu

6:　　　　找到最大的 Δu

7:　　　　返回 M_{rec}

8:　　else

9:　　　　连接链路 l_{ij} 的一个端点与另一个端点的邻居节点

10:　　　　找到具有开销-容量比值最小的链路 l_{ik}

11:　　　　连接链路 l_{ik}

12:　　　　寻找与 NPF$_k$ 所有连接的链路

13:　　　　找到开销-容量比值最大者 μ_{kg}

14:　　　　　if $\mu_{ik} < \mu_{kg}$

15:　　　　　　连接链路 l_{ik},中断链路 l_{kg}

16:　　　　　　返回 M_{rec}

17:　　　　end if

18:　　end if

19: end while

---

2. 针对业务流量剧变情况的反应式网络拓扑重置

业务数据量的剧变是造成空间网络不稳定的另一个重要因素。在一段时间内,在先验式网络拓扑配置的基础上,该节针对业务突变情况介绍一种反应式网络拓扑配置方法,对网络拓扑进行更新优化,以保证基于 FSO 的光与无线融合网络拓扑结构的性能,即网络吞吐量最大,网络开销最小。

根据业务需求量的变化情况,定义 D^{sd} 超过阈值 D_{th} 时为紧急业务。当网络中有紧急业务出现时,为了能使网络拓扑满足更多的业务需求量,对网络拓扑进行局部调整。针对 RTRTE(Reactive Topology Reconfiguration Algorithm for Traffic Events,业务量需求变化的反应式网络拓扑重置算法),基于 FSO 链路的开销-容量比和 NFP 节点的节点度选择需要激活的链路,以更新网络拓扑结构。RTRTE 主要包括以下几个方面,其过程如算法 8-5 所示。

① 若网络拓扑中检测到有紧急业务出现,即 $D^{sd} > D_{th}$,RTRTE 尽量增加一条新的链路以满足增加的业务量需求。

② RTRTE 首先确定紧急业务 D^{sd} 的源节点 NFP_s 和目的节点 NFP_d 之间是否存在链路 l^{sd},如果链路 l^{sd} 存在,则寻找节点 NFP_s 和 NFP_d 的邻居节点,并判断邻居节点所连接的链路数,找到所连接的链路数小于度限制的邻居节点。为了满足突增的紧急业务,连接源节点 NFP_s(或目的节点 NFP_d)和目的节点 NFP_d(或源节点 NFP_s)的邻居节点,得到更新后的激活链路集合 M_{rec}。

③ 如果链路 l^{sd} 不存在,则判断 NFP_s 和 NFP_d 所连接的链路数是否达到节点度限制。如果 NFP_s 和 NFP_d 所连接的链路数小于节点度限制 Δ_{th},则直接建立链路 l^{sd};如果 NFP_s 和 NFP_d 所连接的链路数不小于节点度限制 Δ_{th},则链路 l^{sd} 的建立使得 NFP_s 和 NFP_d 至少有两条路径存在,从而形成链路环,为保证网络中节点度的限制,若增加链路 l^{sd},则需要选择一条删除的链路。删除链路的选择则根据链路的开销-容量比大小,即 $\mu_{ij} = o_{ij}/R_{ij}$,计算链路环上每一条链路的开销-容量比值,选择开销-容量比值最大者作为中断的链路,以满足网络中节点度的限制,得到更新后的激活链路集合 M_{rec}。

算法 8-5　RTRTE 算法

1:	while $D^{sd} \geqslant D_{th}$
2:	判断链路 l^{sd} 是否存在
3:	if $b^{sd} = 1$
4:	判断 NFP_s 和 NFP_d 所连接的链路数
5:	if $\Delta < \Delta_{th}$
6:	寻找 NFP_s 和 NFP_d 的邻居节点 $\Delta < \Delta_{th}$
7:	连接端点到邻居节点
8:	if $\Delta u > u$
9:	返回 M_{rec}
10:	end if
11:	else
12:	寻找 NFP_s 和 NFP_d 的邻居节点 $\Delta < \Delta_{th}$
13:	连接邻居 NFP

14：   if $\Delta u > u$
15：   返回 M_{rec}
16：   end if
17：   end if
18：   else $b^{sd} = 0$
19：   if $\Delta < \Delta_{th}$
20：   连接 NFP_s 和 NFP_d
21：   end if
22：   else
23：   找到从 NFP_s 到 NFP_d 的路径
24：   计算路径上每条链路的开销-容量比值
25：   中断开销-容量比值最大的链路
26：   建立链路 l^{sd}
27：   寻找邻居节点计算开销-容量比值
28：   中断开销-容量比值最大者 l_{sm} 和 l_{dn}
29：   分别连接邻居 NFP_s 与路径的端点
30：   计算 M_{rec} 的 Δu
31：   if $\Delta u > u$
32：   返回 M_{rec}
33：   end if
34：   end if
35：   end if
36：end while

3. 仿真设置和结果分析

在一定时间周期范围内,当网络状态相对稳定时,采用先验式网络拓扑配置方法对网络拓扑进行优化;而在给时间段内,当空间 FSO 网络链路状态和数据业务量发生变化时,本节在先验式网络拓扑配置方法构建的网络拓扑基础上对网络拓扑采用反应式网络拓扑重置方法。本节对所介绍的两种反应式网络拓扑重置算法的性能进行分析。

(1) FSO 链路中断情况下的网络拓扑重置

在自由空间光网络中,FSO 链路的可靠性受大气环境的严重影响,会随之发生变化。当网络中 FSO 链路的可靠性低于链路可靠性的阈值时,链路无法进行正常数据通信,则该链路中断。此时当前的网络拓扑已不再是最优的拓扑结构,因此需要进行网络重置。假设在给定时间段内只有少数链路的可靠性发生变化,并且不会频繁发生改变。在该场景下,链路可靠性的改变随机产生,即中断链路 l_{ij} 随机选择。在算法 GMB 构建网络拓扑的基础上采用 RTRLF 算法,即 GMB+RTRLF 对网络拓扑进行优化。算法 GMB、GMB+RTRLF 和 GEA 的性能对比结果如图 8-11 和图 8-12 所示。

随着网络规模的增加,网络的开销随之增加,其结果如图 8-11 所示。并且算法 GMB+RTRLF 所生成的网络拓扑的开销与算法 GMB 所构建的网络拓扑的开销近似相等。这是因为当网络中链路发生中断时,反应式拓扑重置算法 RTRLF 在 GMB 所生成的网络拓扑基础上进行局部调整。图 8-12 描述了算法 GMB、GMB+RTRLF 和 GEA 所生成网络拓扑的吞吐量的结果。由图 8-12 可知,由算法 GMB+RTRLF 所构建的网络拓扑的吞吐量高于算法 GMB 和算法 GEA。这主要是因为在 FSO 网络拓扑中,当一条链路状态发生改变导致链路中断时,在 GMB 构建网络拓扑的基础上,算法 RTRLF 选择一条新的链路保证数据传输,新链路的选择是通过计算链路的开销和容量,并选择最小的开销-容量比值的链路作为替代,这样较大的链路容量提高网络的吞吐量,以保证更新重置后的网络拓扑具有最优的网络吞吐量和最小的网络开销。

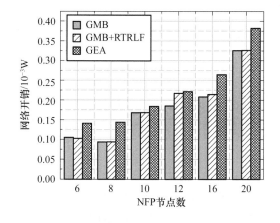
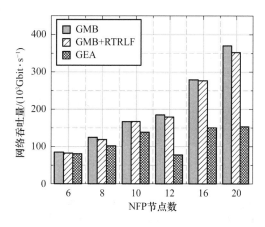

图 8-11　网络拓扑开销 vs 网络拓扑中的 NFP 个数　　图 8-12　网络拓扑吞吐量 vs 网络拓扑中的 NFP 个数
　　　　　（FSO 链路中断情况下）　　　　　　　　　　　　（FSO 链路中断情况下）

（2）业务流量剧变情况下的网络拓扑重置

网络中数据业务量的高度动态性使得在一定时间段内,空间网络环境的数据业务量随时发生改变。当有紧急数据业务发生时,反应式网络重置算法 RTRTE 在 GMB 生成的网络拓扑基础上对网络拓扑进行局部调整,以提高网络吞吐量。假设业务流量剧增情况不会频繁发生,排除网络拓扑频繁重构的情况。假设在一定时间段内仅有一个紧急业务发生,根据业务需求量,当一对 NFP 之间的业务量增加超过紧急业务量的阈值 D_{th} 时,算法 RTRTE 对网络拓扑进行重置。算法 GMB、GMB+RTRTE 和 GEA 的网络开销和网络吞吐量对比结果如图 8-13 和图 8-14 所示。

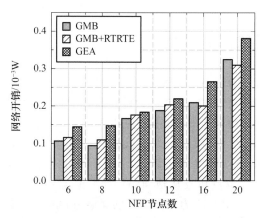
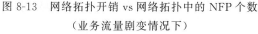
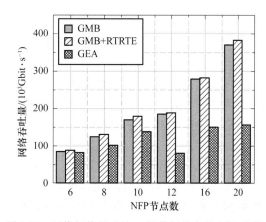

图 8-13　网络拓扑开销 vs 网络拓扑中的 NFP 个数　　图 8-14　网络拓扑吞吐量 vs 网络拓扑中的 NFP 个数
　　　　　（业务流量剧变情况下）　　　　　　　　　　　　（业务流量剧变情况下）

如图 8-13 所示,随着网络规模的增大,网络开销增加,且 RTRTE＋GMB 所构建的网络拓扑的开销与算法 GMB 所构建网络拓扑的开销近似,远小于对比算法 GEA 所构建网络拓扑的网络开销。算法 GMB、GMB＋RTRTE 和 GEA 所构建的网络拓扑的吞吐量的对比如图 8-14 所示,算法 GMB＋RTRTE 的吞吐量大于算法 GMB,且算法 GMB 和 GMB＋RTRTE 所构建的网络拓扑的吞吐量远大于算法 GEA 所构建的网络拓扑的吞吐量。这是由于当网络中业务突增时,算法 GMB 所构建的网络拓扑不能保证网络吞吐量的最优,但是算法 RTRTE 在此基础上针对突增的业务量进行局部的拓扑调整,以满足网络中最大的业务需求量,且算法 RTRTE 在选择链路的过程中以链路的开销-容量比作为依据,选择开销最小、容量大的链路,以提高网络吞吐量,减少网络的开销。

8.6　基于 FSO 的光与无线融合网络节点定位与资源优化技术

网络中用户量的增加和大量移动终端设备的接入使得 5G 网络中业务需求量剧增问题亟待解决,因此提高移动网络的容量,构建速率较高的移动前传网络成为研究热点之一。在无线移动通信网络中,采用 NFP 作为网络空中中继不仅可以有效提高网络的容量,还可以使接入网络拓扑针对业务需求量的变化进行灵活配置调整。基于 FSO 的光与无线融合网络可以有效增加接入网络的灵活性和移动网络的吞吐量。然而,基于 FSO 的光与无线融合网络存在 4 个主要问题:①如何确定网络中应该配置 NFP 的数量;②如何确定 NFP 的位置;③网络拓扑如何构建;④网络资源如何分配。在空间网络中,FSO 链路容易受大气环境的影响,导致链路的可靠性降低。同时,每个 NFP 所配置的 FSO 收发机个数是有限的,这就导致每个 NFP 所连接的 FSO 链路数是固定的。因此,FSO 链路的不稳定性和链路数的限制导致基于 FSO 的 NFP 中继接入网络的节点定位、网络拓扑构建以及资源分配问题的研究更加困难。在基于 FSO 的 NFP 接入网络中,地面 AP 与 NFP 之间,以及 NFP 与汇聚 NFP 之间都是利用 FSO 进行数据通信,保证链路之间负载的均衡,最小化链路的利用率可以有效提高从 AP 到 FSO 网关的上行链路的吞吐量。因此,以网络中链路的负载均衡性为优化目标是 NFP 配置问题的一个出发点。

8.6.1　基于链路负载均衡的网络配置问题建模

在网络优化中,网络的投资成本和运营成本是运营商所关注的一个重要方面,因此本节在介绍基于 FSO 的 NFP 接入网络配置中,以最小化 NFP 的个数为优化目标。同时,本节中以最大化网络容量为出发点,介绍基于链路负载均衡性的网络配置方法。

如图 8-15 所示,在基于 FSO 的无人机前传网络中,假设汇聚无人机的位置固定,在该汇聚无人机 H 处网络中所有数据汇聚并转发到 FSO 网关。其中,本节主要研究基于 FSO 的无人机前传网络的上行数据,即无人机作为中继节点转发从地面 AP 到汇聚无人机之间的数据流量,并在整个传输过程中采用 FSO 通信。定义 I 为地面 AP 的集合,a_i 和 b_i 代表 AP_i 位置的纵横坐标。整个包含所有 AP 的区域在空间中被划分成大小相等的区域,用来代表无人机可以放置的位置。

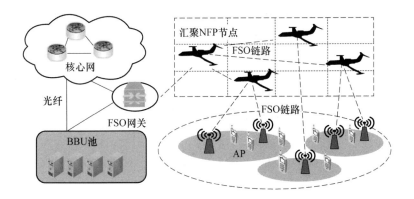

图 8-15 5G 无线网络中基于 FSO 的光与无线融合网络

本节将基于 FSO 的光与无线融合网络配置问题描述成一个双目标优化问题,同时以最小化 NFP 个数和最小化 FSO 链路的最大负载为优化目标,以减少网络的成本和网络的拥塞概率。基于 FSO 的 NFP 移动前传网络配置优化问题 P0 描述如下。

目标函数:

$$\min \sum_{j \in J} y_j \& \mathrm{minmax}\{\rho_{ij}, \rho_{jH} \mid \forall i \in I, \forall j \in J\} \qquad (8\text{-}41)$$

约束条件:

$$x_{ij} \leqslant y_j, \quad \forall i \in I, \forall j \in J \qquad (8\text{-}42)$$
$$\gamma_{jH} \geqslant \gamma_{\mathrm{th}}, \gamma_{ij} \geqslant \gamma_{\mathrm{th}}$$
$$\sum_{i \in I} x_{ij} \leqslant \Delta_j, \quad \forall j \in J \qquad (8\text{-}43)$$
$$\rho_{ij} \leqslant \rho_{\mathrm{th}}, \rho_{jH} \leqslant \rho_{\mathrm{th}}, \quad \forall i \in I, j \in J \qquad (8\text{-}44)$$

式中,I 为地面 AP 集合,J 为 NFP 节点可部署位置集合。式(8-41)表示最小化网络中配置的 NFP 个数以及最小化网络中链路的最大利用率来保证网络中 FSO 链路的负载均衡性,y_j 为二进制变量,表示在位置 j 处是否放置 NFP 节点,ρ_{ij}、ρ_{jH} 分别为式(8-22)和式(8-23)中的链路利用率。约束条件(8-42)表明每个 AP 只能与配置的 NFP 相连接,x_{ij} 为二进制变量,表示 AP$_i$ 是否与放置在位置 j 处的 NFP 节点进行连接。为保证网络中链路的连通性,约束条件(8-19)对网络中 FSO 链路的可靠性进行了约束,即每条激活链路的可靠性不能小于给定的链路可靠性阈值 γ_{th}。此外,由于每个 NFP 安装 FSO 收发机个数的限制,约束(8-43)限制了对每个 NFP 来说,所连接 AP 的个数不能超过 NFP 上安装的收发机个数。约束条件(8-44)对网络中 FSO 链路的利用率进行了限制,保证其不能大于给定的链路利用率的阈值 ρ_{th}。

8.6.2 优化问题的转化和求解

问题 P0 是 NP-hard 问题,且具有两个优化目标,即 $\min \sum_{j \in J} y_j$ 和 $\mathrm{minmax}\{\rho_{ij}, \rho_{jH} \mid \forall i \in I, \forall j \in J\}$。该问题中两个优化目标相互影响,但不存在此消彼长的关系,根据帕累托优化定理无法找到帕累托最优点,因此 8.5.1 节中双目标的求解算法不再适用于本节中问题 P0 的求解。

本节介绍一种 DM(Decomposition Method,分解方法)对基于链路负载均衡的双目标优化问题进行求解。该分解算法的主要思路是将原双目标优化问题 P0 划分为两个子问题,两个子问题分别对问题 P0 的其中一个优化目标进行优化。

首先,固定网络中所有 FSO 链路(包括从 AP 到 NFP 和从 NFP 到汇聚节点 H 的链路)的最大利用率,假设其最大利用率的值为固定的链路可靠性的阈值,即 $\rho_{th} = \max\{\rho_{ij}, \rho_{jH} \mid \forall i \in I, \forall j \in J\}$,此时问题 P0 可以转化为 P1。

目标函数:

$$\arg\min_{x_{ij}, y_j} \sum_{j \in J} y_j \tag{8-45}$$

约束条件:

$$\text{式}(8\text{-}42), \text{式}(8\text{-}19), \text{式}(8\text{-}43) \text{和式}(8\text{-}44)$$

对问题 P1 进行求解,可以得到问题 P1 的最优解,即所配置的最小的无人机个数 $N_p = \sum_{j \in J} y_j$,每个配置 NFP 的位置 $\mathscr{Y} = \{y_j \mid j \in J\}$,以及地面 AP 与 NFP 之间的连接关系 $\mathscr{X} = \{x_{ij} \mid i \in I, j \in J\}$。

在问题 P1 中,网络中所有链路的利用率最大值为链路利用率的阈值 ρ_{th},从而得到 NFP 个数为 $N_p = \sum_{j \in J} y_j$。为了进一步对网络中链路利用率的最小值进行优化,可以得到第二个子问题 P2。在子问题 P2 中,在问题 P1 中得到的所需要配置的 NFP 个数基础上,以最小化网络中链路利用率的最大值为目标,并对问题 P1 中得到的 NFP 的位置 $\mathscr{Y}$ 和与 AP 之间的链路关系进行更新。

目标函数:

$$\min \max\{\rho_{ij}, \rho_{jH} \mid \forall i \in I, \forall j \in J\} \tag{8-46}$$

约束条件:

$$\text{式}(8\text{-}42), \text{式}(8\text{-}19), \text{式}(8\text{-}43) \text{和式}(8\text{-}44)$$

$$N_p = \sum_{j \in J} y_j \tag{8-47}$$

上述由问题 P0 分解得到的两个子问题 P1 和 P2 均属于混合整数线性规划问题,因此可以直接通过现有的优化工具进行求解。

定理 8-1 假设由问题 P1 得到的所需要配置的 NFP 个数为 N_p^*,同时,$\mathscr{X}^*$、$\mathscr{Y}^*$ 为在 NFP 个数为 N_p^* 的情况下得出的子问题 P2 的最优解,那么 $\mathscr{X}^*$、$\mathscr{Y}^*$ 为原问题 P0 的最优解,ρ^* 和 N_p^* 为问题 P0 的两个优化目标函数值,其中,

$$N_p^* = \sum_{j \in J} y_j^* \tag{8-48}$$

$$\rho^* = \min \max\{\rho_{ij}, \rho_{jH} \mid \forall i \in I, \forall j \in J\} \tag{8-49}$$

证明 假设 $\mathscr{X}'$、$\mathscr{Y}'$ 为原问题 P0 的最优解,ρ' 和 N_p' 为问题 P0 的两个优化目标所对应的函数值,可得 $N_p' < N_p^*$,$\rho' < \rho^*$。同时,如果 $\rho' < \rho^*$ 成立,那么问题 P0 可以转化为一个新的问题 P3。

目标函数:

$$\arg\min_{x_{ij}, y_j} \sum_{j \in J} y_j$$

约束条件:

$$\text{式}(8\text{-}42), \text{式}(8\text{-}19) \text{和式}(8\text{-}43)$$

$$\rho_{ij} \leqslant \rho', \rho_{jH} \leqslant \rho', \quad \forall i \in I, j \in J \tag{8-50}$$

由于 $\rho' < \rho^* \leqslant \rho_{th}$，通过求解问题 P3 可以得出 $N'_p \geqslant N^*_p$，这就与假设 $N'_p < N^*_p$ 产生矛盾。因此，ρ' 和 N'_p 不是问题 P0 的优化目标函数值，$\mathscr{X}^*$、$\mathscr{Y}^*$ 则为问题 P0 的最优解，所对应的优化目标函数值为 ρ^* 和 N^*_p。

8.6.3　基于链路负载均衡的 NFP 节点定位算法

尽管优化问题 P0 分解为子问题 P1 和 P2 后可以通过现有的优化工具进行求解，但是当网络规模较大时，需要消耗较多的资源和较长的时间，因此本节介绍一种 NEAT（NFP Deployment and AP Association Optimization，启发式 NFP 节点定位）算法。NEAT 算法主要是对地面 AP 进行划分，将可以连接到同一个 NFP 的 AP 分到一组，然后对同一组内的 AP 配置一个 NFP。

定义 8-1　AP_i 的链路最大距离。定义地面节点 AP_i 到空间中可以连接的任意配置的 NFP 的最远距离为 AP_i 的链路最大距离 l^{th}_i。该链路最大距离满足链路的可靠性约束（$\gamma_{ij} \geqslant \gamma_{th}$）和链路利用率的限制（$\rho_{ij} \leqslant \rho_{th}$）。由于 γ_{ij} 和 ρ_{ij} 都是关于链路 L_{ij} 的函数，可以得到 AP_i 的链路最大距离为

$$l^{th}_i = \min \{ \{ L_{ij} \mid \gamma_{ij} = \gamma_{th} \}, \{ L_{ij} \mid \rho_{ij} = \rho_{th} \} \} \tag{8-51}$$

定义 8-2　可以划分到同一组的 AP。定义一个 AP 的集合，如果存在可以配置 NFP 的位置，使得 NFP 到集合内都有 AP 的链路同时满足链路的可靠性约束（$\gamma_{ij} \geqslant \gamma_{th}$）和链路利用率的限制（$\rho_{ij} \leqslant \rho_{th}$），那么这个 AP 集合内的所有 AP 称为可以划分到同一组的 AP。

根据定义 8-1，对定义 8-2 进行转化，如下所示。

定义可以放到同一组的 AP 的集合为 $\mathscr{N}$，那么至少存在一个可行的 NFP 位置可以放置 NFP，并保证集合 $\mathscr{N}$ 内每个 AP 到该位置处所配置的 NFP 之间的距离小于 AP 的链路最大距离，即

$$\sqrt{r^2_{ij} + h^2} \leqslant l^{th}_i, \forall i \in N \tag{8-52}$$

其中，r_{ij} 是从节点 AP_i 到 NFP_j 之间的水平距离。

根据式（8-52）可得节点 AP_i 到 NFP_j 之间的最大水平距离为

$$r^{max}_{ij} = \sqrt{(l^{th}_i)^2 - h^2} \tag{8-53}$$

如图 8-16 所示，以节点 AP_i 作为中心，以 r^{max}_{ij} 作为半径画圆，得到一个圆形区域。定义该圆形区域为节点 AP_i 可以连接的所配置的 NFP 的位置。需要注意的是，在集合 $\mathscr{N}$ 中，每个 AP 都有一个可行的区域，并且存在一个重叠的区域包含这个集合 $\mathscr{N}$ 内所有 AP 能同时连接的 NFP 的位置，在圆 O_1、O_2 和 O_3 的重叠区域内配置 NFP 可以同时连接到 AP i_1、i_2 和 i_3。

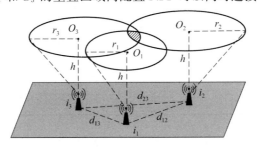

图 8-16　FSO 链路的最大传输距离

定理 8-2 假设存在 AP 的集合 $\mathscr{N}$，集合内所有的 AP 可以放到一组。如果一个新的 $\mathrm{AP}_{i'}(i' \in I \backslash \mathscr{N})$ 可以加入该组内，则需要满足以下条件：

$$r_{ii'} \leqslant \sqrt{(l_i^{\mathrm{th}})^2 - h^2} + \sqrt{(l_i^{\mathrm{th}})^2 - h^2}, \quad \forall i \in \mathscr{N} \tag{8-54}$$

其中，$r_{ii'}$ 是节点 AP_i 到集合 $\mathscr{N}$ 内节点 $\mathrm{AP}_{i'}$ 之间的水平距离，且 l_i^{th} 和 l_i^{th} 分别是节点 AP_i 和节点 $\mathrm{AP}_{i'}$ 的最大链路距离，该最大链路距离通过式（8-51）计算得出。其证明过程见文献[2]。

根据定义 8-1、定义 8-2 和定理 8-2，给出启发式 NFP 定位算法 NEAT，该算法主要分为以下几个步骤。

① 定义网络中所有 AP 的集合为 I，首先选择距离汇聚 NFP H 最近的 AP，并将该节点放入第一个组内，定义该组为 $\mathscr{N}_1$。

② 根据定理 8-2 对其他的 AP 进行判断，选择可以划分到 $\mathscr{N}_1$ 的 AP。若找到一个 AP 可以放置到该组内，则针对当前 $\mathscr{N}_1$，寻找可行的 NFP 位置。计算出距离汇聚 NFP H 最近的 NFP 位置，并根据此距离计算出 $\mathscr{N}_1$ 内所有 AP 的流量和阈值。其中，当距离汇聚 NFP 的最近位置确定后，计算出该位置到汇聚 NFP 的距离 L_{jH}，该链路的容量可根据式（8-14）计算得出。根据链路利用率的限制 ρ_{th}，可计算得出 $\mathscr{N}_1$ 内所有 AP 的流量和阈值 $\beta_{\mathrm{th}} = c_{jH} \rho_{\mathrm{th}}$。如果 $\mathscr{N}_1$ 内所有 AP 的流量和小于阈值 β_{th}，则更新集合 $\mathscr{N}_1$。直到 $\mathscr{N}_1$ 内所有 AP 的个数等于节点度限制 Δ_j，算法停止搜索新的 AP。

③ 为划分好的集合 $\mathscr{N}_1$ 配置一个 NFP。选择距离汇聚 NFP H 距离最近的 NFP 位置放置 NFP。注意：选择距离汇聚 NFP H 距离最近是为了选择容量链路最大的 FSO 链路。

④ 从 AP 集合 I 中移除已经进行分组的 $\mathscr{N}_1$ 内所有 AP，在其余的 AP 中选择距离汇聚节点最近的 AP，重复步骤②选择新的 AP 以组成新的分组。NEAT 算法循环执行，直到网络中所有 AP 被分组，且每组内配置一个 NFP。NEAT 算法的伪代码如算法 4-1 所示。

算法 8-6　NEAT 算法

输入：$I, \Delta = 3$

输出：分组集合 $\mathscr{S}$

1：初始化：$\mathscr{S} = \varnothing, \mathscr{S}_u = I$

2：while $\mathscr{S}_u \neq \varnothing$ do

3：　　找到距离汇聚 NFP H 最近的 AP i_s

4：　　将 AP i_s 放到第一个组内 $\mathscr{N}_1$

5：　　while $\mathscr{N}_1$ 内 AP 的个数小于 3 do

6：　　　　寻找其他可以放到 $\mathscr{N}_1$ 内的 AP

7：　　　　针对 $\mathscr{N}_1$ 内 AP 找到距离汇聚 NFP H 最近的可行位置

8：　　　　计算 $\mathscr{N}_1$ 内所有 AP 的流量和阈值 β_{th}

9：　　　　if $\mathscr{N}_1$ 内所有 AP 的流量和小于 β_{th}

10：　　　　　　更新 $\mathscr{N}_1$

11：　　　　end if

12：　　end while

13：end while

8.6.4 仿真设置和结果分析

本节进行了大量的仿真以验证所提算法的性能。假设在一个 $10\ \text{km} \times 10\ \text{km}$ 的区域内,将其划分为 200×200 个 NFP 的可选位置,即每个位置大小相等且为 $50\ \text{m} \times 50\ \text{m}$,$|J| = 40\ 000$。汇聚 NFP 和所有 NFP 位置的高度相等,即 $h = 2\ \text{km}$。设置汇聚 NFP 的位置为 $(0, 0, h)$。假设地面上存在 9 个 AP,也就是说 $|I| = 9$,且每个 AP 的位置根据随机均匀分布产生。此外,每个 AP 处的业务需求根据期望为 10、方差为 2 的正态随机分布产生。仿真过程中其他参数配置如表 8-2 所示。

表 8-2 仿真参数说明

符号	参数说明	数值
τ_t / τ_r	发射机/接收机效率	$10^{0.2}$
P_{trans}	传输功率	$0.2\ \text{W}$
θ_{div}	光束发散角度	$1\ \text{mrad}$
ε	大气湍流因子	$4\ \text{db/km}$
C_n^2	大气折射率结构参数	$10^{-15}\ \text{m}^{-2/3}$
λ	激光束波长	$1\ 550\ \text{nm}$
α	普朗克常数	6.626×10^{-34}
N_b	接收机灵敏度	$100\ \text{photons/bit}$

首先设置网络的最大链路利用率为 $\rho_{th} = 0.8$。分别利用所提 DM 和 NEAT 对基于 FSO 的 NFP 前传网络拓扑配置问题进行求解。结果如表 8-3 和表 8-4 所示,表中 Placement 所在列表示结果中所选择的放置 NFP 的位置,即 $y_j = 1$;Association 所在的列表示仿真结果中地面 AP 与配置的 NFP 之间的连接关系,即 $x_{ij} = 1$。结果表明,当 $\gamma_{th} = 1 - 0.96 \times 10^{-3}$ 时,只有收发机之间距离小于 $3.2\ \text{km}$ 的才能建立 FSO 链路,此时,网络中找不到最优解,即不能保证地面所有 AP 在该链路长度的限制下与汇聚 NFP 建立通信。当 $\gamma_{th} = 1 - 35.52 \times 10^{-3}$ 时,所有收发机之间距离小于 $4.3\ \text{km}$,均可以建立 FSO 链路,此时可以找到配置 NFP 个数的最优解,而在此情况下,即使增加链路可靠性的阈值,最优解也不再变化。

表 8-3 NFP 定位和与 AP 之间的连接(1)

$1 - \gamma_{th}(1 - 10^{-3})$	DM($y_j = 1, x_{ij} = 1$)	
	Placement (y_j)	Association (i)
0.96	—	—
2.57	$y_{5245}, y_{448}, y_{16780}, y_{3157}, y_{30483}$	$\{5,7\}, \{3,6,8\}, \{4,9\}, \{1\}, \{2\}$
11.75	$y_2, y_{825}, y_{1253}, y_{24635}$	$\{5,8,9\}, \{4,6,7\}, \{1,3\}, \{2\}$
24.42	y_1, y_2, y_{401}	$\{1,2,3\}, \{4,5,7\}, \{6,8,9\}$
35.52	y_1, y_2, y_{401}	$\{1,3,4\}, \{5,6,7\}, \{2,8,9\}$
41.75	y_1, y_2, y_{401}	$\{1,3,4\}, \{5,6,7\}, \{2,8,9\}$

表 8-4　NFP 定位和与 AP 之间的连接(2)

$1-\gamma_{th}(1-10^{-3})$	NEAT ($y_j=1,x_{ij}=1$)	
	Placement (y_j)	Association (i)
0.96	—	—
2.57	$y_{5442},y_{448},y_{14579},y_{2756},y_{29284}$	$\{5,6\},\{3,4,7\},\{8,9\},\{1\},\{2\}$
11.75	$y_2,y_{1021},y_{1051},y_{24233}$	$\{5,4,8\},\{6,1,9\},\{3,7\},\{2\}$
24.42	y_1,y_2,y_{202}	$\{5,1,8\},\{4,3,9\},\{2,6,7\}$
35.52	y_1,y_2,y_{202}	$\{5,1,8\},\{4,2,9\},\{3,6,7\}$
41.75	y_1,y_2,y_{202}	$\{5,1,8\},\{4,2,9\},\{3,6,7\}$

图 8-17 描述了问题 P0 中两个目标函数的最优值,即配置的 NFP 个数 N_p^* 和网络中最大的链路利用率的最小值 ρ^*。如图 8-17 所示,当网络中配置 NFP 的个数增加时,最大链路利用率的值相应减少,同时,DM 的链路利用率的最大值要小于 NEAT 的最大链路利用率的值。然而,如表 8-5 所示,DM 和 NEAT 的计算复杂度分别为 $2^{|I||J|}$ 和 $|I|^2|J|\log_2|I|$,算法的平均运行时间分别为 1 967.43 s 和 3.11 s。也就是说,NEAT 相比于 DM 更加快速有效。

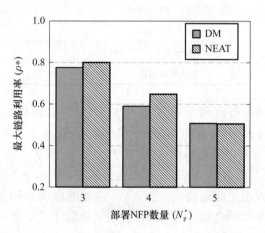

图 8-17　链路的利用率与 NFP 的个数

表 8-5　算法计算复杂度和平均运行时间

方法	计算复杂度	算法运行时间
DM	$2^{|I||J|}$	1 967.43 s
NEAT	$|I|^2|J|\log_2|I|$	3.11 s

本 章 小 结

本章从未来光与无线融合网络空间组网需求出发,介绍了其中的一种主要通信技术——FSO技术,并对基于FSO的空间光与无线网络架构进行了阐述。在FSO技术的介绍中,总结和归纳了FSO通信技术的特性、通信系统的构成、通信信道分析、研究现状以及应用场景。根据基于FSO的空间光与无线网络的网络特性,介绍了其网络模型,其中包括链路容量模型、链路可靠性模型以及网络资源优化模型。此外,针对基于FSO的空间光与无线网络中FSO链路的脆弱性、NFP节点的度约束以及NFP节点的灵活部署特性引发的网络拓扑控制以及网络节点部署定位两大挑战,分别研究了FSO网络的拓扑控制与资源优化技术、FSO网络节点定位与资源优化技术及其相关应用案例。

本章参考文献

[1] 谷志群. 基于FSO的移动前传/回传网络拓扑优化技术研究[D]. 北京：北京邮电大学，2019.

[2] 周宇航. 基于FSO的5G回传网络节点定位及拓扑优化策略研究[D]. 北京：北京邮电大学，2019.

[3] Willebrand H, Ghuman B S. Free space optics: enabling optical connectivity in today's networks[M]. SAMS Publishing, 2002.

[4] Zhu X, Kahn J M. Free-space optical communication through atmospheric turbulence channels[J]. Communications IEEE Transactions on, 2002, 50(8): 1293-1300.

[5] Andrews L C, Philips R L, Hopen C Y. Laser Beam Scintillation with Applications [M]. Bellingham: SPIE, 2001.

[6] Garcia-Zambrana A. Error rate performance for STBC in free-space optical communications through strong atmospheric turbulence[J]. IEEE Communications Letters, 2007, 11(5): 390-392.

[7] Chan V W S. Free-Space Optical Communications[J]. Journal of Lightwave Technology, 2007, 24(12):4750-4762.

[8] Shang T, Yang Y, Ren G, et al. Topology control algorithm and dynamic management scheme for mobile FSO networks[J]. Journal of Optical Communications and Networking, 2015, 7(9): 906.

[9] Deb K. Multi-objective optimization using evolutionary algorithms[J]. Comp. Opt. & Applic., 2008, 39(1): 75-96.

[10] Gabow H N, Galil Z, Spencer T H, et al. Efficient algorithms for finding minimum spanning trees in undirected and directed graphs[J]. Combinatorica, 1986, 6:109-122.

[11] Hamedazimi N, Qazi Z, Gupta H, et al. Firefly: a reconfigurable wireless data center fabric using free-space optics[J]. ACM SIGCOMM Computer Commun. Review, 2014, 44(4): 319-330.

[12] Son I K, Mao S. Design and optimization of a tiered wireless access network[C]// 2010 Proceedings IEEE INFOCOM. San Diego, CA, USA: IEEE, 2010.

第 9 章

光与无线融合网络控制平面技术

5G 新兴业务飞速发展,用户对网络带宽、时延、可靠性和连接密度等方面的需求日益增长,光与无线融合网络也因此得到了广泛的应用与发展。急剧增长的用户数量和 QoS(Quality of Service,服务质量)需求呈现出差异化特征,无论从运营商还是用户的角度而言,都需要一种可编程、动态、统一的网络控制框架。通过设计统一控制框架,一方面,可解决无线接入网络基站和光线路终端的地理分散性和数量庞大导致的运维成本增加的问题;另一方面,可解决由于用户的数据流量缺乏动态控制和智能调度而导致的融合网络资源利用率及用户服务质量需求难以保证的问题。

为了有效提高光与无线融合网络的资源利用率,满足不同用户的差异化需求,解决用户数据流量缺乏动态控制和智能调度的问题,本章将从智能控管角度出发,首先分析光与无线融合网络的统一控管需求;然后提出基于软件定义的光与无线融合网络统一控制架构,并介绍光与无线融合网络控制平面使能技术;最后对基于软件定义的光与无线融合网络创新实验演示进行介绍。

9.1 光与无线融合网络统一控管需求

随着 5G 技术的不断演进和发展,网络与社会生活、工业生产逐渐融合,新型业务不断涌现,如远程医疗、自动驾驶、全息通信、虚拟现实等。这些业务要求网络能够满足高带宽、低时延、低抖动等服务质量指标,支撑网络协议与网络功能的可编程、确定性等需求。然而,光与无线融合网络作为接入技术的主要解决手段之一,当前仍然采用封闭且专用的网络设备、无线域与光域分域自治的控管方式,无法为融合网络提供更灵活的业务部署能力,严重阻碍了网络技术的发展,难以适应未来网络灵活多变的态势[1]。为解决上述问题,实现光与无线融合网络的异构资源融合与跨域统一控管,未来融合网络控管平面应满足 3 方面需求,如图 9-1 所示。

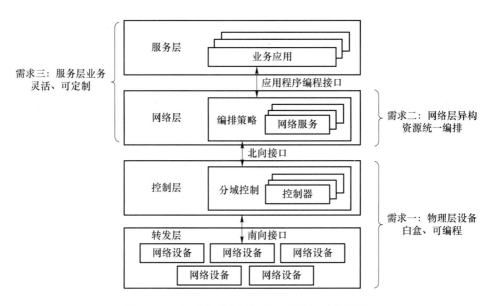

图 9-1　光与无线融合网络统一控管的需求分析

9.1.1 物理层设备白盒、可编程的需求

传统网络设备的软硬件开发均由设备厂商提供,这种黑盒架构致使系统完全封闭,存在利用率低、成本高、敏捷性低和业务上线周期长等问题,难以适应未来网络的发展需求。例如,传统光传输网络中的光交换设备无法按需实现多维度光波长等粒度交换的能力,灵活度及资源利用率极低。同时,传统网络设备的数据处理和转发逻辑全部固化在硬件芯片中,完全由线速的芯片逻辑完成,从而使网络性能得到大幅提升。但这也使得系统只能在芯片能力所限定的范围内设计、开发,无法按需自行调整,因此无法满足未来上层业务与控制软件对底层网络逐渐增加的特殊需求[2]。

新兴的物理层白盒设备需要打破传统硬件设备系统的封闭性,将设备硬件与软件分离,能够将标准化的硬件配置与不同的软件协议进行混合匹配,实现网络设备的白盒化。面对物理层设备白盒化的挑战,物理层网络设备〔即 RRU、BBU、ROADM(Reconfigurable Optical Add-Drop Multiplexer,可重构光分插复用器,即光开关)等〕都应具备控制面和转发面可编程的能力。

① 控制面的可编程:对网络设备的集中管理,包括状态监测、转发决策以及处理和调度数据平面的流量。控制面向下需要通过南向接口协议对接物理层设备,实现拓扑管理、策略制订、表项下发等功能;向上则需要通过北向接口为网络层和服务层提供灵活的网络资源抽象,开放多个层次的可编程能力。

② 转发面的可编程:利用可编程交换芯片实现如流量负载均衡、BBU 聚合等常用的光与无线融合网络功能,这不仅可以降低业务部署复杂度,而且在提升网络处理性能的同时确保了网络的灵活性。

9.1.2　网络层异构资源统一编排的需求

光与无线融合网络中呈现出多元异构资源共存的形式,无线传输(天线、RB 等资源)与光传输(波长、时隙等资源)既相互独立又相互依存。然而,上述资源之间的物理属性存在差别,从而造成两种资源适配时效率较低且僵化,进而影响网络容量与服务性能。融合网络中各维度资源调度模式相对独立且僵化,导致无线域光资源的整体利用率严重不足。此外,随着先进无线技术的引入,如波束赋形、协同多点、载波聚合等,无线元素间的协同能力持续加强,进而需要各无线单元与光交换设备间实现逻辑上的灵活映射,同时强化无线资源与光资源之间弹性适配的能力[3]。

因此,为联合调度光与无线融合网络多维资源,实现无线接入与光传送之间的高效协同,需要在网络层面,设计对泛在、异构资源的统一编排框架。通过对无线单元和光传送设备物理状态的实时感知,实现对跨域、异构资源联合调度机制的优化,提高网络资源利用率及新兴业务的服务性能。

9.1.3　服务层业务灵活、可定制的需求

由于未来移动业务的多样性,移动业务对网络性能的需求有所不同,如带宽、计算、时延、安全性等方面的不同需求,使得业务驱动下网络资源需要按需、灵活部署,针对差异化需求实现定制化服务。因此,一方面,融合网络需要进行无线处理单元和光传输交换单元等资源的灵活分配以满足业务对资源的差异化需求,例如,强实时类业务需要将可编程的基带功能部署至用户侧,以满足低时延需求;另一方面,出于对成本的考虑,网络资源需要灵活、高效、弹性分配以降低网络运营成本[4]。

9.2　基于软件定义的光与无线融合网络统一控制架构

基于软件定义网络技术、网络功能虚拟化技术和人工智能技术等使能技术,本节提出一种光与无线融合网络统一控制系统架构,设计该架构是为了实现网络中光传输资源、无线资源和计算资源的统一控制和协同调度,融合网络的抽象化模型架构如图 9-2 所示。架构分为应用与服务层、编排与控制层、代理与硬件层,所有的网络资源以及业务将由网络资源编排器进行统一控制和协同调度[1]。

① 代理与硬件层:本层主要由无线接入单元、光传输设备、计算处理设备等网络设备和相对应的可编程白盒化硬件设备代理组成。上述网络设备被抽象成具有统一接口的可编程软件控制的硬件代理,通过统一的接口和相关的协议,集中式编排与控制层将对抽象化网络资源进行灵活的统一控制和协同调度。一方面,对于交换、接入设备,如 ROADM、交换机等通过为其添加 OVS(OpenVSwitch,开源虚拟交换机)代理实现虚拟化功能部署,OVS 代理通过屏蔽不同硬件设备控制协议的差异性,为编排与控制层提供统一的控制接口。另一方面,对于计算处理设备,通过部署 Kubernetes 实现处理池资源的实例化,同时监控处理池

资源的占用情况及各容器的运行状态[5]。

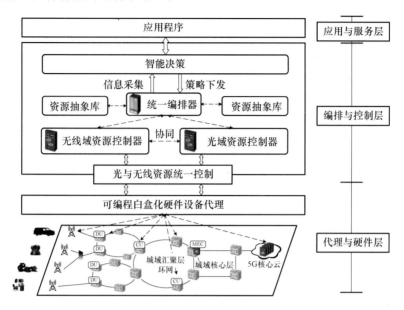

图 9-2　光与无线融合网络抽象化模型架构[1]

②　编排与控制层：本层主要分为控制器部分与智能编排部分。其中，控制器部分为平台的底层基础组件，由无线域资源控制器、光域资源控制器和资源抽象库组成，主要负责抽象网络中各种无线、光学、计算资源并进行配置管理。其功能主要分为 3 部分：第一，光与无线融合网络资源收集，对于网络资源，控制器部分通过拓展的 SDN 南向接口协议栈来收集传输节点、无线节点上报的信息；第二，信息处理，控制器部分对于收集到的网络资源进行整理、构建物理网络拓扑、将数据进行存储以提供给智能编排部分进行相关策略的计算；第三，解析智能编排部分的指令并下发控制指令到数据物理节点。智能编排部分由统一编排器和智能决策模块组成。一方面，通过控制器部分和代理与硬件层交互，获取整体网络的全局视图并同时根据智能编排策略控制硬件设备的交换处理规则，以实现网络的动态编排及优化。另一方面，通过开放的应用程序可编程接口和应用与服务层交互，获取用户意图，实现有差异化需求业务服务的定制化[6]。

③　应用与服务层：面向用户由各种应用程序和前端界面组成。一方面，用户可以通过前端界面查看当前网络状态及业务部署情况；另一方面，用户可以按照自己的意图，通过调用所需要的应用程序，完成业务部署与调整操作。

综上，基于软件定义的光与无线融合网络统一控制架构将通过代理与硬件层完成物理设备的可编程与白盒化，通过编排与控制层实现网络资源的统一管理、调度和分配，通过应用与服务层实现物理网络资源管理和网络服务提供，其优势主要体现在以下方面。

①　硬件灵活编程。物理层设备白盒化不仅使得网络设备配置可编程，也使得网络控制开放化，通过定义的标准化接口，用户或租户可以对各网络功能进行可编程控制，按需定制符合需求的网络配置，为新业务提供方便、灵活的接入方式。

②　异构统一控制。其中异构统一主要体现在两个方面：一方面，集中式的统一控制平面可以将多域网络，包括无线接入网、城域网、核心网、数据中心网络进行融合控制管理，屏

蔽底层物理技术的差异;另一方面,统一控制将不同运营商、不同设备商,甚至不同区域的网络进行连接,实现不同域之间网络的互联互通。

③ 服务质量提升。5G 网络更注重业务端到端性能的提升,例如,端到端网络时延,如果没有从接入侧到传输侧再到核心侧的统一管控和协调,实现整体时延控制并不可行。通过异构资源的统一调度,一方面可以保证用户端到端性能保障;另一方面,可以通过联合资源调度提高网络整体的资源利用率,极大地减少网络成本消耗。

9.3 光与无线融合网络控制平面使能技术

光与无线融合网络智能管控架构是一个多层面、多维度的管控体系,可实现多维度资源抽象化管理、异构资源统一编排和多层间的信息交互,其核心使能技术包括物理层设备硬件可编程技术、多层间控制协议可扩展技术和泛在异构资源统一编排技术,如图 9-3 所示。

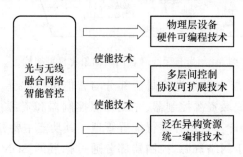

图 9-3 光与无线融合网络智能管控使能技术

9.3.1 物理层设备硬件可编程技术

软硬件解耦的开放物理层网络设备与传统软硬一体的封闭设备相比具有诸多优势。首先,可编程硬件设备采用开放的设备架构和软硬解耦思想,可以根据业务需求,按需定制底层无线单元、光交换设备和上层软件,相比于传统软硬件捆绑购买、垄断使用的方式,能够显著降低硬件设备的购置成本。另外,在软件功能方面,可以基于开源项目进行二次开发,降低开发周期和成本。其次,白盒化网络设备支持硬件数据面可编程和软件容器化部署,通过软件定义的方式定制数据面的转发逻辑。充分利用现代云计算技术,对网络功能进行快速升级迭代,提高网络的灵活性、敏捷性、确定性,优化网络性能,满足复杂的业务需求。另外,借助于容器化部署,可以简化管理运维,降低网络的运维成本。

目前白盒化、可编程硬件设备技术发展迅速,如 ONAP(Open Network Automation Platform,开放式网络自动化平台)、P4 Runtime 接口、Trellis 等。在本章设计的统一编排框架中,将引入较为成熟的 OpenVSwitch 代理技术和 Kubernetes 集群技术作为光与无线硬件节点代理和计算资源的虚拟化容器实现技术。

1. OpenVSwitch 代理技术

OpenVSwitch 简称 OVS,是一个以模拟网络节点为目的的虚拟交换机,它能够通过软件编程的方式实现大规模网络节点自动化配置,并且支持主流的标准化接口和协议(如 OpenFlow 协议、NetCONF 协议等)。在本章设计的统一编排架构中,OVS 被远端的 SDN 控制器通过 OpenFlow 协议控制,实现相互间的组网与通信。OVS 通过获取 OpenFlow 流表的内容实现各种网络功能,因此,OpenFlow 协议的成熟与发展使得"控制+转发"分离更容易实现,有效促进了 SDN 的发展进步。另外,OVS 技术的发展也让数据中心网络的配置变得更加灵活可控[5]。

编排架构所用到的 OVS 源文件对消息的处理流程如图 9-4 所示,从整体上看,OVS 将作为连接控制器与硬件设备间的桥梁。

① Openflow-1.3.h 文件负责定义 ODL 控制器请求消息的函数结构,Openflow-comment 文件负责定义向 ODL 控制器回复消息的函数结构。

② Ofproto.c 函数可以实现 OVS 代理的核心功能,该函数一方面负责处理收到的 ODL 消息,另一方面负责处理返回的设备消息。以处理收到的 ODL 消息为例,过程如下。

- 调用 Ofp-util.c 文件中的解码函数,将消息解码为主机字节顺序,消息体结构定义在 Ofp-util.h 文件中。
- Ofproto.c 中的处理函数对相应结构的消息进行处理,并将处理结果下发到相应的硬件设备中。设备返回消息的处理流程类似,只是在 Ofp-util.c 文件中改用编码函数,将结果编码成网络字节顺序并发送给 ODL 控制器。

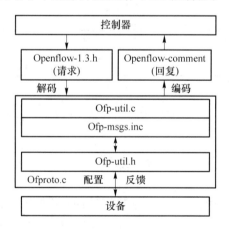

图 9-4　OVS 内部交互原理[5]

2. Kubernetes 集群技术

容器技术的发展为微服务的云化部署提供了有力的技术支撑,方便了微服务的灵活快速部署。微服务可通过 OpenAirInterface 开源项目进行容器化部署,并被广泛用作移动网络平台[6]。而 Kubernetes 作为开源的容器集群管理系统,可以对网络中的计算资源、内存资源、存储资源以及容器进行统一管控,并且 Kubernetes 向外提供了丰富的 RESTful API 接口,方便用户获取集群中容器和节点的运行状态[7]。

Kubernetes(K8s)是自动化容器操作的开源平台,其中容器操作包括部署、调度和节点集群间扩展。整体架构如图 9-5 所示,由 Kubectl、Master 节点和多个分节点组成。

① Kubectl 作为客户端命令行工具,提供了整个系统的用户操作入口。

② Master 节点主要由 kube-scheduler、kube-apiserver 和 kube-controller-manager 3 部分组成,其中:kube-scheduler 负责节点资源管理,接收来自 kube-apiserver 创建的 Pods 任务,并分配到某个节点中;kube-apiserver 以 REST API 服务形式提供接口,作为整个系统的控制入口;kube-controller-manager 执行整个系统的后台任务,包括节点状态状况、Pod 个数、Pods 和 Service 的关联等。

③ Node 节点主要由 kube-proxy、kubelet 和 Docker 引擎 3 部分组成,其中:kube-proxy 运行在每个计算节点上,负责 Pod 网络代理,运行简单的负载均衡等功能;kubelet 运行在每个计算节点上,作为 agent,接收分配该节点的 Pods 任务及管理容器,周期性获取容器状态,反馈给 kube-apiserver;Docker 引擎负责所有具体的映像下载和容器运行。

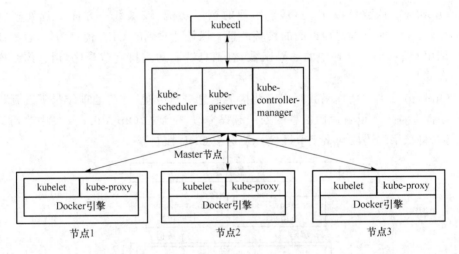

图 9-5 Kubernetes 架构图[7]

9.3.2 多层间控制协议可扩展技术

本章所设计的光与无线融合网络统一控制架构可以细分为应用层、编排层、控制层、代理层和硬件层。为实现各层间的信息交互,需要对各层间相应的交互协议与接口进行自定义,如图 9-6 所示,主要包括 HTTP(Hyper Text Transfer Protocol,超文本传输协议)、OpenFlow 协议和串口协议。

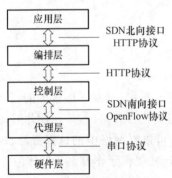

图 9-6 多层间通信的控制协议

1. 物理层设备与硬件代理间:串口协议

物理层设备与可编程硬件代理间的通信采用串口协议[5]。因为硬件设备只提供了可编程的串口,所以硬件设备与 OVS 间通信的开发需要做以下工作:第一,完成 Linux 下的串口编程;第二,熟悉设备配置命令,将配置命令和需求对应起来(如何将配置命令发送到硬件设备并被其识别,实现成功配置);第三,将程序添加到 OVS 处理函数中。

2. ODL 控制器与 OVS 代理间:扩展的 OpenFlow 协议

ODL 控制器与 OVS 代理间的通信采用 OpenFlow 协议。由于网络中的硬件设备种类众多,所以为了实现控制器对硬件设备或硬件代理的控制,需要对 OpenFlow 协议中定义的一系列标准消息进行扩展,以用于控制器和本平台实验设备之间的通信[8]。因此,本平台在 OpenFlow 标准协议的基础上扩展了光域和无线域的数据结构和消息处理函数,以满足 SDN 控制器通过南向接口配置设备等方面的需求。

针对 RRU、BBU、ROADM 硬件设备,本平台分别进行协议扩展工作,包括设备状态信息的查询与回复、配置信息的下发与回复以及拓扑查询消息等,如表 9-1 所示。下面选取 BBU 设备与 ROADM 设备的状态回复以及配置下发消息进行详细的说明(未用到的比特自动填零)。

表 9-1　OpenFlow 协议的扩展[1]

消息名	说明	消息号
OFPRAW_TOPO_FEATURE_REQUEST	拓扑查询	30
OFPRAW_RRU_FEATURE_REQUEST	RRU 状态查询	61
OFPRAW_RRU_FEATURE_REPLY	RRU 状态回复	62
OFPRAW_RRU_CONFIG_MOD	RRU 配置	63
OFPRAW_RRU_CONFIG_REPLY	RRU 配置回复	64
OFPRAW_BBU_FEATURE_REQUEST	BBU 状态查询	71
OFPRAW_BBU_FEATURE_REPLY	BBU 状态回复	72
OFPRAW_BBU_CONFIG_MOD	BBU 配置	73
OFPRAW_BBU_CONFIG_REPLY	BBU 配置回复	74
OFPRAW_ROADM_FEATURE_REQUEST	ROADM 状态查询	41
OFPRAW_ROADM_FEATURE_REPLY	ROADM 状态回复	42
OFPRAW_ROADM_CONFIG_MOD	ROADM 配置	43
OFPRAW_ROADM_CONFIG_REPLY	ROADM 配置回复	44

(1) BBU 状态回复消息 OFPRAW_BBU_FEATURE_REPLY

在 BBU 收到状态查询消息后,将发送状态回复消息,用于上报 BBU 节点的状态信息。消息主要字段包括 BBU 标识(bbu_id)、BBU 相邻节点标识(connected_roadm_id)、BBU 容量、已使用处理资源以及端口波长情况等。数据结构定义如下:

```
Struct ofpraw_bbu_feature_reply {
uint8_t bbu_id;
uint32_t connected_roadm_id;        /* 每 8 位代表一个相连节点 ID */
uint32_t capacity;
```

```
uint32_t used_capacity;
uint32_t port_in_wavelength;          /* 每 8 位代表一个端口的输入波长 */
uint32_t port_out_wavelength;         /* 每 8 位代表一个端口的输出波长 */
};
```

（2）BBU 配置消息 OFPRAW_BBU_CONFIG_MOD

该消息用于进行 BBU 配置，主要字段包括 BBU 标识（bbu_id）、请求的 BBU 处理资源、端口波长配置等。数据结构定义如下：

```
Struct ofpraw_bbu_config_mod {
uint8_t bbu_id;
uint32_t processing_req;
uint32_t portin_wavelength;           /* 每 8 位代表一个端口的输入波长 */
uint32_t portout_wavelength;          /* 每 8 位代表一个端口的输出波长 */
};
```

（3）ROADM 状态回复消息 OFPRAW_ROADM_FEATURE_REPLY

在 ROADM 收到状态查询消息之后，将发送状态回复消息用于上报 ROADM 节点的状态信息。消息主要字段包括 ROADM 标识（roadm_id）、ROADM 相邻的节点标识（connected_roadm_id）以及端口波长情况等。数据结构定义如下：

```
Struct ofpraw_roadm_feature_reply {
uint8_t roadm_id;
uint32_t connected_roadm_id;          /* 每 8 位代表一个相连节点 ID */
uint32_t port_in_wavelength;          /* 每 8 位代表一个端口的输入波长 */
uint32_t port_out_wavelength;         /* 每 8 位代表一个端口的输出波长 */
};
```

（4）ROADM 配置消息 OFPRAW_ROADM_CONFIG_MOD

该消息主要用于进行 ROADM 的配置，消息主要字段包括 ROADM 标识（roadm_id）以及端口开关状态等。数据结构定义如下：

```
Struct ofpraw_roadm_feature_reply {
uint8_t roadm_id;
uint32_t port_inout;                  /* 每 6 位代表一种光开关的端口开关状态 */
};
```

3. 编排层与控制层间、编排层与应用层间：HTTP

各层之间采用的是 RESTful API，采用的通信协议是 HTTP。通常，控制协议的信息模型以 YANG 建模语言描述，以 REST conf 作为传输协议，使用 JavaScript 对象符号（JSON）编码进行数据传输。在 ODL、Kubernetes 控制器开发过程中，已经为编排层预留出 RESTful API。一方面，编排器可直接通过调用该类接口获取 ODL 与 Kubernetes 的资源信息，通过将两部分信息整合存储，以供编排策略模块使用。另一方面，编排器可直接通过调用该类接口对 ODL 和 Kubernetes 进行智能控制，进而实现对光与无线融合网络平台的智能统一管控[6]。

9.3.3 泛在异构资源统一编排技术

为实现泛在、异构资源的统一编排与协同调度,本节介绍一种光与无线融合网络泛在异构资源统一编排架构[1],如图 9-7 所示。网络统一编排架构由代理层、控制层、编排层和应用层组成,其中:代理层负责网络中光与无线传输设备的传输、交换与处理的抽象功能代理;控制层负责抽象和管理网络中的传输资源与计算资源,还负责对资源状态进行监控,并且基于编排层下发的编排结果对底层基础设施进行配置与管理;编排层是平台核心,拥有网络的全局视角,主要负责策略的部署与执行,可以通过基于 OSGi(Open Service Gateway initiative,开放服务网关协议)的动态模块化系统,部署网络编排管理策略;应用层将面向用户,负责将用户的意图下发,并将网络状态与业务调度结果反馈给用户。下面对上述各层的功能进行详细介绍。

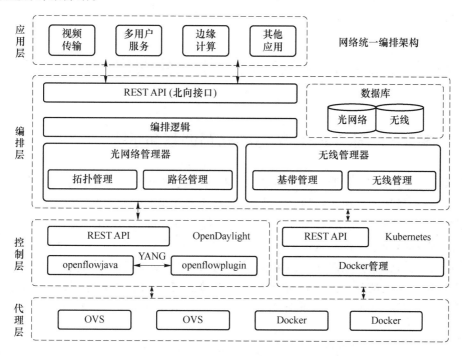

图 9-7 光与无线融合网络泛在异构资源统一编排架构[1]

① 代理层:本层负责控制器与物理硬件通信的代理工作,将控制器下发的 OpenFlow 消息进行解析,并根据该信息对物理硬件进行配置。其中,一方面,每个网络交换节点对应一个 OVS,其与控制层通过 Feature 消息与 Config 消息这两对 OpenFlow 消息进行通信,负责上报硬件信息与对硬件设备的配置;另一方面,每个计算资源节点对应一个 Kubernetes Node,控制层通过应用程序可编程接口与其进行通信,主要负责上报虚拟化容器信息与对虚拟化网络功能的配置。

② 控制层:本层由 OpenDaylight 控制器(简称 ODL)与 Kubernetes 控制器两部分组成,其中 OpenDaylight 负责光与无线网络部分的控制,即无线接入网、城域传输网络与移动核心网络的控制与管理,Kubernetes 负责数据中心内计算资源的分配与数据中心内部网络

的构建,对外通过 REST API 供编排器调用。其中,openflowplugin 模块负责 ODL 控制器与 OVS 之间的连接建立,以及对 Feature 消息和 Config 消息的数据结构进行定义;openflowjava 模块负责对 OpenFlow 消息的定义与注册工作。

③ 编排层:负责整个光与无线融合网络中异构资源的编排与调度,主要包括无线管理模块、光网络管理模块、数据库模块和编排逻辑模块等。其中,无线管理器模块主要包括基带管理子模块和无线管理子模块。前者负责基带处理单元的分配、删除等管理工作,后者负责小区无线的配置,包括天线、载波、调制格式等。光网络管理器模块主要包括拓扑管理子模块和路径管理子模块。前者负责拓扑的收集、更新等管理工作,后者负责光网络中路径的建立、更新、删除等管理工作。数据库模块负责收集网络节点与链路信息,存储网络中路径、业务等信息;编排逻辑模块是负责整个架构的资源调度、业务管理和维护的核心模块,对应用层的业务进行解析,通过调用各个模块实现特定的功能。

④ 应用层:负责管理特定的应用程序,通过调用管控系统相应的可编程接口,为用户提供定制化服务。

9.4 基于软件定义的光与无线融合网络创新实验演示

9.4.1 实验一:面向 BBU 聚合的光路调整演示[9]

在移动接入网络中,节能和服务质量的话题已经受到越来越多的关注。在实际的接入网络中,用户流量请求呈现较强的时间特性,导致用户在每个时刻对基站资源的占用情况随时间变化而出现周期性波动,如图 9-8 所示,这也被称作流量的潮汐效应。当小区用户请求的资源量减少时,原来连接的基站依然会一直保持开启状态。然而,在这种情况下,大部分基站资源是未被使用的,如图 9-8(a)所示,这将造成 BBU 基站资源的浪费。此时,关闭资源利用率低的 BBU 基站并将该 BBU 服务的业务连接到其他 BBU 基站中,该方法可很好地解决资源浪费的问题,如图 9-8(b)所示,这种节能方式也被称作 BBU 聚合策略。

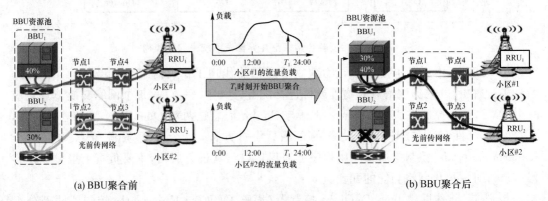

图 9-8　BBU 聚合示意图

为实现 BBU 聚合存在两个便利条件:第一,传统基站模式被 C-RAN 架构替代之后,为

BBU 聚合提供了便利。相对于原来的分布式基站(BBU 与 RRU 放置在一起),C-RAN 中 BBU 被放置在集中化 BBU 资源池中,开启和关闭 BBU 变得更加容易。第二,C-RAN 中的 BBU 和 RRU 是通过灵活光网络连接的。所以,可以灵活地控制光路重构,从而达到将低利用率 BBU 中服务的业务转移到其他 BBU 上的目的,通过关闭低负载 BBU 基站来降低网络能耗。

　　对于 RRU 与 BBU 间光路重构的过程,主要考虑两种策略:"先拆后建"和"先建后拆"。其中,前者在为 RRU-BBU 间建立新的光路之前,需要断开原始连接,后者则反之。由于将 RRU 注册到新的 BBU 将花费几分钟时间,所以"先拆后建"的方法将会导致此 RRU 的无线信号中断。相反,"先建后拆"的方法将在移除原始光路之前建立新的光路,从而为移动用户提供无中断的服务,但与前者相比,此方法需要占用更多的波长资源。图 9-9 展示了这两种光路的建立方法,其中:在"先拆后建"方法中,控制系统将首先删除 BBU$_2$-RRU$_2$ 的光路 LP$_2$,然后为 BBU$_1$-RRU$_2$ 设置光路 LP$_3$;在"先建后拆"方法中,控制系统将首先为 BBU$_1$-RRU$_2$ 设置光路 LP$_3$,并在 BBU$_1$ 和 RRU$_2$ 建立连接之后将光路 LP$_2$ 删除。

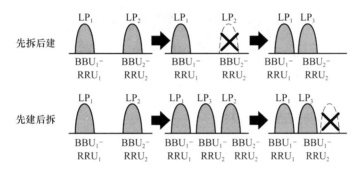

图 9-9　两种光路重构的方法

1. 实验场景搭建

　　如图 9-10 所示,面向 BBU 聚合的光路调整实验演示拓扑包括两个用户终端、两个 RRU、4 个光开关、两个 BBU 板卡(每块 BBU 板卡上有 3 个光模块,用来模拟 3 路不同波长的光路)、一个移动核心网设备、一个 FTP 服务器,其中控制系统部署在高性能物理服务器中。在本实验演示过程中,BBU 与 RRU 设备信息的上报与配置均由 OVS 代替进行实验,而光开关可以通过 OVS 代理与控制器进行交互。控制器通过扩展的 OpenFlow 消息对硬件设备代理进行配置,OVS 将接收到的配置信息进行翻译,转发给硬件设备进行配置。

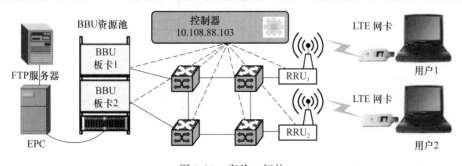

图 9-10　实验一拓扑

实验硬件场景如图 9-11 所示,包括无线通信设备、光传输设备、服务器等。其中:RRU 是 TD-LTE 双通道型,支持 1.4 GHz 专用频段,用于无线信号的频带处理;BBU 为多模紧凑型,支持多种无线接入制式的基带信号处理;EPC 为演进分组核心网设备,支持移动设备的认证、计费、会话管理、网关接入等功能;服务器配置为 E5-2620v4 处理器,64 GB 内存,2 TB 容量,使用 VMware ESXi 服务器系统,用于提供 FTP 服务、部署 SDN 控制系统和 OVS 硬件代理节点等工作;光传输节点由波长间隙为 50 GHz 的 1×9 WSS(Wavelength Selective Switch,波长选择开关)和光分路器等设备组成,其中 WSS 可通过串口通信进行配置,用于光路切换。

图 9-11　实验演示硬件场景图

2. 控制系统架构与实验流程设计

面向 BBU 聚合策略的控制系统架构设计如图 9-12 所示,包括 4 个平面:数据平面、控制平面、编排平面和应用平面。

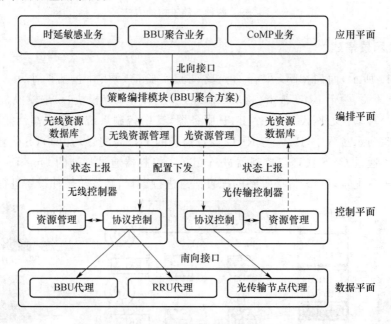

图 9-12　面向 BBU 聚合策略的控制系统架构

① 在数据平面中,OpenFlow 代理(OVS)连接到每个真实的物理节点,如 BBU、RRU

和光传输节点,并通过扩展的 OpenFlow 协议与控制系统进行通信。

② 控制平面包括无线控制器和光传输控制器两部分,分别负责控制相应的无线与光学物理节点。各控制器主要由资源管理和协议控制两个模块组成,其中资源管理模块收集原始物理设备属性,协议控制模块负责对扩展的 OpenFlow 消息进行编码/解码。

③ 编排平面是管理光和无线资源的核心,主要由无线资源和光资源数据库、无线资源和光资源管理模块和策略编排模块组成。其中,资源数据库存储从控制器中抽象出的虚拟化资源,如 BBU-RRU 无线资源存储在无线资源数据库中,它们之间的光路资源存储在光资源数据库中;无线资源管理模块负责映射 BBU-RRU 组合,光资源管理模块负责建立 RRU-BBU 间的光路;策略编排模块收到来自应用平面的请求后,将执行 BBU 聚合算法以获取新的 BBU-RRU 映射结果。根据新的映射规则,编排策略模块与无线资源管理模块协调为 RRU 和 BBU 分配物理资源,与光资源管理模块协调为 BBU 和 RRU 之间的新连接建立光路。

实验流程设计分为软件和硬件两个层面,即控制平面的信令交互流程设计和数据平面的硬件部分设计。对于实验中的控制平面,信令交互流程如图 9-13 所示。

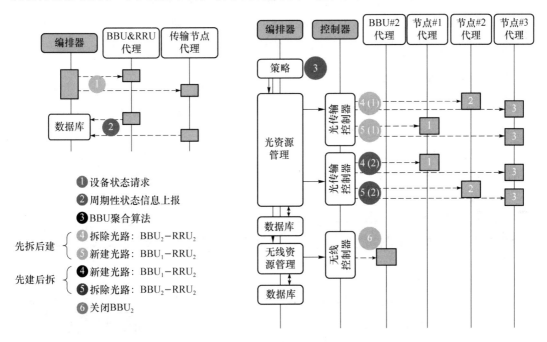

图 9-13　实验模块间的信令交互示意图

① 首先各硬件代理通过 ODL 向编排器上报状态信息,编排器获取到网络设备信息与设备间拓扑信息,包括 BBU、RRU 与传输节点。

② RRU 与 BBU 的代理 OVS 定期向控制器发送业务相关信息,如潮汐流量请求信息等。

③ 每次业务信息上报之后,编排器中的 BBU 聚合算法模块则执行 BBU 聚合算法,给出 BBU 聚合后的光路调整方案。

④ 控制架构中的光资源管理模块根据 BBU 聚合算法模块给出的光路调整方案,进行

相应的路径调整。在"先拆后建"方法中,控制器首先进行 BBU 和 RRU 之间的光路拆除。而在"先建后拆"方法中,控制器首先进行 BBU 和 RRU 之间新光路的建立。

⑤ 在"先拆后建"方法中,控制器根据 BBU 聚合算法给出的方案建立新的光路。而在"先建后拆"方法中,控制器对旧的 BBU 和 RRU 之间光路进行拆除。

⑥ 在光路调整之后,关闭相应的 BBU 板卡,以实现节能。

⑦ 软件部分实现结束。

对于数据平面的硬件部分,实验流程设计如下。

① 准备一台通用 PC,插上 4G 数据卡,作为无线终端接收无线信号,并安装测速软件,能够在进行 FTP 下载服务时测量数据速率。

② 将 BBU 与 RRU 之间通过光传输节点进行连接,传输节点与两块 BBU 板卡之间采用全连接,即 RRU 可以通过光路切换到任意的 BBU 板卡上。

③ 将核心网与服务器相连,将服务器 IP 配置为外网可访问。搭建 FTP 服务器,用于文件传输。

④ 开启 FTP 服务,在无线终端侧进行文件的下载,并用测速软件进行监控。

⑤ 当控制器根据 OVS 上报的业务信息进行相应的光路调整时,对光交换节点进行配置。此时,观察无线终端侧的业务情况,并且在无线网管中观察 BBU 利用率。

3. 演示结果及其分析

图 9-14(a)显示了通过 RESTful API,编排平面与两个控制器之间交互的 Wireshark 抓包结果,包括光传输节点和无线单元的状态上报信息、光路重构的建立和删除信息。图 9-14(b)显示了状态上报消息的具体扩展信息,该消息采用 OpenFlow1.3 协议,扩展字段包括设备种类、设备 IP 地址、目标 BBU、占用光通道的波长和流量负载等信息。

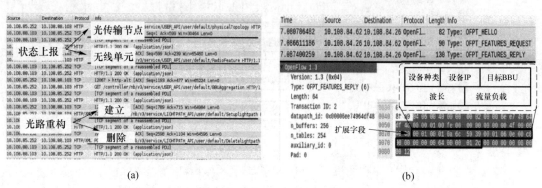

(a)   (b)

图 9-14　Wireshark 抓包结果

图 9-15 显示了两种策略下的测量用户下载率。在"先拆后建"策略中,原始光路在时间 T_1 处被移除,而新的光路在数百毫秒后的 T_2 处建立。然而,将 RRU_2 注册到 BBU_1 大约需要 3 min,这会导致服务中断。但是,"先建后拆"策略将提供可持续的文件下载服务。因为新建光路与原始光路共存,新 BBU 可以通过 RRU 的保留端口进行通信,所以在删除原始光路时,服务不会中断。

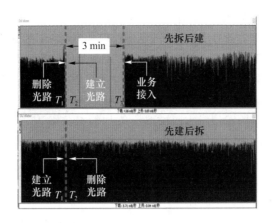

图 9-15　两种波长调整方式比较

表 9-2 比较了聚合前后 BBU_1 与 BBU_2 的 CPU 利用率。可以看到,由于 RRU_2 与 BBU_1 重新关联,因此 BBU_1 的利用率提高了。BBU_2 不承担流量负载,可以将其关闭以节省能源和成本。

表 9-2　聚合前后 BBU 的 CPU 利用率比较

CPU 利用率	BBU_1	BBU_2
BBU 聚合前	38%	35%
BBU 聚合后	74%	0

表 9-3 显示了两种光路重配置策略的总体时延,主要包括编排器时延、控制平面时延和数据平面时延 3 部分。编排器时延表示算法执行时间;控制平面时延包括 OpenFlow 消息处理和传播时延,二者在不同的调整策略下的结果相近;数据平面时延主要包括传输设备响应时延(光时延)和 RRU 重新启动时延(无线时延)。可以发现,两种策略之间的主要区别是 RRU 重新启动时延。在"先拆后建"策略中,在 BBU 聚合期间重新启动 RRU 将花费额外的时间。在"先建后拆"策略中,由于新光路和原光路并存,因此不存在重启 RRU 的步骤。

表 9-3　两种波长调整方式的时延比较

调整方式	总体时延	编排器时延	控制平面时延	数据平面时延	
				光时延	无线时延
先建后拆	319 ms	298 ms	13 ms	8 ms	0 s
先拆后建	~3 min	290 ms	13 ms	9 ms	~3 min

9.4.2　实验二:面向增强型 CoMP 的光波长调度演示[10-11]

CoMP 是无线接入网中提升边缘网络服务质量的一种有效手段。针对移动接入网络中的 CoMP 服务,旨在通过波长重构解决小区间接口问题,通过共同协调相邻小区来提高小区边缘用户吞吐量,这是 5G 中小型蜂窝场景的一项高效的无线传输技术。

根据为协作 RRU 提供服务的 BBU 不同,CoMP 服务可分为 BBU 内 CoMP 和 BBU 间 CoMP。协作的 RRU 连接到同一 BBU 板卡称为 BBU 内 CoMP[如图 9-16(a)中的 RRU_1 和

RRU$_2$〕,而协作的 RRU 连接到不同 BBU 称为 BBU 间 CoMP〔如图 9-16(a)中的 RRU$_3$ 和 RRU$_4$〕。BBU 间 CoMP 需要通过 BBU 间的 X2 接口,交换协作的 RRU 数据和 CSI(Channel State Information,信道状态信息),这需要更大的带宽和更低的移动回传网络时延。图 9-16(a) 显示了 BBU$_2$ 和 BBU$_3$ 之间的数据交换流程,当两个 BBU 板卡在地理上分布时,对回传的影响 则更大。BBU 间 CoMP 服务的带宽和时延如果不满足服务的通信需求,将会导致无线服务性 能的下降。因此,移动运营商希望最大限度地提高 BBU 内 CoMP 流量,以提高 CoMP 性能。

近年来,SDN 作为智能传输网络的关键使能技术,被考虑用来对无线和光学资源进行 统一控制。图 9-16(b)显示了通过 SDN 进行光路重新配置,将 BBU 间 CoMP 调整为 BBU 内 CoMP 的过程。如图 9-16(b)所示,RRU$_3$ 通过 λ_2 光路与 BBU$_2$ 进行重连,从而可以通过 相同的 BBU 板卡与 RRU$_4$ 进行协调。

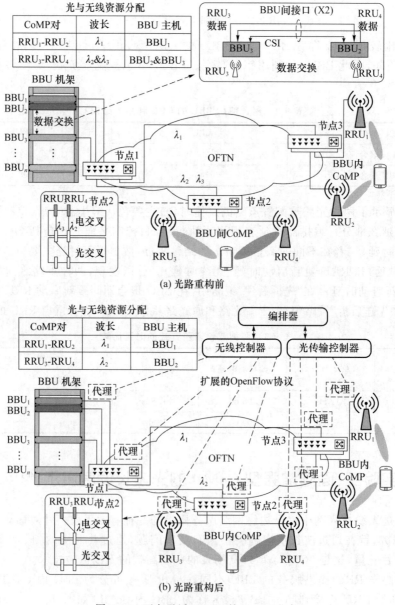

图 9-16　面向灵活 OFTN 的 CoMP 业务

1. 实验场景搭建

实验拓扑如图 9-17 所示,包括 20 个 RRU 和两个 BBU 资源池,其中每个 BBU 资源池由 4 个 BBU 板卡组成。其中,RRU_7、RRU_8、EPC、FTP 服务器和 BBU 资源池是商业设备或原型样机,其他则是由 OVS 代理的虚拟无线和光传输设备。

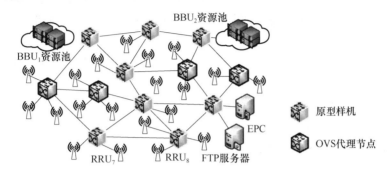

图 9-17　实验二拓扑

为了演示灵活光前传网络改善无线业务性能的效果,搭建实验平台如图 9-18 所示。其中:前传网络基于 DWDM 网络,支持 8 种 50 GHz 频谱间隔的波长通道;对于前传节点,有两种由 SDN 控制的光开关,即 4 块部署在前传网络核心节点的支持灵活栅格技术的 1×9 光选择开关(Finisar)和 4 块部署在前传网络边缘节点连接 RRU 的自研 6×6 快速光开关;前传网络连接商业的 LTE(Long Term Evolution,长期演进)平台,在本次实验中包括 RRU_7 和 RRU_8 无线单元节点、BBU_1 和 BBU_2 处理板卡、一个 EPC(Evolved Packet Core,演进分组核心网)系统,每个 DU 板卡能在同一时间容纳 3 个 RRU 的接入,LTE 平台支持 20 MHz 频段和 CoMP 功能,所有的无线输出都可以由网络监视器获取;另设一个 FTP(File Transfer Protocol,文件传输协议)服务器,模拟文件从边缘用户(CoMP 用户)处下载的过程。

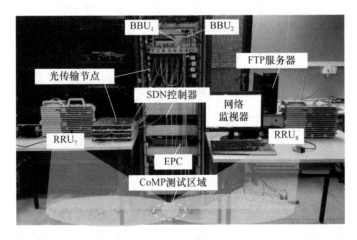

图 9-18　面向增强型 CoMP 的光波长调度实验演示场景

对于控制系统的搭建,本节采用 OpenDaylight 开源框架控制器。基于 ODL,采用 YANG 模型直接建立一个编排平面插件。控制系统与硬件设备间的通信使用扩展的

OpenFlow 协议,使用 OpenVSwitch 作为 OpenFlow 代理,控制器和 OVS 代理运行在不同的高性能服务器虚拟机环境中。

2. 控制系统与整体实验流程

面向增强型 CoMP 业务的控制系统架构与面向 BBU 聚合业务的控制系统架构类似,区别只在于编排策略的不同,在这里不做赘述。图 9-19 显示了面向增强型 CoMP 业务控制系统模块之间的交互流程。

① CoMP 编排策略通过扩展的 OpenFlow 消息获取当前的无线资源状态信息,并重新组合 RRU 和 BBU 以最大化 BBU 内 CoMP。

② 获得 RRU-BBU 重组方案后,CoMP 编排策略模块请求当前光资源状态信息来计算新 RRU-BBU 对之间的光路。

③ 根据 CoMP 策略结果配置无线资源。

④ 根据 CoMP 策略结果配置光学资源。

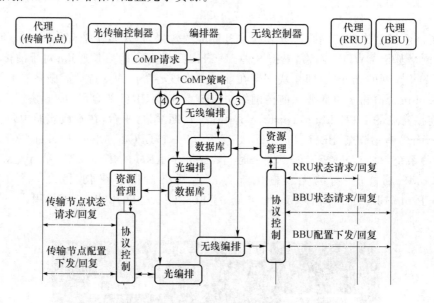

图 9-19 面向增强型 CoMP 业务的控制系统模块间交互流程

3. 演示结果及其分析

图 9-20 显示了控制器与硬件代理之间交互信息的 Wireshark 抓包图。图中上半部分展示了 CoMP 业务流量的上报过程,下半部分展示了对于 CoMP 业务流量上报信息的主体内容,消息采用扩展的 OpenFlow 协议,消息内容包括 RRU 的序号、RRU 的 IP 地址、与 RRU 关联的 BBU 主机序号、CoMP 流量和所占用的光波长通道。

图 9-21(a)显示了协作 RRU 的实测 RSRP(Reference Signal Received Power,参考信号接收功率)。RSRP 阈值(协作 RRU 间的功率差值)应在 3~6 dB,本次实验测量得到的 RSRP 阈值为 6 dB,符合阈值的参考范围。图 9-21(b)显示了光谱仪呈现的波长占用情况,其中波长承载着 RRU 信号。

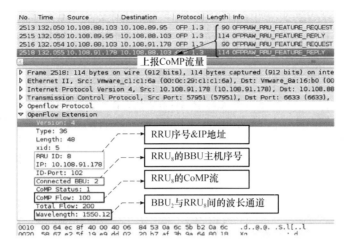

图 9-20 扩展的 OpenFlow 消息 Wireshark 抓包图

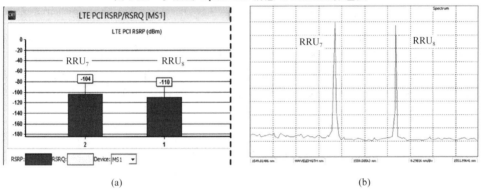

(a)   (b)

图 9-21 协同工作 RRU 的 RSRP 测量值与波长占用情况

图 9-22 显示了测量的小区边缘用户在实验期间的下载速率。在 $T_1 \sim T_2$ 时间段内，CoMP 功能开始实现，可以看到能实现 22％ 的平均速率增长。当开始切换光路时，编排器将在 T_2 时间点重新部署 RRU_8-BBU_1 的光路。此时小区边缘用户将会经过一个过渡期（$T_2 \sim T_3$），在此期间，下载速率将首先下降到没有 CoMP 服务的速率，然后持续上升到稳定值。这是因为在光路重新配置过程中，CoMP 服务会被中止，此时小区边缘用户将仅由 RRU_7 服务。在 T_3 时间点之后，BBU 内的 CoMP 服务下载速率保持稳定。

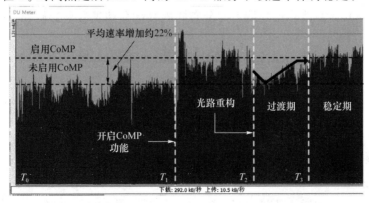

图 9-22 实验期间测量的小区边缘用户的下载速率

表 9-4 显示了 CoMP 服务处理的整体时延,包括 3 个部分:编排器时延、控制平面时延和数据平面时延。其中,编排器的时延包括软件运行时间和算法处理时间;控制平面的时延包括 OpenFlow 消息处理与传播时延;数据平面的时延是前传网络中的硬件响应时延。通过对比发现,软件/算法运行时间是造成整体延迟的主要原因。

表 9-4 CoMP 服务处理的总体时延

整体时延	编排器时延	控制平面时延	数据平面时延
～344 ms	324 ms	13 ms	7.24 ms

本 章 小 结

本章介绍了光与无线融合网络控制平面技术。首先,从物理层、网络层、服务层 3 个层面分析光与无线融合网络统一控管需求。其次,提出一种基于软件定义的光与无线融合网络统一控制架构,可以针对融合网络泛在异构资源进行统一编排,同时引出 3 种控制平面使能技术,即物理层设备可编程技术、多层间控制协议可扩展技术和泛在异构资源统一编排技术。最后,介绍了两个基于软件定义的光与无线融合网络创新实验。

本章参考文献

[1] 于浩. 业务驱动的移动承载网络资源联合优化技术研究[D]. 北京:北京邮电大学,2020.

[2] 网络通信与安全紫金山实验室. 未来网络白皮书:白盒交换机技术白皮书(2021 版)[R]. 2021.

[3] 肖玉明. 移动接入网中光与无线资源协同优化技术研究[D]. 北京:北京邮电大学,2021.

[4] 韩培. 基于 RAN 模板的 5G 端到端网络切片模型和部署策略研究[D]. 北京:北京邮电大学,2019.

[5] 郭子政. 边缘计算光网络环境下的分布式内容缓存和聚合算法研究[D]. 北京:北京邮电大学,2021.

[6] 冯佳新. 面向虚拟化 RAN 的基带处理功能迁移策略研究[D]. 北京:北京邮电大学,2020.

[7] Kubernetes 中文社区. Kubernetes 文档[EB/OL]. (2022-6-10)[2022-6-12] https://kubernetes.io/zh-cn/docs/home/.

[8] 吴连禹. 5G 光传送网中高生存性 RAN 切片模型和部署策略的研究[D]. 北京:北京邮电大学,2021.

[9] Hao Y, Zhang J, Song D, et al. Demonstration of lightpath reconfiguration for BBU aggregation in the SDN-enabled optical fronthaul networks [C]//European

Conference on Optical Communication. 2017.

［10］ Zhang J，Hao Y，Ji Y，et al. Demonstration of radio and optical orchestration for improved coordinated multi-point（CoMP）service over flexible optical fronthaul transport networks[C]//Optical Fiber Communications Conference & Exhibition. IEEE，2017.

［11］ Zhang J，Ji Y，Yu H，et al. Experimental demonstration of fronthaul flexibility for enhanced CoMP service in 5G radio and optical access networks[J]. Optics express，2017，25(18)：21247-21258.

第 10 章

人工智能赋能的光与无线融合网络技术

随着光与无线融合网络技术的发展,智能化逐渐成为实现网络优质服务、简化运维、优化网络、降低成本的一个重要途径。本章将围绕人工智能赋能的光与无线融合网络技术展开研究。首先,本章介绍光与无线融合网络的智能化需求,其中,智能预测和智能决策是网络智能化的两个重要手段;其次,本章分别针对光与无线融合网络中的智能预测技术和智能决策技术,介绍两个网络智能化的典型应用案例。

10.1　光与无线融合网络的智能化需求

随着移动通信技术的不断发展,网络中涌现出许多新兴业务,eMBB(enhance Mobile Broadband,增强型移动宽带)、mMTC(massive Machine-Type Communication,大规模机器类通信)和 URLLC(Ultra-Reliable and Low-Latency Communication,超高可靠低时延通信)3 大应用场景受到了广泛关注。光与无线融合网络需要及时满足不同应用场景差异化的需求,如大带宽、低时延、大连接、高可靠,以及实时的网络状态感知、精准的流量预测、快速准确的网络决策等。光与无线融合网络需求主要包括两方面:一方面,对网络业务质量被提出了更高的要求,4K 视频等 eMBB 业务带宽峰值可以达到 10 Gbit/s,大规模物联网等 mMTC 业务需要满足 100 万/km^2 的连接密度,工业自动化控制等 URLLC 业务需要大约 10 ms 的时延。另一方面,由于网络业务具有不确定性、突发性的特点,还要求网络具备掌握整个网络的资源使用情况,准确预测未来的变化,实时调整网络资源的能力[1]。为了满足这些需求,传统的网络技术、架构、方式难以为继,需要新的理念和技术支撑。随着学术界和产业界在 AI(Artificial Intelligence,人工智能)、大数据、SDN(Software Defined Network,软件定义网络)和 NFV(Network Function Virtualization,网络功能虚拟化)等新技术的探索,智能化被认为是未来光与无线融合网络的核心能力。人工智能以其强大的数据感知能力、优异的学习和分析能力成为网络智能化的核心技术。网络中引入人工智能技术不仅可以通过数据挖掘的方式对网络中大量的可利用数据进行机器学习,了解业务数据、网络数据的内在规律,实现智能化的网络预测,同时人工智能技术能有效处理网络中的模糊信息,对网络资源进行有效管理,实现智能化的网络决策。

10.1.1 智能预测

云计算、边缘计算、物联网、虚拟现实和 5G 等新技术的出现导致网络数据爆发式增长。作为网络数据传输最重要的基础设施之一,光与无线融合网络也面临着高带宽和低时延的发展需求[2]。而目前由于网络状态和物理状态具有不确定性,刚性的网络分配和传输资源分配策略导致网络资源浪费,降低网络资源利用率。因此,通过智能感知预测对网络资源进行动态分配是提高网络资源利用率的关键。

人工智能技术的快速发展为网络状态智能感知预测提供了可行性。通过 ML(Machine Learning,机器学习)的相关算法根据数据训练产生相应的模型,该方法在光网络中的应用已得到了广泛研究、探索和尝试。目前随着光通信和光网络技术的不断发展,光网络也在向自动化和灵活化的方向发展,SDON(Software Defined Optical Network,软件定义光网络)的集中网络控制方式使光网络可灵活编程,其中的控制平面和数据平面可以进行独立的设计和开发。另外光网络中引入了很多先进的光学器件和设备,可以实时监控光器件的状态,并将这些数据传送至光网络控制平面。对于光网络中源源不断产生的大量数据,机器学习不需要明确地知道输入数据与输出数据这两者之间的关系,就可以从中快速且准确地提取出相关的有用信息。

目前已有大量研究利用先进的机器学习技术进行网络性能监测,从而提前进行预测,提高光网络的资源利用率[3]。例如,通过智能流量预测,根据用户侧流量动态变化,按需分配网络资源;通过光路传输质量智能预测,对光路的传输资源进行灵活配置,以减少传输设计余量,提高资源利用效率;通过提前预测光路状态,对网络资源进行智能分配,以提高网络资源利用率。

1. 智能预测算法基础

机器学习[4]是一种利用历史数据中的有用信息来帮助分析未来数据的学习方法,通常需要大量的标注数据来训练一个好的学习者。因此机器学习所研究的主要内容是通过对数据的分析挖掘出网络模型特征的算法,主要包括两个阶段:特征处理阶段和模型训练阶段。特征处理包括数据预处理、特征提取和特征转换。数据预处理的本质是对数据进行处理和筛选,一般包含标准化、对定量特征二值化、对定性特征哑编码以及对缺失值和异常值处理等操作。特征提取是指从原始的数据集中选取出部分有效的特征,因为原始数据集可能包含大量的数据,直接将所有数据作为模型输入会导致模型难以训练甚至于过拟合,所以需要利用人工经验或者其他方法进行特征提取,将有效特征选取出来。特征转换是指利用一定方法对特征提取后的特征进行加工使得数据转换为更适合模型训练的数据类型和范围。常见的特征转换方法有数据的归一化、标准化和正则化处理等。

机器学习算法中有多种分类方式,不同的算法分类形式对应不同的问题解决类型,在预测问题中,如图 10-1 所示,可以根据输入数据是否添加标签以及训练方法的不同将机器学习算法分为监督学习、无监督学习以及半监督学习。

(1) 监督学习

输入数据为训练数据,每个输入数据带有标签,预测模型通过在训练过程的不断迭代来优化模型的参数,以最小化预测偏差,直到模型得到较为准确的输出预测结果,训练过程将会一直持续进行。针对网络中历史状态的参数信息,可通过监督学习分析网络的状态特征,对未来时刻的网络状态进行预测评估。

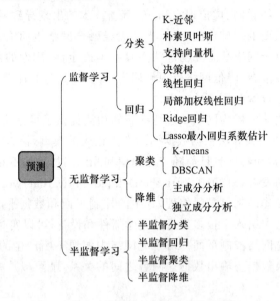

图 10-1　机器学习预测算法的分类

（2）无监督学习

相对于监督学习过程,无监督学习过程的输入数据只有特征不带有标签,输入样本数据后,通过推断输入数据中的内部结构进行建模。在数据预处理过程中可以通过数据处理减少冗余,或者根据相似性调整输入数据。

（3）半监督学习

半监督学习的主要应用场景为有预期的预测,例如银行中的金融风控场景,预测模型需通过学习结构整理样本数据,从而做出预测。半监督学习相对于以上两种机器学习过程主要特点为对一部分输入数据进行了标签标识,但仍有大量的数据未进行标签处理。相对于监督学习,半监督学习的成本较低,但能达到较高的准确度。

ANN(Artificial Neural Network,人工神经网络)可适用于分类和回归等多种问题,且由于其准确度高、可泛化可迁移能力强得到广泛的应用。除此之外,ANN 的演进形式,如RNN(Recurrent Neural Network,循环神经网络)、LSTM(Long Short-Term Memory,长短期记忆)神经网络等模型适用于数据具有时序性特征的训练。

2. 相关研究

随着智能预测算法的发展,将其应用于光网络智能预测的研究逐渐得到了广泛关注。本节从光与无线融合网络中的流量预测和信道传输质量预测两个方面对网络的智能预测技术进行分析。

（1）流量预测

流量预测主要是利用历史的流量数据来预测下一时间节点的流量值,由于前后的流量数据具有时间相关性,常利用机器学习中的时间序列模型(如循环神经网络和长短期记忆神经网络等模型)来预测。亚利桑那大学研究者在移动前传网络中提出基于 DNN(Deep Neural Network,深度神经网络)对用户流量进行预测,从而提前 30 min 实现 BBU 的流量卸载[5]。北京邮电大学研究者搭建了一种基于 LSTM 的流量预测网络模型,并基于流量预测结果给出移动前传网络带宽动态分配策略[6],该策略分析基站流量数据特征,并基于机器学习中的 LSTM 算法搭建预测模型,通过输入真实历史流量数据训练输出未来时刻流量,仿真结果表明 LSTM 网络预测模型在多个小区场景中都展现出较好的拟合效果,基于流量预测结果,给出了移动前传网络带宽动态分配策略,通过流量预测实现带宽动态调整。相比于 RNN,LSTM 可以保留一些长期信息,具有更好的准确度,应用较为广泛。

(2)信道传输质量预测

目前信道传输质量预测主要是利用监督学习中的分类和回归算法来构建预测模型。一种是利用机器学习中的分类算法构建 QoT(Quality of Transmission,传输质量)分类模型,其主要思想就是判断请求建立连接的光路信号质量值是否满足建立的阈值条件。加拿大研究者采用了 3 种基于机器学习的 QoT 分类模型,分别是随机森林、支持向量机和最近邻算法,并利用仿真数据训练和评估 3 种 QoT 分类模型,实验结果发现这 3 种方法都可以达到较高的分类准确率[7]。另一种是利用机器学习中的回归算法构建 QoT 预测模型,其主要思想是根据光路的相关特征预测得到它的信号质量。其中回归模型可以提供更有效的信息,且回归模型中人工神经网络的准确度高,相比于其他模型 ANN 更受研究人员的青睐。例如,北京邮电大学研究者提出了基于 ANN 的多信道 QoT 估计模型[8],基于实验平台产生数据,并将光路的信道发射功率、EDFA(Erbium Doped Fiber Amplifier,掺铒光纤放大器)的输入功率和输出功率、信道开通状态作为多信道 QoT 回归模型的输入,多个信道的 QoT 值同时作为模型输出,搭建了两层的神经网络回归模型,不仅研究了如何同时预测多条信道的 QoT 值,还研究了新开通信道对其他信道信号的影响,并从中选出 QoT 值最高的信道来传输信号。

10.1.2 智 能 决 策

随着移动通信迈入 5G 时代,新技术和新特性层出不穷,新业务和新应用不断涌现,光与无线融合网络的部署与决策面临着前所未有的挑战。一方面,人与人通信的单一模式逐渐演化为人与人、人与物、物与物的全场景通信模式,业务场景更加复杂。由此产生的大带宽、大连接、低时延和高可靠性等差异化需求增加了网络部署的复杂性[9]。另一方面,网络作为带宽流量的最终承载,从过去的链形组网、环状组网,逐渐向 Mesh 化、立体化的组网演进,虚拟化云化网络的动态变化也给资源的统一调度和管理带来诸多挑战。此外,4G、5G 多制式共存也使网络协同优化愈发复杂。伴随着 5G 时代而来的网络决策挑战是全方位的,传统依靠人为经验、静态的网络部署模式,同网络的先进性之间,正逐渐形成差距,自动化、智能化的网络决策能力将成为 5G 时代网络部署与优化的刚需。人工智能技术在解决高计算量数据分析、跨领域特性挖掘、动态策略生成等方面具备天然优势[9],可赋予 5G 光与无线融合网络智能决策新的模式和能力。通过对网络环境的全面感知、对跨域特性的深入学习、对网络模糊信息的有效处理,人工智能技术的引入可使网络具有智能化的决策能力,从而提升网络的服务质量和业务体验。

1. 智能决策算法基础

作为人工智能技术的一个重要分支，RL（Reinforcement Leaning，强化学习）以其强大的决策制订能力，成为网络智能决策的核心技术。强化学习最早于 19 世纪 50 年代由 AI 先驱之一马文·闵斯基提出，并于 1957 年由理查德·贝尔曼抽象为 MDP（Markov Decision Process，马尔可夫决策过程）。强化学习采用不断"试错"的方式，利用智能体与环境的相互交互来学习最优策略。

强化学习[10] 主要由以下几部分组成：智能体（agent）、环境（environment）、状态空间（state）、动作空间（action）、状态转移概率（transition possibility）、奖励（reward）、策略（policy）和回报（return）。各组成部分的定义如下所述。

① 智能体：强化学习的核心组成部分，用于与环境交互并根据当前状态做出相应的决策。

② 环境：除智能体外，强化学习交互过程中的另一个重要组成部分，用于向智能体反馈奖励和下一时刻状态。

③ 状态空间 S：环境的数学体现，是环境中所有可能状态的集合。

④ 动作空间 A：智能体做出的决策，包含其所有可选动作的集合。

⑤ 状态转移概率 $P(s_{t+1}|s_t,a_t)$：智能体在状态 s_t 执行动作 a_t 后，进入下一状态 s_{t+1} 的概率。

⑥ 奖励 $r_t(s_t,a_t)$：智能体在状态 s_t 执行动作 a_t 后，从环境获得的即时奖励。

⑦ 策略 $\pi(a_t|s_t)$：状态空间和动作空间的映射关系，表示智能体在状态 s_t 执行动作 a_t，以一定概率转移到下一状态 s_{t+1}，并获得环境反馈的奖励 r_t。智能体通过训练不断学习并优化策略 π。

⑧ 累积回报 R_t：智能体期望获得的长期累积奖励，$R_t = r_t + \gamma r_{t+1} + \gamma^2 r_{t+2} + \cdots = \sum_{k=0} \gamma^k r_{t+k}$，其中，$\gamma$ 为折扣因子，用于削弱较长时间决策对当前累积奖励的影响。强化学习训练的优化目标即为最大化长期累积奖励。

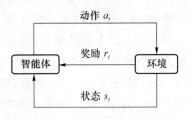

图 10-2　强化学习原理框架图

强化学习的交互过程如图 10-2 所示，在每个时刻 t，智能体会对环境的状态 s_t 进行观测并获得观测结果，根据观测结果和当前策略 π 选择动作 a_t。动作 a_t 执行后环境发生改变并进入下一状态 s_{t+1}，同时智能体获得来自环境的反馈 r_t，并计算累积回报 R_t。下一时刻 $t+1$，智能体和环境会重复上述交互过程，直至到达训练的终止条件或达到环境的某一终止状态。

强化学习根据状态转移概率是否已知可以分为基于模型的强化学习和无模型的强化学习。基于模型的强化学习方法状态转移概率已知，且需要知道完整而精确的环境模型，智能体可以在不与环境交互的情况下预测下一步的状态并做出决策。常见的基于模型的强化学习方法是动态规划方法，但是基于模型的方法需要对每个特定问题重新建模，所以动态规划方法存在一定的局限性（泛化能力不强）。无模型的强化学习方法状态转移概率未知，通过智能体与环境的不断交互进行抽样,基于样本训练强化学习。现有主流强化学习方法大都是无模型的强化学习,如 Sarsa 算法[11]、Q 学习(Q-Learning)[12]、双 Q 学习(Double Q-Learning)[13]等。

强化学习根据算法类型可以分为基于值函数的强化学习和基于策略的强化学习。基于值函数的强化学习通过引入适当的参数,选取合理的描述状态的特征,构建值函数计算状态或动作的价值,对策略 π 进行评估。常见的基于值函数的强化学习方法有 Q-Learning。基于策略的强化学习不再计算状态或动作的价值,而是直接对策略 π 进行学习,通过构建带参的策略函数对策略 π 进行拟合,并利用智能体与环境交互所得奖励训练策略函数的参数。常见的基于策略的强化学习方法有 REINFORCE 算法[14]、行动者-评论家方法(Actor-Critic)[15]。

强化学习根据样本是否来自当前策略可以分为同步策略强化学习和异步策略强化学习。同步策略强化学习其行为策略与目标策略为相同的策略,常见的同步策略强化学习方法有 Q-Learning。异步策略强化学习其行为策略与目标策略为不同的策略,常见的异步策略强化学习方法有 Sarsa。图 10-3 显示了强化学习算法分类示意图。

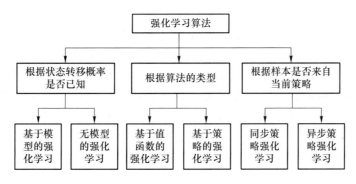

图 10-3　强化学习的分类[16]

上述传统的强化学习方法(如 Q-Learning)利用表格的形式记录状态和动作的映射关系,通过不断训练,更新和优化该表格,完善强化学习决策模型。然而使用表格记录状态和动作会导致严重的维度灾难问题,缺少可扩展性。当状态空间和动作空间的维度较大时,传统强化学习方法将难以胜任。深度学习利用神经网络,将高维数据压缩成低维特征,可以有效解决强化学习面临的维度灾难问题。

2. 相关研究

随着 DRL(Deep Reinforcement Learning,深度强化学习)技术的不断发展,将 DRL 应用于光网络智能决策的研究也在如火如荼地进行。在光与无线融合网络中,智能决策的应用主要集中于以下几个方面:资源分配、RAN(Radio Access Network,无线接入网)功能部署、网络路由以及 RMSA(Routing, Modulation and Spectrum Assignment,路由、调制和频谱分配)/RSA(Routing and Spectrum Assignment,路由和频谱分配)。

(1)资源分配

上海交通大学研究者考虑基于多波长 PON(Passive Optical Network,无源光网络)的前传网络资源和 C-RAN(Centralized Radio Access Network,集中式无线接入网)无线接口上行链路资源的联合分配,提出基于 DRL 的资源调度策略[17]。与传统启发式方法相比,该调度策略可提高网络吞吐量,降低业务的上行调度时延。墨尔本大学研究者提出联邦强化学习解决方案[18],利用 FL(Federated Learning,联邦学习)减少强化学习的探索时间和探索可能带来的负面影响,并利用联邦强化学习进一步完善融合接入网的带宽分配决策,提升网络时延性能。

(2) RAN 功能部署

北京邮电大学研究者提出了基于 DRL 的 BBU(Baseband Unit,基带处理单元)位置部署和路由策略[19],在 C-RAN 和 NG-RAN(Next-Generation Radio Access Network,下一代无线接入网)场景下,将所提算法与 ILP(Integer Linear Programming,整数线性规划)方法、传统启发式算法进行对比,验证了 DRL 算法的有效性。北京邮电大学研究者在 5G/B5G(Beyond 5G)光与无线融合网络场景下,提出了基于 DRL 的 DU(Distributed Unit,分布式单元)和 CU(Centralized Unit,集中式单元)部署方案[20]。结果表明,所提算法在开启节点数量、开启波长数量和使用带宽资源等方面都优于启发式算法,提高了网络资源的利用效率。

(3) 网络路由

加泰罗尼亚理工大学研究者提出使用 DRL 方法解决 OTN(Optical Transport Network,光传送网)的业务路由问题[21]。通过设计创新的 DRL 状态空间表示方法,简化了 DRL 知识提取的过程,使 DRL 智能体能够更容易学习到网络数据所包含的知识。结果表明,相比于经典的路由算法,该方案能够更好更快地做出业务路由决策,实现网络资源利用率的提升。北京邮电大学研究者提出了基于数据与模型协同驱动的跨层网络智能路由方案[22]。该方案利用传统 AG(Auxiliary Graph,辅助图)模型对跨层网络路由问题进行建模,并利用 DRL 修正辅助图边的权重,完善 AG 模型,实现最优路由决策,提升网络资源利用效率。

(4) RMSA/RSA

加利福尼亚大学研究者首次提出使用 DRL 方法解决 EON 的 RMSA 问题,设计了基于 DRL 的 RMSA 解决方案[23],制订了解决方案的运行机制,并给出了 DRL 的状态和动作表征,验证结果表明所提方法要优于现有的启发式算法。日本 NTT 实验室针对现有基于 DRL 的 RSA 策略进行改进[24],通过引入 Mask 机制屏蔽不符合要求的动作,解决由于动作空间过大导致智能体无法有效收敛的问题。

10.2 光与无线网络中的智能预测技术

10.2.1 案例一:前传网络流量的智能预测与带宽智能调整策略

大量的人与物连接导致了接入网用户的分布相对复杂,受时间、地域、环境等因素的影响较大。同时,由于移动终端设备与服务需求的急剧增加,用户侧流量呈现高动态性以及突发性的特点,不同的人、机之间的通信对网络承载、调度等方面的属性需求各不相同,具体表现在对链路的带宽需求、数据处理过程中的时延需求,以及端到端通信过程中的可靠性等方面的差异需求。通过类似4G网络中简单的信息采集方式很难动态地掌握用户需求和变化的规律,如何处理复杂的用户行为与网络资源之间的关系是光与无线融合网络面临的一项关键挑战;在传统的链路带宽分配策略中,主要的分配方式是针对链路峰值负载的带宽匹配方案,即在峰值负载基础之上保持静态的带宽分配方式,在网络资源日渐紧缺的新网络环境中,传统的静态资源分配方式无疑会加剧带宽等网络资源的过度消耗,导致网络服务能力的低效。如何有效地实现光传送网络资源的动态管理以及调配,使网络整体性能达到最优是前传网络需要解决的首要问题。

准确的流量预测模型是提升网络资源利用率的关键。由于LSTM考虑了流量预测模型的时序性,具有更高的准确度,本节介绍基于LSTM的流量预测网络模型,通过对于真实基站数据流量的分析并应用机器学习算法建立流量预测网络模型,对真实基站场景的用户流量进行高精度预测,来达到预先感知用户行为的目的。本节介绍一种前传光网络资源动态分配策略,通过先验式流量预测结果计算出前传光网络的带宽需求,并根据需求提前进行网络资源的分配及部署,以此解决静态资源分配方式所面临的资源浪费问题,同时主动式资源分配方式降低了被动调整带来的计算、部署等时延,大大提高了网络处理能力。

1. 基于LSTM的前传网络流量预测模型

从应用场景角度看,相对于传统RNN,LSTM更多用来解决长期依赖的问题,因此LSTM更加适合处理长时间序列的数据,与基站数据流量预测场景相匹配。基于长短期记忆神经网络的流量预测网络模型结构如图10-4所示,特征提取筛选后的数据存储在数据库中,LSTM神经网络训练过程需要从数据库中提取数据作为输入,如图10-4中输入特征部分,输入数据包含了学校、餐厅、旅馆在内的10个已筛选小区基站数据,输入数据特征参数为时间(T)和mean-PRB(mean-Physical Resource Block,平均物理资源块)数据量。实验数据分为训练集合和测试集合,此LSTM模型搭建过程中,训练集合与测试集合的比例为9∶1。在流量预测模型训练过程中,训练集合用来训练LSTM网络,通过多次迭代不断更新来训练普通参数,降低均方误差。迭代训练后,需要一个完全没有经过训练的集合来测试模型最后的准确性,测试集合将神经网络预测的输出结果与实际的mean-PRB数据进行对比,来评估训练完成后神经网络的性能。LSTM神经网络的网络结构如图10-4右上部分所示,LSTM的核心在于神经元的状态,其工作方式是通过增加或者删除神经元的状态,将每个神经元状态进行适当保留并传递给下一个时刻使用。LSTM预测模型的部分超参数列表如表10-1所示,其包含两个隐藏层(hidden layers),隐藏层大小设为60,即代表每个隐藏层中包含60个神经元。图10-4中x_t为t时刻的神经网络输入,输入数据为特征提取整理后的资源块数据。h_t表示t时刻隐藏层的网络输出,由LSTM网络中的输出门和神经元状态共同决定。y_t表示最终预测结果的输出,其目的是指导移动接入网中的前传带宽的调整。每个训练回合中,时间步长(timesteps)设置170,作为每次输入向量x的数量。LSTM模型进行的训练回合为10 000次,即training steps为10 000。神经元状态通过神经网络的自学习过程进行更新,并传递到下一个时间步长。最终LSTM网络的输出为mean-PRB的预测值,用来预测前传带宽。

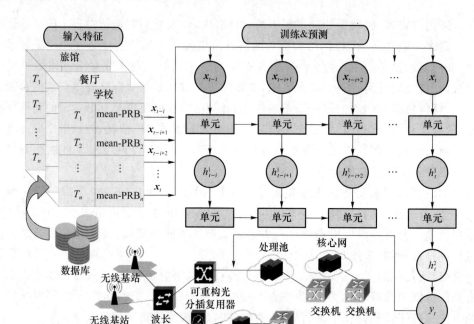

图 10-4　基于长短期记忆神经网络的流量模型

表 10-1　LSTM 流量预测网络模型超参数

参数	取值
隐藏层大小	60
层数	2
时间步长	170
训练次数	10 000
批处理样本数	1 024

　　每次训练过程中,通过输入 $t-1$ 时刻的 mean-PRB 数据,由神经网络输出得到 t 时刻的流量预测结果,将 t 时刻的预测结果与该时刻的真实 mean-PRB 数据进行误差计算,通过神经网络的反向传播函数对神经网络的普通参数进行修正更新,以得到高精度的预测结果。

　　基于长短期记忆神经网络的流量预测模型的搭建以及整体拟合仿真模拟过程如算法 10-1 所示。

算法 10-1　LSTM 训练模型:LSTM_sin_regression 模型

输入:筛选后的原始基站流量数据

输出:模型预测的未来时刻基站流量

1:导入库函数

2:定义 LSTM 网络超参数

3:定义 data_import 数据导入函数

4:定义 dataset_split 数据集分割函数

5：调用 data_import 函数进行数据导入

6：数据标准化处理

7：调用 dataset_split 函数分割数据集合

8：定义 lstm_model 网络模型函数

9：　输入：输入数据集，对比真实数据集

10：　　输出：预测值，损失值，优化值

11：　　调用 TensorFlow 插件中的 LSTM 网络模型

12：　　定义神经元输出

13：　　添加全连接层定义 LSTM 预测值

14：　　定义损失值

15：　　定义优化函数

16：定义运行函数

17：　　输入：输入数据的测试集合，对比真实数据的测试集合

18：　　输出：预测值，真实值标签

19：　　调用训练好的网络模型

20：　　训练输出预测结果

21：　　输出真实标签

22：　　计算得出均方根误差

23：TensorFlow 开始运行

24：　　测试在训练之前的模型效果

25：　　训练模型

26：　　使用通过训练集合完成训练的模型对测试集合展开预测

27：将预测结果存入文件中

28：LSTM 流量预测网络模型预测完成

---

2. 基于流量智能预测的带宽分配模型

基于上述流量预测模型得到的实时预测流量，制订动态带宽调增策略进一步提高网络资源利用率。根据 SmallCeil Forum 规范，将 Low-PHY（Low Physical，低物理层）功能划到 AAU 中，同时将 PDCP（Packet Data Convergence Protocol，包数据整合协议）部署到 CU 功能中，其余基带功能部分归到 DU 中。明确新的功能分隔后，基于流量预测模型的 mean-PRB 输出结果，通过式（10-1）计算得出前传网络中的链路带宽需求。

$$R_{\text{fronthaul}} = 4.8 \times L \times A \times 100 \times \frac{B}{20} + 5.504 \times A = 24BAL + 5.504A \tag{10-1}$$

式（10-1）表示基于给定载波数、64QAM 调制格式等前提下的前传光网络下行链路带宽计算公式。其中：$R_{\text{fronthaul}}$ 表示带宽需求；B 表示无线频谱带宽，4G 网络中默认基站的载波带宽为 20 MHz，5G 网络中默认为 100 MHz；A 表示一个小区内的天线数；L 表示资源块的利用率。资源块利用率的求解方式如式（10-2）所示。

$$L = P_{\text{RB}} / M_{\text{RB}} \tag{10-2}$$

P_{RB} 表示预测的资源块数量，M_{RB} 表示最大可用的资源块数量，4G 网络中的最大可用资源块数量为 100（20 MHz），5G 网络中该值设定为 500（100 MHz）。通过流量预测模型输出的未来时刻资源块预测值以及相关计算公式，已经获取了未来时刻前传光网络的链路带宽

需求,基于新的带宽需求,本案例制订了动态的链路带宽分配策略来适配不断变化的业务带宽需求。根据式(10-2)来进行带宽需求的分段调整。由于本节动态带宽分配策略最终在基于 SDN-NFV 搭建的平台完成功能部署,平台中的前传光网络链路是基于 WDM 搭建的多波长链路,所以前传链路带宽的分配过程实际为根据业务需求分配具体的波长数。

$$C_{allocate} = R_{fronthaul} / C_{slot} \qquad (10\text{-}3)$$

式中:$C_{allocate}$ 为最终分配给前传光网络链路的 slot 数;$R_{fronthaul}$ 为未来时刻的前传带宽需求;C_{slot} 对应单个 slot 的带宽容量,即为设定的阈值,在该网络中单个 slot 的带宽为 6.25 Gbit/s。式(10-3)通过向上取整函数来计算带宽的变化,具体方法为当预测结果对应的带宽需求小于 slot 带宽容量时,本方法采用一个 slot 的分配方式;当预测结果通过计算得到的带宽需求在一个 slot 带宽容量到两个 slot 带宽容量之间时,分配两个 slot 的前传带宽保证数据的传输,后续带宽变化的响应依此类推。

3. 仿真设置及实验结果

(1) 数据介绍

不同于大多采用仿真模拟数据进行性能分析,所介绍案例使用的原始数据为 2017 年 12 月至 2018 年 6 月在某区基站的实时交互采集数据,采集周期为 1 小时,数据容量大约为 4 000 h。原始数据中包含 38 项基站数据指标,如 eNB 间 X2 切换请求次数、eNB 间 X2 切换成功次数、吞吐量、平均激活用户数、小区内的平均用户数、下行 PRB(Physical Resource Block,物理资源块)被使用的平均个数等,反映了基站上下行过程中的信令、数据交互过程。采集的原始数据覆盖了学校、商业区、住宅小区、办公区、公园、交通路段、酒店等区域,覆盖了一座城市日常工作生活学习的绝大部分区域。

(2) 数据筛选

原始基站数据中会存在数据冗余、数据值异常等问题,不能直接反映 5G 移动网络场景下的用户移动性特征和流量突发性的特点,不能直接使用原始数据构建模型进行建模分析。所以,实验的第一步是对原始数据进行预处理,以提供高质量数据,整个过程包括数据清理、数据集成、数据缺省处理等步骤,进而从基站数据中提取与移动用户行为分析目标紧密相关的结构化数据记录。

本案例主要从原始基站数据中提取了部分数据交互量较大、潮汐效应变化较为明显的代表性基站作为 LSTM 神经网络的训练输入,总共为 10 个小区基站数据,包括某市商业区、两个住宅区、两个写字楼办公区、两所大学的某部分学校区域、某饭店和某宾馆在内的两个餐饮酒店以及某交通路口。

(3) 特征提取

在结束数据筛选工作后,对基站流量数据进行分析学习之前需要进行降维处理,主要包括特征提取和特征选择工作。由于高维数据中通常包含大量与当前学习任务无关的冗余特征,需要进一步提取有用特征作为神经网络的输入参数。

基于业务需求,本案例对移动前传网络流量的预测工作主要基于 eCPRI 的用户负载相关性,在已采集的基站数据中能真实反映用户负载的有效参数是下行 PRB 被使用的平均个数,定义特征参数为平均资源块数量(mean-PRB)。在预测过程中,另一个重要的参数则是时间,通过对于历史基站数据的学习从而预测得到未来时刻的基站平均资源块的数据结果,达到对未来预测感知的目的。

（4）结果分析

图 10-5 展示了 LSTM 神经网络经过训练后的输出结果拟合图,选取代表性小区展示 LSTM 训练完成后的拟合效果,图中实线表示真实基站流量数据,虚线为预测结果输出的预测基站数据流量。图 10-5 展示了一个星期的时间跨度内小区基站下行 mean-PRB 数量的变化趋势。

由数据分析可知,学校区域在 25～75 h 的星期六、星期日时间段内呈现较高且相对较为稳定的数据交互量,可见学生们在双休日的休闲时间更多利用移动终端进行网络冲浪,且持续时间较长、较为稳定。图 10-5 中在星期一到星期五的时间段内,学校小区基站的数据流量交互则呈现更强烈的波动性,这是由于上课下课以及课程结束后放学带来的移动终端的间歇性使用,因此 mean-PRB 数据在日间呈较高的波动性,夜间的数据交互则明显偏少。在工作日的对比中,星期一的平均数据交互量最低,星期五商业区内的平均数据交互量较之其余工作日有明显的提高,可见工作日的开始阶段和结束阶段的商业区流量呈现明显区别,临近周末用户呈现更高的消费倾向前往商业区。在波动性方面,较之学校小区,商业区数据交互的波动性较小,从商业区的每日观察来看,每日的后半段较之前半段,数据交互量较为突出,在每天的夜间黄金时段到达峰值,可见该时段为每日商业区主要流量时段。

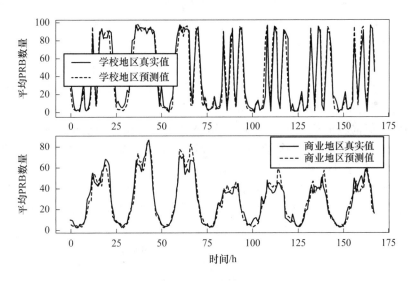

图 10-5 LSTM 训练完成后预测数据与真实数据的拟合效果

LSTM 神经网络流量预测输出结果对于真实基站流量数据有较好的拟合效果,对于小区基站的用户流量数据的潮汐性进行了较好的阐释。LSTM 神经网络训练过程中的损失函数如图 10-6 所示,在进行完 10 000 次训练迭代后,MSE（Mean Squared Error,均方误差）可以降低到 7.88×10^{-5},LSTM 神经网络展示了较好的预测精度。

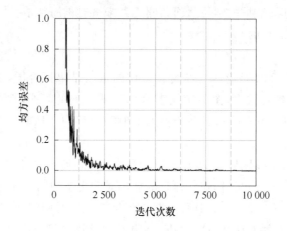

图 10-6　LSTM 训练过程中的损失函数

10.2.2　案例二:光路传输质量智能预测技术

1. 光路传输质量预测需求

诸多新兴技术如云计算、边缘计算、物联网、虚拟现实、人工智能和 5G 等的出现导致网络数据爆发式增长。光传送网络作为网络数据传输最重要的基础设施之一,容量需求急剧增加,需要进一步发展大容量传输系统,这对运营商和网络本身都提出了越来越高的要求,也给光网络带来了新的机遇与挑战。

在光网络中,由于环境的非平稳性和业务的动态性,为保证光网络有较长的生命周期和较高的数据业务传输质量,通常光网络部署时预留足够的余量以应对光网络链路色散衰减、设备器件老化、网络负载增大等现象引发的网络性能下降。如图 10-7 所示,余量通常被量化成实际的光路传输质量和 FEC(Forward Error Correction,前向纠错)限制下的光路传输质量之间的差值,主要包括设计余量、未分配余量以及系统余量 3 部分。其中:系统余量是由于器件老化、网络负载变化、偏振效应等而预留的余量;未分配余量是由于设备的传输容量以及传输距离与实际需求的偏差而预留的余量;设计余量是由于对于信号传输质量估计不准确而预留的余量。由于网络余量的部署,光网络可用资源减少,导致在光路建立的过程中选择较低的光信号调制格式,从而降低光路频谱效率,减少网络容量。

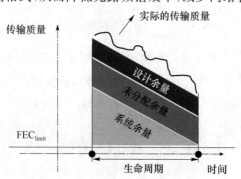

图 10-7　光网络余量示意图

准确的光路传输质量方法是实现低余量光网络的关键技术之一。在光路建立前对其进行传输质量预测对于光网络的优化设计是至关重要的一步,一方面判断光路是否可建立连接,另一方面根据光路预测值为光路分配合适的传输配置实现低余量传输,提高网络容量。因此,研究光路传输质量方法具有重要意义。

模型输入输出和模型本身对准确度都有影响,如何选取合适的物理特征作为模型输入输出、如何选取合适的模型,以及选取模型结构参数和其他超参数是提高模型准确度的关键问题和难点。

2. 光路传输质量预测技术

传输质量的估计是网络性能评估的一个重要方面,目前主要通过两种方式来实现:传统的物理层数理模型和基于机器学习的 QoT 估计模型。

(1)物理层数理模型

如图 10-8 所示,物理层数理模型利用概率和统计学理论对物理层传输信道进行数理建模,在已知模型和信道状态信息的前提下,进行光链路 QoT 估计。传统的信号质量估计模型分为两种:一种是精确的分析模型,如用傅里叶方程求解光传输方程;另一种是近似的估计模型,如高斯噪声模型。虽然精确的分析模型可以得到较为精确的 QoT 值,但该方法计算时间较长,不适用于大型网络和动态网络;近似的估计模型计算速度较快,但由于模型本身的不确定性引入了较大的设计余量,降低了频谱效率。

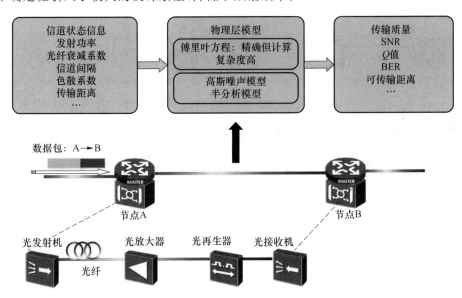

图 10-8　基于物理层解析模型的 QoT 预测方法

(2)基于机器学习的 QoT 估计模型

随着机器学习算法在网络层和物理层的成功应用,可以采用机器学习算法解决传统物理模型预测方法的计算复杂度和精确度之间的平衡问题,如图 10-9 所示。基于从光网络收集的数据,利用机器学习方法,通过数据的变化来隐含地捕捉物理层行为,以此根据已建立连接的链路信息去预测未建立连接链路的 QoT 值。目前基于机器学习的方法去建立 QoT

预测模型是重要的研究方向和研究内容之一。以网络参数(如信道状态信息等)作为机器学习模型的输入,光链路传输质量作为输出,将通信系统的多个功能模块看作一个黑盒子,研究输入数据与输出数据间的关系,得到网络参数与 QoT 之间的映射关系。

主要的两种解决方案是利用机器学习中的分类和回归模型进行 QoT 估计,分类模型的主要思想是判断链路请求是否可以建立,回归模型的主要思想是直接预测输出 QoT 的估计值。目前已经大量研究了利用机器学习算法进行 QoT 预测,其中人工神经网络的准确度高,而且可迁移能力也比较强,因此相比于其他模型,ANN 更受研究人员的青睐。下面介绍基于 ANN 的光路传输质量预测建模。

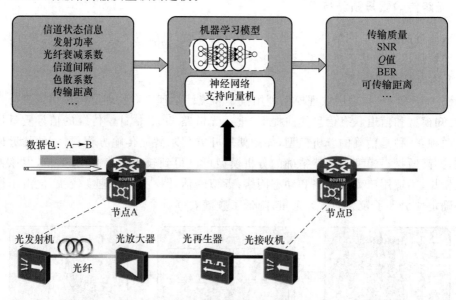

图 10-9　基于 ML 的 QoT 预测方法

3. 基于 ANN 的多光路传输质量预测模型

在光路的 QoT 回归预测问题中,通常将已建立连接光路的相关信息(如光路的链路总长数、光路所经过光纤段的次数、光路的平均链路长度和最长链路距离长度以及调制格式等参数)作为 ANN 的输入,光路的 QoT 值如 OSNR(Optical Signal Noise Ratio,光信噪比)作为模型的输出。首先利用 ANN 的前向传递算法计算出模型当前参数状态下的预测值,然后根据损失函数计算出光路 QoT 真实值和 QoT 预测值之间的差值,并利用反向传播算法更新优化模型参数,找到输入和输出之间的最佳映射关系,使得损失函数值最小。当模型训练好后,就可以利用收敛之后的模型来预测未建立连接光路的 QoT 值。

当而前基于机器学习的 QoT 预测大部分集中在对新建信道的预测,而忽略了网络重配置过程中新建信道对已有信道的影响。为了全面监控网络重构时各个信道的 QoT,当前急需建立能同时预测多个信道 QoT 的模型。因此本节介绍一种基于 ANN 的多信道 Q-factor 模型,主要分两个步骤:第一步是数据收集和特征工程;第二步是超参数的设置和选取。

(1) 数据收集和特征工程

首先,通过在真实系统中"打开"或"关闭"不同的通道以配置不同的网络场景。然后,收集当前状态下的链路实时信息和接收端的误码率数值,并将其转化为对应的 Q-factor。其中,链路状态信息包括光发射机功率、所有 EDFA 的实时参数。在收集的原始数据中总共包含 60 多个特征,如链路长度、发射功率、所有 EDFA 的输入功率、输出功率、温度、增益、激光偏置、波长信息和配置状态。根据神经网络的常规使用经验,直接训练可能会导致过拟合,因为 ANN 的复杂程度通常会随输入数据特征维度的增加而提高。如果收集的数据集规模不足以支持复杂模型的泛化,最后训练的模型很难在新数据上得到有效的泛化。通过直接观察和工程经验发现,发射功率。EDFA 的输入功率、输出功率,激光偏置和频谱信息与 Q-factor 有很强的关联。此外,在特征工程中还设计了一种状态向量 V 将链路状态和频谱信息相结合,在模型训练时向量 V 也作为数据特征。例如,链路 1、2 和 6 为开启状态,则状态可以表示为 $(1,1,0,0,0,1,0,0)$。将 8 个动态链路所对应的波长与信道状态相结合即可得到向量 $V=(\lambda_1,\lambda_2,0,0,0,\lambda_6,0,0)$。状态向量 V 可以有效表示每个波长的状态,其中元素"0"表示相应的信道为可用的信道,元素"λ_i"表示相应的信道已被启用。这些开启信道的 Q-factor 已被记录并存储到数据库中。通过训练神经网络有机会建立从向量 V 到输出 Q-factor 的映射。因为向量 V 与测试通道的 Q-factor 有很强的关系,向量 V 的 0 元素对应未开启的状态,在实际标签中该信道的 Q-factor 标注为 0。所以在训练中 ANN 可以较容易地找到向量 V 与输出向量间 0 元素的对应关系,进而 ANN 的多光路 Q-factor 回归模型将对未开启的信道输出 0,对开启的信道输出 Q-factor 预测值。

(2) 超参数的设置和选取

第二步需要确定 ANN 的关键超参数以提高预测的精确度。ANN 具备拟合复杂函数的潜力。但 ANN 超参数的选择(如隐藏层的数量、每个隐藏层的神经元个数、训练中的学习率、数据批处理的规模、激活函数)并非易事。手动调整这些超参数将耗费很长时间,因此在模型选择中使用一种网格式自动搜索方法来确定 ANN 的超参数。首先将 ANN 的部分超参数设置为在一定范围内选择的变量。为了减少超参数搜索所需的时间,设计过程中需要凭经验初始化部分超参数。在该算法中,第一层大小与输入层大小一致(36 个神经元),这样可以确保从输入层到隐藏层的第一次转换不会损失过多的原始信息。紧接着两个隐藏层大小 N_1、N_2 的变换范围设置为 $N_1=\{20,24,28,32\}$,$N_2=\{16,20,24\}$,学习率 $\alpha=\{10^{-4},10^{-5},10^{-6}\}$,批学习规模参数 $b=\{5,10,15\}$,迭代次数 $e=\{100,150,200\}$。隐藏层中的激活函数选择 ReLU 函数。ReLU 在保证特征转换时可以保持输出值非负,这与 Q-factor 的非负性一致。输出层使用 Sigmoid 函数,因为在特征工程中使用了最大最小化方法对输入输出进行归一化,所以使用 Sigmoid 函数可以使神经网络输出值的变化范围与处理过的真实 Q-factor 值保持一致,以减小训练的波动。当超参数常量和变量的范围确定后,使用初始化的超参数和部分超参数变量共同构建所有可能的 ANN 模型。在部分数据集下对所有神经网络进行训练,并选择交叉验证过程中平均误差最小的神经网络作为预测模型的神经网络。最终算法搜索的最佳神经网络结构如表 10-2 所示。神经网络的结构为 $[36\times24\times24\times8]$。输入层为 36,两个隐藏层的大小均为 24,输出层包含 8 个神经元,对应 8 个动态信道的 Q-factor。ANN 的可训练参数为 1 668;正则化参数为 0.000 001;最佳批处理和迭代次数分别为 10 和 150。需要指出的是,当前搜索所得的最佳超参数是在部分超参数变量的约束条件下的最佳结果。而全局最优超参数则需要更精细的搜索来确定,并且不能确定是否为最优超参数。这是因为神经网络的误差函数是一个非凸函数,采用基于梯度下降的各类神经网络训练算法并不能找到全局最优解。模型训练需要在时间成本和准确性之间进行权衡。

表 10-2　神经网络的参数总结

层数	神经元个数	激活函数	参数个数
1	36	—	—
2	24	ReLU	888
3	24	ReLU	600
4	8	Sigmoid	200

神经网络参数数量:1 668;可训练参数的数量:1 668

4. 仿真设置及实验结果

（1）模型的训练结果

如表 10-2 所示,本节所给出的模型为 4 层,共包括 1 668 个可训练参数。模型在个人计算机(i7-4790、3.6 GHz, 16 GB RAM)上训练时间少于 15 s,预测时间为几毫秒。训练和预测时间较短,使得所介绍的基于 ANN 的 Q-factor 回归模型适用于实时预测。图 10-10 展示了训练过程中均方误差(MSE)与迭代次数的关系。如图 10-10 所示,随着训练的开始 MSE 急剧下降,然后随着迭代的继续进行 MSE 下降的趋势逐渐放缓。在 35 次迭代之后,训练 MSE 低于 0.01,并且模型在大约 150 次迭代后收敛。训练开始时误差急速下降是因为神经网络预测值与实际值之间的差距很大,在使用基于梯度下降的优化算法进行权值更新时,梯度 $dl/dW^{[i]}$、$dl/db^{[i]}$ 较大。随着训练的进行,神经网络的预测值与实际值逐渐接近,所以梯度逐渐减小,这部分为神经网络权值的微调,进一步提高模型的精度直到收敛。在网格化搜索神经网络的最佳参数时,迭代次数的范围设置为 $e=\{100,150,200\}$。搜索的最佳结果是 150,说明迭代次数并非越大越好。迭代参数设置过大有时对训练精度提升没有帮助,但训练时间会随之增加。另外,需要说明的是此处的"迭代"指的是训练集中全部样本参与一次权值更新。

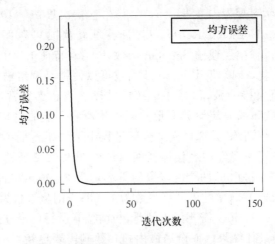

图 10-10　模型均方误差与迭代次数的关系

（2）模型的验证结果

图 10-11 为预测模型在训练集上的学习曲线图。在学习曲线产生过程中,训练集的比

例参数设置为 10%～100%,间隔为 10%。首先将参与训练的数据集均分为 7 部分,使用交叉验证来生成学习曲线。选择其中的 6 个子集进行训练,其余部分用于测试,因此预测模型可以在 7 个不同的数据集上进行测试。在此过程中选择负的 MSE 作为训练和测试的分数,然后将 7 次训练和测试的负 MSE 平均值作为训练分数和交叉验证分数在图中以实线表示。两条实线的阴影部分为训练分数和交叉验证分数的标准偏差。

如图 10-11 所示,训练分数和交叉验证分数随着训练样本数量的增加而提高。在小规模训练样本下,训练集的分数较大,即平均 MSE 较小。这说明在小样本的情况下,训练集的精度明显高于交叉验证的精度,模型没有得到泛化。当样本数量达到 250 时,训练和交叉验证的平均负 MSE(分数)都收敛到一个极小的值,并且训练和交叉验证 MSE 的标准偏差非常小。训练集和交叉验证的平均 MSE 同时收敛,证明当训练集规模达到一定程度时,在不同数据集上本节所提的 ANN 模型可以得到泛化。

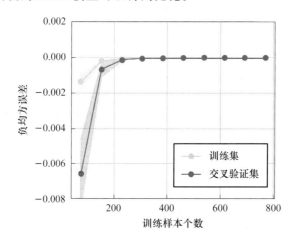

图 10-11　系统模型的学习曲线图

(3) 模型的测试结果

图 10-12 显示了本节所提模型在不少于 4 个可用信道场景下系统信道 Q-factor 的预测值与实际值的散点分布图。如图 10-12 所示,所有散点几乎都接近基线,表明这些情况下可用信道 Q-factor 的预测值非常接近信道的实际 Q-factor。在规模约为 900 个样本的训练集上经过 150 次训练迭代后,测试数据的 MSE 约为 0.004 4,而平均绝对误差(Mean Absolute Error,MAE)约为 0.05 dB。同时,为了分析信道状态向量 V 对模型精度的影响,实验过程中在没有信道状态向量 V 的数据集上重复相同的训练和测试。测试结果显示,当缺少 V 时,MAE 将增加到 1 dB 以上,包含信道状态和波长信息的状态向量 V 确实提高了模型的准确性。

(4) 模型对新建信道的预测性能

图 10-13 显示了基于 ANN 的 Q-factor 回归模型对可用信道的预测性能,通过比较预测值与实际值来显示模型的准确程度。图 10-13 包含 4 种情况。在情况 1 中保持信道 3 处于打开状态,然后依次打开其他 7 个信道收集数据来进行测试。在情况 2 中使信道 1 和 2 处于打开状态,并依次打开其他 6 个信道之一,以收集数据进行测试。在情况 3 中保持信道 1、3 和 5 处于打开状态,并重复以上过程收集数据。最后对于情况 4,保持信道 1、3、5 和 7 处于打开状态,并依次打开其他 4 个信道来收集数据。这 4 种情况的结果对比表明:所提模型可

以对新建可用信道做出准确的预测。由图 10-13 可知,预测值与实际值非常接近,预测结果可以准确反映信道的实际 Q-factor。在数据收集阶段,实验优化了 8 个动态信道的传输质量,以最大程度地减少不同信道之间的相互干扰。因此 8 个动态测试信道的实际Q-factor在 16 dB 至 16.8 dB 的小范围内波动。由于两个信道的 Q-factor 非常接近,系统对模型的精确度要求极高,否则预测结果无法使 SDN 控制器分辨出传输质量最佳的信道。图 10-13 的预测对比表明,当前模型的精确度完全满足要求,预测结果的走势与实际结果基本一致。

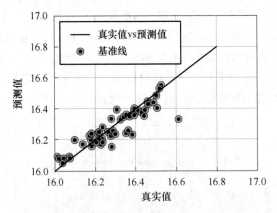

图 10-12　部分数据预测值与实际 Q-factor 值的散点分布图

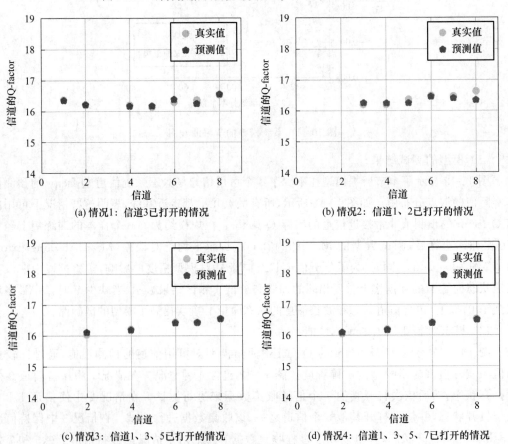

(a) 情况1: 信道3已打开的情况　　　　　(b) 情况2: 信道1、2已打开的情况

(c) 情况3: 信道1、3、5已打开的情况　　　(d) 情况4: 信道1、3、5、7已打开的情况

图 10-13　新建信道的预测 Q-factor vs 实际 Q-factor

（5）模型对已有信道的预测性能

当网络重配置时除了预测可用信道的 Q-factor 之外，系统还需要重新评估已有信道的 Q-factor 以避免新建信道对已有信道造成过大的干扰。因此，实验选择图 10-14 中的情况 2，在 6 个可用信道（信道 3 至信道 8）之一打开时重新预测已有信道 1 和 2 的 Q-factor。在图 10-14 中，纵坐标为已有信道 1 或 2 在某一可用信道开启时的预测值和实际值，横坐标为新开启的可用信道，例如，横坐标 3 代表可用信道 3 开启。图 10-14 显示已有信道 Q-factor 预测值和实际值非常接近，基于 ANN 的回归模型可以准确预测已有信道的 Q-factor。通过基于 ANN 的回归模型预测已有信道的 QoT 可以避免 SDN 控制器在配置新的信道时对已有信道产生严重干扰。同时观察已有信道的 Q-factor 可以发现，在网络进行重配置时已有信道的 Q-facto 变化不大，即本实验中新建信道对已有信道的 Q-factor 影响不大。主要原因是当前实验平台传输非常稳定且动态波长数较小，在原有状态下新建一个信道对已有信道造成的干扰较小。

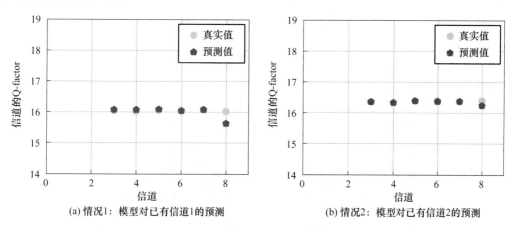

图 10-14 已有信道的预测 Q-factor vs 实际 Q-factor

10.3 光与无线网络中的智能决策技术

10.3.1 案例一：DU /CU 智能部署和光路智能配置技术

1. NG-RAN 下的基带功能部署

5G 业务场景趋于多元化，并在网络容量、时延、可靠性、组网灵活性等方面对无线接入网提出了更高的要求。为了更好地满足上述要求，NG-RAN 将替代传统 C-RAN 成为 5G 时代的主流架构。在 NG-RAN 架构下，BBU 被重新定义为两个新的功能实体，即 DU 和 CU，其中：DU 负责 BBU 中的实时性处理功能，以便在低时延需求下能够靠近用户侧部署以降低前传时延；CU 负责 BBU 中的非时延敏感型功能，可集中部署到远端 CO（Central Office，中央机房）以复用基带处理资源。为了支持灵活按需的 DU/CU 部署，移动前传光网络已从"点对点"固定连接演变为"任意点对任意点"的灵活连接。移动前传的高度灵活性不仅显著节省了光传送带宽,而且还使 RRU(Remote Radio Unit,远端射频单元)共享 CO 中的基带处理资源。NG-RAN 通过功能分割和灵活组网提升了前传效率和网络的可扩展性,可以更好地承载多元化的 5G 业务。然而业务的多元化也带来了 DU/CU 部署的问题,5G 时代需要根据业务的类型进行差异化的基带功能部署,例如,针对时延敏感业务,需要将 DU/CU 合设以减少业务的时延;针对大带宽业务,需要将 DU/CU 分离部署,以减少前传带宽消耗。如何实现资源高效的 DU-CU 部署并满足差异化的 5G 业务需求是 NG-RAN 中面临的一项重要问题。

NG-RAN 由 3 部分组成,其中前传连接 RRU 和 DU,中传连接 DU 和 CU,回传连接 CU 和城域 DC(Data Center,数据中心)。本节考虑使用 OTN 将 RRU、PP(Processing Pool,处理池)和城域 DC 互连,如图 10-15 所示,其中前传、中传和回传共享公共网络基础设施。每条链路包含多根光纤,每根光纤由多个波长组成。每个节点配备了一个 E-switch (Ethernet Switch,以太网电交换机)和一个 ROADM(Reconfigurable Optical Add-Drop Multiplexer,可重构光分插复用器),用于在电域和光域进行交换。PP 与电交换机和 ROADM 共站部署,由几个 GPP(General Purpose Processor,通用处理器)组成。DU-CU 可以在 GPP 内的虚拟机中实现,以促进处理资源的有效共享。所有的业务流最终都汇集到 DC 进行内容处理。

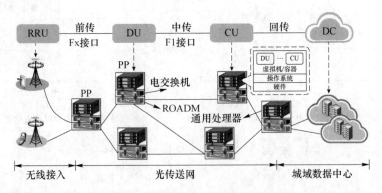

图 10-15　NG-RAN 的结构

在 DU-CU 部署过程中,应该选择一个 RRU 和一个/多个 PP 来满足业务请求。DU 和 CU 应按照处理顺序依次部署,即 DU→CU。DU 和 CU 可以像 BBU 一样共存,也可以根据 PP 的剩余容量分成两个 PP。节点选定后,应建立一条光路来连接所选节点。首先,将业务从选定的 RRU 路由到 DC,并经过选定的 PP。其次,应保证所选光链路的波长和带宽能够承载该业务。最后,应保证前传、中传和回传的时延不超过表 6-3 中时延的限制[25]。时延由两部分组成:5 μs/km 的光纤传输时延,20 μs 的 OEO 转换、电交换和 Fx/F1 接口封装时延。当在 PP 节点执行 DU-CU 处理或电交换(如疏导)时,会产生光电转换时延。

2. 面向 DU-CU 部署的深度强化学习模型

本节介绍 RL-PS(RL-enabled DU-CU Placement Algorithm,强化学习使能的 DU-CU 部署算法),其状态、动作和奖励函数定义如下。

① 状态。状态 s_t 是时刻 t 业务类型(eMBB、URLLC、mMTC)、链路及 PP 剩余容量的

组合。

② 动作。动作描述了 DU-CU 的位置和选择的光路。例如,在动作[2,3,1,2,3,4]中,前两个数字表示 DU 和 CU 分别部署在 PP_2 和 PP_3,而后 4 个数字表示其光路要经过 RRU_1、PP_2、PP_3 和 DC_4。

③ 奖励。奖励给出了在状态 s_t 选择动作 a_t 的评价,$r_t = -(\alpha \times P + \beta \times B)/50 + 5$,其中变量 P 表示业务新开启 PP 的数量,B 表示业务消耗的带宽,α 和 β 为系数。当动作 a_t 服从容量(PP 和链路)和时延约束时,奖励函数给出较小的整数反馈。

DNN 用于在 $a_t \in A$(动作空间)选择适合当前 OTN 资源状态 s_t 的动作。DNN 包括两层具有 5 个 2×2 卷积核的 CNN(Convolutional Neural Network,卷积神经网络)和两层 FCNN(Fully Connected Neural Network,全连接神经网络)。FCNN 分别具有 13(RRU＋PP 节点)×13×5(卷积核)和 400 个隐藏神经元。DNN 的输出是 198 个动作的估计值。

面向 DU-CU 部署的深度强化学习模型如图 10-16 所示。首先,通过动作 a_t 与 OTN 之间的交互为 DNN 生成训练数据。在时刻 t,DNN 感知网络状态和业务请求,输出当前策略下所有状态的动作值 $Q^\pi(s_t, a_t)$。本节使用 ε-贪婪策略作为动作选择方法。ε(0<ε<1)为探索率,表示选择最大 Q 值动作的可能性,而 1−ε 则表示选择随机动作的可能性。ε 随着学习过程的进行而增加,直到达到最大值 ε_{max}。在执行了所选的动作后,OTN 进入一个新的状态 s_{t+1}(PP 和链路的剩余容量改变)并产生一个奖励 r_t。数据对 (s_t, a_t, r_t, s_{t+1}) 被存储到记忆中。然后,利用生成的数据训练 DNN,以便为业务请求选择最佳部署动作。DNN 的参数在每 3 000 个时间步后从记忆中抽取随机数据进行更新。DNN 的训练原理是最佳 Q 函数的贝尔曼方程:

$$Q^\pi(s_t, a_t) = r(s_t, a_t) + \gamma \cdot \text{Max} \, Q^\pi(s_{t+1}, a_{t+1}) \tag{10-4}$$

式中,γ 是折扣因子,反映了未来回报相比于当前回报的重要性。Q 函数 $Q^\pi(s_t, a_t, \theta_t)$ 引入参数 θ_t 以拟合 Q 值。贝尔曼误差定义为

$$\xi = Q^\pi(s_t, a_t, \theta_t) - r(s_t, a_t) - \gamma \cdot \text{Max} \, Q^\pi(s_{t+1}, a_{t+1}, \theta_t) \tag{10-5}$$

通过梯度下降方法更新 DNN 参数,直到贝尔曼误差收敛。

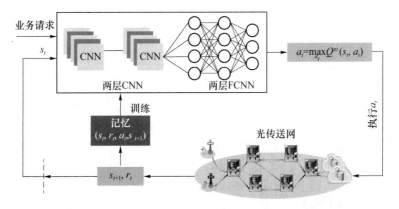

图 10-16　面向 DU-CU 部署的深度强化学习模型

3. 仿真设置及实验结果

本节使用包含 8 个 PP 节点、4 个 RRU 节点和 1 个城域 DC 的网络拓扑(图 10-17),各节点由 16 条光纤链路连接。RRU 和 PP 节点的距离为 0~3 km,光纤链路长度为 10~60 km。本节将 RL-PS 与 ILP 模型[26]、First-fit 算法和 GBA(Greedy-Based Algorithm,贪婪算法)进行比较。其中 ILP 模型考虑业务部署过程中路由、波长和带宽分配以及时延等约束条件,以最小化业务新开启 PP 的数量和业务消耗带宽为优化目标,模型的详细公式及参数参见文献[26]。First-fit 和 GBA 都基于 KSP(K-Shortest Path,K-最短路)策略,其中 First-fit 选择第一条合适的路径部署 DU-CU,GBA 尝试将 DU-CU 部署在所有候选路径上,然后按照 $O=\alpha \cdot V_1 + \beta \cdot V_2$ 的降序对部署结果进行排序(V_1 和 V_2 分别表示使用的 PP 数量和带宽),并选择 O 值最小的路径作为所求解。

图 10-18 显示了 4 种策略所消耗的带宽,其中 ILP 为基准策略。从图 10-18 中可以看到 RL-PS 性能趋近于 ILP,其次是 GBA 和 First-fit。得益于 RL 的训练和学习能力,RL-PS 可以实现一个近似最优的解决方案;GBA 是一种局部最优策略,只能在小规模业务请求中实现最优解;First-fit 选择第一个合适的路径和 PP 来承载业务,导致业务的长距离和多跳传输,消耗最多的带宽资源。如图 10-19 所示,每个策略中占用的波长都与带宽消耗相关,RL-PS 的性能同样优于两个启发式方法。随着业务规模的增长,ILP 的求解变得非常耗时,在 27 和 30 个仿真节点时无法运行。图 10-20 显示了 4 种策略开启 PP 的数量,其中 RL-PS 达到了与 ILP 相同的最佳性能,其次是 GBA 和 First-fit。结果表明,RL-PS 在资源节约方面超过传统的启发式方法,在业务规模方面超过 ILP 模型。

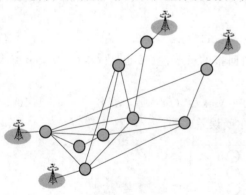

图 10-17　网络拓扑

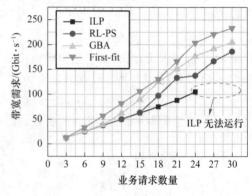

图 10-18　带宽需求对比

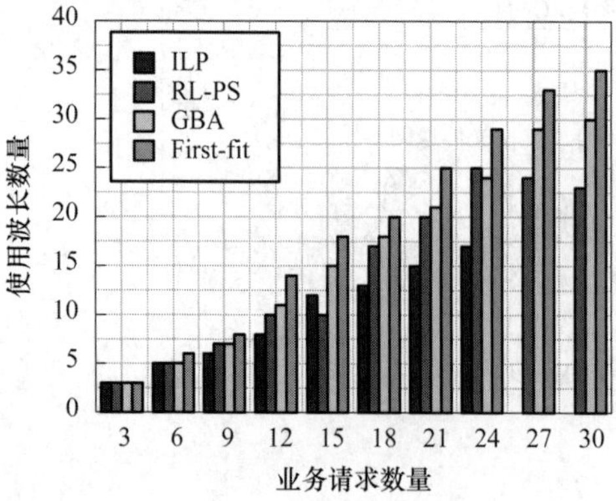

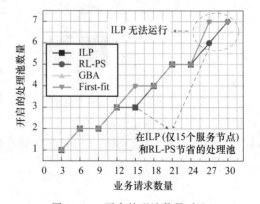

图 10-19　波长使用数量对比

图 10-20　开启处理池数量对比

10.3.2 案例二:跨层网络智能路由技术

1. 面向 5G-XHaul 的跨层网络路由

5G 时代涌现了许多以前仅限于想象的新兴服务,如全景直播、远程手术、自动驾驶、智能电网等。这些应用在时延、带宽、连接规模及同步性等方面对 5G 光传输网络提出了新的性能要求。同时,基站大规模光纤化和密集化以及"云化"的 RAN 架构也推动着 5G 光传输网络架构的变革与发展。XHaul 被认为是未来 5G 网络通用、灵活的传输网络解决方案,其目的是在 SDN 和 NFV 的共同控制下,将前传、中传和回传及其所有的无线和有线技术整合到一个基于分组的通用传输网络中。XHaul 采用双层网络架构,如图 10-21 所示,包含 IP 层和光层,其中 IP 层节点装配了路由器/交换机等电层设备,负责细粒度业务流的汇聚;光层包含光纤、光模块、ROADM 等光层设备,负责为业务提供大容量"刚性"的传输通道。XHaul 作为承载网组网方案,其业务具有高动态性的特点。业务流量在其生命周期内随时间不断变化,不同业务连接建立(因服务开始进入网络)和连接拆除(因服务结束离开网络)的时间具有随机性,业务的到达和离开具有较大的不确定性。针对"IP+光"双层架构的复杂特性以及业务的高动态性,如何实现资源高效的跨层网络路由成为 XHaul 中面临的一项重要问题。

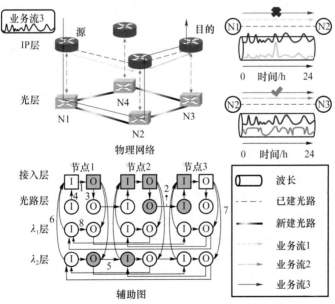

1—疏导边; 2—光路边; 3—复用器边; 4—解复用器边;
5—波长链路边; 6—发射机边; 7—接收机边; 8—波长旁路边

图 10-21 基于辅助图模型的跨层网络路由

2. 基于辅助图的跨层网络路由模型

辅助图模型是经典的解决跨层网络路由问题的模型,在文献[27]中被首次提出应用于 IP-over-WDM 网络。图 10-21 给出了 3 节点物理网络对应的辅助图模型。

辅助图模型包含 3 层:接入层、光路层和 λ layer(波长层),其中波长层会随着光纤中波长数量的增加而逐渐增加,若光纤中存在 n 个波长则辅助图模型会包含 n 个波长层。在接入层中,节点 I 和节点 O 分别代表抽象的电层交换机的输入节点和输出节点。同一节点内节点 I 和节点 O 之间的边是 GrmE(Grooming Edge,疏导边),若该边存在则表示当前物理节点有电层疏导功能。在光路层中,一个节点的节点 O 到另一个节点的节点 I 之间的边是 LPE(Lightpath Edge,光路边),若该边存在则表示两个物理节点之间存在一条或多条剩余容量满足当前业务流带宽需求的已建光路。同一节点接入层和光路层之间的边是 MuxE(Mux Edge,复用器边)和 DmxE(Demux Edge,解复用器边)。在波长层中,一个节点的节点 O 到另一个节点的节点 I 之间的边是 WLE(Wavelength-Link Edge,波长链路边),表示两个物理节点之间实际的波长链路,若该边存在则表示链路中存在尚未开启的可用波长。同一节点光路层和波长层之间的边是 TxE(Transmitter Edge,发射机边)和 RxE(Receiver Edge,接收机边),若两边存在则表示当前节点仍有可用的发射机和接收机。此外,在波长层中同一节点的节点 I 到节点 O 之间的边是 WBE(Wavelength Bypass Edge,波长旁路边),表示业务流不经过电层疏导,直接在光层节点进行传输。

算法 10-2 描述了基于辅助图模型的路由算法。当业务请求到达时,将为该业务流构建辅助图,并根据当前网络状态和路由策略为各边分配权值,同时删除剩余容量不满足业务流带宽需求的边(第 1~3 行)。辅助图构建完成后,使用 Dijkstra 算法寻找源节点和目的节点之间的最短路径(第 4 行)。如果没有找到路径,则阻塞业务流并恢复删除边(第 5、6 行)。若找到路径则对业务流进行路由:若路径包含发射机/接收机边和波长链路边,则根据路由建立新的光路;若路径包含光路边,则将业务流路由到所选的已建光路(第 8~13 行)。业务流路由完成后恢复删除的边,并更新辅助图、网络状态和虚拟链路状态(第 14~19 行)。

本节考虑业务流 24 小时的带宽需求,将其离散为 24 个时间段,每个时间段代表业务流 1 小时流量,并且在当前时间段内流量大小不会发生改变。辅助图所选光路的剩余容量应满足业务流 24 个时间段的所有带宽需求。如图 10-21 所示,业务流 3 可以被路由到 N2 和 N3 之间的已建光路(满足其 24 小时带宽需求),却不能被路由到 N1 和 N2 之间的已建光路(不满足其 24 小时带宽需求)。

算法 10-2   基于辅助图模型的路由算法

输入:业务流集合 F,网络拓扑 $G(N,E)$,辅助图各边权重 W

输出:业务流的路由结果 R

1:当业务流 f_i 到达:

2:为该业务流构建辅助图,并根据当前网络状态和路由策略为不同边分配相应的权值

3:删除剩余容量不满足业务流 f_i 带宽需求的边

4:使用 Dijkstra 算法找到业务流源节点接入层节点 O 和目的节点接入层节点 I 之间的最短路径

5:if 路径没有找到 then

6: 阻塞业务流,恢复步骤 3 删除的边

7：else

8：　根据找到的路径路由业务流 f_i：

9：　if 路径包含发射机/接收机边、波长链路边 then

10：根据路由建立新的光路。光路从发射机边出发,经过波长链路边并在第一条接收机边终止

11：if 路径包含光路边 then

12：将业务流 f_i 疏导到已建光路上进行传输

13：end if

14：恢复步骤 3 删除的边

15：按照如下步骤更新辅助图：

16：对于每一条新建光路,在光路层上增加相应的波长边

17：对于每一个新开启的波长,删除对应的波长链路边

18：更新网络状态(如波长链路的使用情况)和虚拟链路状态(如已建光路的剩余容量)

19：end if

本节使用 MinWL(Minimizing the Number of Wavelength-Links,最小化波长链路数)的路由策略,该策略的目的是减少承载业务流所需的额外波长链路数量。

3. 机器学习辅助的跨层智能路由技术

(1)机器学习辅助的跨层智能路由策略实现原理

本节所提方法是 ADMIRE(Collaborative Data-driven and Model-driven Intelligent Routing Engine,数据与模型协同驱动的智能路由引擎),图 10-22 显示了 ADMIRE 跨层网络路由原理。ADMIRE 采用的数学模型是传统的辅助图模型,该模型基于跨层路由的经验知识构建(如网络架构、路由策略等),包含依据路由策略预先设定的辅助图边权重和基于跨层网络架构构建的辅助图拓扑。ADMIRE 将业务流量数据和网络状态数据作为深度强化学习的输入,深度强化学习利用神经网络提取业务数据和网络数据的特征,经过不断地训练,深度强化学习会做出决策并修改辅助图边权重,根据人为经验预先设定的辅助图边权重会演进为优化的、适配当前业务和网络状态的辅助图边权重。ADMIRE 利用该权重给辅助图拓扑赋值,更新辅助图模型,最终修正后的辅助图模型会为业务制订最优的路由决策。

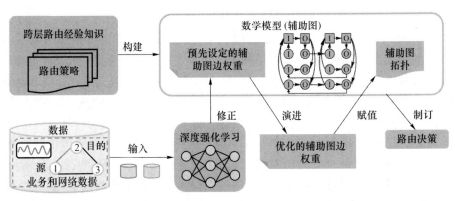

图 10-22　ADMIRE 跨层网络路由原理图

（2）机器学习辅助的跨层智能路由策略实现流程

ADMIRE 的系统架构如图 10-23 所示，一共包含 3 层，分别是物理层、协作层以及控制和决策层。物理层包含硬件设备、监控代理、控制代理和南向接口，其中硬件设备包含用户端、电域和光域的交换/传输设备（E-switch、ROADM），用户端用于产生业务数据，电域和光域设备负责业务流在电层和光层的路由及传输。监控代理负责遥测和收集硬件设备信息（如业务信息、网络资源使用情况等），控制代理负责向硬件设备下发控制指令，南向接口负责传输数据和接收控制指令。协作层主要负责运行深度强化学习算法，ADMIRE 采用 TD3（Twin Delayed Deep Deterministic Policy Gradient，双延迟深度确定性策略梯度）算法。控制和决策层负责更新辅助图模型边的权重，并将路由决策下发给物理层。

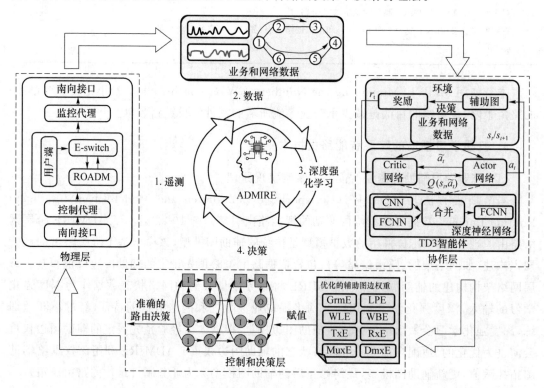

图 10-23　ADMIRE 系统架构图

ADMIRE 一共包括 4 个步骤，依次是遥测、数据、深度强化学习和决策。首先，在时刻 t，ADMIRE 使用监控代理从用户端、电层和光层遥测业务和网络数据（如业务流源/目的节点、业务流量、网络资源使用情况等）。其次，ADMIRE 会对原始数据进行筛选和处理，将原始数据整理成深度强化学习算法可识别的形式（向量和矩阵），并经由南向接口将处理后的数据传输到协作层，作为深度强化学习算法的输入。再次，深度强化学习算法将接收的数据作为当前时刻的状态 s_t，用于神经网络的训练，输出适配当前业务流和网络状态的辅助图边权重（动作 a_t），并将权重结果交付给控制和决策层。最后，ADMIRE 将优化的辅助图边权重分配给辅助图拓扑，并通过南向接口将业务流的路由结果部署到物理层，使用控制代理将指令下发至物理设备。在时刻 $t+1$，ADMIRE 会重复上述步骤，将下一条业务流的数据和更新后的网络状态数据传输到协作层，作为深度强化学习算法下一时刻的状态 s_{t+1}，深度强化学习代理利用状态 s_t 和状态 s_{t+1} 计算得到时刻 t 的奖励 r_t。通过不断地训练,感知业务和网络状态、修正辅助图边的权重,ADMIRE 最终能做出准确的路由决策。

(3) 深度强化学习算法

ADMIRE 的关键组成部分之一是深度强化学习(DRL)。后续内容主要介绍 ADMIRE 使用的 TD3 算法,包括算法原理、算法流程、算法状态空间、动作空间以及奖励的设计等。

TD3 是 DDPG(Deep Deterministic Policy Gradient,深度确定性策略梯度)[28] 的改进算法,同样是基于 Actor-Critic 框架的确定性策略深度强化学习算法。由于 DDPG 算法存在不足,例如,Critic 网络会对状态-动作值函数 $Q_\pi(s,a)$ 过估计,因此 TD3 算法在 DDPG 的基础上做出以下 3 点改进,以提高算法的鲁棒性和训练效率。

① 添加额外的 Critic 网络以缓解对 Q 值的过高估计。

② 在目标策略中加入动作扰动以提升算法的泛化性。

③ 延迟更新目标网络以解决预训练不够准确的问题。

TD3 算法的结构及流程如图 10-24 所示。TD3 算法包含 6 个神经网络:两个 Actor 网络和 4 个 Critic 网络,其中 Actor 主网络和 Actor 目标网络的参数分别为 ϕ 和 ϕ',Critic 主网络和 Critic 目标网络的参数分别为 $\theta_{i=1,2}$ 和 $\theta'_{i=1,2}$。在状态 s_t,Actor 主网络输出动作 a_t,Critic 主网络输出 $Q_{\theta_i}(s_t,a_t)$;在状态 s_{t+1},Actor 目标网络输出动作 $\tilde{a}_t$,$\tilde{a}_t$ 为加入噪声后的动作,Critic 目标网络输出 $Q_{\theta'_i}(s_{t+1},\tilde{a}_t)$。

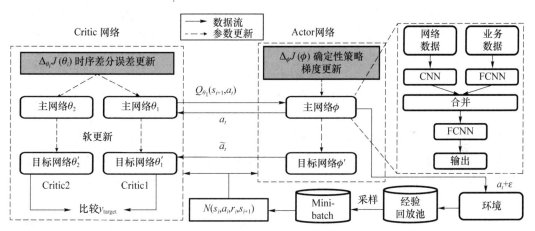

图 10-24 TD3 算法的结构及流程图

TD3 算法引入两个 Critic 网络以解决 Q 值被高估的问题,在用两个 Critic 目标网络评估 Q 值时,选择较小的 Critic 目标网络值作为更新目标:

$$y_{\text{target}} = r + \gamma \min_{i=1,2} Q_{\theta'_i}(s_{t+1}, \tilde{a}_t) \tag{10-6}$$

此外,TD3 算法还采用了延迟更新和软更新策略。延迟更新是指在 Critic 网络参数每更新 d 次后再更新 Actor 网络参数,减少多次更新的累积误差,增强网络更新的稳定性。Actor 网络和 Critic 网络更新方式如式(10-7)和式(10-8)所示,其中 N 为训练样本数量。

$$\nabla_{\theta_i} J(\theta_i) = N^{-1} \sum_t \nabla_{\theta_i} (y_{\text{target}} - Q_{\theta_i}(s_t, a_t))^2 \tag{10-7}$$

$$\nabla_\phi J(\phi) = N^{-1} \sum_i \nabla_a Q_{\theta_i}(s_t, a_t) \mid_{a=\pi_\phi(s)} \nabla_\phi \pi_\phi(s) \tag{10-8}$$

软更新是指在对目标网络进行更新时,不对所有参数进行更新,只更新少部分网络参数,使训练更加稳定,Actor 目标网络和 Critic 目标网络软更新方式如式(10-9)和式(10-10)所示,其中 τ 为更新系数。

$$\theta'_i = \tau\theta_i + (1-\tau)\theta'_i \tag{10-9}$$

$$\phi' = \tau\phi + (1-\tau)\phi' \tag{10-10}$$

TD3 算法的流程如下所述。

① 神经网络参数初始化。初始化经验回放池和主网络,并利用主网络参数给对应目标网络参数赋值。

② 环境初始化。对业务流和网络链路的波长容量进行初始化。

③ 智能体与环境交互。主网络根据当前状态 s_t 获得动作 a_t,a_t 输入环境后智能体获得奖励 r_t;环境进入下一状态 s_{t+1};将 (s_t,a_t,r_t,s_{t+1}) 存入经验回放池。

④ 更新 Critic 主网络。从经验池批量采集 N 个样本 (s_i,a_i,r_i,s_{i+1}),将 s_{i+1} 输入 Actor 目标网络,并获得动作 $\tilde{a}_t$;将 s_{i+1} 和 $\tilde{a}_t$ 输入 Critic 目标网络,计算得到 y_{target};将 s_i 和 a_i 输入 Critic 主网络,获得 $Q_{\theta_i}(s_t,a_t)$;利用 $Q_{\theta_i}(s_t,a_t)$ 和 y_{target} 获得 TD error(Temporal-Difference Error,时序差分误差),并采用梯度下降法更新 Critic 主网络。

⑤ 更新 Actor 主网络。判断是否到达延迟更新次数,若 Critic 网络已更新 d 次,则利用梯度上升法更新 Actor 主网络,否则重复步骤④直到满足更新条件。

⑥ 更新目标网络。根据主网络参数,分别对 Actor 和 Critic 目标网络参数进行软更新。

⑦ 判断是否到达训练终止条件。若到达训练终止条件,则结束训练,否则重复执行步骤②~⑥,直到满足训练终止条件。

TD3 算法的状态空间、动作空间和奖励如下所述。

① 状态空间。状态 s_t 由三维矩阵和一维向量组成。其中矩阵表示所有链路中每个波长的剩余容量,矩阵第 i 行第 j 列第 k 层的元素代表节点 i 和节点 j 之间的链路第($k\%3$)个波长在第($k/3+1$)个小时的剩余容量,例如,矩阵第 3 行第 5 列第 16 层的数据表示节点 3 和节点 5 之间的链路第 1 个波长在第 6 个小时的剩余容量。向量表示当前业务流的信息,包括业务流的源节点、目的节点和 24 小时流量。矩阵和向量分别作为 CNN 和 FCNN 的输入。

② 动作空间。动作 a_t 描述了辅助图各边的权重,表示为由多个连续变量组成的向量。为了减少动作空间的维度,使深度强化学习算法更容易收敛,本节考虑 MuxE 和 DmxE 具有相同的权重,TxE 和 RxE 具有相同的权重,同时将 WBE 权重设置为 0,将动作空间的维度从 8 维降成 5 维。$a_t = (GrmE, LPE, TxE/RxE, WLE, MuxE/DmxE)$。

③ 奖励。MinWL 策略的奖励定义为 $r_t = -W$,其中 W 表示网络中新开启的波长数量,即状态 s_{t+1} 使用的波长数减去状态 s_t 使用的波长数。

4. 仿真设置及实验结果

实验使用网络拓扑由 9 个光电混合交换节点及 12 条光链路组成,如图 10-25 所示。每条光链路都是双向链路(使用两根单向光纤),每根光纤包含 3 个波长,每个波长的容量为 10 Gbit/s,节点之间的光纤长

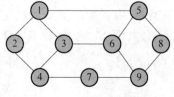

图 10-25 9 节点网络拓扑图

度为 20 km。根据某运营商提供的某市 9 个区域 2020 年 9 月至 2020 年 10 月,50 个基站 24 小时流量数据来模拟 50 条双向的前传、中传和回传业务流,并计算业务流对应的前/中/回传带宽。本节选取基站完整的 22 天数据组成流量数据集,每个数据子集包含 50 个基站一天的流量,各子集业务流源/目的节点为随机产生,同一基站在不同子集的源/目的节点都相同。

本节通过 ADMIRE 和 MinWL 决策 100 条单向业务流(50 条双向业务流)的路由,并统计了 100 条业务流使用的波长数量。使用一个数据子集(50 个基站一天的流量)去训练 ADMIRE,并在相同的数据子集上对 ADMIRE 的性能进行验证。图 10-26 显示了 ADMIRE 与模型驱动的传统辅助图权重在性能上的对比,相比于 MinWL,ADMIRE 可以减少 23% 的波长使用数量。ADMIRE 在性能上要优于传统辅助图权重,因为 ADMIRE 将带有业务流量变化特征的"历史数据"与网络环境产生交互,神经网络在不断的交互过程中得到训练,收敛后的深度强化学习决策模型可为每一条业务流构建辅助图模型并设计最优辅助图边权重。而 MinWL 根据人为经验设计固定的辅助图边权重,不仅不会对不同的业务流进行区分,也没有考虑网络的动态变化给业务流路由带来的影响。从图 10-26 中可以看到,当业务流数量在 37 到 40 之间时,ADMIRE 比 MinWL 开启了更多的波长。这是因为 MinWL 在进行路由决策时,更倾向于选择已开启波长,从而导致局部最优结果。而 ADMIRE 通过与环境交互并获得反馈,不断探索和学习,试图找到历史数据下包含的所有业务流的全局最优路由结果,其性能可逼近 ILP 结果。因此,当 ADMIRE 为逐条业务流制订路由决策时,会提前开启新的波长,以实现整体网络性能的最优(最小化波长使用数量)。

为了验证 ADMIRE 在不同子集上的泛化性能,本节使用一个子集(子集 0)训练 ADMIRE,并在其余 21 个子集上进行验证,结果如图 10-27 所示。从图 10-27 中可以看到,ADMIRE 在其他子集上的使用波长数量要优于 MinWL,说明 ADMIRE 具有较强的泛化能力。在不同子集上 ADMIRE 的优化性能不同,原因在于业务流的路由与业务流量大小强相关,各子集业务流量不同,所以路由结果也不同。

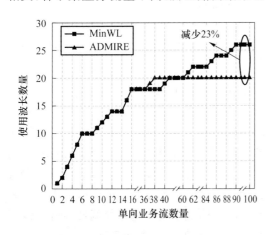
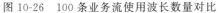

图 10-26　100 条业务流使用波长数量对比

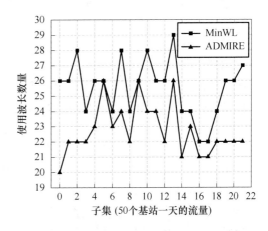

图 10-27　不同子集使用波长数量对比

除了考虑 ADMIRE 与传统辅助图权重在使用波长数量方面的对比,本节还评估了业务流的时延性能。图 10-28 所示的箱线图显示了不同子集 50 条双向业务流在 MinWL 和 ADMIRE 策略下的最大、平均和最小端到端时延（传播时延和交换时延）。从图 10-28 中可以看到，ADMIRE 比 MinWL 的时延更低，这是因为 MinWL 为业务流选择了更长的已建光路，从而增加了业务流的传播时延。

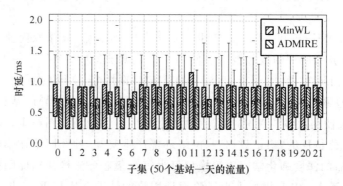

图 10-28　不同子集时延对比

10.4　基于数模协同驱动的网络智能化

信息通信网络作为万物互联的基础设施，是支撑全行业、全社会运行的主要保障。现有信息通信体系在速率、覆盖和时延等方面难以支撑未来全行业多样化应用的需求，急需在传输网理念、架构设计和管理以及服务智能化等方面进行根本性的技术变革。

传输网络具有多样性和异构性的特点，主要体现在光网资源和无线资源的共存。数据流在传输网中，需要经过无线设备、光传送设备、信息处理设备组成的端到端的链路。因此如何实现多层网络（光＋无线）的统一控制和互联互通是一项关键问题。另外，光与无线融合资源表现为多维度和异构性，即时、空、频的多维网络资源。因此，将两种异构服务资源进行统一整合十分必要。最重要的是，光、无线等多种异构网络相互交织，加大了网络资源配置与部署的难度。只依托网管控制和人工干预，无法实现高效灵活的资源分配，且在复杂环境下容易陷入局部优化陷阱。因此，建立更加智能的资源分配模式，实现光与无线网络资源的高效部署与联动十分关键。

人工智能技术的快速发展为解决以上问题带来了前所未有的契机，将人工智能引入光网络，基于硬件设备可编程控制的前提，设计智能光与无线融合网络的网络架构，研究光与无线资源高效融合和匹配映射算法，可以实现光/无线等传输设备的统一控制和光与无线融合网络资源的跨域联动。为实现智能光与无线融合网络，需要构建"三层三循环"模型，如图 10-29 所示。"三层"指的是物理层、控制层和智能决策层。其中，物理层包含用户终端、无线传输网络、光传输网络和边缘/核心计算网络，囊括了信号的编解码与调制解调过程。控制层包含网络监控模块、传输网络控制器和计算资源控制器，其中传输网络控制器包含无线网络控制器和光网络控制器；计算资源控制器包含边缘计算资源控制器和云计算资源控制器。传输网络控制器与计算资源控制器协同控制，相互合作。智能决策层包含 AI 模型库、业务/网络数据库和智能算法/模型，AI 模型库包括经典的 ML 模型（RNN、LSTM、RL 等），业务/网络数据库存储业务速率信息和网络资源信息,用于智能算法/模型中物理信道、网络优化等模型的训练与性能评估。

将白盒化/可编程、开放/开源、自学习/自优化等智能特色分别融入 3 个层面,可实现模型的"三循环","三循环"体现智能体(如神经网络模型)自学习、自优化的循环过程,是具体的机器学习优化方法。具体表现为:①研发白盒化、可编程传输网络装置,完成传输网络状态的感知、上报与智能调控,是实现智能传输网络的硬件基础;②研发具备开放、开源能力的智能传输网络控制系统,完成网络层异构资源的抽象与统一调配,是实现智能传输网络的软件保障;③将数据分析与模型优化相结合(数模协同思想),研发具备自学习与自优化特征的智能算法,是实现智能传输网络的神经中枢。

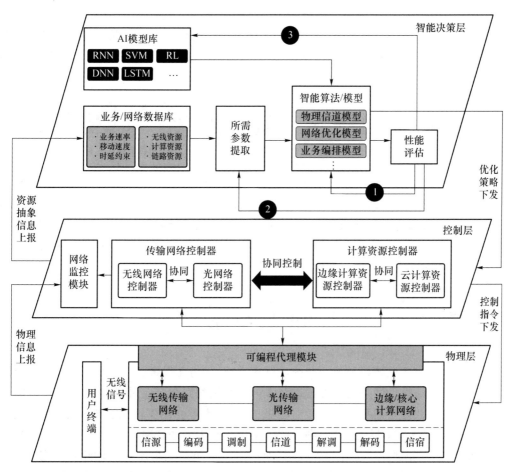

图 10-29   智能光与无线融合网络实现途径——"三层三循环"模型

基于"三层三循环"模型,在光与无线融合网络中实现资源的统一调度和分配,需要网络具备一定的智能性,即物理状态可感知、网络资源可联动、业务切片可定制。其中物理层状态可感知是指上层的控制层和网络决策层可以感知底层物理层设备和资源的使用情况,用于做出相应分析和决策;网络资源可联动是指通过对网络中光域、无线域、电域等多维资源进行联合建模及协同调度,打破多种网络资源因物理属性不同造成分域自治的限制;业务切片可定制是指在同一物理设施上的基础上,通过软隔离/硬隔离的方式切分出多个虚拟网络,进而实现对多种差异化业务的高效承载。

为实现上述"三可"的目标,需要以"数据与模型协同驱动"为导向,利用数据分析、模型优化、智能算法、融合协同等创新手段实现智能的可编程传输网络,从而达到网络的容量和效率双提升。数模协同方法(图 10-30)结合了模型驱动对网络强大的建模能力和数据驱动对数据全面的感知能力,一方面根据光网络的物理机制和数学原理等经验知识,构建严格的数学模型(如 ILP、高斯模型、辅助图模型等)来简化复杂网络问题的求解;另一方面利用数据驱动对历史数据的挖掘能力和自我演进能力,学习业务和网络数据的内在联系。模型驱动对网络行为进行建模,缩小了数据驱动的探索空间,加快了数据驱动的求解过程;数据驱动通过感知和学习数据中的知识,修正传统模型中一些不准确的参数,使修正后的模型更适合当前业务和网络状态,实现网络性能的提升。通过数据与模型协同驱动的智能化手段,可以进一步挖掘光与无线网络的内在潜力,在不改变硬件传输配置的情况下,仅通过数模协同驱动的智能算法等手段来有效提升传输网络的资源利用率和可用容量,为未来智能传输网络提供理论与技术基础。

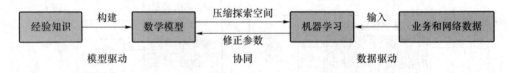

图 10-30　数据与模型协同驱动

基于人工智能技术,结合可编程控制的硬件设备,搭建"三层三循环"的智能光与无线融合网络架构,以数模协同驱动为导向,以物理状态可感知、网络资源可联动和业务切片可定制为功能目标,实现更加高效的资源部署和分配策略,提高网络资源利用率,缓解通信网络的压力,实现未来网络全生命周期的自动化、智能化。

本 章 小 结

随着移动用户的激增以及新业务的爆发式增长,光与无线融合网络设备更多样,资源更多维,规模更大,刚性的网络资源部署以及人为进行网络运维已经难以满足网络业务需求,智能化是光与无线融合网络发展的必然趋势。首先,本章介绍了网络智能化中的两个主要技术,即智能预测和智能决策,并分别介绍了用于光与无线融合网络智能预测与智能决策的常用算法。然后,分别介绍了光与无线融合网络中智能预测与智能决策的相关研究案例,分析了其性能以及优势。最后,对未来光与无线融合网络智能化进行展望,畅想未来智能化网络的结构、实现手段及其特性。

本章参考文献

[1]　中兴通讯股份有限公司. 智能化网络解决方案 uSmart Athena 2.0 白皮书[EB/OL].
　　　(2020-07-23)［2022-05-15］. https://res-www. zte. com. cn/mediares/zte/Files/

PDF/white_book/202007231124.pdf? la＝zh-CN.

[2] 张敏. 基于机器学习的大规模光网络性能监测和资源分配技术研究[D]. 四川：电子科技大学.

[3] 张少蕾. 基于机器学习的移动前传网络资源优化策略研究[D]. 北京：北京邮电大学，2020.

[4] 周志华. 机器学习[M]. 北京：清华大学出版社，2017.

[5] Mo W，Gutterman C L，Li Y，et al. Deep neural network based dynamic resource reallocation of BBU pools in 5G C-RAN ROADM networks[C]//Optical Fiber Communication Conference. Optical Society of America，2018：Th1B. 4.

[6] Zhang S，Zhang J，Zhu P，et al. Demonstration of proactive bandwidth allocation using LSTM in 5G optical fronthaul[C]//45th European Conference on Optical Communication (ECOC 2019). 2019.

[7] Aladin S，Tremblay C. Cognitive tool for estimating the QoT of new lightpaths[C]//Optical Fiber Communication Conference. Optical Society of America，2018：M3A. 3.

[8] Gao Z，Yan S，Zhang J，et al. ANN-based multi-channel QoT-prediction over a 563.4-km field-trial testbed[J]. Journal of Lightwave Technology，2020，38(9)：2646-2655.

[9] 中兴通讯股份有限公司. 5G 网络智能化白皮书[EB/OL]. (2018-08-01)[2022-05-15]. http://www.kbt-china.com/upload/2020-03-25/1585121045.pdf.

[10] Richard S Sutton，Andrew G Barto. Reinforcement learning：an introduction[M]. 2nd ed. London：The MIT Press，2018：48.

[11] Rummery G A，Niranjan M. On-line Q-learning using connectionist systems[M]. Cambridge，UK：University of Cambridge，Department of Engineering，1994.

[12] Watkins C J C H，Dayan P. Q-learning[J]. Machine learning，1992，8(3)：279-292.

[13] Hasselt H. Double Q-learning[C]//Proceedings of the 23rd International Conference on Neural Information Processing Systems-Volume 2. 2010：2613-2621.

[14] Williams R J. Simple statistical gradient-following algorithms for connectionist reinforcement learning[J]. Machine learning，1992，8(3)：229-256.

[15] Peters J，Schaal S. Natural Actor-Critic[J]. Neurocomputing，2008，71(7-9)：1180-1190.

[16] 陈霖. 深度强化学习中的值函数研究[D]. 徐州：中国矿业大学，2021.

[17] Mikaeil A M，Hu W，Li L. Joint allocation of radio and fronthaul resources in multi-wavelength-enabled C-RAN based on reinforcement learning[J]. Journal of Lightwave Technology，2019，37(23)：5780-5789.

[18] Ruan L，Mondal S，Dias I，et al. Low-latency federated reinforcement learning-based resource allocation in converged access networks[C]//Optical Fiber Communication Conference. Optical Society of America，2020：W2A. 28.

[19] Gao Z，Yan S，Zhang J，et al. Deep reinforcement learning-based policy for baseband function placement and routing of RAN in 5G and beyond[J]. Journal of Lightwave

Technology，2021，40(2)：470-480.

[20] Xiao Y，Zhang J，Gao Z，et al. Service-oriented DU-CU placement using reinforcement learning in 5G/B5G converged wireless-optical networks［C］//Optical Fiber Communication Conference. Optical Society of America，2020：T4D. 5.

[21] Suárez-Varela J，Mestres A，Yu J，et al. Routing in optical transport networks with deep reinforcement learning［J］. Journal of Optical Communications and Networking，2019，11(11)：547-558.

[22] Chen Z，Zhang J，Zhang B，et al. ADMIRE：demonstration of collaborative data-driven and model-driven intelligent routing engine for IP/optical cross-layer optimization in X-Haul networks［C］//Optical Fiber Communication Conference. Optical Society of America，2020：M3F. 4.

[23] Chen X，Li B，Proietti R，et al. DeepRMSA：a deep reinforcement learning framework for routing，modulation and spectrum assignment in elastic optical networks[J]. Journal of Lightwave Technology，2019，37(16)：4155-4163.

[24] Shimoda M，Tanaka T. Mask RSA：end-to-end reinforcement learning-based routing and spectrum assignment in elastic optical networks［C］//2021 European Conference on Optical Communication (ECOC). IEEE，2021：1-4.

[25] IEEE 1914. 1. Dimensioning Challenges of xhaul[EB/OL]. (2018-03-23)[2022-05-15]. http://sagroups. ieee. org/1914/wp-content/uploads/sites/92/2018/03/tf1_1803_Alam_xhaul-dimensioning-challenges_2. pdf.

[26] Xiao Y，Zhang J，Liu Z，et al. Resource-efficient slicing for 5G/B5G converged optical-wireless access networks［C］//Asia Communications and Photonics Conference. Optical Society of America，2019：M4A. 202.

[27] Zhu H，Zang H，Zhu K，et al. A novel generic graph model for traffic grooming in heterogeneous WDM mesh networks［J］. IEEE/ACM Transactions on Networking，2003，11(2)：285-299.

[28] Lillicrap T P，Hunt J J，Pritzel A，et al. Continuous control with deep reinforcement learning[J]. arXiv preprint arXiv:1509. 02971，2015.

缩　略　词

3GPP	3rd Generation Partnership Project	第三代伙伴计划
4G	4th Generation Mobile Communication Technology	第四代移动通信技术
5G	5th Generation Mobile Communication Technology	第五代移动通信技术
A2C	Advantage Actor-Critic	优势行动者-评论家
A3C	Asynchronous Advantage Actor-Critic	异步优势行动者-评论家
ADMIRE	Collaborative Data-driven and Model-Driven Intelligent Routing Engine	数据与模型协同驱动的智能路由引擎
AF	Application Function	应用功能
AG	Auxiliary Graph	辅助图
AI	Artificial Intelligence	人工智能
AMF	Access and Mobility Management Function	接入和移动性管理功能
ANN	Artificial Neural Network	人工神经网络
API	Application Programming Interface	应用程序接口
AP	Access Point	接入点
ASIC	Application Specific Integrated Circuit	专用集成电路
AUSF	Authentication Server Function	认证服务器功能
AWG	Array Wavelength Grating	阵列波导光栅
AWGR	Arrayed Waveguide Grating Router	阵列波导光栅路由器
BBU	Baseband Unit	基带处理单元
BER	Bit Error Rate	误码率
BP	Baseband Processing	基带处理
BSS	Business Support System	业务支撑系统

BW-WR	Baseband Unit Weight based Wavelengths Reconfiguration	基于基带处理单元权重的波长重构
CAPEX	Capital Expenditures	资本支出
CFN	Compute First Network	算力优先网络
CF-RAN	Hybrid Cloud-Fog RAN	混合的云-雾无线接入网络
CLI	Command-Line Interface	命令行界面
CNN	Convolutional Neural Network	卷积神经网络
CO	Central Office	中央机房
CO-DBA	Cooperative-Dynamic Bandwidth Allocation	协同动态带宽分配
CoMP	Coordinated Multiple Points	协同多点
CP	Common Processing	通用处理
CPRI	Common Public Radio Interface	通用公共无线接口
CPU	Central Processing Unit	中央处理器
C-RAN	Centralized Radio Access Network	集中式无线接入网
CS	Cell Site	蜂窝站点
CSI	Channel State Information	信道状态信息
CTI	Cooperative Transport Interface	协作传输接口
CU	Centralized Unit	集中式单元
CWDM	Coarse Wavelength Division Multiplexing	稀疏波分复用
DA-RAN	Disaggregated Radio Access Network	非聚合无线接入网
DBA	Dynamic Bandwidth Allocation	动态带宽分配
DC	Data Center	数据中心
DCN	Data Center Network	数据中心网络
DDPG	Deep Deterministic Policy Gradient	深度确定性策略梯度
DeMux	Demultiplexer	解复用器
DFE	Digital Front End	数字前端
DLA	Dynamic Lightpath Adjustment	动态光路调整
DM	Decomposition Method	分解方法
DmxE	Demux Edge	解复用器边

DNN	Deep Neural Network	深度神经网络
DQN	Deep Q-Network	深度 Q 网络
D-RAN	Distributed Radio Access Network	分布式无线接入网
DRL	Deep Reinforcement Learning	深度强化学习
DSP	Digital Signal Processor	数字信号处理器
DU	Distributed Unit	分布式单元
DWBA	Dynamic Wavelength and Bandwidth Allocation	动态波长带宽分配
DWDM	Dense Wavelength Division Multiplexing	密集波分复用
E2E	End to End	端到端
eCPRI	enhanced Common Public Radio Interface	增强型通用公共无线接口
EDFA	Erbium Doped Fiber Amplifier	掺铒光纤放大器
eMBB	enhanced Mobile Broadband	增强型移动宽带
EMS	Element Management System	网元管理系统
EON	Elastic Optical Network	弹性光网络
EPC	Evolved Packet Core	演进分组核心网
EPON	Ethernet Passive Optical Network	以太网无源光网络
EqD	Equalization Delay	均衡延时
E-switch	Ethernet Switch	以太网交换机
ETSI	European Telecommunication Standard Institute	欧洲电信标准化协会
EXC	Ethernet Cross Connect	以太网交叉连接
FCNN	Fully Connected Neural Network	全连接神经网络
FEC	Forward Error Correction	前向纠错
FF	First-fit	首次命中
FFS	Full Flexible Split	完全灵活的功能分割
FFT	Fast Fourier Transform	快速傅里叶变换
FL	Federated Learning	联邦学习
FlexE	Flexible Ethernet	灵活以太网
FPGA	Field Programmable Gate Array	现场可编程门阵列

FS	Framing Sublayer	成帧子层
FSO	Free Space Optics	自由空间光
FTP	File Transfer Protocol	文件传输协议
FTTH	Fiber to the Home	光纤到户
FU	Function Unit	功能单元
GBA	Greedy-Based Algorithm	贪婪算法
GEA	Greedy-Edge Appending	贪婪边添加
GEM	Gigabit Passive Optical Network Encapsulated Method	吉比特无源光网络封装方式
GI	General Interface	通用接口
GMB	Greedy Matching Based Algorithm	基于贪婪匹配思想的算法
GOPS	Giga Operations Per Second	每秒十亿次计算
GPON	Gigabit-Capable Passive Optical Network	吉比特无源光网络
GPP	General Purpose Processor	通用处理器
GPU	Graphics Processing Unit	图形处理单元
GrmE	Grooming Edge	疏导边
GSMA	Global System for Mobile Communications Association	全球移动通信系统协会
GST	Generic Slice Template	通用切片模板
HARQ	Hybrid Automatic Repeat Request	混合自动重传请求
HLFA	Heaviest Location First Algorithm	最重位置优先算法
HTTP	Hyper Text Transfer Protocol	超文本传输协议
ID	Identity	标识
IDLE	Integrated Development and Learning Environment	集成开发和学习环境
IEEE	Institute of Electrical and Electronics Engineers	电气电子工程师学会
IFFT	Inverse Fast Fourier Transform	快速傅里叶反变换
ILP	Integer Linear Programming	整数线性规划
IM	Intensity Modulation	强度调制
IP	Internet Protocol	互联网协议

IPACT	Interleaved Polling with Adaptive Cycle Time	自适应循环时间的交叉轮询
ITU-T	International Telecommunications Union-Telecommunication Standardization Sector	国际电信联盟电信标准分局
KSP	K-shortest Path	K-最短路
KVM	Kernel-based Virtual Machine	基于内核的虚拟机
LBA	Latency Based Algorithm	基于延迟的算法
LLR	Log-Likelihood Ratio	对数似然比
Low-PHY	Low Physical Function	底层物理功能
LPE	Lightpath Edge	光路边
LSTM	Long Short-Term Memory	长短期记忆
LTE	Long Term Evolution	长期演进
LXC	Linux Containers	Linux 容器
MAC	Medium Access Control	介质访问控制
MAE	Mean Absolute Error	平均绝对误差
MCF	Multi-Core Fiber	多芯光纤
MCG-WR	Minimum Cut Graph based Wavelengths Reconfiguration	基于最小割的波长重构
MCS	Modulation and Coding Scheme	调制编码策略
MDP	Markov Decision Process	马尔可夫决策过程
MEC	Mobile Edge Computing	移动边缘计算
MFH	Mobile Fronthaul	移动前传
MFWAN	MEC-enabled Fiber-Wireless Access Network	边缘计算使能的光与无线融合接入网
MILP	Mixed Integer Linear Programming	混合整数线性规划
MIMO	Multiple Input Multiple Output	多输入多输出
MINLP	Mixed-Integer Nonlinear Programming	混合整数非线性规划
MinWL	Minimizing the Number of Wavelength-Links	最小化波长链路数
ML	Machine Learning	机器学习
mMIMO	Massive Multiple Input Multiple Output	大规模多输入多输出
mMTC	massive Machine-Type Communication	大规模机器类通信

M-OTN	Mobile-Optical Transport Network	面向移动承载的光传送网
MPLS	Multi-Protocol Label Switching	多协议标签交换
MPLS-TP	Multi-Protocol Label Switching-Transport Profile	多协议标签交换-传输参数
MSE	Mean Square Error	均方误差
Mux	Multiplexer	复用器
MuxE	Mux Edge	复用器边
NEAT	NFP Deployment and AP Association Optimization algorithm	启发式 NFP 节点定位
NEF	Network Exposure Function	网络能力开放功能
NEST	Network Slice Type	网络切片类型
NFP	Networked Flying Platform	网络飞行平台
NFV	Network Function Virtualization	网络功能虚拟化
NFVI	Network Function Virtualization Infrastructure	网络功能虚拟化基础设施
NFVO	Network Function Virtualization Orchestration	网络功能虚拟化编排器
NGC	Next Generation Core	下一代核心网
NGFI	Next Generation Fronthaul Interface	下一代前传接口
NGMN	Next Generation Mobile Networks	下一代移动通信网
NG-PON	Next-Generation Passive Optical Network	下一代无源光网络
NG-RAN	Next-Generation Radio Access Network	下一代无线接入网
NR	New Radio	新空口
NRF	Network Repository Function	网络注册功能
NS	Network Slicing	网络切片
NSC	Network Slicing Client	网络切片用户
NSP	Network Slicing Provider	网络切片提供商
NSSF	Network Slice Selection Function	网络切片选择功能
NST	Network Slice Template	网络切片模板
NUP	Number of Used Processing Pools	开启的处理池数量
OADM	Optical Add-Drop Multiplexer	光分插复用器

OAM	Operation Administration and Maintenance	操作、管理与维护
ODN	Optical Distribution Network	光分发网络
ODU	Optical Channel Data Unit	光通道数据单元
OEO	Optical-to-Electrical-to-Optical	光-电-光
OFDM	Orthogonal Frequency Division Multiplexing	正交频分复用
OFDMA	Orthogonal Frequency Division Multiple Access	正交频分多址
OLT	Optical Line Terminal	光链路终端
ONAP	Open Network Automation Platform	开放网络自动化平台
ONF	Open Network Foundation	开放网络基金会
ONU	Optical Network Unit	光网络单元
OPEX	Operating Expense	运营支出
OSGi	Open Service Gateway initiative	开放服务网关协议
OSNR	Optical Signal Noise Ratio	光信噪比
OSS	Operation Support System	运营支持系统
OSU	Optical Service Unit	光业务单元
OTN	Optical Transport Network	光传送网
OVS	OpenVSwitch	开源虚拟交换机
PAT	Pointing, Acquisition and Tracking	瞄准、捕获及跟踪
PCF	Policy Control Function	策略控制功能
PDCP	Packet Data Convergence Protocol	分组数据汇聚协议
PDU	Protocol Data Unit	协议数据单元
PG	Policy Gradient	策略梯度
PHY	Physical Layer	物理层
PON	Passive Optical Network	无源光网络
PP	Processing Pool	处理池
PPO	Proximal Policy Optimization	近端策略优化
PRB	Physical Resource Block	物理资源块
PTN	Packet Transport Network	分组传送网

PUCCH	Physical Uplink Control Channel	物理上行链路控制信道
QAM	Quadrature Amplitude Modulation	正交幅度调制
QoS	Quality of Service	服务质量
QoT	Quality of Transmission	传输质量
QPSK	Quadrature Phase Shift Keying	正交相移键控
RAN	Radio Access Network	无线接入网
RB	Resource Block	资源块
RL	Reinforcement Leaning	强化学习
RLC	Radio Link Control	无线链路层控制
RL-PS	Reinforcement Leaning-enabled Distributed Unit-Centralized Unit Placement Algorithm	基于强化学习的分布式单元-集中式单元部署算法
RMSA	Routing，Modulation and Spectrum Allocation	路由、调制和频谱分配
RNN	Recurrent Neural Network	循环神经网络
ROADM	Reconfigurable Optical Add-Drop Multiplexer	可重构光分插复用器
RRC	Radio Resource Control	无线资源控制
RRU	Remote Ratio Unit	远端射频单元
RSA	Routing and Spectrum Assignment	路由频谱分配
RSRP	Reference Signal Received Power	参考信号接收功率
RTD	Round Trip Delay	往返时延
RTRLF	Reactive Topology Reconfiguration Algorithm for Link Failures	针对链路中断的反应式拓扑重置算法
RTRTE	Reactive Topology Reconfiguration Algorithm for Traffic Events	业务量需求变化的反应式网络拓扑重置算法
RU	Radio Unit	无线单元
RWA	Routing and Wavelength Assignment	路由波长分配
RxE	Receiver Edge	接收机边
SBA	Service Based Architecture	服务化架构
SC	Slicing Packet Network Channel	切片分组网络通道
SC	Small Cell	微蜂窝
SCL	Slicing Channel Layer	切片通道层

SCO	SPN Channel Overhead	SPN 通道开销
SCS	Sub-Carrier Spacing	子载波间隔
SDK	Software Development Kit	软件开发工具包
SDM	Space Division Multiplexing	空分复用
SDN	Software Defined Network	软件定义网络
SDON	Software Defined Optical Network	软件定义光网络
SDU	Service Data Unit	业务数据单元
SE	Slicing Ethernet	切片以太网
SLA	Service Level Agreement	服务水平协议
SMF	Session Management Function	会话管理功能
SNMP	Simple Network Management Protocol	简单网络管理协议
SPL	Slicing Packet Layer	切片分组层
SPN	Slicing Packet Network	切片分组网
SPP	Specific Purpose Processor	专用服务器
SR	Segment Routing	分段路由
SR-DBA	Status Report-Dynamic Bandwidth Allocation	状态报告动态带宽分配
SR-TP	Segment Routing Transport Profile-Traffic Engineering	基于流量工程的分段路由传送子集
STL	Slicing Transport Layer	切片传送层
TB	Transport Block	传输块
TD error	Temporal-Difference Error	时序差分误差
TD3	Twin Delayed Deep Deterministic Policy Gradient	双延迟深度确定性策略梯度
TDM	Time Division Multiplexing	时分复用
TDMA	Time Division Multiple Access	时分多址
TDM-PON	Time Division Multiplexing Passive Optical Network	时分复用无源光网络
TRPO	Trust Region Policy Optimization	信赖域策略优化
TTI	Transmission Time Interval	传输时间间隔
TWDM-PON	Time and Wavelength Multiplexed Passive Optical Network	时分和波分复用的无源光网络

TxE	Transmitter Edge	发射机边
UDM	Unified Data Management	统一数据管理
UE	User Equipment	用户设备
UP	User Processing	用户处理
UPF	User Plane Function	用户面功能
URLLC	Ultra-Reliable and Low-Latency Communication	超高可靠低时延通信
VIM	Virtualized Infrastructure Manager	虚拟化基础设施管理器
VLAN	Virtual Local Area Network	虚拟局域网
VM	Virtual Machine	虚拟机
VNE	Virtual Network Embedding	虚拟网络嵌入
VNF	Virtual Network Function	虚拟化网络功能
VNFM	Virtual Network Function Manager	虚拟化网络功能管理器
VPN	Virtual Private Network	虚拟专用网
VR	Virtual Reality	虚拟现实
WBE	Wavelength Bypass Edge	波长旁路边
WBP	Wavelength and Bandwidth Preempt	基于波长带宽抢占
WDM	Wavelength Division Multiplexing	波分复用
WDM-PON	Wavelength Division Multiplexing Passive Optical Network	波分复用无源光网络
WLE	Wavelength-Link Edge	波长链路边
WR	Wavelengths Reconfiguration	波长重构
WSS	Wavelength Selective Switch	波长选择开关
XCI	5G-Crosshaul Control Infrastructure	5G-Crosshaul 控制架构
XFE	5G-Crosshaul Forwarding Element	5G-Crosshaul 转发单元